工业互联网技术与应用丛书

PLC应用技术
项目式教程

许桂秋 彭明仔 张 郑◎主 编
杨向前 金 强 柳 铭◎副主编

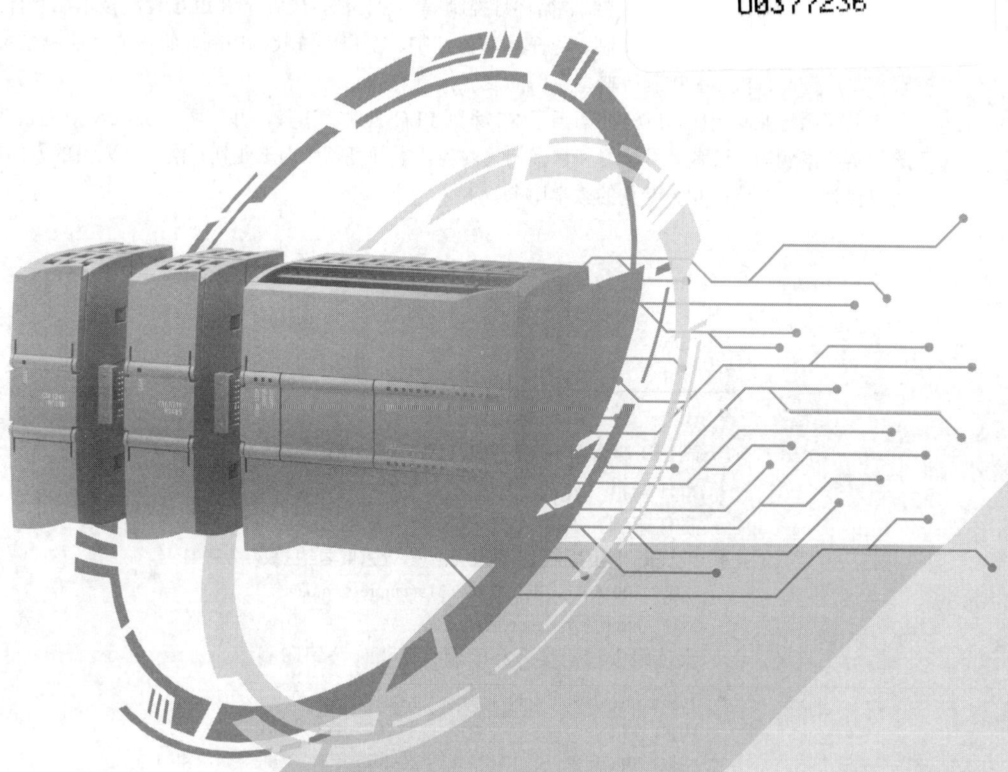

人 民 邮 电 出 版 社
北 京

图书在版编目（CIP）数据

PLC应用技术项目式教程 / 许桂秋，彭明仔，张郑主编. -- 北京 : 人民邮电出版社，2025. --（工业互联网技术与应用丛书）. -- ISBN 978-7-115-65799-2

Ⅰ. TM571.6

中国国家版本馆CIP数据核字第20246EV220号

内 容 提 要

本书从实用角度出发，采用项目实践的形式，详细阐述工业互联网关键技术中的PLC在电气控制中的应用与实践。

本书共17个项目，首先介绍PLC的基础知识和西门子TIA博途软件的使用方法，其次介绍PLC控制技术在电动机启/停控制、电动机正/反转控制、小车自动往复运动控制、三相异步电机星-三角降压启动控制、四节传送带控制、液体混合控制、循环灯控制等实现方法，最后介绍PLC控制技术在双智能温室大棚、抢答器控制、小车多工位运料控制、停车场车位控制、全自动洗衣机控制、物流次品监测系统、十字路口交通信号灯控制、机械手控制等典型应用的实现。

本书采用行业应用比较广泛的西门子S7系列PLC为实验工具，并在西门子TIA博途软件的模拟环境下设置实践案例，让读者更易学习和掌握相关内容。本书可以作为工业互联网从业人员的入门级参考用书，也可以作为工业互联网相关专业的教学用书。

◆ 主　　编　许桂秋　彭明仔　张　郑
副 主 编　杨向前　金　强　柳　铭
责任编辑　张晓芬
责任印制　马振武

◆ 人民邮电出版社出版发行　　北京市丰台区成寿寺路11号
邮编　100164　　电子邮件　315@ptpress.com.cn
网址　https://www.ptpress.com.cn
大厂回族自治县聚鑫印刷有限责任公司印刷

◆ 开本：787×1092　1/16
印张：17.5　　2025年3月第1版
字数：394千字　　2025年3月河北第1次印刷

定价：69.80元

读者服务热线：(010)53913866　印装质量热线：(010)81055316
反盗版热线：(010)81055315

前言

随着大数据、云计算、物联网和人工智能等新一代信息技术的迅猛发展，数字化必将催生工业领域的又一次革命。继美国提出“工业互联网”和德国提出“工业 4.0”后，我国也提出了自己的工业互联网战略规划，促进制造业加速向数字化、网络化、智能化方向发展。

工业互联网是关键基础设施，同时也是全面数字化建设的重要组成部分。随着工业互联网的快速发展，可编程序逻辑控制器（PLC）已经成为现代工业控制系统的核心组件。PLC 以其高可靠性、灵活性和用户友好性在制造业、过程控制、建筑自动化等多个领域发挥着关键作用。工业互联网的发展需要 PLC 的开发、应用和管理专业人才的支撑，其中，PLC 人才的培养工作尤其重要。

本书从实用角度出发，采用项目的形式，寓教于实操，详细阐述工业互联网关键技术中的 PLC 在电气控制中的应用与实践。本书采用了行业应用比较广泛的西门子 S7 系列 PLC 作为实验工具，并在西门子 TIA 博途软件的模拟环境下设置相关实践案例，让读者的学习更加容易。本书紧密跟踪行业需求和发展现状，以业内的典型应用为依据来设计和开展相关实践案例，培养读者扎实的动手能力。

本书可以作为工业互联网从业人员的入门级参考用书，也可以作为工业互联网相关专业的教学用书。为了利教易学，本书提供丰富的配套资源，读者可扫描下方二维码，关注“信通社区”公众号并回复数字 65799 获取。

由于编者水平有限，书中难免存在一些疏漏和不足之处，恳请广大读者批评指正。

“信通社区”公众号

编者

2025 年 2 月

目录

项目 1 认识 PLC

可编程序逻辑控制器（programmable logic controller，PLC）是在电气控制技术和计算机技术的基础上开发出来的，并逐渐发展成以微处理器为核心，将自动化技术、计算机技术和通信技术融为一体的一种新型工业自动化控制装置。PLC 将传统的继电器控制技术和现代计算机信息处理技术的优点有机地结合起来，具有结构简单、性能优越、可靠性高等优点，在工业自动化控制领域得到了广泛应用。

本项目将先深入探讨 PLC 的发展历程和相关技术的未来趋势，详细解读 PLC 的特征、功能和分类；其次深入探讨 PLC 的基本结构、软件系统、扫描工作方式和输入/输出（input/output，I/O）原则等关键要素；最后简要介绍西门子 S7 系列 PLC 的一些性能特点，帮助读者更好地了解这一领域的发展动态。

1.1 PLC 的发展概况

PLC 是一种专为工业环境设计的电子系统，可以视为一种特殊的计算机。与其他计算机控制系统相比，PLC 具有出色的抗干扰能力、适应性、应用范围广等特点，采用面向用户的指令，使编程更为简便，能够执行逻辑运算、顺序控制、定时、计数和算术运算等多种任务，并且具备处理数字量和模拟量输入/输出的能力。它能够轻松地与工业控制系统集成，易于扩展。PLC 采用微处理器和半导体存储器等电子器件，并通过特定的指令进行编程，因此它通过软件实现可编程，使程序修改更加灵活和方便。

1.1.1 PLC 的含义

早期的可编程控制器主要用来实现逻辑控制功能，故被称为可编程序逻辑控制器（PLC）。随着技术的发展，可编程序逻辑控制器的功能除了逻辑运算，还有算术运算、模拟处理和通信联网等，这使得可编程序逻辑控制器这一名称已不能准确反映其所包含的功能，因此，1980 年，美国电气制造商协会（National Electrical Manufacturers Association，NEMA）将它命名为可编程序控制器（programmable controller，PC）。但是，个人计算机（personal computer）也简称为 PC，为了避免混淆，后来仍习惯简称可编程序控制器为 PLC。

为了推动 PLC 的标准化生产和进一步发展，1987 年国际电工委员会（International Electrotechnical Commission，IEC）公布了第三稿 PLC 标准草案，对 PLC 进行了定义：PLC 是一种数字运算操作的电子系统，专为工业环境下的应用而设计，它采用可编程序的存储器，用于在其内部存储执行逻辑运算、顺序控制、定时、计数和算术运算等操作的指令，并通过数字和模拟的输入和输出，控制各种类型的机械或生产过程；PLC 及其有关外围设备，都应按易于与工业系统连成一个整体、易于扩充其功能的原则进行设计。此定义强调了 PLC 在应用于工业环境时，必须要有很强的抗干扰能力、适应能力和广泛的应用范围，这成为 PLC 区别于一般微机控制系统的重要特征。

综上所述，PLC 是专为工业环境应用而设计的计算机系统，具备丰富的输入/输出接口和强大的驱动能力。不过，PLC 并非针对某一特定工业应用而设计，因此在进行应用时，需要根据实际需求选择硬件配置和软件编程，这使得 PLC 具有极高的灵活性和适应性，能够满足各种工业控制需求。

1.1.2 PLC 的发展史

从 20 世纪 20 年代开始，继电器控制系统开始盛行。继电器是一种电子控制器件，具有控制系统（输入回路）和被控制系统（输出回路）之间的互动关系。在电路中，继电器常用于自动控制电路，可以用较小的电流或电压控制较大的电流或电压。继电器具有价格低、操作简单的优点，但同时具有体积大、噪声大、能耗高、功能单一、响应速度慢、通用性和灵活性差等缺点。

1968 年，美国通用汽车公司公开招标一种新型工业控制器，提出了以下 10 条技术标准：

（1）编程方便，可在现场修改程序；

（2）维护方便，采用插件式结构；

（3）可靠性高于继电器控制柜；

（4）体积小于继电器控制柜；

（5）可将数据直接送入管理计算机；

（6）在成本上可与继电器控制柜竞争；

（7）输入可以是 115 V 交流电；

（8）输出为 115 V、2 A 以上交流电，能直接驱动电磁阀等；

（9）系统在扩展时，原有系统只需要进行很小的变更；

（10）用户程序存储容量至少能扩展到 4 KB。

1969 年，美国数字设备公司根据上述要求，研制出第一台 PLC，并在通用汽车公司的生产线上试用成功。这台 PLC 称为 PDP-14，它把计算机的完备功能、灵活及通用等优点和继电器控制系统的优点进行结合，成为适用于工业环境的通用控制装置，并且简化了计算机的编程方法和程序输入方式，用“面向控制过程、面向对象”的“自然语言”进行编程，使那些对计算机不熟悉的人员也能够快速使用。

随着微处理器技术的发展，20 世纪 70 年代初，微处理器被引入到 PLC 中，使 PLC

的功能得到了极大扩展。此时的 PLC 不仅具有逻辑控制功能，而且增加了运算、数据传输及处理等功能。此时的 PLC 是微型计算机技术和继电器常规控制概念相结合的产物。

20 世纪 70 年代中末期，PLC 进入实用化发展阶段。在这个阶段，计算机技术已全面引入 PLC，使 PLC 的功能发生了巨大改变。PLC 不仅具有更强大的逻辑运算和数据处理能力，而且具备了模拟量控制、运动控制、过程控制等功能。同时，PLC 的可靠性和抗干扰能力得到了极大提高，能够适应各种不同的工业环境。

PLC 的发展历程是一个不断创新和进步的过程。随着技术的不断发展，PLC 的功能和应用范围也在不断扩展和深化。如今，PLC 已经成为工业自动化控制领域中的重要组成部分，广泛应用于各个行业。无论在制造业、电力行业，还是在交通运输业，PLC 都发挥着至关重要的作用。

1.1.3 PLC 的发展趋势

PLC 作为工业自动化领域的重要控制设备，其发展趋势与工业自动化和信息技术的发展密切相关。未来，PLC 将在以下几个方面呈现出明显的发展趋势。

高集成度与高性能化：随着半导体技术的进步，PLC 的处理器和存储器等关键组件的性能将得到显著提升，这将使 PLC 能够处理复杂的控制算法，实现数据的快速处理和高效的实时控制。同时，高集成度的 PLC 将缩小设备体积，降低能耗，提高可靠性。

网络化与云端化：随着工业物联网（industrial Internet of things，IIoT）的发展，PLC 将更加注重网络通信功能。通过与云平台的连接，PLC 将能够实现远程监控、远程控制、数据分析等功能，这不仅能降低运维成本，还能提高生产过程的透明度和可维护性。

模块化与可定制化：未来，PLC 将更加模块化和可定制化。制造商可以根据用户需求提供各种功能模块，使 PLC 能够灵活地适应各种不同的控制需求。同时，通过软件定义硬件的方式，用户可以根据实际需要定制 PLC 的功能，进一步提高设备的利用率和灵活性。

安全性和可靠性：随着工业控制系统安全问题的日益突出，PLC 的安全性和可靠性将成为重要的关注点。制造商将加强安全防护和故障诊断等方面的技术研发和创新投入，以确保设备的稳定性和可靠性。

开放性和标准化：为了实现不同设备间的互操作和集成，PLC 的开放性和标准化程度将进一步提高。制造商将积极参与国际标准的制定和推广，推动行业的规范化和健康发展。

绿色环保：随着环保意识的不断提高，PLC 的设计和生产将更加注重绿色环保。制造商将采取更加环保的材料和制造工艺，降低设备的能耗和环境影响。同时，PLC 将更加高效地利用能源，降低生产过程中的碳排放。

人工智能与机器学习的融合：随着人工智能和机器学习技术的发展，PLC 将能够利用这些技术进行智能的控制决策。通过机器学习算法，PLC 可以自动学习和优化控制参数，提高控制精度和稳定性，这将使生产过程更加智能化和高效化。

边缘计算的发展：边缘计算作为云计算的延伸，将数据处理和分析的能力从中心服务器转移到了设备边缘。PLC 作为工业设备的核心控制器，将在边缘计算中发挥重要作用。

通过与边缘计算的结合，PLC 可以实现更快速、更实时的数据处理和分析，提高生产过程的响应速度和灵活性。

综上所述，未来 PLC 的发展趋势是多方面的，涉及高集成度与高性能化、网络化与云端化、模块化与可定制化、安全性和可靠性、开放性和标准化、绿色环保、人工智能与机器学习的融合、边缘计算的发展等方面。这些趋势将有助于推动 PLC 技术的进一步发展和应用，为工业自动化和智能制造等领域提供更加高效、可靠、智能化的解决方案。

1.2 PLC 的基础知识

1.2.1 PLC 的特征

PLC 采用先进的微处理器技术，以用户需求为主，为工业环境下的应用而设计。它具有以下特征。

1．可靠性高、抗干扰能力强

PLC 通过选用微处理器显著减少系统器件的数量，并在硬件和软件的设计制造过程中实施了多种隔离和抗干扰措施，能够适应各种恶劣的工作环境，展现出极高的可靠性。PLC 系统的平均无故障工作时间可达到 2 万小时，这一出色的可靠性使其成为通用自动控制设备的首选。PLC 的使用寿命通常在 4 万小时至 5 万小时，而西门子、ABB 等知名品牌微小型 PLC 的寿命甚至可超过 10 万小时。为了确保 PLC 在各种条件下都能安全、可靠地工作，设计人员在机械结构设计与制造工艺方面采取了多种强化措施，使 PLC 能够耐受震动、冲击和高温（某些产品的工作环境温度高达 90℃）。此外，PLC 的软件和硬件采取了一系列增强可靠性和抗干扰能力的措施，如系统硬件模块冗余、光电隔离、掉电保护、对干扰的屏蔽和滤波等。在运行过程中，PLC 模块可以进行热插拔，并且设有故障检测与自诊断程序等其他措施。这些技术和设计使 PLC 在工业控制领域中具有高度的可靠性和稳定性，也使 PLC 成为实现高效、精准控制的理想选择。

2．硬件措施

屏蔽措施：PLC 对电源变压器、中央处理器（central processing unit，CPU）、编程器等采用导电性和导磁性良好的材料进行屏蔽，防止外界干扰。

滤波措施：PLC 对供电及输入线路采用多形式滤波，消除或抑制高频干扰，削弱各种模块之间的相互影响。

电源调整与保护措施：PLC 对 CPU 所需的+5 V 电源采用多级滤波，并用集成电压调整器进行调整，以适应交流电网的波动，降低过电压、欠电压产生的影响。

隔离措施：PLC 在 CPU 与输入/输出电路之间采用光电隔离措施，以减少故障误动作。

采用模块式结构：采用这一措施有助于 PLC 在故障发生时进行短时期修复。一旦查出某一模块出现故障，工作人员可迅速进行更换，使系统恢复正常工作。同时，这一措施还有助于加速查找系统故障。

短路保护：当 PLC 输出设备短路时，为了避免 PLC 内部输出元件损坏，工作人员应该在 PLC 外部输出回路中装上熔断器，进行短路保护。

互锁与联锁措施：除了在程序中保证电路的互锁关系，PLC 外部接线中还应该采取硬件的互锁措施，以确保系统安全可靠地运行。

失压保护与紧急停车措施：PLC 外部负载的供电线路应具有失压保护措施，当临时停电再恢复供电时，不按启动按钮，PLC 的外部负载就不能自行启动。这一措施的另一个作用是，当特殊情况下需要紧急停机时，按下停止按钮就可以切断外部负载电源，而与 PLC 毫无关系。

3．软件措施

对于开关量输入，技术人员可以采用软件来延时 20 ms，让同一信号输入两次或两次以上，输入内容一致才确认输入有效。

在 PLC 中，某些干扰因素是可以提前预知的。例如，当 PLC 发出输出命令驱动大功率电动机、电磁铁等执行机构动作时，火花、电弧等干扰信号会随之产生。这些干扰信号可能会使 PLC 接收到错误的信息，因此，在干扰信号易发的时段内，技术人员可以通过软件手段暂时封锁 PLC 的输入信号，待干扰信号消失后再解除封锁。

为了提高软件结构的可靠性，PLC 系统采用了信息冗余技术，设计了相应的软件标志位，并采用了间接跳转和设置软件陷阱等策略。这些措施有助于增强软件的稳健性和容错能力。

在开关量输出方面，如果执行机构为电感性负载，技术人员需要在输出回路中接入续流二极管。续流二极管的作用是吸收回路中产生的感应电动势，从而保护电路中的其他元件不受损害。

在程序设计中，PLC 融入了容错技术的理念，具体表现为设计了多个软件看门狗电路。这些看门狗电路之间存在相互牵制的关系，当主程序运行出现错误时，它们能够确保主程序正确地进入循环状态，避免系统崩溃。

为了实现程序的自诊断功能，PLC 在程序中加入了时间检测、逻辑检测、信息保护、恢复等功能模块。这些功能模块能够实时监测程序的运行状态，并在发现异常时采取相应的保护措施或恢复措施。

PLC 在程序中加入了互锁功能。这一功能能够确保某些设备在特定时间段内只执行一个操作，从而有效避免设备之间的相互干扰和冲突。此外，PLC 还加强了对数字滤波和抗干扰设计的重视，通过采用中值滤波、算术平均值滤波和加权平均滤波等多种滤波方法，有效地减少噪声干扰对系统可靠性的影响，提高信号的准确性和稳定性。

4．通用性强、控制程序可变、使用方便

PLC 的品种齐全，可以组成满足各种要求的控制系统，用户无须自行设计或制作硬件装置。在确定了硬件设备后，如果生产工艺流程或生产设备发生变化，那么用户不必更换 PLC 的硬件装备，只需要更改程序即可满足新的要求，这种灵活性使 PLC 不仅能应用于单机控制，也能在工厂自动化中得到大量应用。

PLC 的功能强大，适应面广。现在的 PLC 不仅具备逻辑运算、计时、计数等功能，而且可以对模拟量及数字量进行输入和输出，并具有人机对话、自检、数据传输等功能，可以用于对生产线或生产机械的控制，并完成各种复杂的任务。

PLC 有利于系统设计、调试和维修。通过内部的软件程序，PLC 可以代替传统控制系统中使用的计数器、中间继电器等元件，这大大降低了设计和组装控制柜的工作量。此外，编写的程序可以使用计算机仿真进行调试，减少了实际现场调试的工作强度。PLC 具有模块化及自我诊断能力强的特点，这有利于维修。

目前，大多数 PLC 仍依赖继电器控制形式的梯形图编程方式，这种编程方式不仅继承了传统控制线路清晰和直观的优点，而且充分考虑了工厂、企业中电气技术人员的编程习惯和水平，易被广大技术人员所接受和掌握。梯形图的编程元件符号和表达方式与传统的继电器控制电路原理图非常相似，这意味着技术人员可以通过阅读 PLC 的用户手册或参加短期培训，快速熟悉并掌握如何使用梯形图来编制控制程序。

为了满足不同用户的需求，大多数 PLC 提供多种编程语言选项。除了传统的梯形图编程方式，用户还可以选择功能块图或语句表等编程语言。这些不同的编程语言各有其特点和优势，用户可以根据实际应用场景和需求选择最适合的编程语言来进行程序编写。

5．体积小、重量轻、能耗低、维护方便

PLC 在设计和制造时采用了大量的集成电路技术和先进的制造工艺，从而减小了 PLC 的体积和重量。此外，PLC 的安装尺寸通常较小，使 PLC 能够适应各种紧凑型控制系统的需求。

PLC 在制造过程中选用了低功耗的集成电路和元器件，并采取了节能设计。此外，PLC 的模块化设计使 PLC 可以根据实际需求进行配置，进一步降低了能耗。

PLC 系统在设计时采用了模块化结构，使系统维护变得简单、方便。同时，PLC 具有自我诊断功能和故障排除功能，能够快速定位和修复故障，降低了维护成本。

1.2.2 PLC 的功能

PLC 是一种专为工业生产领域设计的计算机控制系统，具有强大的功能，在各种工业行业当中取得了广泛的应用。PLC 不仅拥有现代计算机的功能，而且具有针对一些工业生产环境的特有功能。

1．开关量逻辑控制

PLC 的开关量逻辑控制是 PLC 最基本的功能。PLC 的输入/输出信号都是通/断的开关信号，而且输入/输出点数可以不受限制，因此 PLC 能够有效替代传统的继电器电路控制，广泛应用于多台设备自动化流水生产线的控制，并且实现逻辑与顺序控制。通过开关量逻辑控制，PLC 可以完成组合逻辑控制、定时与顺序逻辑控制等功能，既可用于单机控制，也可用于多机群控及自动化流水线控制。这种控制方式在印刷机、电镀流水线及组合机床等生产环境中得到了广泛应用。

2．运动控制

PLC 的运动控制主要是指通过 PLC 对运动设备的运动轴进行控制，实现精确、稳定和可编程的运动控制功能。这种控制方式广泛应用于自动化生产环境，如机械和化工等领域的生产环境。

PLC 的运动控制功能包括轴控制、轨迹规划、速度和加速度控制等。PLC 可以通过控制伺服电机等运动设备的位置、速度、加速度等参数，实现所需的运动轨迹和运动逻辑。为了实现这种控制，这类 PLC 通常具有能通过高速输出点进行脉冲控制或总线控制的功能。

在实际应用中，PLC 的运动控制可以有多种方式，例如可以采用 PLC 自带功能进行控制，也可以采用运动控制卡或运动控制器进行控制。这些方式可以根据实际需求进行选择，以满足特定的控制要求。

3. 闭环过程控制

PLC 的闭环过程控制是指对温度、压力、流量等连续变化的模拟量进行闭环控制。通过模拟量输入/输出模块，PLC 可以实现模拟量和数字量之间的模数转换（analog-to-digital conversion，ADC）和数模（digital-to-analog conversion，DAC），从而对模拟量进行闭环比例-积分-微分（proportion-integral-derivative，PID）控制。这种控制方式广泛应用于加热炉、塑料挤压成型机、锅炉、反应堆、水处理、酿酒等生产环境。

在闭环过程控制中，PLC 可以通过算法程序处理模拟量，并输出控制信号，实现对被控对象的精确控制。这种控制方式具有高精度、高稳定性、高可靠性等特点，能够提高生产效率和产品质量。

此外，现在的 PLC 通常具备 PID 闭环控制功能，能够广泛应用于各种工业控制场合。通过与传感器、执行器等设备的配合，PLC 可以实现各种复杂的控制任务，以满足不同生产工艺的要求。

4. 数据处理

现在的 PLC 具有数据处理功能，主要体现在数据采集、数学运算、数据转换和传输、排序、查表、位操作等方面。PLC 可以完成从数据采集到数据处理及分析的过程，也可以与存储器中的参考数据进行比对，并将比对结果传输给其他设备。此外，支持顺序控制的 PLC 与数字控制设备相结合可实现计算机数据控制功能，PLC 的数据处理功能一般用于大、中型控制系统。

5. 通信联网

PLC 通信联网是指将 PLC 与计算机、其他 PLC 或智能设备之间建立通信连接，实现信息交换和控制功能。PLC 通信联网的主要目的是实现分散控制和集中管理，提高生产效率和设备可靠性。

1.2.3 PLC 的分类

PLC 的种类很多。各类 PLC 在实现功能、内存容量、控制规模、外形等方面都存在较大的差异，因此，PLC 的分类没有一个严格、统一的标准，而是按结构形式、控制规模和功能进行大致分类的。

1. 按结构形式分类

（1）整体式 PLC：将 CPU、输入/输出接口、存储器、电源等全部固定安装在一块或几块印制电路板上，使它们成为统一的整体。当控制点数不符合要求时，PLC 可连接扩展单元，以实现较多点数的控制。整体式 PLC 的体积较小，小型、超小型 PLC 多采用整体式结构。整体式 PLC 的输入/输出接线端子及电源进线分别在机箱的上、下两侧，并有相应的发光二极管显示输入/输出状态，机箱面板上留有编程器的插座和扩展单元的接口插座。

（2）模块式 PLC：采用总线结构，将总线做成总线板，上面有若干个总线槽，每个总线槽上可安装一个 PLC 模块，不同的模块实现不同的功能。CPU 和存储器被做到一个模块上，该模块在总线上的安装位置一般来说是固定的。其他的模块可根据 PLC 的控制规模、实现的功能来选用，安装在总线板的其他总线槽上。模块式 PLC 的特点是配置灵活，因为各个模块是独立的，所以人们可以根据实际需要选配不同模块，组成一个系统。同时，模块式结构使各个模块可以独立工作，互不影响，方便维修。

（3）堆叠式 PLC：结合了整体式 PLC 和模块式 PLC 的特点。它的 CPU、电源和输入/输出接口模块是独立的，但通过电缆连接。每个模块可以逐层堆叠，这样不仅配置灵活，而且使系统体积更小。这种结构在中、小型 PLC 中较为常见。

2．按控制规模分类

（1）小型 PLC：它的输入/输出点数小于 256，CPU 以 8 位或 16 位为主，程序存储容量小于 4 KB。这种 PLC 适用于单机控制或小系统控制。

（2）中型 PLC：它的输入/输出点数的范围为 256～2048，程序存储容量的范围为 4～100 KB，具有逻辑运算、算术运算、定时、计数、数据处理和传送、通信联网等多种应用指令。这种 PLC 适用于较复杂的控制系统。

（3）大型 PLC：它的输入/输出点数大于 2048，程序存储容量超过 100 KB，具有更强的数据处理和通信联网功能。这种 PLC 适用于大规模的控制系统。

（4）超大型 PLC：它的输入/输出点数非常庞大，程序存储容量也非常大，具有极高的数据处理和通信联网功能。这种适用于超大规模的控制系统。

3．按功能分类

（1）低档 PLC：具有逻辑运算、定时、计数、移位、自诊断、监控等基本功能，有些还有少量模拟量输入/输出、算术运算、数据传送、远程输入/输出和通信等功能。这种 PLC 常用于开关量控制、定时/计数控制、顺序控制及少量模拟量控制等场景。

（2）中档 PLC：除了具有低档 PLC 的基本功能外，还具有较强的模拟量输入/输出、算术运算、数据传送与比较、数制转换、子程序调用、远程输入/输出、通信联网等功能，有些还具有中断控制、PID 回路控制等功能。中档 PLC 适用于既有开关量又有模拟量的较为复杂的控制系统，如过程控制、位置控制等。

（3）高档 PLC：除具有中档 PLC 的功能外，还增加了带符号算术运算、矩阵运算、位逻辑运算、平方根运算及其他特殊功能函数的运算、制表及表格传输等功能。高档 PLC 具有更强的通信联网功能，可用于大规模过程控制或构成分布式网络控制系统，从而实现工厂自动化。

1.3 PLC的组成结构和工作原理

继电器–接触器控制系统采用实时控制、并行工作的方式，而PLC的工作原理是建立在计算机基础上的：CPU通过分时操作来处理各项任务，这是一种串行工作方式。通过了解PLC的工作方式和工作过程，读者可以理解如何让采用串行工作方式的计算机系统完成并行方式的控制任务。

1.3.1 PLC的硬件结构

目前，PLC的种类有很多，但是它们的硬件结构是相似的。对于整体式PLC，它的所有部件都装在同一机壳内，如图1-1所示。对于模块式PLC，各相关部件独立封装成模块，各模块通过总线连接，安装在总线槽上，如图1-2所示。

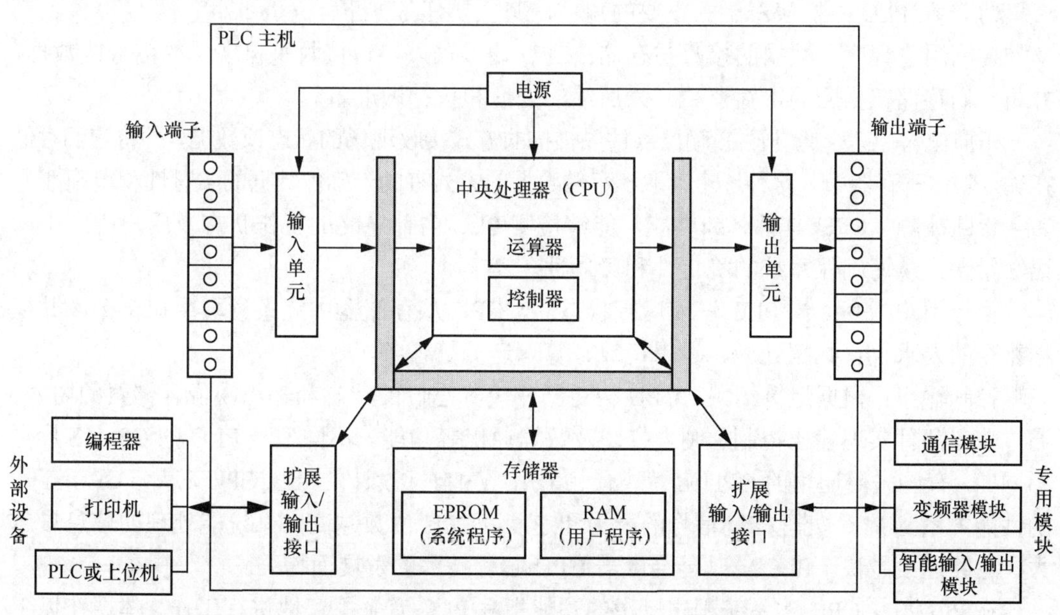

EPROM—erasable programmable read-only memory，可擦可编程只读存储器；
RAM—random access machine，随机存取机。

图1-1 整体式PLC的硬件结构

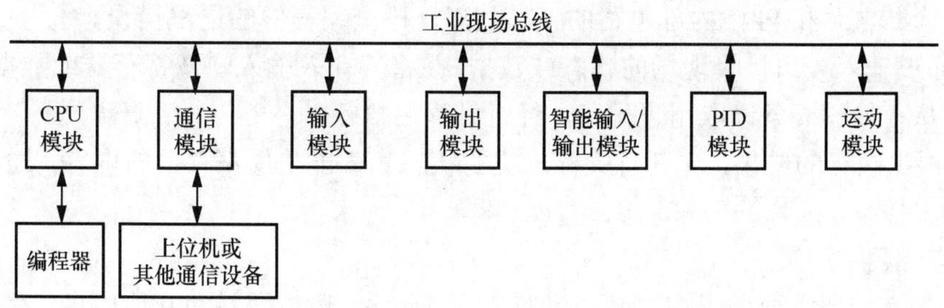

图1-2 模块式PLC的硬件结构

每种 PLC 都需要根据用户的具体需求进行配置和组合。下面介绍几种 PLC 中常用的单元（模块）。

1．CPU

PLC 的核心组件是 CPU，与微型计算机中的 CPU 类似。在 PLC 中，CPU 可以分为 3 种类型：通用微处理器、单片微处理器和位片式微处理器。小型 PLC 通常使用 8 位通用微处理器和单片微处理器，中型 PLC 主要使用 16 位通用微处理器和单片微处理器，大型 PLC 则倾向于采用高速位片式微处理器。

目前，小型 PLC 通常采用单 CPU 系统，中、大型 PLC 则更倾向于使用双 CPU 系统，有些 PLC 甚至配置了 8 个 CPU。在双 CPU 系统中，通常一个 CPU 用作字处理器，另一个用作位处理器。字处理器作为主处理器，负责执行编程器接口功能，监视内部定时器、扫描时间，处理字节指令，以及对系统总线和位处理器进行控制等任务。而位处理器作为从属处理器，主要用于执行位操作指令，以及实现 PLC 编程语言向机器语言的转换。采用位处理器可以显著提高 PLC 的运行速度，使 PLC 更好地满足实时控制的要求。

CPU 在 PLC 中扮演着至关重要的角色，其主要任务如下。

控制用户程序和数据的接收与存储：CPU 通过输入接口接收来自现场的信号或数据，并将它们存储在相应的寄存器中，为后续的处理和执行做准备。

扫描输入：CPU 通过输入/输出部件以扫描的方式接收现场的状态或数据，并将它们存储在输入映像寄存器中。这种逐个读取和存储数据的方式有助于确保数据的实时性和准确性。

诊断故障：CPU 具备诊断功能，能够检测 PLC 内部电路的工作状态及用户程序中的语法错误，从而确保系统的稳定性和可靠性。

执行用户指令：当 PLC 进入运行状态后，CPU 从存储器中逐条读取用户指令，并根据指令的要求执行数据处理、逻辑运算、算术运算等任务。

控制输出：根据运算结果，CPU 会更新相关标志位的状态和输出映像存储器的内容，通过输出部件实现输出控制、制表打印及数据通信等功能。不同型号 PLC 的 CPU 芯片是不同的，有些采用通用的 CPU 芯片，有些采用厂家自行设计的专用 CPU 芯片。CPU 芯片的性能关系到 PLC 处理控制信号的能力和速度，CPU 位数越高，系统能处理的信息量越大，运算速度越快。PLC 的功能会随着 CPU 芯片技术的发展而增强。

在 PLC 中，CPU 按系统程序赋予的功能指挥 PLC 有条不紊地进行工作，体现在以下 5 个方面。

（1）接收从编程器输入的用户程序和数据。

（2）诊断电源和 PLC 内部电路的工作故障，检测编程中的语法错误。

（3）通过输入接口接收现场的状态或数据，并将其存入输入映像寄存器或数据寄存器。

（4）从存储器逐条读取用户程序，经过解释后执行。

（5）根据执行的结果，更新有关标志位的状态和输出映像寄存器的内容，通过输出单元实现输出控制。

2．存储器

PLC 的存储器主要用于存储系统程序、用户程序、逻辑变量和其他信息。存储器主要分为两种，它们分别是随机存储器（random access memory，RAM）和只读存储器（read-only memory，ROM）。只读存储器包括可编程只读存储器（programmable read-only memory，PROM）、可擦可编程只读存储器（erasable programmable read-only memory，EPROM）、电擦除可编程只读存储器（electrically-erasable programmable read-only memory，EEPROM）。

ROM存储系统程序，并将程序进行固化，用户不能直接进行更改，这使PLC具有了基本的功能，能够完成PLC在设计时规定的各种工作。存储器的基本功能如下。

（1）系统管理程序：主要控制PLC的工作，使PLC按照规定进行工作。

（2）用户指令解释程序：可将PLC的编程语言转换为机器语言，然后由CPU进行执行。

（3）标准程序模块与系统调用：包括许多不同功能的子程序及其调用管理程序（如输入、输出等子程序）。此部分功能的强弱决定了PLC性能的高低。

用户程序存储器主要用于存储用户根据控制任务编写的程序。根据所用存储器单元类型的不同，用户程序存储器可以使用不同类型的存储介质，例如RAM、EPROM和EEPROM。这些存储器的内容可以由用户根据需要进行修改或增减，为用户提供了极大的灵活性。

用户功能存储器用于存储用户程序中使用器件的状态（开或关）和数值数据。在数据区中，各类数据存储的位置都有严格的划分，每个存储单元都有唯一的地址编号，这样能够确保数据的准确性和可靠性，使PLC能够精确地执行控制任务。

用户存储器的容量大小直接关系到用户程序容量的大小，是反映PLC性能的重要指标之一。在选择PLC时，用户需要根据实际需求考虑合适的存储器容量，以确保程序的正常运行和系统的稳定运行。

用户程序是根据PLC控制对象的需求编制的，是用户根据生产工艺和控制要求为PLC量身定制的应用程序。为了便于读取、检查和修改，用户程序通常存储在互补金属氧化物半导体传感器（complementary metal oxide semiconductor，CMOS）的静态RAM中，并且使用锂电池作为后备电源，以确保在掉电情况下数据不会丢失。

为了防止干扰对RAM中程序的影响，当用户程序经过运行确认无误后，可以选择将程序其固化在EPROM中。现在，许多PLC直接采用EEPROM作为存储器，为用户提供了更大的便利性。

工作数据是PLC在运行过程中经常变化和存取的数据，这些数据被存储在RAM中。PLC的工作数据存储器中有一个特定的存储区，用于存储输入/输出继电器、辅助继电器、定时器、计数器等逻辑器件的状态信息，其中，这些器件的状态是由用户程序的初始化设置和运行情况共同决定的。

根据需要，部分工作数据在掉电后需要保持其现有状态。为了实现这一要求，部分数据存储区域使用了后备电池来维持其现有的状态。在掉电时可保持数据现有状态的存储区域称为保持数据区。

3. 输入/输出单元

PLC的输入/输出单元是用于连接被控设备和PLC的接口，是PLC与工业现场之间的连接部件。

输入单元主要接收和采集两种类型的输入信号：一类是由按钮、选择开关、行程开关、继电器触点、接近开关、光电开关、数字拨码开关等发出的开关量输入信号；另一类是由电位器、测速发电机和各种变送器等发出的模拟量输入信号。输出单元用于连接工业现场的被控设备，如接触器、电磁阀、指示灯、调节阀、调速装置等，将 PLC 的输出信号传送给被控设备。输入/输出设备所需的信号电平多种多样，而 PLC 内部的 CPU 处理的信息只能是标准电平，因此，一般的输入/输出接口具有光电隔离和滤波功能，以提高 PLC 的抗干扰能力。

输入/输出单元在 PLC 中起到了关键的作用，主要包含两部分：接口电路和输入/输出映像寄存器。

接口电路主要负责接收来自用户设备的各种控制信号，如限位开关、操作按钮、选择开关及其他传感器的信号。这些信号通过接口电路转换成 CPU 能够识别和处理的信号，并存入输入映像寄存器。输入映像寄存器用于存储输入信号的状态信息，供 CPU 在运行时读取和处理。

在运行时，CPU 从输入映像寄存器读取输入信息并进行处理。处理后的结果被存储在输出映像寄存器。输出映像寄存器由输出点对应的触发器组成，用于存储 CPU 的处理结果。

输出接口电路在 PLC 中起着关键作用。它将输出映像寄存器中的弱电控制信号转换成现场所需的强电信号，从而驱动被控设备的执行元件，如电磁阀、接触器、指示灯等。通过这种方式，PLC 能够实现对外部设备的有效控制。

PLC 提供多种具有不同操作电平和驱动能力的输入/输出接口，用户可以根据实际需求选择适合的接口类型。由于工作在工业生产现场，因此 PLC 的输入/输出接口必须满足两个基本要求：高抗干扰性和良好的适应性。这要求接口能够抵御环境中温度、湿度、电磁、震动等因素的影响，同时还要能够与现场的各种工业信号相匹配。

目前，PLC 能够提供的输入/输出单元包括开关量（数字量）输入接口、开关量（数字量）输出接口、模拟量输入接口和模拟量输出接口等几种类型。这些接口单元的应用取决于具体的需求和配置。

（1）开关量输入接口

PLC 的开关量输入接口是用于连接各种开关量输入设备的接口，如按钮、选择开关、行程开关、接近开关、压力继电器等。通过开关量输入接口，PLC 可以接收来自现场的各类信号，并将它们转换为 CPU 可以处理的数字信号。

为了防止各种干扰和高压信号侵入 PLC，影响 PLC 运行的可靠性，PLC 必须采取电气隔离和抗干扰措施。现场输入接口电路一般都有滤波电路（抗干扰）和耦合隔离电路（抗干扰和产生标准信号）。

常用的开关量输入接口按使用电源类型的不同可分为直流输入接口、交流/直流输入接口和交流输入接口 3 种。直流输入接口电路的电源可由外部提供，也可由 PLC 内部提供，如图 1-3 所示。交流/直流输入接口电路如图 1-4 所示。交流输入接口电路如图 1-5 所示。

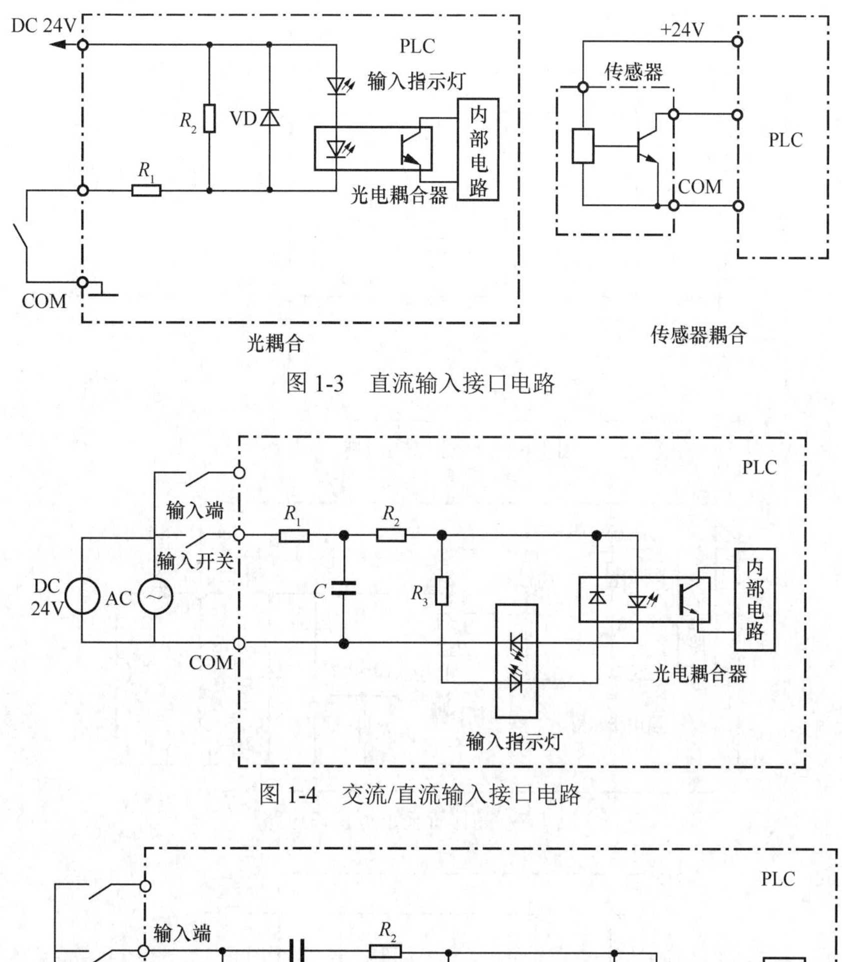

图 1-3　直流输入接口电路

图 1-4　交流/直流输入接口电路

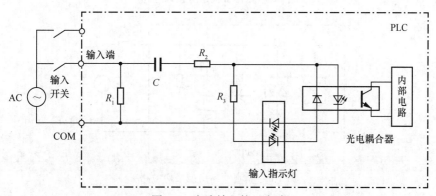

图 1-5　交流输入接口电路

（2）开关量输出接口

开关量输出接口是把 PLC 内部的标准信号转换成执行机构所需的开关量信号。开关量输出接口按 PLC 内部使用器件的不同，可分为继电器输出型接口、晶体管输出型接口和晶闸管输出型接口 3 种，其中，继电器输出型接口电路如图 1-6 所示，晶体管输出型接口电路如图 1-7 所示，晶闸管输出型接口电路如图 1-8 所示。每种输出电路都采用电气隔离技术，输出接口本身不带电源，由外部提供电源。在考虑输出接口外接电源时，还需要考虑输出器件的类型。

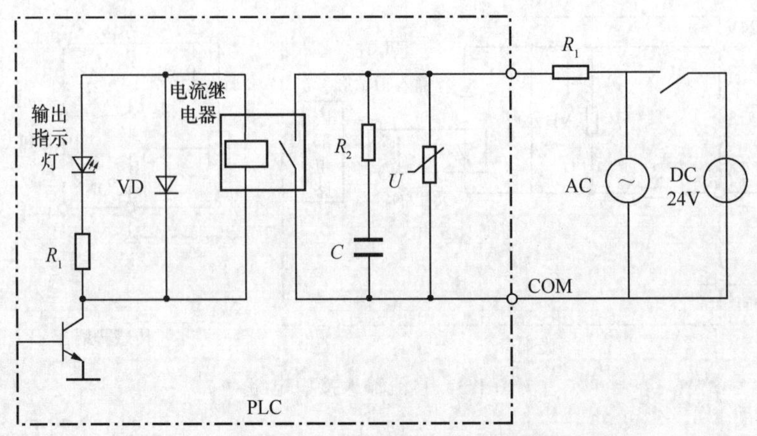

图 1-6　继电器输出型接口电路

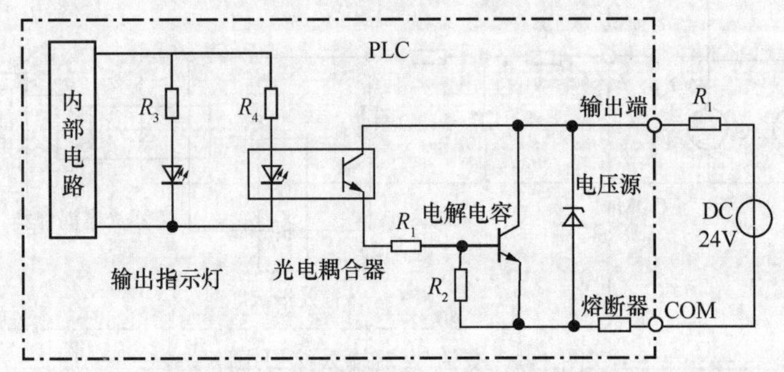

图 1-7　晶体管输出型接口电路

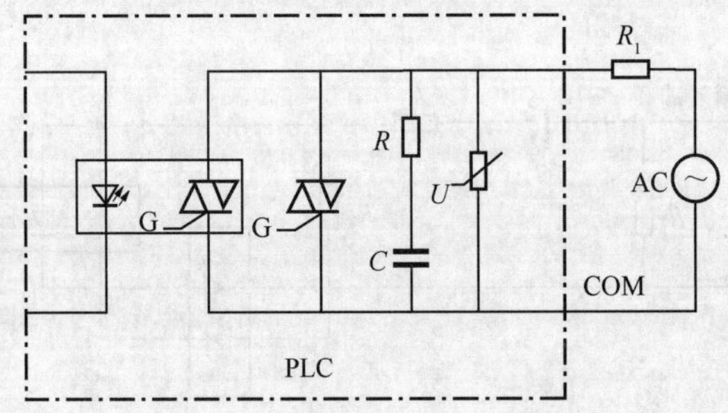

图 1-8　晶闸管输出型接口电路

从上述开关量输出接口电路中可以看出，各类输出接口中都有隔离耦合电路。继电器输出接口是一个常用的类型，它可以使用直流和交流电源。然而，由于其机械结构，继电器输出接口的通断频率相对较低，这意味着在需要快速通断的场景，继电器输出接口可能不是最佳选择。晶体管输出接口具有更高的通断频率，适用于对速度要求较高的直流驱动场合。晶体管是电子元件，反应速度较快，可以满足高频切换的需求。晶闸管输出接口是专门为交流驱动设计的。与晶体管输出接口不同，晶闸管更适合处理交流信号。在交流电的上下波动中，晶闸管能够稳定地控制输出信号，确保驱动设备的正常运行。

为了保护 PLC，使其免因瞬间大电流的冲击而损坏，输出端外部接线需要采取相应的保护措施，这些措施包括在输入/输出公共端设置熔断器，以及采用保护电路。交流感性负载通常使用阻容吸收回路进行保护，直流感性负载则使用续流二极管进行保护。

PLC 的输入/输出端采用了光电耦合技术，实现了电气上的完全隔离，这意味着输出端的信号不会反馈到输入端，从而避免了地线干扰或其他串扰问题。这种光电耦合技术提高了 PLC 的输入/输出端的可靠性和抗干扰能力，使 PLC 在各种复杂的工业环境中都能够稳定运行。

（3）模拟量输入接口

PLC 的模拟量输入接口是用于接收模拟信号的接口，如电压信号和电流信号。这些信号由传感器等设备产生，并被转换成 PLC 可以处理的数字信号。接口有多种类型，根据传感器类型和信号处理方式选择合适的接线方式。为了提高精度和稳定性，一些 PLC 还提供了滤波和校准功能。模拟量输入接口的内部结构如图 1-9 所示。

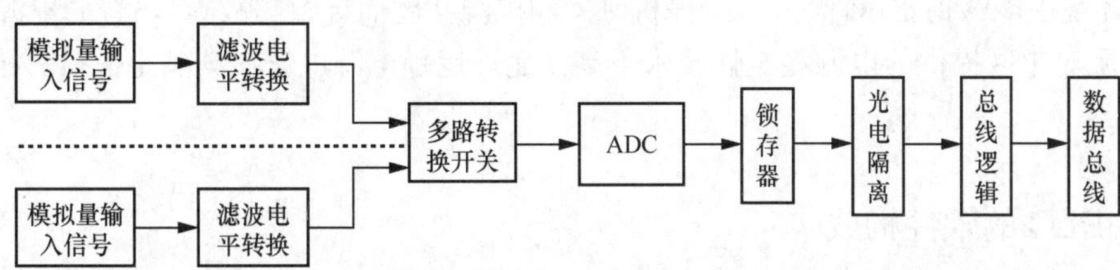

图 1-9 模拟量输入接口的内部结构

（4）模拟量输出接口

PLC 的模拟量输出接口是将 PLC 的数字信号转换成模拟信号，以驱动外部设备的接口。通过模拟量输出接口，PLC 能够控制诸如马达、阀门等设备的运行状态和速度。模拟量输出接口的内部结构如图 1-10 所示

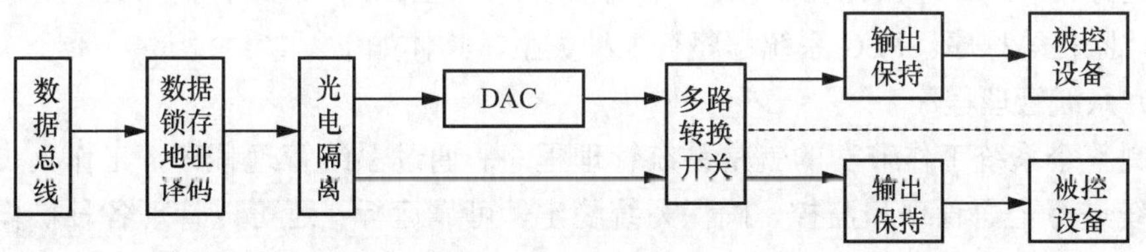

图 1-10 模拟量输出接口的内部结构

4．智能输入/输出接口模块

智能接口模块是一个独立的计算机系统，它有自己的 CPU、系统程序、存储器及与 PLC 系统总线相连的接口。作为 PLC 系统的一个模块，它通过总线与 PLC 相连，进行数据交换，并在 PLC 的协调管理下独立地进行工作。PLC 的智能接口模块种类很多，如高速计数模块、闭环控制模块、运动控制模块、中断控制模块等。

5．通信模块

PLC 配有多种通信模块，这些通信模块大多配有通信处理器。PLC 通过这些通信模块的接口，可实现与打印机、监视器、其他 PLC、计算机等设备之间的通信。PLC 与打

印机连接，可将过程信息、系统参数等输出打印；与监视器连接，可将控制过程用图像显示出来；与其他 PLC 连接，可组成多机系统或连成网络，实现更大规模的控制；与计算机连接，可组成多级分布式控制系统，实现控制与管理相结合。

6．电源部件

电源部件在工业环境中发挥着至关重要的作用，能够将交流电转换成直流电，为 PLC 等设备提供稳定的工作电源。PLC 的电源部件通常包括开关电源和稳压电源等组件，这些组件能够提供稳定的电力供应，并适应各种不同的电源需求。

在工业环境中，电源部件可能会遇到各种问题，如电磁干扰、过载或短路等。为了解决这些问题，电源部件必须采取一系列滤波和保护措施，如集成电压调整器和采取屏蔽措施。常用的电源电路有串联型稳压电路、开关型稳压电路和含有变压器的逆变式电路。

此外，PLC 的电源部件需要具备抗干扰能力强和稳定性好的特点，这可以确保 PLC 在工业环境中能够稳定运行，并减少停机时间和电源问题而导致的故障。与普通电源相比，PLC 电源对电网提供的电源稳定性要求不高，允许运行电源电压在其额定值±15%的范围内波动。

1.3.2 PLC 的软件构成

PLC 的“灵魂”是软件。在硬件设备搭建完成之后，PLC 需要通过软件进行控制。PLC 的软件包括系统程序和用户程序。系统程序是 PLC 设备运行的基本程序，用户程序使 PLC 能够实现特定的控制规范和预期的自动化功能。

1．系统程序

系统程序的编写主体是 PLC 的制造商。系统程序被存储到 PLC 的系统存储器中，用户直接进行读/写和修改的没有权限。系统程序一般包括系统诊断、输入处理、编译、信息传递、监控等程序。PLC 系统程序有 3 种类型，具体如下。

（1）系统管理程序

控制整个系统工作节奏的就是系统管理程序。通过系统管理程序，工作人员可以对 PLC 系统进行全面管理和监控，确保系统稳定、可靠运行；还可以管理各种操作时间分配、存储器空间管理、系统的自诊断管理（如电源故障、系统出错、句法检验）等。

（2）编译程序和解释程序

在 PLC 编程中，编译程序将符合 PLC 编程规则和语法的高级语言程序转换成 PLC 可执行的机器码，以便 CPU 操作运行。在编译过程中，编译程序会进行语法检查、语义检查、代码优化等操作，以确保程序的正确性和高效性。编译后生成的目标代码是机器码，可以直接在 PLC 上运行。

（3）标准子程序与调用管理程序

当执行如输入/输出处理等信息时，调用标准子程序可以提高程序的运行速度。

系统程序固化在 PLC 的硬件设备中。当系统程序在运行中出现故障或者功能无法满足使用需求时，用户难以对系统程序进行更改，需要联系制造商进行维修或升级。

2．用户程序

用户程序不同于系统程序，它决定了该控制系统的功能。用户程序可以使用编程软件在计算机或者其他专用的编程设备（如图形输入设备、编程器等）上进行程序的编写。广义上的用户程序由 3 部分组成：数据块、参数块和用户程序（主程序）。

数据块主要存储控制程序运行所需要的数据，其中，数据类型有布尔型、二进制/十进制/十六进制，以及字母、数字和字符型。数据块是一个可选部分。

参数块主要存储 CPU 的组态数据。若在编程工具上未进行 CPU 的组态，则系统以默认值进行自动配置。参数块也是一个可选部分。

用户程序的编写主体是用户。用户利用 PLC 的编程语言，根据控制需求进行程序编写。在 PLC 的应用中，最重要的是用 PLC 的编程语言编写用户程序，实现控制目的。根据系统配置和控制要求编写用户程序，是 PLC 应用于工程控制的一个重要环节。

用户程序在存储器空间中也称为组织块（organization block，OB），处于最高层次，可以管理其他块，也可以采用各种语言进行编写。用户程序的结构比较简单，一个完整的用户程序包括 3 个部分：一个主程序、若干个子程序和若干个中断程序。PLC 程序结构示意如图 1-11 所示。不同的编程设备，对各程序块的安排方法也不同。

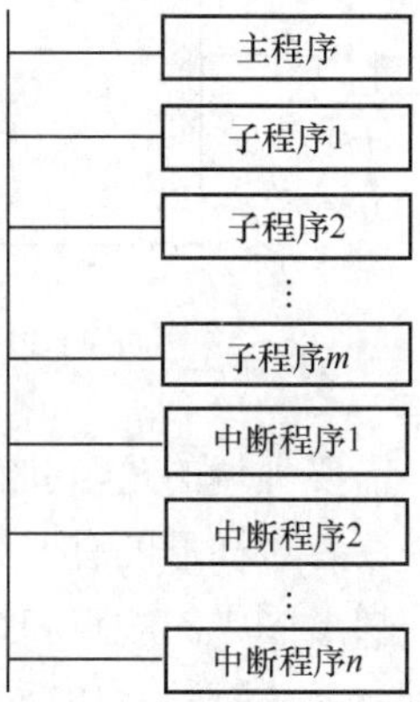

图 1-11　PLC 程序结构示意

PLC 的主要编程语言采用比计算机语言更为简单、易懂、形象的专用语言。不同制造商提供的编程语言不尽相同。常用的编程语言有梯形图、语句表、功能块图。

（1）梯形图

梯形图是 PLC 使用得最多的图形编程语言，被称为 PLC 的第一编程语言。这种语言沿袭了继电器控制电路的形式，并在常用继电器与接触器逻辑控制的基础上简化了符号，具有形象、直观、实用等特点，使电气技术人员容易接受并使用。

梯形图由触点（如图 1-12 所示 Network 1 中的 I0.0 所对应的符号）、线圈（如图 1-12 所示 Network 2 中的 Q4.3 所对应的符号），以及用方框表示的指令框组成。触点表示逻辑输入条件，如外部开关、按钮和内部条件等。线圈一般表示逻辑运算的结果，可以用来控制外部指示灯、交流接触器和内部的标志位等。指令框用来表示定时器、计数器或者数学运算等附加指令。图 1-12 展示了简单的梯形图，其对应的语句表如图 1-13 所示。

梯形图的一个关键概念是“能流（power flow）”，这仅是概念上的“能流”。如图 1-12 所示，我们把左边的母线（粗线）假想为电源的“火线”，而把右边的母线（粗线）假想为电源的“零线”，若有“能流”从左至右流向线圈，则线圈被激励（ON）；若没有“能流”，则线圈未被激励（OFF）。

“能流”可以通过激励的常开触点和未被激励的常闭触点自左向右流动。“能流”在任何时候都不会通过触点自右向左流动。在图 1-12 中，当 I0.0 和 I0.1 的触点或 Q4.0 和 I0.1

的触点都被接通时，线圈 Q4.0 才能被接通（ON），若其中一个触点不被接通，则线圈就不会被接通。

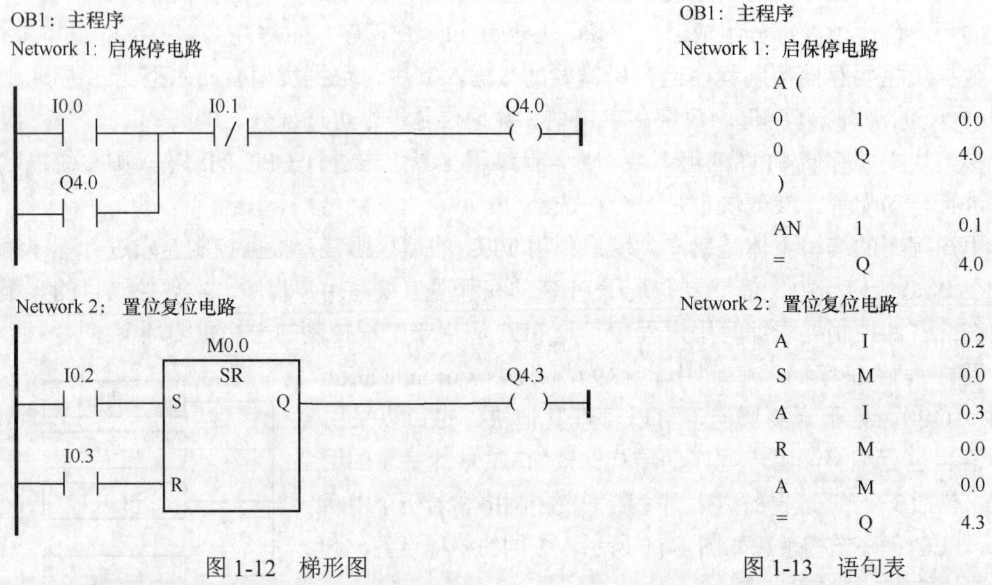

图 1-12　梯形图　　　　图 1-13　语句表

需要强调的是，引入“能流”的概念，仅仅是为了与继电器-接触器控制系统相比较，以使读者对梯形图有一个深入的认识，其实“能流”在梯形图中是不存在的。

梯形图中的触点和线圈可以使用物理地址，如 I0.1、Q4.0 等。如果在符号表中对某些地址定义了符号，如令 I0.0 的符号为“启动”，在程序中可用符号地址“启动”来代替物理地址 I0.1，使程序便以阅读和理解。

用户可以在网络号（Network 1）的右边加上网络的标题（如启保停电路），在网络号的上面为网络加上注释，还可以选择在梯形图下面自动加上该网络中使用的符号信息（symbol information）。如果将两个独立电路放在同一个网络内，那么网络将会出错。如果没有跳转指令，那么网络中程序的逻辑运算按从左到右的方向执行，与“能流”的方向一致。网络之间按从上到下的顺序执行，执行完所有的网络后，下一次循环返回到最上面的网络（Network 1）重新开始执行。

（2）语句表

语句表是 PLC 中最基础的编程语言，用一个或几个容易记忆的字符来代表 PLC 的某种操作功能。语句表可以直接访问内存和执行各种操作，其中包括算术、比较、逻辑等运算。它还可以控制循环、条件判断等流程控制结构，使程序更加灵活和易于维护。由于词句表的语法结构较为复杂，需要操作人员有较高的编程技能和丰富的经验，因此对于初学者来说，语句表较难掌握。

（3）功能块图

功能块图使用类似于布尔代数的图形逻辑符号表示控制逻辑。一些复杂的功能（如数学运算功能等）用指令框来表示，有数字电路基础的人很容易掌握这种编程语言。功能块图用类似于或门、与门的方框表示逻辑运算关系：方框的左侧为逻辑运算的输入变量，方框的右侧为输出变量；输入端和输出端的小圆圈表示非运算；方框通过“导线”连接在一起，信号自左向右流动。图 1-14 展示了与图 1-12 所示梯形图对应的功能块图。

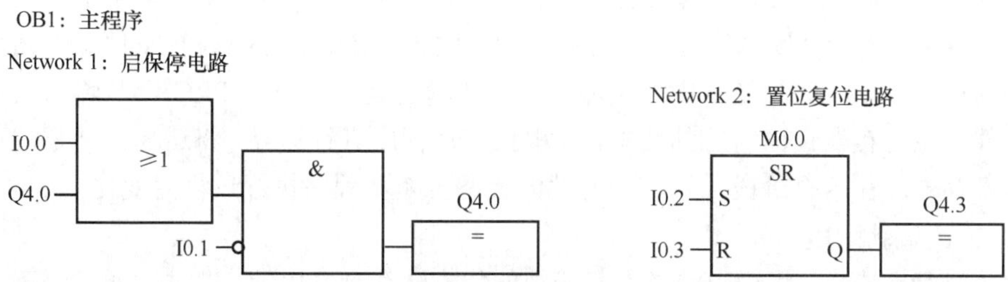

OB1：主程序
Network 1：启保停电路
I0.0
Q4.0
≥1
&
I0.1
Q4.0
=
Network 2：置位复位电路
M0.0
SR
I0.2 S
I0.3 R
Q
Q4.3
=

图 1-14　功能块图

利用功能块图可以查看到像普通逻辑门图形一样的逻辑盒指令。它没有梯形图编程器中的触点和线圈，但有与之等价的指令。这些指令是作为盒指令出现的，程序逻辑由这些盒指令之间的连接决定。也就是说，一条指令（如 AND 盒）的输出可以用于允许另一条指令（如定时器）执行，这样就可以建立所需要的控制逻辑。这种连接思想可以解决范围广泛的逻辑问题。功能块图编程语言有利于程序流的跟踪，但目前使用得较少。

1.3.3　PLC 的工作原理

PLC 的工作原理是：基于计算机的工作原理，通过执行用户程序来实现控制要求。PLC 在执行程序时，会按照设定的顺序依次完成电器的动作。PLC 采用循环扫描的工作方式，每次扫描所需的时间称为扫描周期或工作周期。

一般来说，PLC 开始运行后，其扫描周期可以分为输入采样阶段、程序执行阶段和输出刷新阶段，如图 1-15 所示。

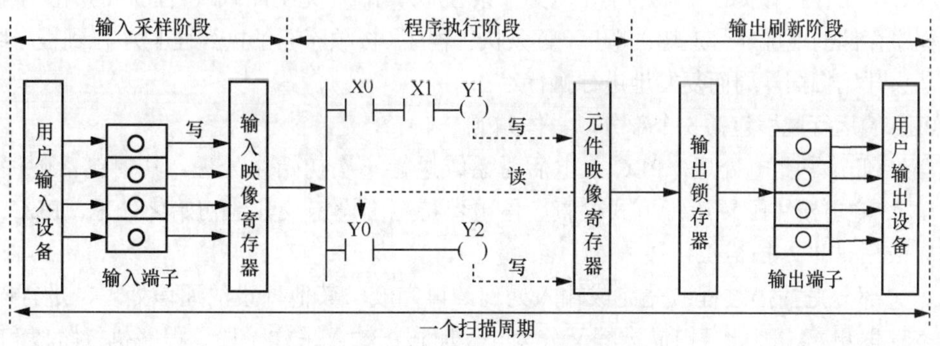

图 1-15　PLC 的扫描周期

1. 输入采样阶段

PLC 控制器通过扫描方式依次读入所有输入端子的通端状态，并将读入的信息存入内存中与之对应的输入映像寄存器。输入映像寄存器被刷新后，接着进入程序执行阶段。在程序执行时，输入映像寄存器与外界隔离，即使输入信号发生变化，其映像寄存器的内容也不会发生变化，只有在下一个扫描周期的输入处理阶段才能读入变化后的信息。

2．程序执行阶段

在程序执行阶段，PLC 会按照梯形图程序扫描原则，从左至右、从上至下逐个执行程序，并将结果存入元件映像寄存器。当遇到程序跳转指令时，根据跳转条件是否满足来决定程序的跳转地址。如果指令中涉及输入状态和输出状态，那么 PLC 会从输入映像寄存器和元件映像寄存器读出对应的状态，并根据用户程序进行运算，将运算的结果被存入元件映像寄存器。在这个阶段，每一个元件的状态会随着程序执行过程而变化。

3．输出刷新阶段

程序执行完毕后，将输出映像寄存器中的状态转存到输出锁存器中，通过隔离电路驱动功率放大电路，使输出端子向外界输出控制信号，驱动外部负载。

1.3.4 PLC 的工作过程

PLC 的工作过程是基于计算机的串行输出方式，实现继电器–接触器系统的并行输出功能。PLC 工作的核心是循环扫描，每个工作循环的周期必须足够短，以实现并行控制的效果。PLC 运行时，通过执行反映控制要求的用户程序来完成控制任务，涉及大量操作。然而，CPU 无法同时执行多个操作，只能按照分时操作（串行工作）方式，逐个执行每个操作。由于 CPU 的运算处理速度很快，从宏观角度来看，PLC 的外部输出似乎是同时完成的，这种循环工作方式称为 PLC 的循环扫描工作方式。

循环扫描工作方式具体如下。当执行用户程序时，扫描从第一条指令开始，按照程序存储的顺序逐条执行用户程序，直到程序结束；之后，从头开始新一轮的扫描。PLC 就这样不断重复执行上述循环扫描过程，这种工作方式确保了 PLC 能够按照顺序逐条执行程序，并实现自动化控制。

PLC 的工作过程如图 1-16 所示。从第一条程序开始，在无中断或跳转控制的情况下，PLC 按照程序存储的地址序号递增的顺序，逐条执行程序（按顺序逐条执行程序），直到程序结束；然后从头开始扫描，周而复始地进行执行。

PLC 的运行过程包括 3 个部分，具体如下。

第一部分是上电处理：PLC 上电后对系统进行一次初始化处理，其中包括硬件初始化、输入/输出模块配置运行方式检查、停电保持范围设定及其他初始化处理。PLC 上电处理完成后，进入扫描工作过程。

第二部分是扫描过程：先完成输入处理，再完成与其他外设的通信处理，进行时钟、特殊寄存器更新，因此，扫描过程又分为 3 个阶段：输入采样阶段、程序执行阶段和输出刷新阶段。当 CPU 处于 STOP 状态时，PLC 转入执行自诊断检查。当 CPU 处于 RUN 状态时，PLC 要完成用户程序的执行和输出处理，再转入执行自诊断检查，若发现异常，则停机并显示报警信息。

第三部分是出错处理。PLC 每扫描一次，执行一次自诊断检查，确定 PLC 自身的动作是否正常（如 CPU、电池电压、程序存储器、输入/输出、通信等是否异常或出错）。若检查出异常，则 CPU 面板上的发光二极管（LED）及异常继电器会接通，在特殊寄存器中存入出错代码。当出现致命错误时，CPU 被强制切换为 STOP 方式，停止所有的扫描。

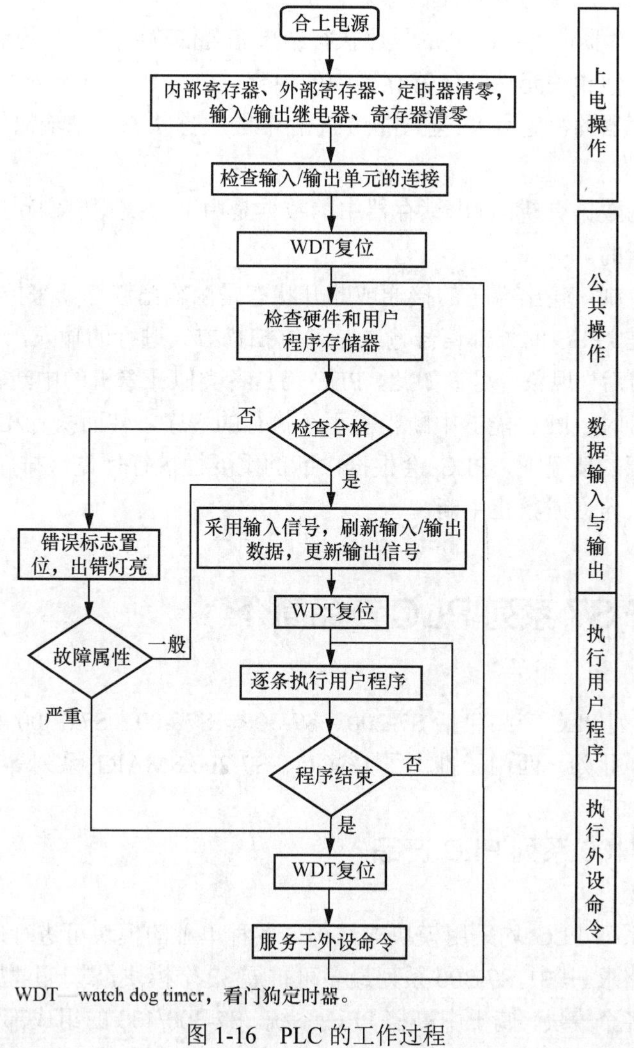

图 1-16　PLC 的工作过程

当 PLC 运行正常时，扫描周期的长短与 CPU 的运算速度、输入/输出点的情况、用户应用程序的长短及编程情况均有关。通常采用执行 1 KB 指令所需要的时间来说明 PLC 的扫描速度，一般为 1～10 ms/KB。值得注意的是，不同指令的执行所需要的时间是不同的，故选用不同指令所用的扫描时间也将会不同。若高速系统需要缩短扫描周期，则可从软、硬件两个方面考虑。

1.3.5　PLC 的输入/输出原则

基于 PLC 的工作原理和特征，我们可以总结出 PLC 在处理输入/输出数据时应遵循的基本原则，具体如下。

输入映像寄存器的更新：PLC 输入映像寄存器的数据是基于输入端子板上各输入点在最近一次刷新周期内的接通或断开状态来更新的。

程序执行与寄存器内容：PLC 的程序执行结果完全依赖用户编写的程序，以及输入/输出映像寄存器和其他相关元件映像寄存器中的内容。

输出映像寄存器的决定因素：输出映像寄存器的数据状态是由输出指令的执行结果来决定的。

输出锁存器的数据更新：输出锁存器中的数据是由上一次输出刷新期间输出映像寄存器中的数据来更新的。

输出端子的控制：输出端子的接通或断开状态是由输出锁存器来控制的。

需要注意的是，PLC 的外部信号输入是通过扫描方式进行的输入，这种方式会导致出现所谓的“逻辑滞后”现象。尽管如此，PLC 仍具备类似计算机的中断输入功能，即当接收到中断申请信号时，PLC 能够中断当前正在执行的程序，转而执行相应的中断子程序。在存在多个中断源的情况下，PLC 会根据中断的重要性进行优先级排序。此外，PLC 支持通过程序设置来允许或禁止中断。

1.4 西门子 S7 系列 PLC 产品简介

西门子 S7 系列 PLC 产品包括 S7-200、S7-300、S7-400、S7-1500 等，它们分别满足不同用户的需求。此外，西门子推出了 LOGO、S7-200 SMART 系列等产品。

1.4.1 S7-300/400 系列 PLC 产品

S7-300/400 系列 PLC 均采用模块式结构。各种单独的模块可进行广泛组合，以适应不同的控制系统需求。其中，S7-300 系列最多可扩展 32 个模块，属于小型 PLC 系统；S7-400 系列可扩展 300 多个模块，属于中高档 PLC 系统。S7-300/400 的组成部分有机架（导轨）、电源（power supply，PS）模块、CPU 模块、接口模块（interface module，IM）、信号模块（signal module，SM）、功能模块（function module，FM）、通信处理器（communication module，CM）模块。这些组成部分共同构成了 S7-300/400 系列 PLC 的硬件结构，使 PLC 能够处理各种复杂的控制任务。近年来，S7-300/400 系列 PLC 广泛应用于机床、纺织机械、包装机械、通用机械、控制系统等领域。

S7-300/400 系列 PLC 提供了多种不同的 CPU 模块，尽可能地满足用户的不同需求。例如，S7-300 系列 PLC 的 CPU 模块有 CPU312IFM、CPU313、CPU314、CPU315、CPU315-2DP 等；S7-400 系列 PLC 的 CPU 模块有 CPU412-1、CPU413-1、CPU413-2DP、CPU414-1、CPU414-2DP、CPU416-1 等。不同 CPU 有不同的功能，有的 CPU 模块集成了数字量和模拟量输入/输出点，有的 CPU 集成了 PROFIBUS-DP 等通信接口。CPU 模块

前面板上有状态故障指示灯、模式开关、24 V 电源端子、电池盒与存储器模块盒（有些CPU 模块没有）等。

信号模块是数字量输入/输出模块和模拟量输入/输出模块的总称，可使不同的过程信号电压或电流与 PLC 内部的信号电平相匹配。S7-300/400 系列 PLC 的信号模块如表 1-1 所示。

表 1-1 S7-300/400 系列 PLC 的信号模块

PLC 类别	信号模块
S7-300 系列	数字量输入模块 SM321 和数字量输出模块 SM322，数字量输入/输出模块 SM323，模拟量输入模块 SM331、模拟量输出模块 SM332，以及模拟量输入/输出模块 SM334 和 SM335。模拟量输入模块可以输入热电阻、热电偶、直流 4～20 mA 和直流 0～10 V 等多种不同类型和不同量程的模拟信号。每个信号模块都配有自编码的螺栓锁紧型前连接器，外部程序信号可方便地连在信号模块前连接器上
S7-400 系列	数字量输入模块 SM421 和数字量输出模块 SM442，模拟量输入模块 SM431 和模拟量输出模块 SM432

功能模块主要用于实时性强、存储计数量较大的过程信号处理任务。S7-300/400 系列 PLC 的功能模块如表 1-2 所示。

表 1-2 S7-300/400 系列 PLC 的功能模块

PLC 类别	功能模块介绍
S7-300 系列	计数器模块 FM350-1、FM350-2 和 CM35，快速/慢速进给驱动位置控制模块 FM351，电子凸轮控制器模块 FM352，步进电动机定位模块 FM353，伺服电动机定位模块 FM354，定位和连续路径控制模块 FM338，闭环控制模块 FM355、FM355-2、FM355-2C 和 FM355-2S，称重模块 SIWAREXU/M，以及智能位置控制模块 SINUMERIK FM-NC 等
S7-400 系列	计数器模块 FM450-1、快速/慢速进给驱动位置控制模块 FM451、电子凸轮控制器模块 FM452、步进电动机和伺服电动机定位模块 FM453、闭环控制模块 FM455、应用模块 FM458-1DP 及 S5 智能输入/输出模块等

1.4.2 S7-1500 系列 PLC 产品

S7-1500 系列 PLC 是西门子新一代的控制器，相对于 S7-300/400 系列 PLC，其性能更高、功能更强大，是 S7-300/400 的升级换代产品。它们具有相同的程序结构，用户程序由代码块和数据块组成，其中，代码块包括组织块、函数和函数块；数据块包括全局数据块和背景数据块。S7-1500 与 S7-300/400 的指令有较大区别，S7-1500 的指令包含 S7-300/400 库中的某些函数、函数块、系统函数和系统函数块。

S7-1500 的 CPU 配备了 PROFINET 以太网接口，能够方便地与计算机、人机界面、PROFINET 输入/输出设备和其他 PLC 进行通信，并支持多种通信协议。除了以太网通信，S7-1500 还可以实现 PROFIBUS-DP 通信，以满足不同工业环境的需求。在扩展方面，S7-1500 不使用扩展机架，而是通过分布式输入/输出进行扩展，这样可以更好地适应各种不同的空间和布局要求。

S7-1500 系列 PLC 提供了多种不同类型和功能的 CPU 模块，其中包括标准型、工艺型、紧凑型、高防护等级型、分布式和开放式、故障安全型 CPU，以及基于 PC 的软控制器等，这些模块可以满足各种不同的控制需求。

S7-1500 系列 PLC 带有 3 个 PROFINET 接口，其中，两个接口具有相同的 IP 地址，适用于现场级通信；第三个接口具有独立的 IP 地址，可集成到公司网络中。通过 PROFINET IRT（isochronous real time communication，等时实时通信），S7-1500 系列 PLC 可定义响应时间并确保高度精准的设备性能。

S7-1500 系列 PLC 提供了一种更为全面的安全保护机制，包括授权级别、模块保护、通信的完整性等各个方面。

S7-1500 系列 PLC 在诊断功能方面进行了集成，无须进行额外的编程操作。通过统一的显示机制，故障信息可以以文本形式显示在 TIA 博途、人机交互（human-machine interaction，HMI）、Web 服务器和 CPU 的界面上。这种设计为用户提供了便利，可以快速地获取故障信息，从而提高诊断的准确性和效率。S7-1500 系列 PLC 系统中集成了包括软件和硬件在内的所有诊断信息，确保了全面的故障检测和诊断能力。无论在本地还是通过 Web 远程访问，文本信息和诊断信息的显示都是一致的。

此外，S7-1500 系列 PLC 还采用了接线端子和 LED 标签的 1:1 分配方式，这使得测试、调试、诊断和操作过程中可以快速、方便地对端子和标签进行显示分配。这种设计减少了操作时间，提高了工作效率。当发生故障时，S7-1500 可以快速准确地识别受影响的通道，从而缩短停机时间，提高工厂设备的可用性。

S7-1500 系列的轨迹功能适用于所有 CPU，该功能增强了用户程序和运动控制应用诊断的准确性，同时优化了驱动装置的性能。

S7-1500 系列 PLC 将运动控制功能直接集成到设备中，无须使用额外的模块。这一设计简化了系统的配置和集成工作。通过 PLCopen 技术，PLC 能够使用标准组件连接支持 PROFIdrive 的各种驱动装置。这种开放性和标准化特性为用户提供了更大的灵活性和兼容性，让用户可以根据实际需求选择合适的驱动装置和组件。

此外，S7-1500 系列 PLC 的 CPU 集成了强大的 PID 控制器，具有 PID 参数自整定功能。这种自适应控制技术能够根据系统的运行状态自动调整 PID 参数，确保系统在各种工况下的稳定性和准确性。

习　题

一、单选题

1. 以下关于 PLC 的表述不正确的是________。

A. PLC 的中文名称为可编程控制

B. PLC 是一种新型工业自动化控制装置

C. PLC 是一种很普通的计算机

D. PLC 可通过软件编程

2. 以下属于 PLC 特征的是________。

A. 可靠性强　　B. 抗干扰性能强

C. 通用性强　　D. 以上都是

3. 根据实际需要选配不同的模块组成一个系统，属于________。

A. 整体式　　B. 模块式

C. 堆叠式　　D. 无此结构

4. PLC 的核心组件是________。

A. CPU　　B. 存储器

C. 输入/输出单元　　D. 智能接口模块

5. PLC 常用的编程语言有________。

A. 梯形图　　B. 语句表

C. 功能块图　　D. 以上都是

二、判断题

1. PLC 的开关量逻辑控制是其最基本的功能，PLC 的输入/输出信号都是通/断的开关信号，而且输入/输出点数可以不受限制。

2. 输入/输出点数在 256～2048 之间、程序存储容量在 4～100 KB 之间的 PLC 属于小型 PLC。

3. 系统程序的编写主体是 PLC 的制造商。

4. PLC 采用循环扫描的工作方式，每次扫描所需的时间称为扫描周期或工作周期。

5. PLC 的工作方式是用并行输出的计算机工作方式实现串行输出的继电器–接触器工作方式。

三、简答题

1. 简述 PLC 的循环扫描工作方式。

2. 简述 S7-300/400 系列 PLC 的特点。

项目 2 TIA 博途软件的安装与基本使用方法

2.1 TIA 博途软件的安装

TIA 博途（Portal）软件源于西门子公司在自动化技术方面的不断创新和发展。从 20 世纪 40 年代开始，西门子公司就开始涉足自动化技术领域，经历了从经典控制理论的出现到现代控制理论和最优控制的产生等阶段。随着电子计算机和电子信息技术的发展，西门子公司不断推出新的硬件和软件工具，支持新理论的应用。

到了 20 世纪 90 年代末期，随着工业自动化需求的不断增长，西门子公司推出了工程设计软件——TIA 博途。通过直观的用户界面、高效的导航设计和行之有效的技术实现，TIA 博途软件实现了周密整合的效果。无论是设计、安装、调试，还是维护和升级自动化系统，TIA 博途软件都能做到节省工程设计的时间、成本和人力。

2.1.1 初识 TIA 博途软件

TIA 博途软件的设计兼顾了高效性和易用性。TIA 博途软件的主要特点如下。

（1）统一的工程组态和软件项目环境：TIA 博途软件提供了一个统一的工程组态界面，用户可以在同一环境中进行控制器、驱动装置和人机界面的组态工作，简化了不同组件之间的集成过程。

（2）强大的功能库：TIA 博途软件包含了丰富的功能库，其中包括各种常用的算法、工具和库函数等，用户可以直接调用这些功能进行自动化系统的开发。

（3）灵活的硬件配置：TIA 博途软件支持多种西门子硬件设备，用户可以根据实际需求选择合适的硬件配置，以满足不同规模的自动化系统需求。

（4）高效的调试和诊断功能：TIA 博途软件提供了强大的调试和诊断工具，用户可以实时监控系统的运行状态，快速定位和解决问题。

（5）易于使用的用户界面：TIA 博途软件的用户界面简洁直观，易于使用。用户可以通过简单的拖曳操作进行工程组态，降低了使用难度。

2.1.2　安装 TIA 博途软件的硬件条件

本书以 TIA 博途软件 V15.1 为例，介绍 TIA 博途软件安装的硬件条件，具体如下。

- 处理器：Core i5-6400EQ，3.4 GHz 或者相当规格。
- 内存：不少于 16 GB。
- 硬盘：固态硬盘，配备至少 50 GB 的存储空间。
- 图形分辨率：1920 像素×1080 像素。
- 操作系统：Windows 7 及以上，64 位。

不同的版本对硬件的要求不同，读者应根据不同的版本配置硬件，以满足安装要求。

2.1.3　安装 TIA 博途软件的注意事项

TIA 博途软件在安装时，需要注意以下事项。

- 确保操作系统是原版系统。
- 安装时不能打开杀毒软件和防火墙。
- 解压路径和安装路径中不能含有中文字符。
- 需要安装.NET 3.5 框架和微软消息队列（Microsoft message queuing，MSMQ）服务器。
- 需要修改注册表。
- 需要以管理员身份运行安装程序。

2.1.4　安装和卸载 TIA 博途软件

TIA 博途软件可通过 P4V 软件进行下载，下载路径请参考本书配套资源。

下面在 Windows 11 上安装 TIA 博途 V15.1 版本，具体步骤如下。

步骤 1：关闭防火墙和杀毒软件。

步骤 2：安装.NET 3.5 框架和 MSMQ 服务器。依次单击“控制面板”→“程序”→“程序和功能”→“启用或关闭 Windows 功能”，选择图 2-1 和图 2-2 所示选项后单击“确定”按钮进行安装。

图 2-1　安装.NET 3.5 框架

图 2-2　安装 MSMQ 服务器

步骤 3：修改注册表，避免后续安装软件时一直提示重启，无法安装软件。按组合键“Win＋R”并输入命令“regedit”，注册表的路径为“计算机\HKEY_LOCAL_MACHINE\SYSTEM\CurrentControlSet\Control\Session Manager”，删除键值“PendingFileRenameOperations”（单击鼠标右键，在弹出的快捷菜单中选择“删除”选项），如图 2-3 所示。

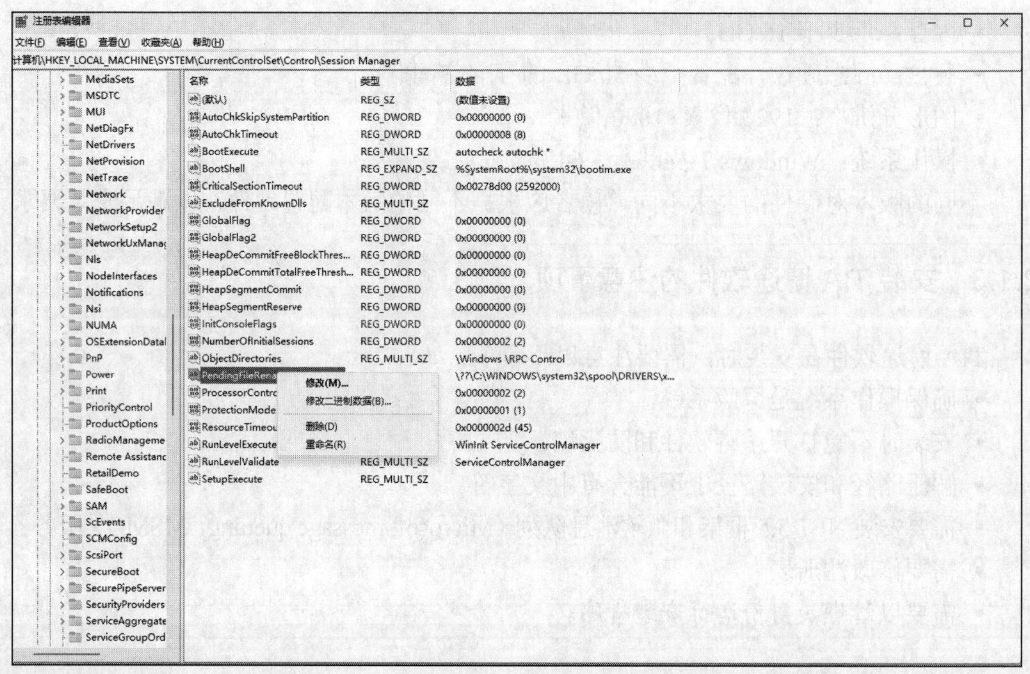

图 2-3 修改注册表信息

步骤 4：安装 TIA 博途 V15.1。打开安装包所在文件夹（如图 2-4 所示），选择 Start.exe 应用程序（如图 2-5 所示），并以管理员身份运行该程序。

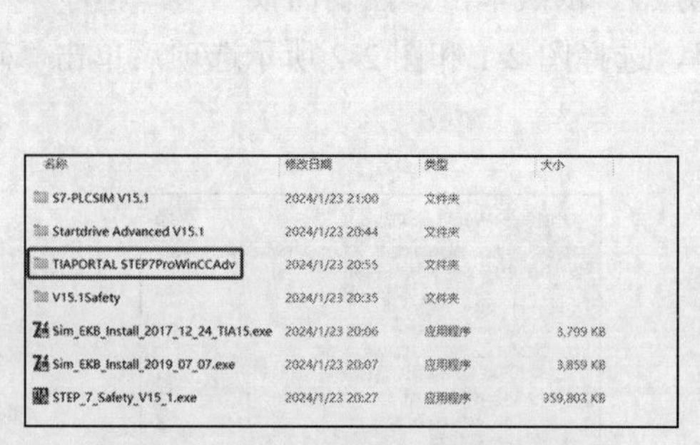

名称	修改日期	类型	大小
S7-PLCSIM V15.1	2024/1/23 21:00	文件夹	
Startdrive Advanced V15.1	2024/1/23 20:44	文件夹	
TIAPORTAL STEP7ProWinCCAdv	2024/1/23 20:55	文件夹	
V15.1Safety	2024/1/23 20:35	文件夹	
Sim_EKB_Install_2017_12_24_TIA15.exe	2024/1/23 20:06	应用程序	3,799 KB
Sim_EKB_Install_2019_07_07.exe	2024/1/23 20:07	应用程序	3,859 KB
STEP_7_Safety_V15_1.exe	2024/1/23 20:27	应用程序	359,803 KB

图 2-4 安装包所在的文件夹

名称	修改日期	类型	大小
Documents	2024/1/23 22:42	文件夹	
InstData	2024/1/24 0:22	文件夹	
Licenses	2024/1/23 20:59	文件夹	
Autorun.inf	2024/1/23 20:28	安装信息	1 KB
Leame.htm	2024/1/23 20:28	Chrome HTML D...	1 KB
Leggimi.htm	2024/1/23 20:28	Chrome HTML D...	1 KB
Liesmich.htm	2024/1/23 20:28	Chrome HTML D...	1 KB
Lisezmoi.htm	2024/1/23 20:28	Chrome HTML D...	1 KB
Readme.htm	2024/1/23 20:28	Chrome HTML D...	1 KB
Readme_OSS.htm	2024/1/23 20:28	Chrome HTML D...	34 KB
ReadmeChinese.htm	2024/1/23 20:28	Chrome HTML D...	1 KB
Start.exe	2024/1/23 20:28	应用程序	722 KB

图 2-5 选择 Start.exe 应用程序

运行 Start.exe 应用程序之后的界面如图 2-6 所示，这里需要选择安装语言，默认选中文，直接单击“下一步”按钮。在图 2-7 所示界面上进行产品语言设置，默认选中文，之后直接单击“下一步”按钮。

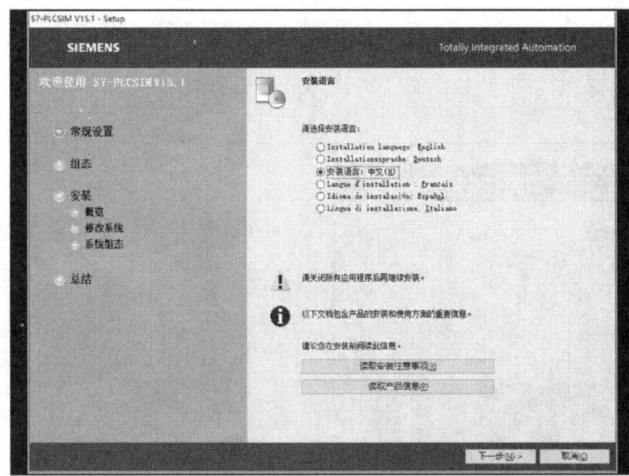

图 2-6　设置安装语言

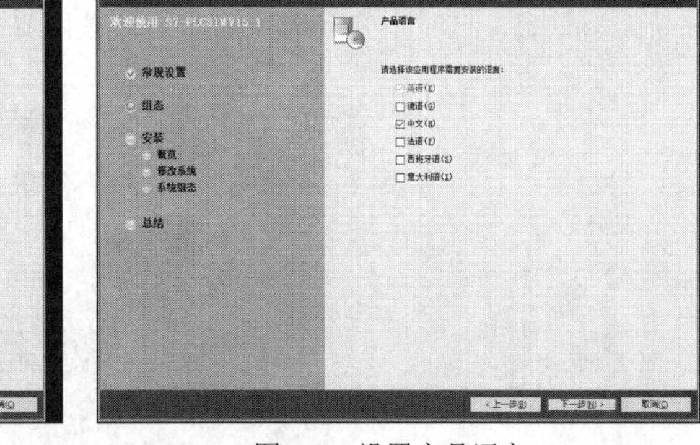

图 2-7　设置产品语言

在图 2-8 所示界面上，对产品配置进行设置，这里可以更改“目标目录”（安装的位置），其他保持默认即可。

接下来的安装过程，按照图 2-9～图 2-11 所示内容单击“下一步”和“安装”按钮即可。

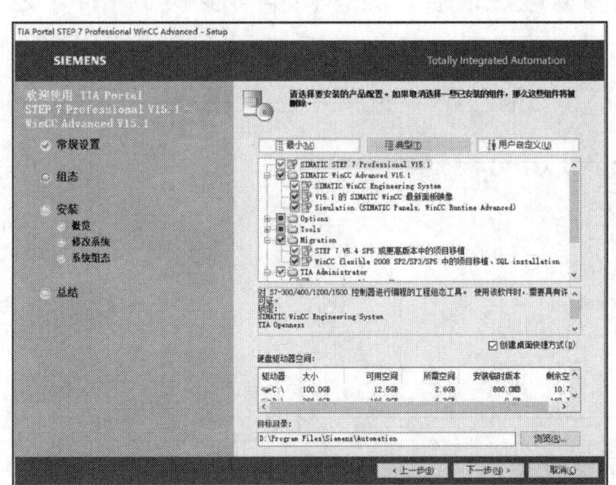

图 2-8　设置产品配置

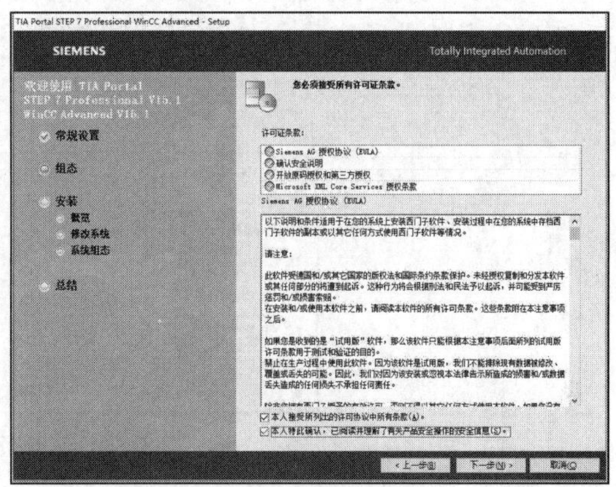

图 2-9　接受所有许可证条款

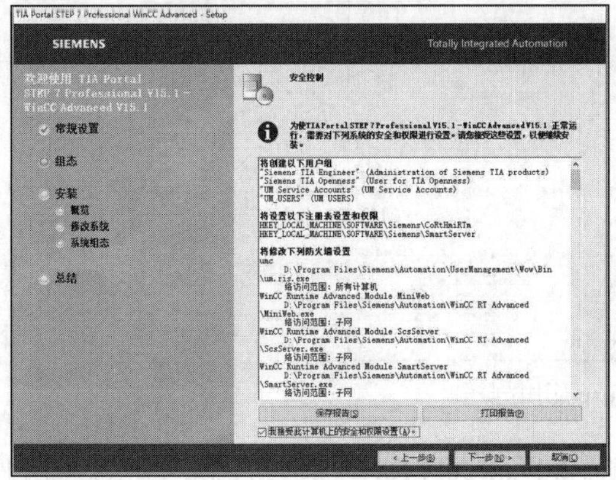

图 2-10　接受安全控制

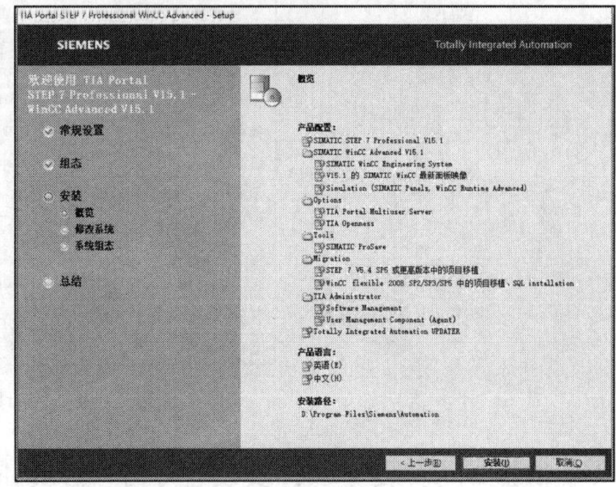

图 2-11　进行安装

安装过程如图 2-12 所示。这一过程时间较长，需要等待一段时间。安装完成之后，系统提示重启，这时不要立即重启，而是关闭界面。

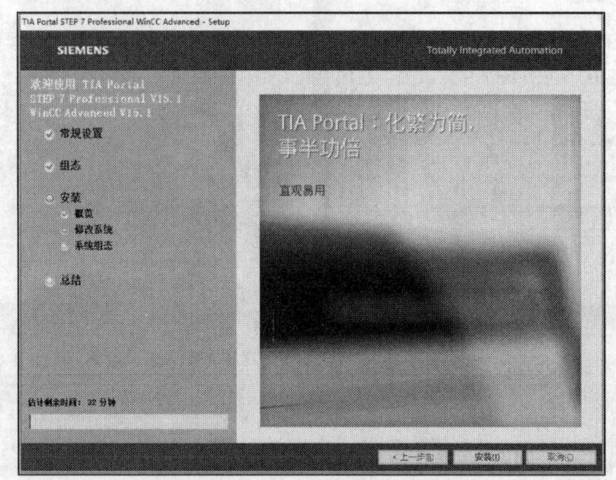

图 2-12　安装过程

步骤 5：安装仿真软件。安装之前仍然需要修改注册表，具体操作与步骤 3 一样。之后打开仿真软件所在的文件夹，如图 2-13 所示。以管理员身份运行 Start.exe 应用程序，如图 2-14 所示。安装过程与安装 TIA 博途 V15.1 过程一致，此处不再赘述。

名称	修改日期	类型	大小
S7-PLCSIM V15.1	2024/1/23 21:00	文件夹	
Startdrive Advanced V15.1	2024/1/23 20:44	文件夹	
TIAPORTAL STEP7ProWinCCAdv	2024/1/23 20:55	文件夹	
V15.1Safety	2024/1/23 20:35	文件夹	
Sim_EKB_Install_2017_12_24_TIA15.exe	2024/1/23 20:06	应用程序	3,799 KB
Sim_EKB_Install_2019_07_07.exe	2024/1/23 20:07	应用程序	3,859 KB
STEP_7_Safety_V15_1.exe	2024/1/23 20:27	应用程序	359,803 KB

图 2-13　仿真软件所在的文件夹

名称	修改日期	类型	大小
Documents	2024/1/23 21:00	文件夹	
InstData	2024/1/23 21:22	文件夹	
Licenses	2024/1/23 20:41	文件夹	
OpenSourceSoftware	2024/1/23 20:35	文件夹	
Autorun.inf	2024/1/23 20:27	安装信息	1 KB
Readme_deDE.htm	2024/1/23 20:27	Chrome HTML D...	1 KB
Readme_enUS.htm	2024/1/23 20:27	Chrome HTML D...	1 KB
Readme_esES.htm	2024/1/23 20:27	Chrome HTML D...	1 KB
Readme_frFR.htm	2024/1/23 20:27	Chrome HTML D...	1 KB
Readme_itIT.htm	2024/1/23 20:27	Chrome HTML D...	1 KB
Readme_OSS.htm	2024/1/23 20:27	Chrome HTML D...	33 KB
Readme_zhCN.htm	2024/1/23 20:28	Chrome HTML D...	1 KB
Start.exe	2024/1/23 20:28	应用程序	714 KB

图 2-14　Start.exe 应用程序

步骤 6：安装驱动。安装程序在“Startdrive Advanced V15.1”文件夹中，安装过程和步骤 4 和步骤 5 相同。

步骤 7：打开程序“TIA Portal V15.1”，若出现图 2-15 所示界面，则表示安装成功。

图 2-15　安装成功界面

关于卸载，TIA 博途与其他应用一样，依次单击“控制面板”→“程序”→“程序和功能”，选择相应的程序，单击“卸载”按钮即可。

2.2 TIA 视图与项目视图

2.2.1 视图结构

PORTAL 视图是面向任务的视图，可快速确定要执行的操作和任务。如有必要，该界面会针对所选任务自动切换为项目视图。双击打开 TIA 博途软件，进入的界面即为 PORTAL 视图，如图 2-16 所示。

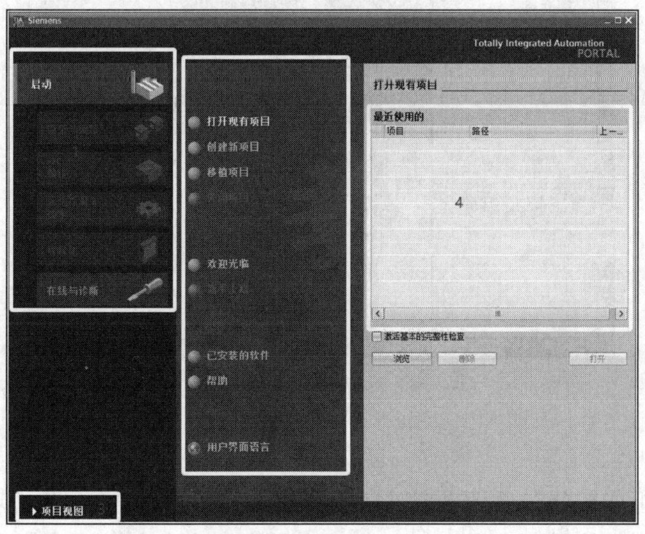

图 2-16　PORTAL 视图

Portal 视图基本分为 4 个区域，分别为：①任务选项卡；②任务选项对应的操作项；③项目视图；④操作选择面板。

1．任务选项卡

任务选项为各个任务区提供了基本功能，PORTAL 视图中提供的具体任务选项取决于所安装的软件产品。

2．任务选项对应的操作项

任务选项对应的操作项提供了对所选任务选项可使用的操作，操作的内容会根据所选的任务选项而动态变化。

3．项目视图

“项目视图”按钮是项目视图的切换按钮，单击该按钮可切换到项目视图界面。

4．操作选择面板

根据所选择的任务操作项的不同，操作选择面板会出现不同的内容。例如，在任务选项卡中选择“打开现有项目”选项后，操作选择面板中会出现最近使用的项目。用户选择一个最近使用的项目，单击“打开”按钮，便可打开最近使用的项目；单击“删除”按钮可删除该项目在此处的显示，但并不会删除存储的项目；单击“浏览”按钮，可浏览并打开存储的项目。

2.2.2 项目视图

项目视图是有项目组件的结构化视图，用户可以直接在项目视图中访问所有的编辑器、参数及数据，并进行高效的组态和编程。项目视图包含项目树、详细视图、任务卡、工作区、巡视窗口等组件，如图 2-17 所示。

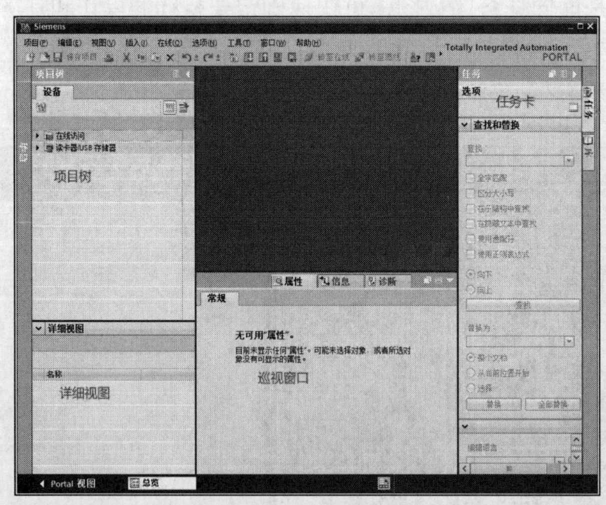

图 2-17 项目视图

1．项目树

项目中的各组成部分在项目树中以树状结构显示，分为 4 个层次：项目、设备、文件夹和对象。项目树的使用方式与 Windows 的资源管理器相似。项目树作为每个编辑器的子元件，采用文件夹以结构化的方式保存对象。

用户通过项目树可以访问所有的设备和项目数据，也可以在项目树中执行任务，如添加新组件、编辑已存在的组件、打开编辑器和处理项目数据等。

2．详细视图

详细视图可以显示总览窗口或项目树中所选对象的特定内容，如选择项目树中“PLC 变量表”的“默认变量表”后，详细视图中将出现默认变量表的所有变量。

3．任务卡

根据已编辑或已选择的对象，用户在编辑器中可以得到一些任务卡，以及允许执行的一些操作。例如，用户从库中或从硬件目录中选择对象，将对象拖曳到预定的工作区。

4．工作区

用户在工作区可以打开不同的编辑器，并对项目数据进行处理。

5．巡视窗口

巡视窗口用于显示工作区已选择对象或执行操作的附加信息。巡视窗口包含属性、信息和诊断三部分内容。

2.3 创建和编辑项目

2.3.1 创建项目

启动 TIA 博途软件，进入 PORTAL 视图，在 PORTAL 视图中选择“创建新项目”选项，在操作选择面板中的“项目名称”处输入项目名称，在“路径”处选择项目存储路径，在“作者”处输入作者名字，在“注释”处输入对该项目的描述，如图 2-18 所示。输入完成后，单击“创建”按钮可完成项目创建。

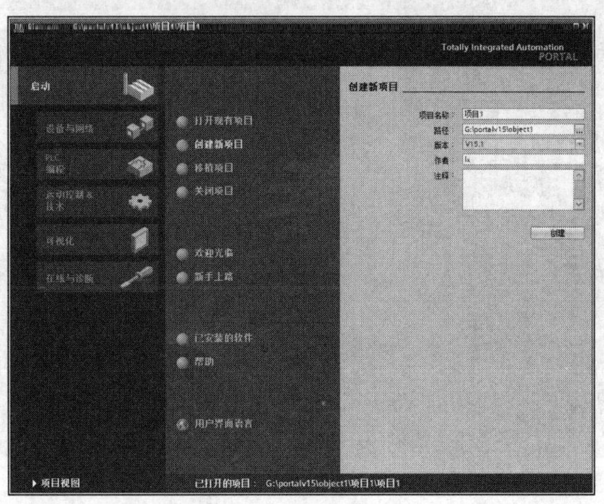

图 2-18　创建新项目

2.3.2 添加设备

创建新项目后，进入图 2-19 所示的新手上路界面，单击“组态设备”选项，进入添加新设备界面，如图 2-20 所示。这时先选择控制器，再选择相应的 CPU，最后单击“添加”按钮，如图 2-21 所示。之后，进入项目视图界面，如图 2-22 所示。在项目树中，单击“添加新设备”选项，在图 2-23 所示界面单击“HMI”选项，选择相应的显示屏，单击“确定”按钮，进入 HMI 设备向导界面（如图 2-24 所示）。对界面上的“选择 PLC”进行操作，选择所需 PLC，之后的界面单击“下一步”按钮即可，直到完成。

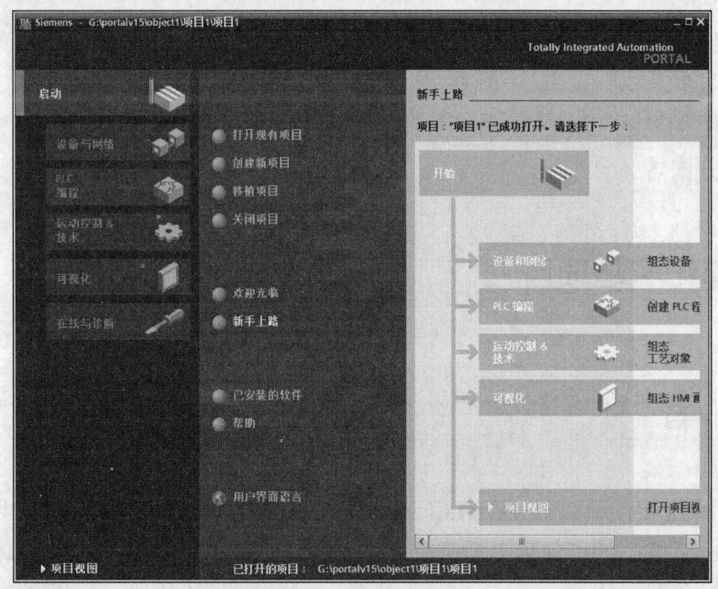

图 2-19 新手上路界面

图 2-20 添加新设备界面

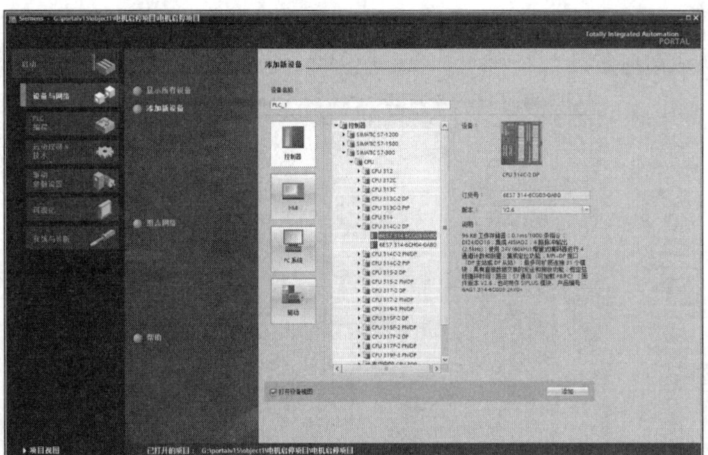

图 2-21　选择 CPU

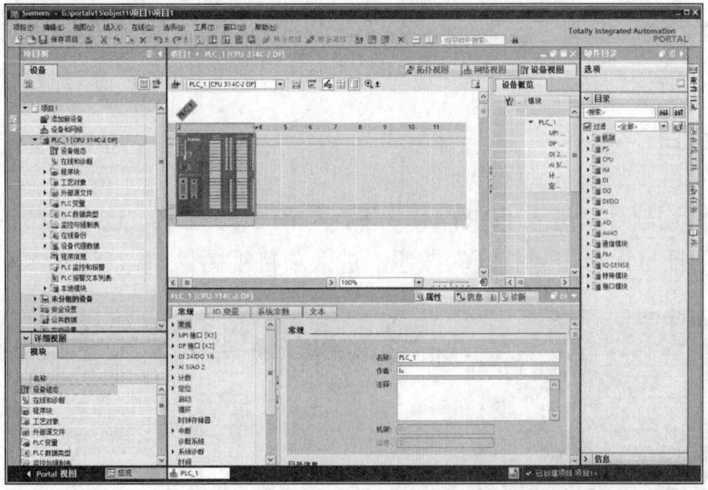

图 2-22　项目视图界面

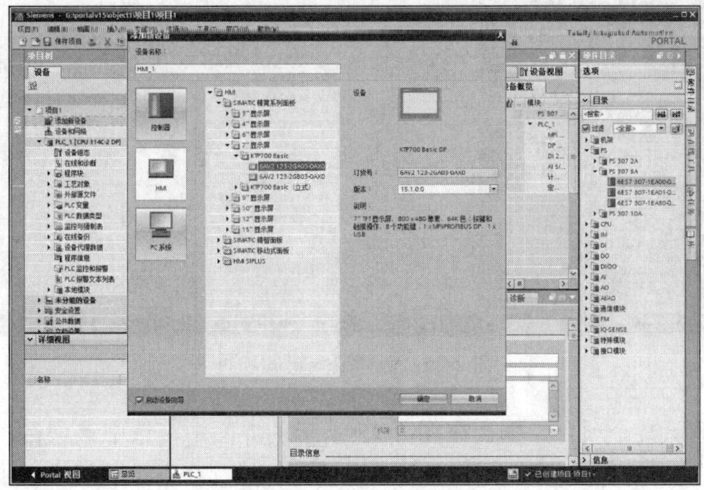

图 2-23　添加新设备 HMI

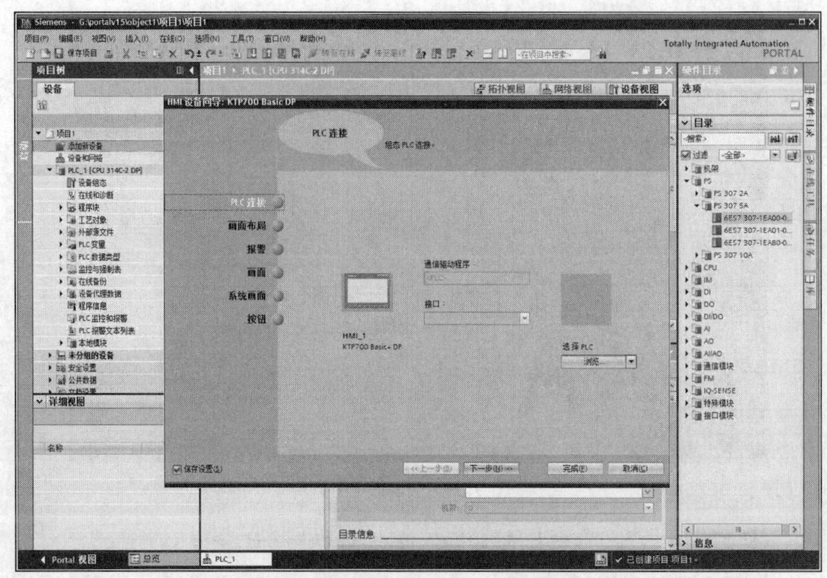

图 2-24　HMI 设备向导界面

2.3.3　编辑项目

打开 TIA 博途软件，进入 PORTAL 视图，如图 2-25 所示。选中“最近使用的”项目列表中要编辑的项目，单击“打开”按钮，进入项目视图。

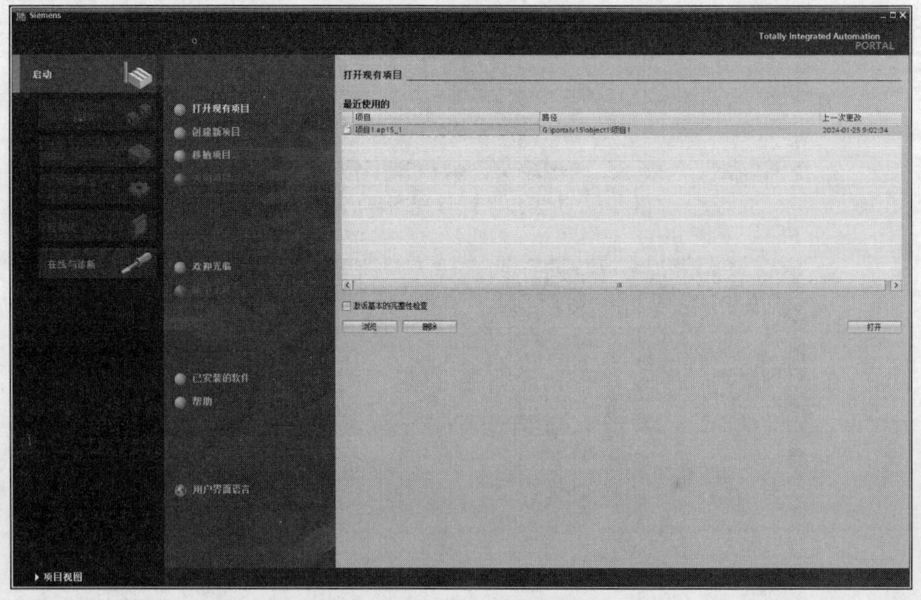

图 2-25　选择要编辑的项目

如果需要删除某个项目，那么在图 2-25 所示的界面中，选中该项目，单击“删除”按钮，此时只是从列表中删除该项目条目，该项目仍然存在于计算机中。如果要从计算机中删除该项目，那么可以在项目视图中，单击菜单栏中的“项目→删除项目”，在弹出的界面中选择要删除的项目；也可以找到项目保存地址，删除项目所在文件夹。

在项目视图中，单击工具栏中的“保存项目”按钮便可以保存修改后的项目，如图2-26所示，这时界面右下角会显示“已成功保存”信息。

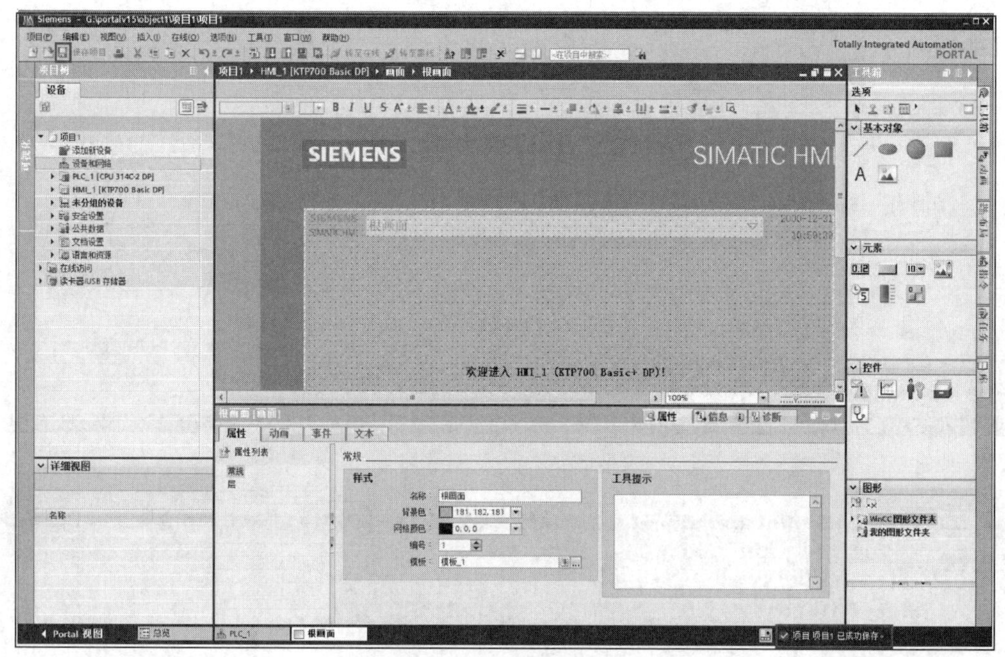

图2-26　保存项目

若对项目进行另存操作，则需要单击菜单栏中的“项目”，在弹出的下拉菜单中，找到“另存为”选项，单击之后进行路径选择并保存即可。

2.4 下载和上传

2.4.1　下载

进入项目视图，在项目树中选择要下载的设备，单击工具栏中的“下载到设备”按钮，或者单击鼠标右键选择“下载到设备”选项，选择不同的下载方式。硬件和软件可以分开下载，如图2-27所示。

单击“下载到设备”按钮，进入“扩展下载到设备”对话框，如图2-28所示。在“接口/子网的连接”中选择一个接口，单击“开始搜索”按钮。经过一段时间，“选择目标设备”列表中会出现网络上搜索到的所有CPU及其信息，PLC与计算机之间的连线由灰色变为红色，PLC背景颜色变为橙色（这表示CPU进入在线状态）。选中列表中的CPU，单击“下载”按钮。之后出现“下载预览”对话框，单击“装载”按钮即可。

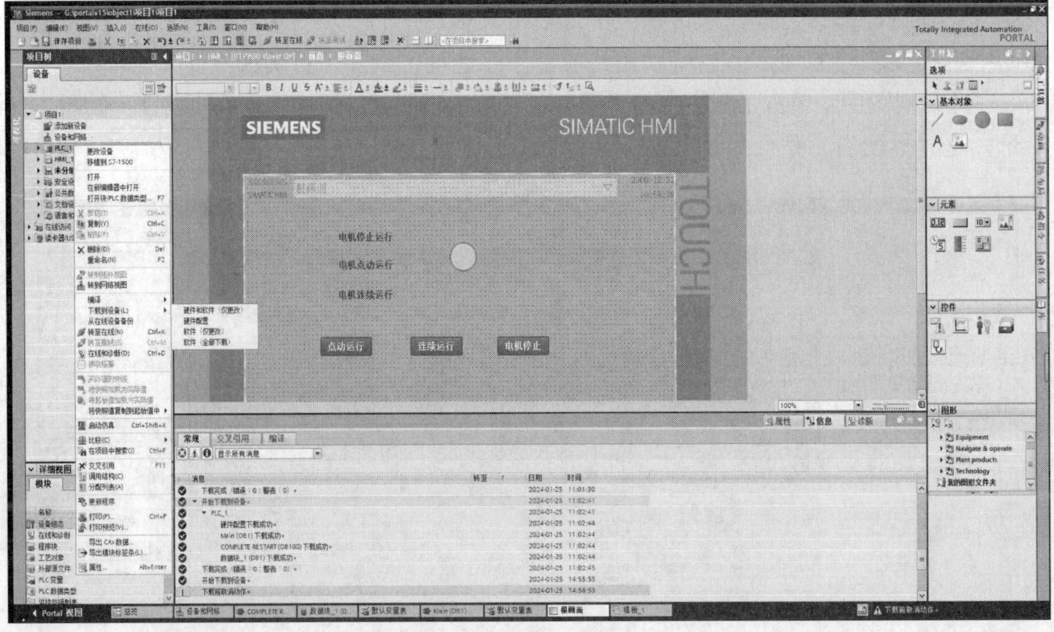

图 2-27　下载到设备

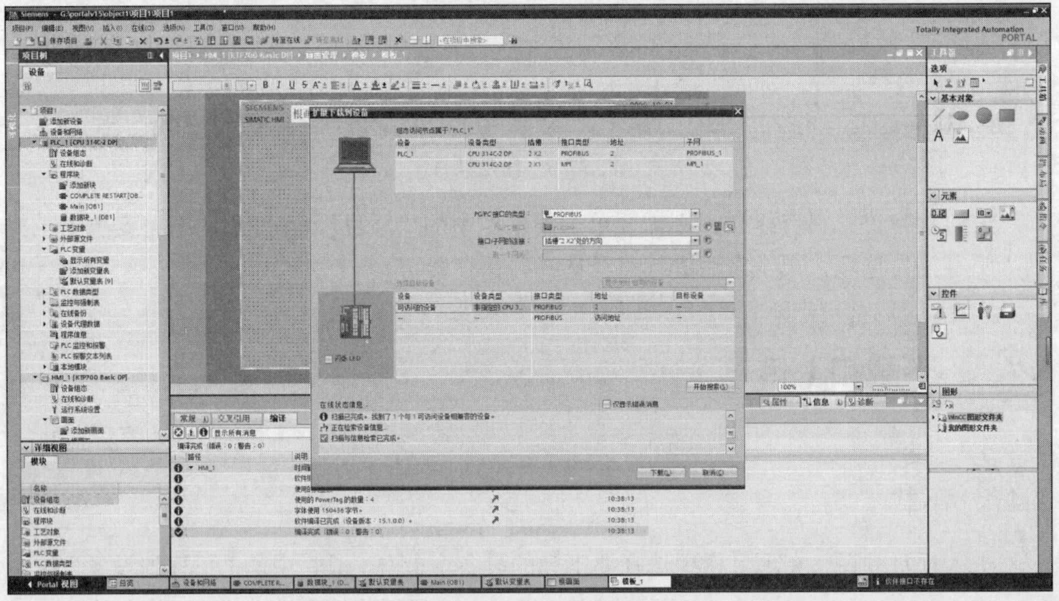

图 2-28　扩展下载到设备

2.4.2　上传

进入项目视图，选中项目树中的项目名称，在菜单栏中单击“在线”菜单，在下拉列表中找到“将设备作为新站上传（硬件和软件）”，这时出现“将设备上传到 PG/PC”对话框（如图 2-29 所示），单击“开始搜索”按钮。经过一段时间，“所选接口的可访问节点”列表中出现连接的所有 CPU 及其信息，PLC 与计算机之间的连线由灰色变为红色，PLC 背景颜色变为橙色（这表示 CPU 进入在线状态）。选中列表中的 CPU，单击“从设备上传”按钮，上传成功后，可以获得 CPU 完整的硬件配置和用户程序。

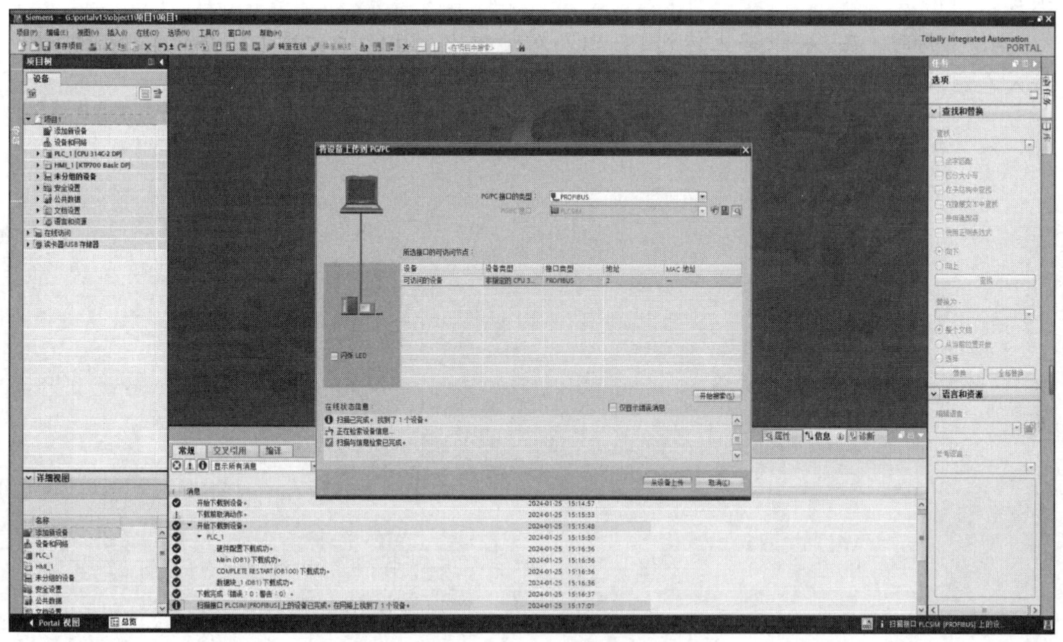

图 2-29　将设备上传到 PG/PC

习　题

一、单选题

1. 以下关于 TIA 博途软件认识不正确的是（　　）。

A. 由西门子公司开发　　B. TIA 能够节省时间、成本和人工

C. 对安装的计算机系统没有要求　　D. 具有强大的功能库

2. 以下属于 TIA 博途软件安装时需要注意的事项是（　　）。

A. 不需要关闭防火墙　　B. 安装路径中不要有中文字符

C. 不需要修改注册表　　D. 不需要考虑硬件要求

3. 在安装 TIA 博途软件时，需要删除注册表中的键值是（　　）。

A. PendingFileRenameOperations　　B. ProtectionMode

C. HeapDeCommitTotalFreeThreshold　　D. ProcessorControl

4. 图标表示（　　）。

A. 用户程序监控　　B. 下载　　C. 程序编译　　D. 上传

二、判断题

1. 打开 TIA 博途软件后进入的界面是项目视图。

2. 巡视窗口在项目视图中。

3. 在操作选择面板的“打开现有项目”中，删除项目操作可以删除计算机中存储的项目。

4. 上传时，在“将设备上传到 PG/PC”对话框中，PLC 背景颜色变为橙色，表示 CPU 进入在线状态。

项目 3　电动机启/停 PLC 控制

3.1 项目要求

电动机启/停 PLC 控制示意如图 3-1 所示。当按下启动按钮 SB1，电动机接触器 KM 线圈接通得电，主触点闭合，电动机 M 启动运行。当按下停止按钮 SB2，电动机接触器 KM 线圈断开失电，主触点断开，电动机 M 停止运行。

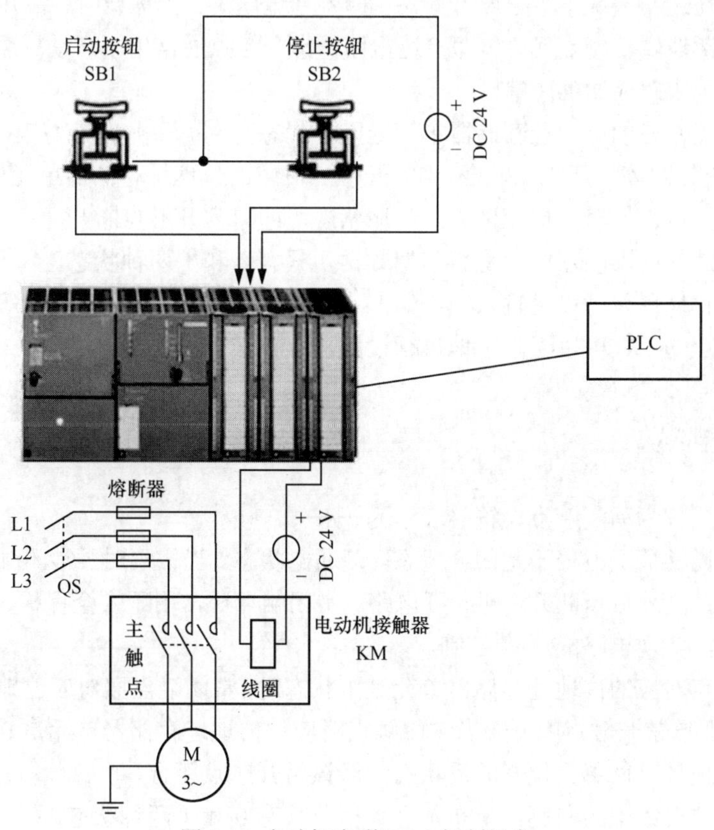

图 3-1　电动机启/停 PLC 控制示意

3.2 学习目标

（1）掌握电动机启/停的工作原理。
（2）灵活掌握常开触点、常闭触点及输出线圈的使用方法。
（3）灵活掌握程序的状态监控和控制表监控操作。
（4）掌握 PORTAL 项目的开发过程。

3.3 相关知识

3.3.1 常开触点

常开触点又称为动合触点，符号表示为─┤├─。

常开触点在通常情况下处于断开状态，即不通电状态。当需要时，常开触点可以通过外部操作或内部逻辑使触点闭合，即接通电路。常开触点通常用于启动、停止、复位等控制逻辑中，实现电路的通/断控制。

当常开触点对应的位地址存储器单元处于 1 状态时，常开触点取对应位地址存储单元位为 1 的原状态，即该常开触点闭合。当常开触点对应的位地址存储器单元处于 0 状态时，常开触点取对应位地址存储单元位为 0 的原状态，即该常开触点断开。

触点指令放在线圈的左侧，是布尔型数据，只有 0 和 1 两种状态。

位地址的存储单元可以是输入继电器 I、输出继电器 Q、位存储器 M 等。在梯形图程序中，常开触点的个数可以无限制地进行设置。

3.3.2 常闭触点

常闭触点又称为动断触点，符号表示为─┤/├─。

常闭触点通常情况下处于是闭合状态，即通电状态。当需要时，常闭触点可以通过外部操作或内部逻辑使触点断开，即断开电路。常闭触点通常用于安全保护、联锁控制、故障检测等场景，实现电路的通/断控制。

当常闭触点对应的位地址存储器单元是 1 状态时，常闭触点取对应位地址存储单元位 1 的反状态，即该常开触点断开。当常闭触点对应的位地址存储器单元是 0 状态时，常闭触点取对应位地址存储单元位 0 的反状态，即该常开触点闭合。

触点指令放在线圈的左侧，是布尔型数据，只有 0 和 1 两种状态。

位地址的存储单元可以是输入继电器 I、输出继电器 Q、位存储器 M 等。在梯形图程序中，常闭触点的个数可以无限制地设置。

3.3.3 输出线圈

输出线圈又称为输出指令（逻辑串输出指令），其符号为—()—。

输出线圈是 PLC 编程中的一个重要概念，是指程序中用于驱动外部执行元件的逻辑电路。通过输出线圈，PLC 可以将程序中的逻辑运算结果（result of logic operation，RLO）转化为实际的控制信号，驱动外部设备执行相应的动作。

在 PLC 中，输出线圈通常对应一个输出端子或输出模块，用于连接外部负载。当输出线圈被触发时，它会在输出端子上产生一个控制信号，该信号可以驱动外部设备的启动、停止、方向控制等操作。

若位地址的线圈得电，则该位地址的存储单元位是 1 状态。若位地址的线圈断电，则该位地址的存储单元位是 0 状态。输出线圈属于布尔型，只有 0 和 1 两种状态。输出线圈应放在梯形图的最右侧。

位地址的存储单元可以是输出继电器 Q、位存储器 M 等。PLC 中需要避免双线圈输出。双线圈输出是指程序中同一个地址的输出线圈出现 2 次或 2 次以上。此外，PLC 中不能出现输入继电器 I 的线圈。

3.3.4 WinCC 简介

WinCC 是一款基于 Microsoft Windows 平台的监控系统和数据采集软件，具备强大的自动化过程控制功能和卓越的性价比，是监控与数据采集（supervisory control and data qcquisition，SCADA）系统的操作监视软件，其特点是全面开放，可以轻松地与标准用户程序结合，构建 HMI 界面，精确满足生产实际需求。通过系统集成，WinCC 可作为系统扩展的基础，并利用开放接口开发应用软件。

此外，WinCC 作为价格低廉、快速组态的 HMI 软件，其模块化和灵活性为自动化任务规划和执行提供了全新可能。

3.3.5 WinCC 主要功能

WinCC Explorer 是 WinCC 的核心组件，负责集中管理所有 WinCC 组件。它支持多种组态工具，例如图形生成、消息配置、过程值存档、报表系统、用户管理等。

WinCC 的图形编辑器是一个强大的向量绘图工具，具备定位、排列、旋转和镜像等多种功能，支持多达 16 层的画面组态。它还支持对象编组、建立对象库，并能够引入 BMP、WMF、EMF 等多种格式的文件或通过对象链接和嵌入（object linking and embedding，OLE）技术与第三方编辑的图形和文本进行集成。对于编组对象，它可以在不拆开的情况下直接修改组中的单个对象属性。用户还可以动态控制图形的外观、颜色和样式等属性，并能够通过变量或脚本直接进行修改。

WinCC 拥有一个对象库，其中存储了已生成的对象。这个库分为全局对象库和专用对象库。全局对象库包含各种预制对象，并按主题分类。而专用对象库是为每个特定项目创建的。此外，WinCC 有一个专门用于组态动作的功能库。

当在 WinCC 浏览器中切换图形中的用户界面时，系统会同时切换对象名称、对象组及用户定义的接口参数。对象库中的对象可以以文件名或图标的方式列出。用户可以使用 Windows 的拖放功能将其组态到过程画面中。

此外，WinCC 的用户管理器是用于管理用户及其访问权限的工具；WinCC 的通信通道可以广泛连接不同控制器；WinCC 的标准接口可以与其他 Windows 应用程序进行开放集成；WinCC 的编程接口具有单独访问 WinCC（C-API）数据和功能的接口，可集成到特定用户程序中；WinCC 的全局脚本是 C 语言函数和动作的统称，可以在给定项目或所有项目中根据类型使用。脚本用于组态对象动作，通过系统内部的 C 语言编译器进行处理。

3.3.6 用程序状态监视与调试程序

1. 启动程序状态监视

与 PLC 建立好在线连接后，打开需要监视的代码块，单击程序编辑器工具栏中的“启用/禁用监视”按钮，启动程序状态监视。如果在线（PLC 中的）程序与离线（计算机中的）程序不一致，那么项目树中的项目、站点、程序块和有问题的代码块的右侧均会出现表示故障的符号。这时需要重新下载有问题的块，使在线、离线的块一致。只有上述对象右侧均出现绿色的表示正常的符号后，才能启动程序状态功能。进入在线模式后，程序编辑器最上面的标题栏的背景色变为橘红色。

2. 程序状态的显示

启动程序状态后，梯形图用绿色实线来表示状态满足，即有“能流”流过；用蓝色虚线表示状态不满足，没有“能流”流过；用灰色连续线表示状态未知或程序没有执行；用黑色线表示没有连接。

当布尔变量为 0 状态和 1 状态时，它们的常开触点和线圈分别用蓝色虚线和绿色实线来表示，常闭触点则分别用绿色实线和蓝色虚线表示。

进入程序状态之前，梯形图中的线和元件的颜色因状态未知而全部为黑色。启动程序状态监视后，梯形图左侧垂直的“电源”线和与它连接的水平线均为连续的绿线，表示有“能流”从“电源”线流出。有“能流”流过的处于闭合状态的触点、指令方框、线圈和“导线”均用连续的绿色线表示。

3. 在程序状态修改变量的值

用鼠标右键单击程序状态中的某个变量，执行弹出的快捷菜单中的某个命令，就可以修改该变量的值。对于布尔变量，执行命令“修改”→“修改为 1”，或“修改”→“修改为 0”。对于其他数据类型的变量，执行命令“修改”→“修改值”。执行命令“修改”→“显示格式”可以修改变量的显示格式。

连接外部硬件输入电路的过程映像输入（I）的值不能进行修改。若被修改的变量同时受到程序的控制（如受线圈控制的布尔变量），则程序控制的作用优先。

3.3.7 用监控表监视与调试程序

使用程序状态可以在程序编辑器中形象且直观地监视梯形图程序的执行情况，触点和线圈的状态一目了然。然而，程序状态只能在屏幕上显示一小块程序，当调试较大的程序时，往往不能同时看到与某一程序功能有关的全部变量的状态。

监控表可以有效地解决上述问题。使用监控表可以在工作区同时监视、修改和强制用户感兴趣的全部变量。一个项目可以生成多个监控表，以满足不同的调试要求。

监控表可以赋值或显示的变量包括过程映像输入/输出（I/Q）、外设输入（I_:P）、外设输出（Q_:P）、位存储器（M）和数据块内的存储单元。

1．监控表的功能

监控表具有以下功能。

监视变量：在计算机中显示用户程序或 CPU 中变量的当前值。

修改变量：将固定值分配给用户程序或 CPU 中的变量。

对外设输出赋值：允许在 STOP 模式下将固定值赋给 CPU 的外设输出点，这一功能可用于硬件调试时的接线检查。

2．生成监控表

打开项目树中 PLC 的“监控与强制表”文件夹，双击其中的“添加新监控表”，生成一个名为“监控表_1”的新的监控表，新监控表会在工作区自动打开。根据需要，用户可以为一台 PLC 生成多个监控表。此外，用户应将有关联的变量放在同一个监控表内。

3．在监控表中输入变量

若在监控表的“名称”列输入 PLC 变量表中定义过的变量的符号地址，则“地址”列将会自动出现该变量的地址。若在“地址”列输入 PLC 变量表中定义过的地址，则“名称”列将会自动地出现该地址的名称。如果输入了错误的变量名称或地址，那么出错单元的背景色变为提示错误的浅红色，标题为“i”的标示符列出现红色的叉。

4．监视变量

用户可以使用监控表工具栏上的按钮来执行各种功能。与 CPU 建立在线连接后，单击工具栏上的监控按钮启动监视功能，“监视值”列将连续显示变量的动态实际值。再次单击该按钮，也能立即读取一次变量值，“监视值”列用表示在线的橙色背景显示变量值。几秒后，背景色变为表示离线的灰色。当位变量为 TRUE（1 状态）时，“监视值”列的方形指示灯的颜色为绿色；当位变量为 FALSE（0 状态）时，指示灯的颜色为灰色。

5．修改变量

单击监控表工具栏上的“显示 / 隐藏所有修改列”按钮，出现隐藏的“修改值”列，在“修改值”列输入变量新的值并勾选要修改的变量的“修改值”列右边的复选框。输入布尔变量的修改值 0 或 1 后，单击监控表其他地方，要修改的变量将自动变为“FALSE”

（假）或“TRUE”（真）。单击工具栏上的“立即一次性修改所有选定值”按钮名，复选框打钩的“修改值”被立即送入指定的地址。

使用鼠标右键单击某个位变量，在弹出的快捷菜单中执行“修改→修改为 0”或“修改→修改为 1”命令，可以将选中的变量修改为 FALSE 或 TRUE。在 RUN 模式修改变量时，各变量同时受到用户程序的控制。假设用户程序运行的结果使 Q0.0 的线圈断电，则用监控表不能将 Q0.0 的值修改或保持为 TRUE，不能改变 I 区分配给硬件的数字量输入点的状态。这是因为它们的状态取决于外部输入电路的通/断状态。

当程序运行时，如果修改的变量值错误，那么可能导致人身或财产的损害。用户在执行修改功能之前，应确认修改的变量值不会导致危险情况出现。

6. 定义监控表的触发器

触发器用于设置在循环扫描的某一点监视或修改选中的变量。用户可以选择在循环扫描开始、循环扫描结束或从 RUN 模式切换到 STOP 模式时监视或修改某个变量。单击监控表工具栏上的“扩展模式”按钮切换到扩展模式，这时会出现“使用触发器监视”列和“使用触发器进行修改”列。先单击这两列中的某个单元，再单击单元右侧的下拉按钮，在弹出的下拉列表中设置监视和修改该行变量的触发点，这里的触发方式可以选择“仅一次”或“永久”（每个循环触发一次）。如果设置为触发一次，那么单击一次工具栏上的按钮，执行一次相应的操作。

7. 强制的基本概念

强制表可以用于给用户程序中的单个变量指定固定的值，这一功能称为强制。强制应在与 CPU 建立了在线连接后进行。使用强制功能时，不正确的操作可能会危及人员的生命或健康，造成设备或整个工厂的损失。

PLC 只能强制外设输入和外设输出，不能强制组态时指定给高速计数器（high speed counter，HSC）、脉冲宽度调制（pulse width modulation，PWM）和脉冲列输出（pulse train output，PTO）的输入/输出点。在测试用户程序时，可以通过强制输入/输出点来模拟物理条件，如模拟输入信号的变化。强制功能不能仿真。

在执行用户程序之前，强制值用于输入过程映像。处理程序时使用的值是输入点的强制值。在写外设输出点时，强制值被送给过程映像输出，输出值被强制值覆盖。强制值在外设输出点出现，并且用于过程。

变量被强制的值不会因为用户程序的执行而改变。被强制值的变量只能读取，不能用写访问来改变其强制值。

输入点和输出点被强制后，即使编程软件被关闭，或编程计算机与 CPU 的在线连接断开，或 CPU 断电，强制值都被保持在 CPU 中，直到在线时用强制表停止强制功能。用存储卡将带有强制点的程序装载到其他 CPU 中，程序中的强制功能将继续启动。

8. 强制变量

打开项目树中的强制表，输入相应的变量，这些变量后面被自动添加表示外设输入/输出的“:P”。只有在扩展模式下才能监视外设输入的强制监视值。单击工具栏上的“显示 / 隐藏扩展模式列”按钮，切换到扩展模式。

单击强制表工具栏上的“全部监视”按钮，启动监视功能。用鼠标右键单击强制表的第一行，执行快捷菜单命令，将某地址强制为 TRUE。单击弹出的“强制为 1”对话框中的“是”按钮进行确认，这时强制表第一行出现表示被强制的符号（粉色方块），第一行“F”列的复选框中出现对勾。PLC 面板上对应的 LED 不亮；梯形图中的常开触点接通，触点上面出现被强制的符号。由于 PLC 程序的作用，梯形图中的线圈通电，PLC 面板上对应的 LED 亮。

用鼠标右键单击强制表的第二行，执行快捷菜单命令，将某地址强制为 FALSE。单击弹出的“强制为 0”对话框中的“是”按钮进行确认。强制表第二行出现表示被强制的符号。梯形图中线圈上面出现表示被强制的符号，PLC 面板上对应的 LED 熄灭。

9．停止强制

单击强制表工具栏上的“F”按钮，停止对所有地址的强制。被强制的变量最左侧和输入点 “监视值”列红色的标有“F”的小方框消失，这表示强制被停止。复选框后面的黄色三角形符号重新出现，这表示该地址被选择强制，但是 CPU 中的变量没有被强制。梯形图中的 “F” 符号也消失了。

为了停止对单个变量的强制，单击去掉该变量“F”列复选框中的对勾，并单击工具栏上的“F”按钮，重新启动强制。

3.4 项目实施

3.4.1 新建项目

打开 PORTAL 视图，新建项目，将项目命名为“电动机启停项目”，如图 3-2 所示。

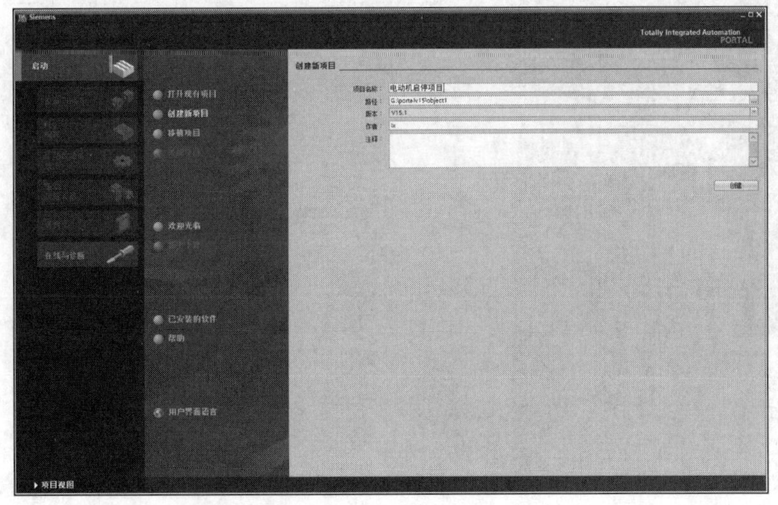

图 3-2　创建新项目

3.4.2 添加 PLC 设备和 HMI 设备

创建项目之后，进入图 3-3 所示的新手上路界面，单击“组态设备”选项，在图 3-4 所示界面添加控制器。添加完成之后，进入项目视图界面，单击项目树中的“添加新设备”选项，添加 HMI，如图 3-5 所示。在图 3-6 所示界面“选择 PLC”下拉列表中，选择“PLC_1”，其他选项为默认值，按提示操作，直到完成。

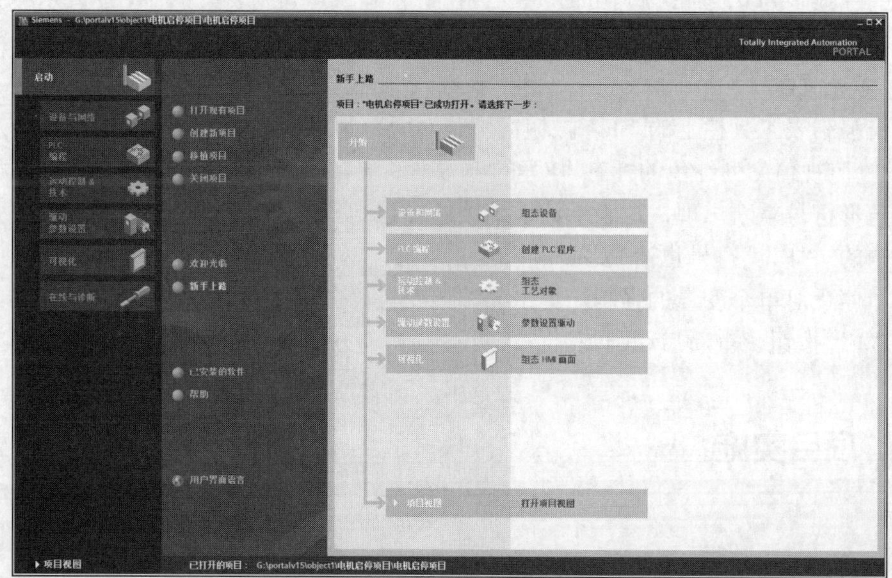

图 3-3　新手上路界面

图 3-4　添加控制器界面

图 3-5　添加 HMI

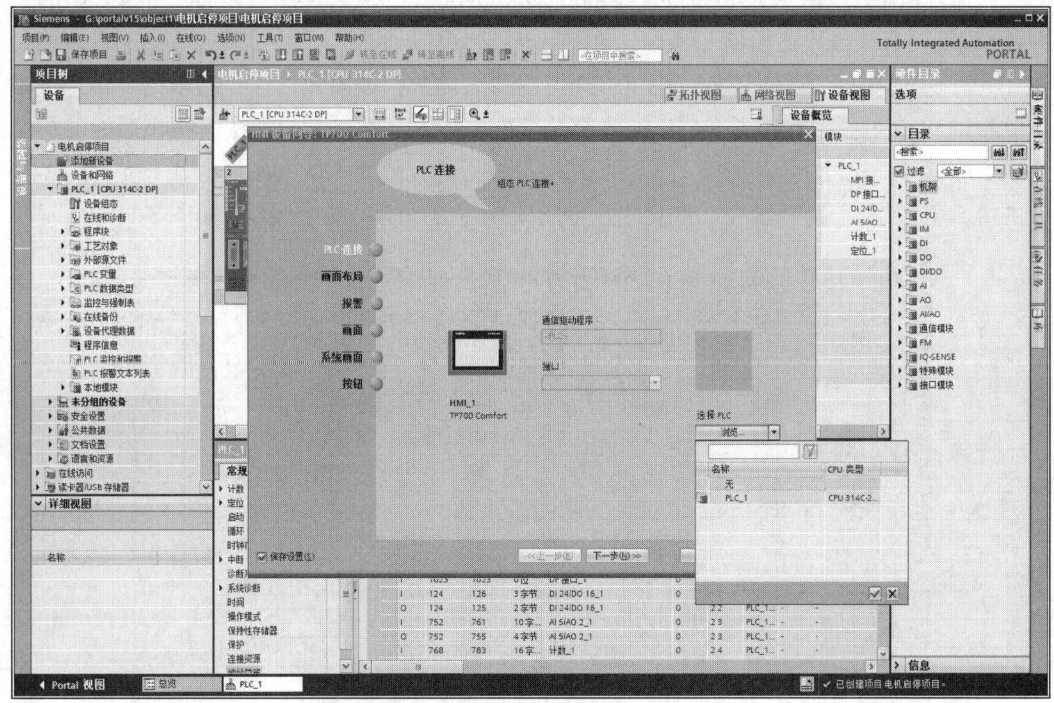

图 3-6　选择相应的 PLC 连接

单击项目树中的“设备和网络”，进入如图 3-7 所示界面，这表示设备连接正常。

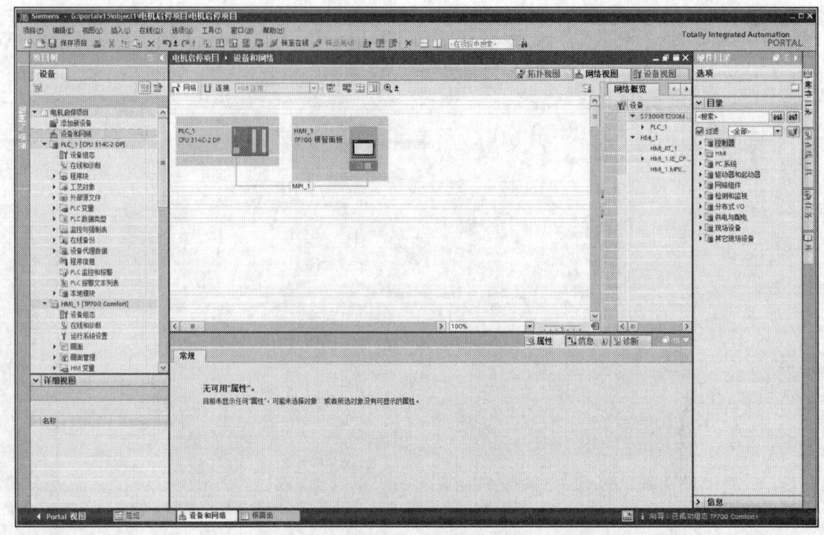

图 3-7　设备连接正常

3.4.3　编写主程序

在项目树中，单击 PLC 中程序块下的“Main[OB1]”，进入程序编辑界面，如图 3-8 所示。在“程序段 1”中依次添加常开触点、常闭触点、输出线圈（如图 3-9 所示），它们可以通过图 3-10 所示的快捷工具栏添加，也可以通过窗口右侧的指令窗口，在“基本指令→位逻辑运算”中添加。之后，新建一个分支，形成一个自锁常开触点，使得按下按钮后能够持续通电。选中“程序段 1”左侧竖线，当竖线由单线变为双线时，依次添加打开分支（图 3-10 中的第 5 个图标）、常开触点、嵌套闭合（图 3-10 中的最后一个图标），如图 3-11 所示。

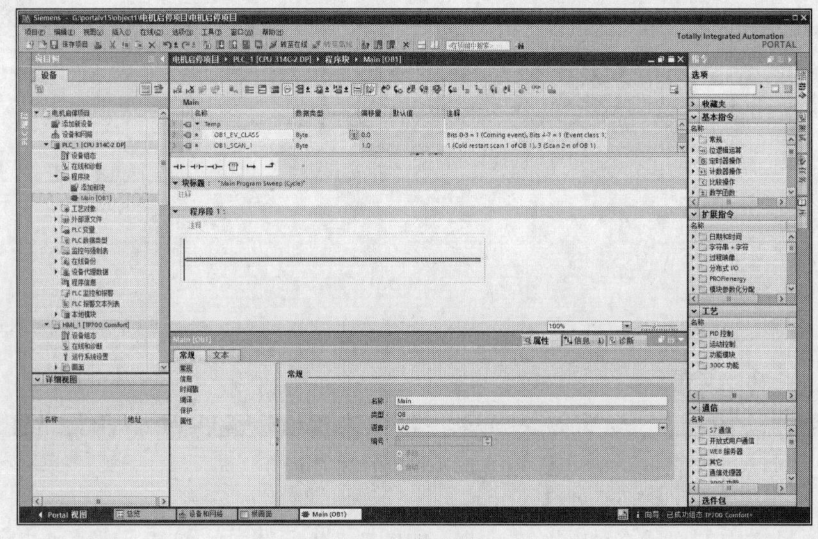

图 3-8　程序编辑界面

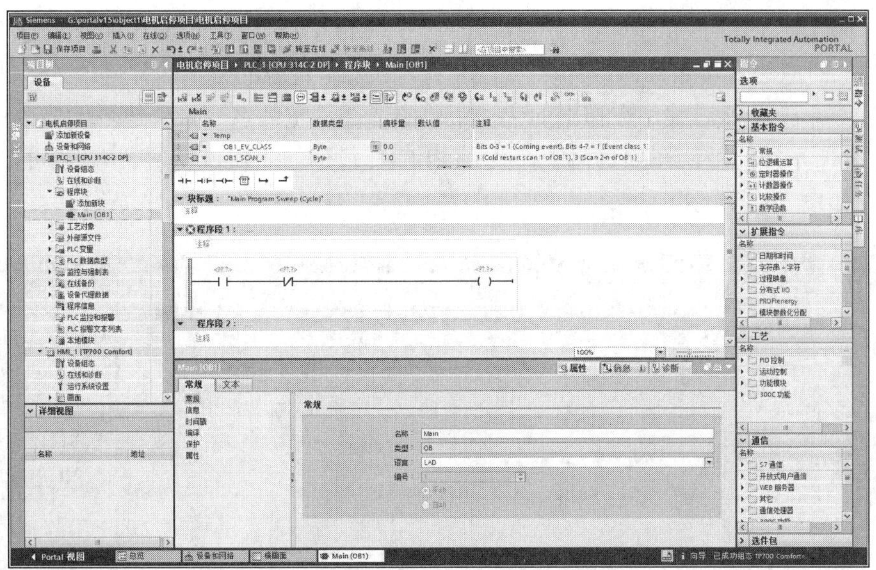

图 3-9　添加常开触点、常闭触点、输出线圈

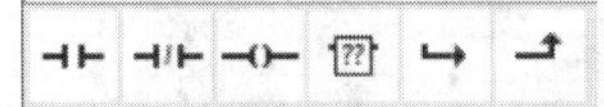

图 3-10　快捷工具栏

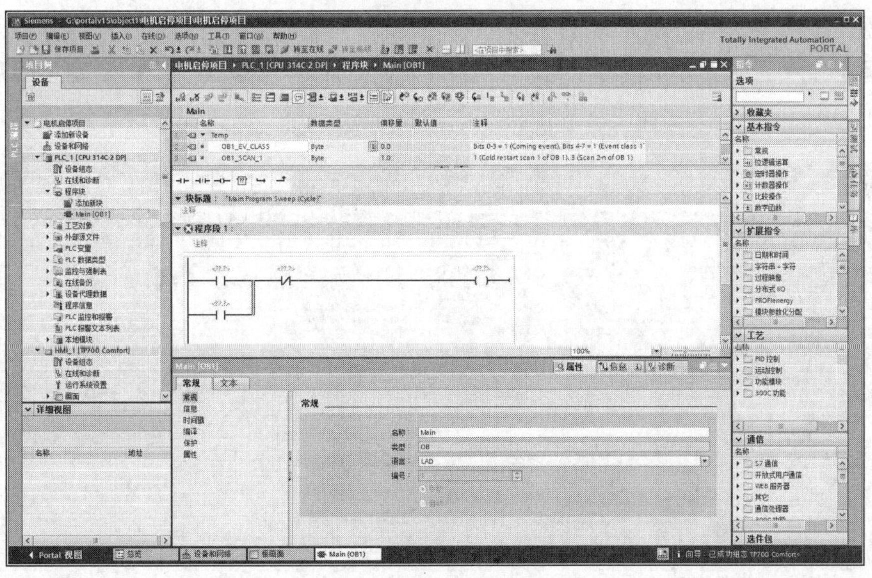

图 3-11　添加分支

3.4.4　定义变量

对元件位地址进行赋值，赋值结果如图 3-12 所示。默认变量名称为“Tag_”加数字

的形式（如 Tag_1），下面对变量名进行修改：将“M0.0”对应的变量名称修改为“启动”，将“M0.1”对应的变量名称修改为“停止”，将“M0.2”对应的变量名称修改为“电动机”。选中标签，单击鼠标右键，在弹出的快捷菜单中选择“重命名变量”选项，修改变量名，如图 3-13 所示。此外，在项目树中，找到 PLC 变量下的“默认变量表”，也可以修改变量名称，如图 3-14 所示。

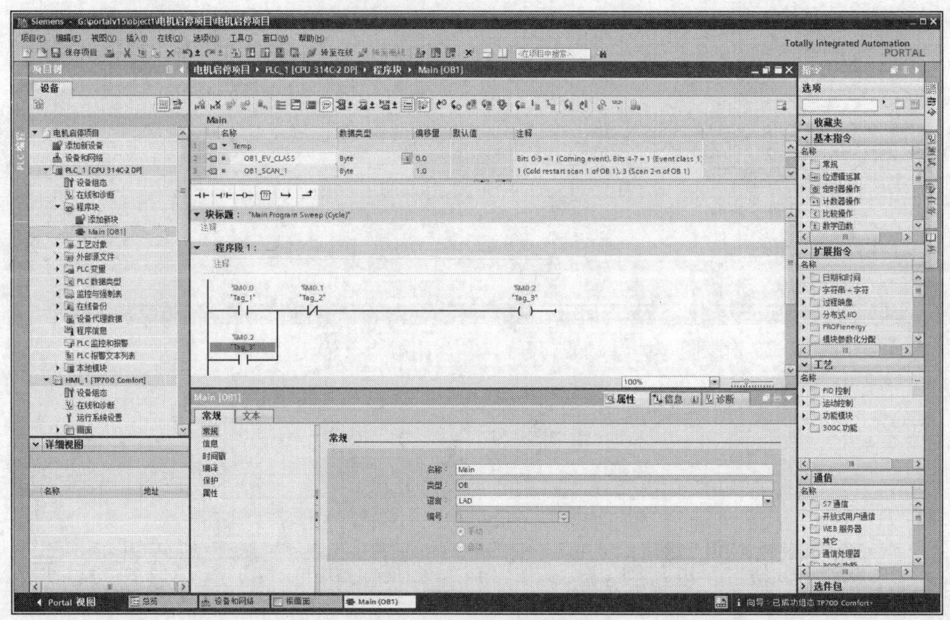

图 3-12　元件位地址赋值结果

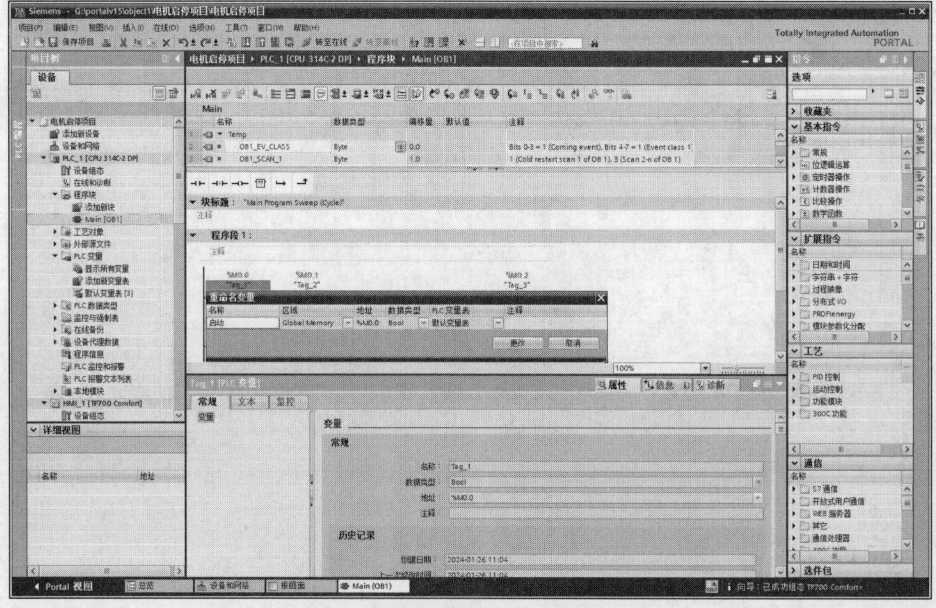

图 3-13　利用“重命名变量”修改变量名

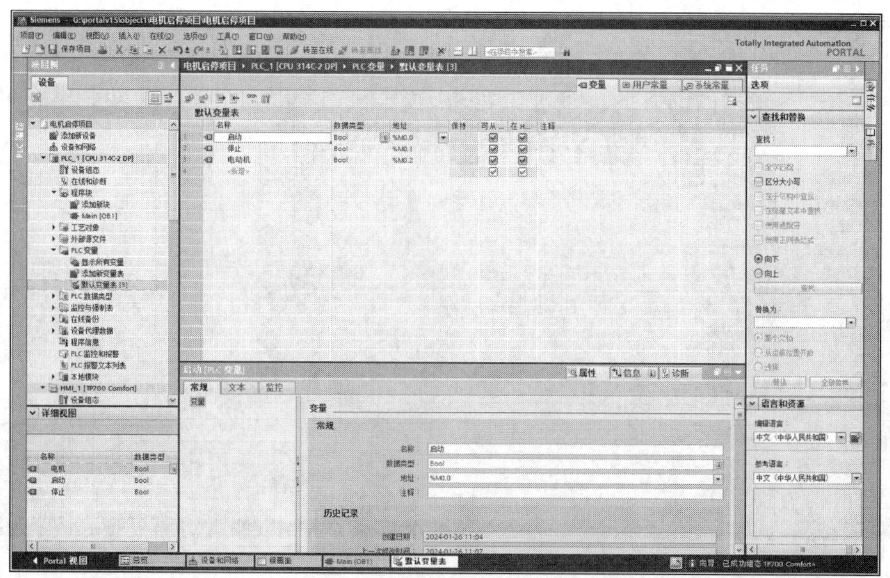

图 3-14 利用“默认变量表”修改变量名

3.4.5 设置 HMI

在项目树中，依次单击“HMI_1[TP700 Comfort]→画面→根画面”，进入图 3-15 所示界面。删除画面中的欢迎文本“HMI_1[TP700 Comfort]”，把窗口右侧工具箱中“元素”栏下的灰色按钮拖入两次到画面中，分别表示“启动”按钮和“停止”按钮。将按钮上的文本分别修改为“启动”和“停止”。从“基本对象”栏中拖入一个圆形，表示电动机，如图 3-16 所示。

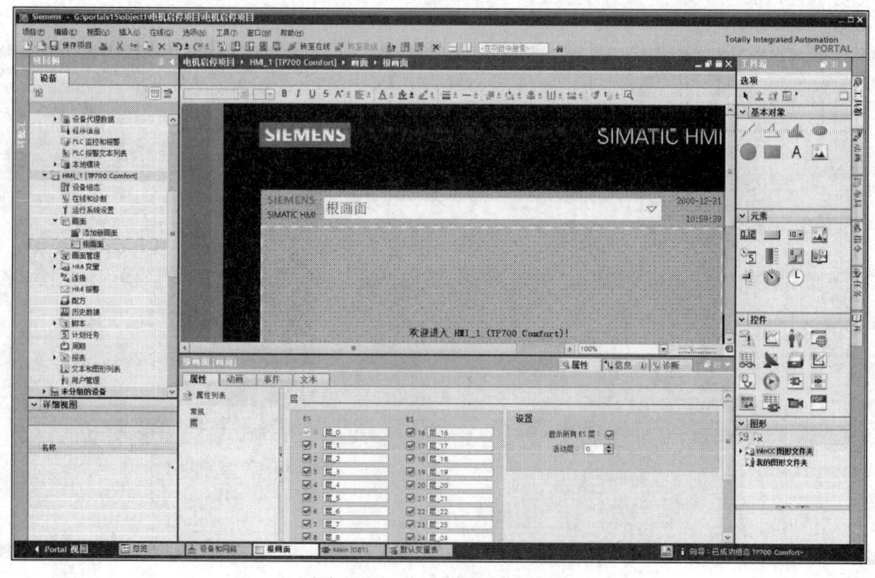

图 3-15 打开根画面界面

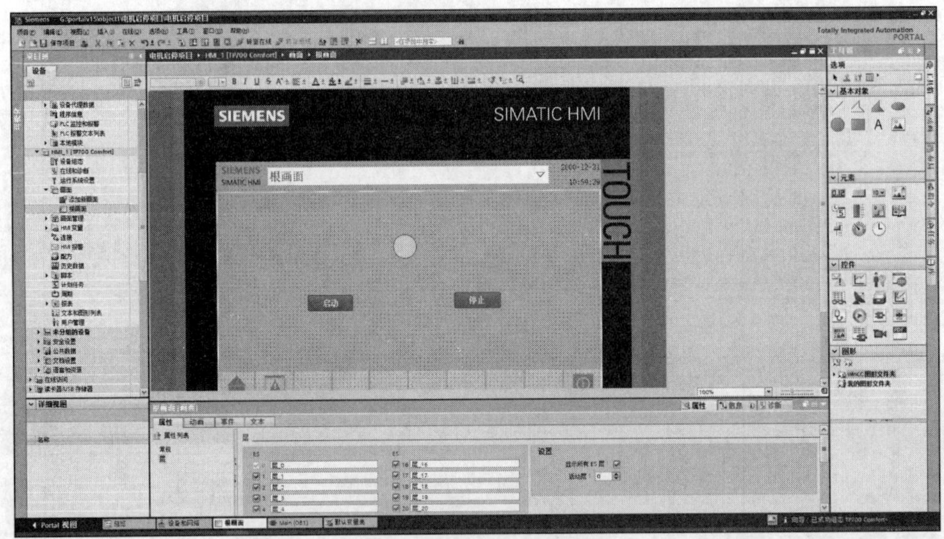

图 3-16　拖入相应的元素

对“启动”按钮进行事件设置，选中该按钮并单击鼠标右键，在弹出的选项中单击“事件”，在图 3-17 所示界面下方的窗口进行设置。单击“按下”选项，在“添加函数”列表中，单击“编辑位”，选择“置位位”，即按下时其值变为 1，表示通电，如图 3-18 所示。“变量（输入/输出）”依次选择“PLC 变量”→“默认变量表”→“启动”，如图 3-19 所示。“按下”事件设置好之后，设置“释放”事件，设置过程与“按下”事件一样，只是“添加函数”选择“复位位”，即释放时其值变为 0，表示断电，设置结果如图 3-20 所示。“停止”按钮的设置过程与“启动”按钮的设置过程基本一致，只是“变量（输入/输出）”依次选择“PLC 变量”→“默认变量表”→“停止”，设置结果如图 3-21 和图 3-22 所示。

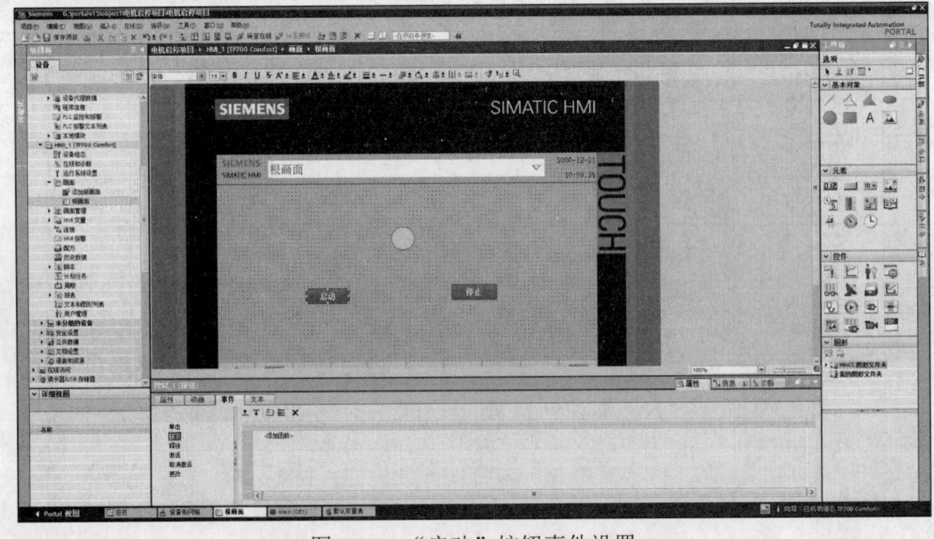

图 3-17　“启动”按钮事件设置

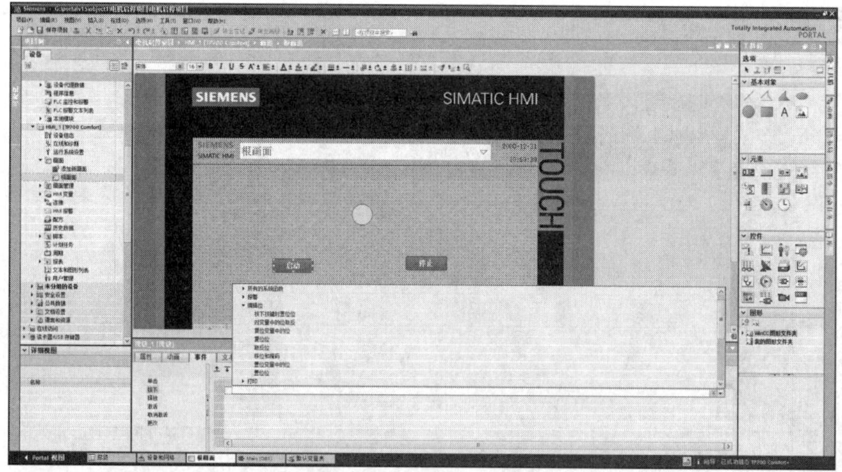

图 3-18 添加函数选择“置位位”

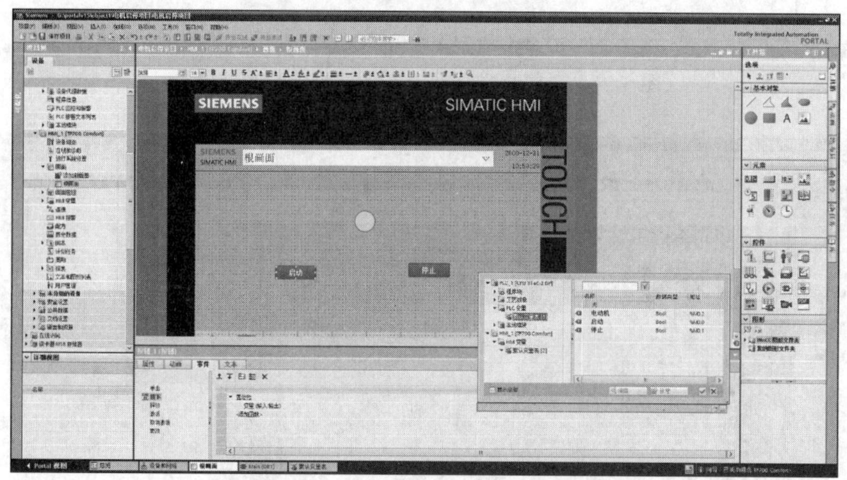

图 3-19 选择对应的“启动”变量

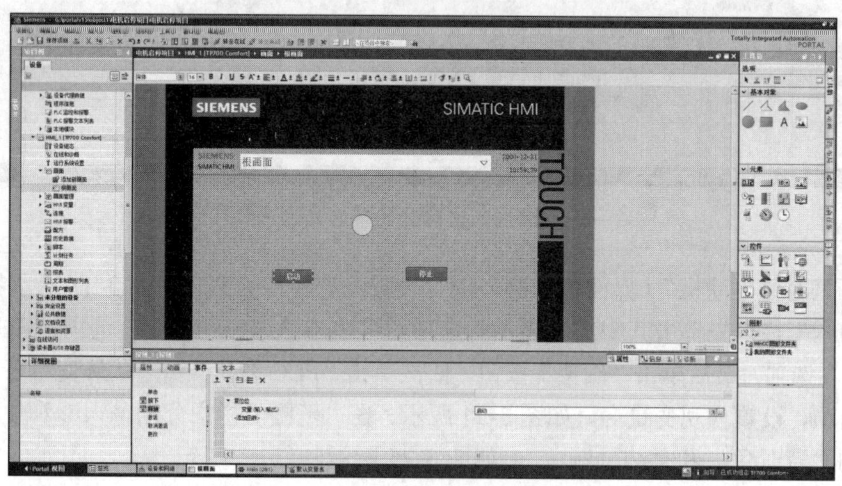

图 3-20 “释放”事件设置结果

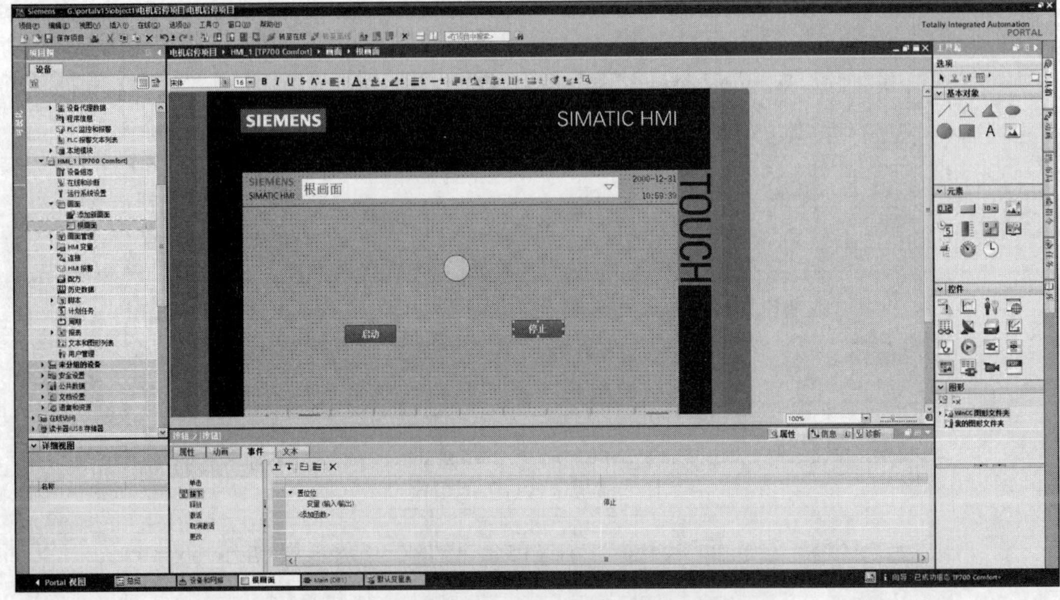

图 3-21 “停止”按钮“按下”事件设置结果

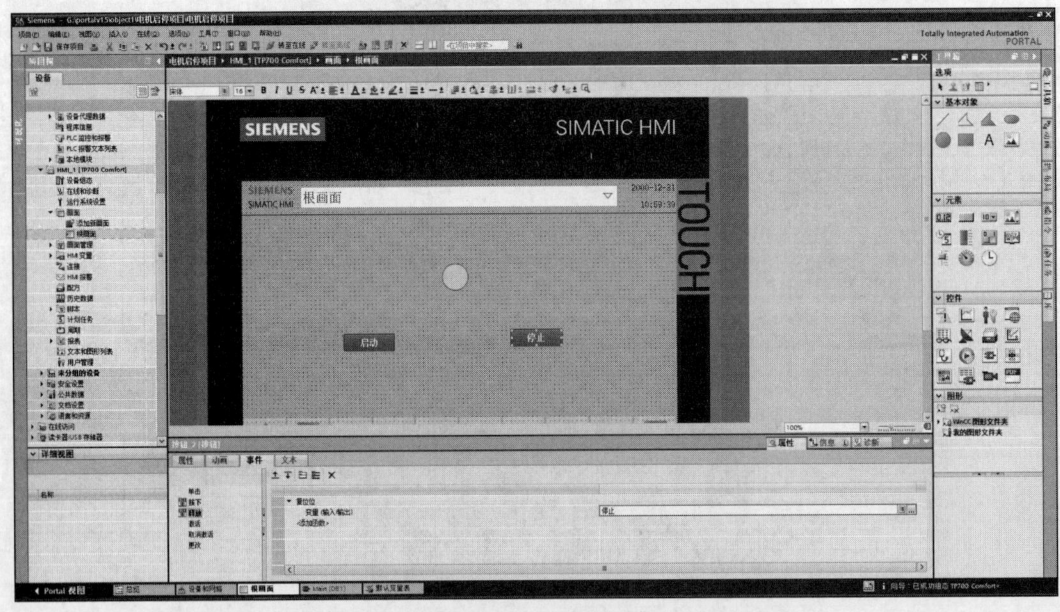

图 3-22 “停止”按钮“释放”事件设置结果

接下来对“电动机”（界面中的圆）进行设置。选择该元素，在图 3-23 所示界面下方找到“动画”栏，先单击其中的“显示”选项，再单击“添加新动画”选项，在弹窗中选中“外观”选项，最后单击“确定”按钮。依次单击“PLC 变量”→“默认变量表”→“电动机”选项，设置外观变量名，如图 3-24 所示。在“范围”栏中分别输入 0 和 1，并且设置相应的“背景色”和“边框颜色”，如图 3-25 所示。

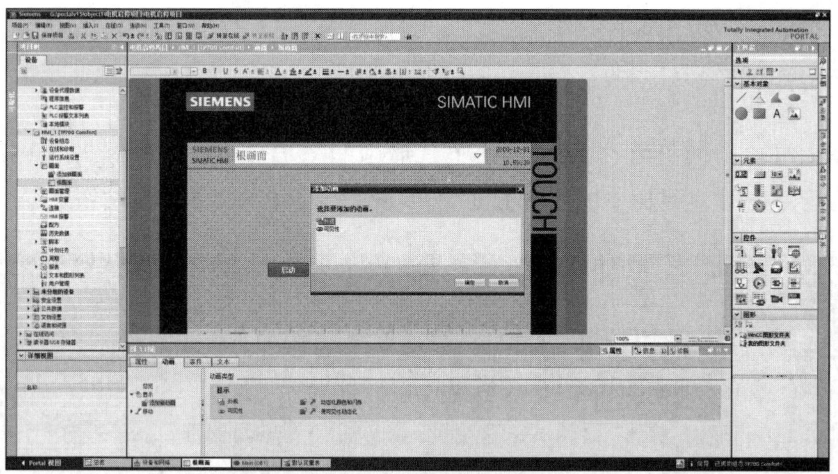

图 3-23　设置“电动机”

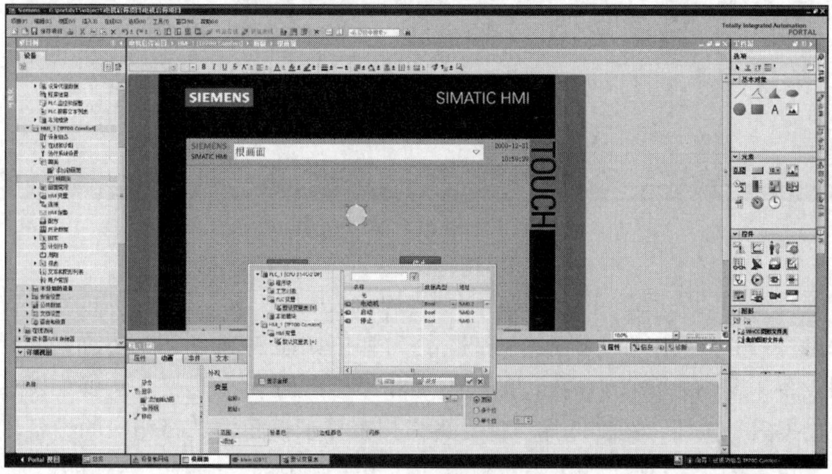

图 3-24　设置外观变量名

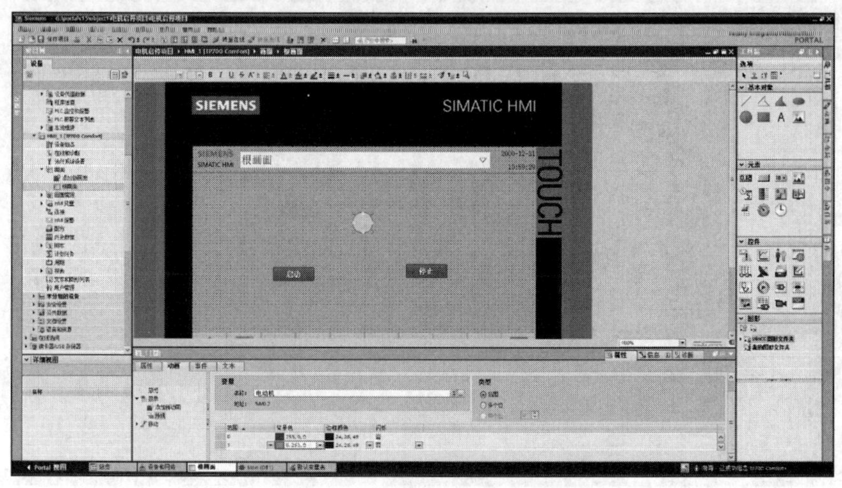

图 3-25　设置“范围”栏信息

3.4.6 编译运行

选中项目树中的“PLC_1”，单击工具栏中的“编译”按钮进行编译，结果如图 3-26 所示。选中项目树中的“HMI_1”，单击工具栏中的“编译”按钮进行编译。

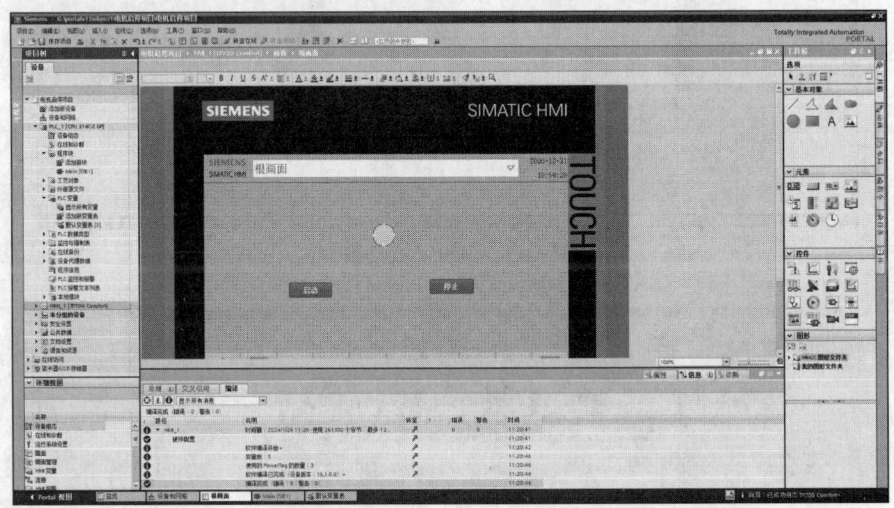

图 3-26 PLC 编译结果

选中项目树中的“PLC_1”，单击工具栏中的“开启仿真”按钮后，出现图 3-27 所示的提示窗口，单击其中的“确定”按钮，这时弹出如图 3-28 所示的界面。之后选择“扩展下载到设备”窗口，“PG/PC 接口的类型”和“接口/子网的连接”选择如图 3-29 所示。单击“开始搜索”按钮，在“选择目标设备”列表显示设备中选择相应的设备，单击“下载”按钮，进入图 3-30 所示的下载预览界面，单击其中的“装载”按钮即可。

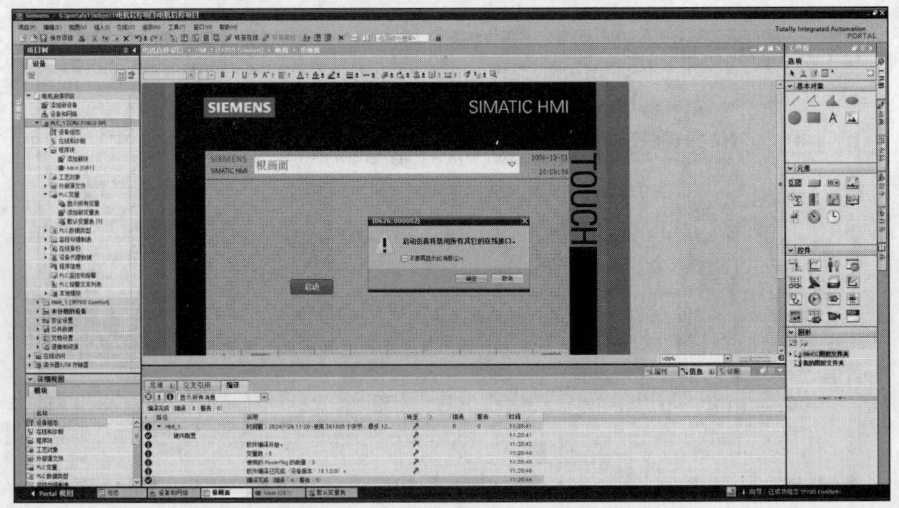

图 3-27 开启仿真后的提示弹窗

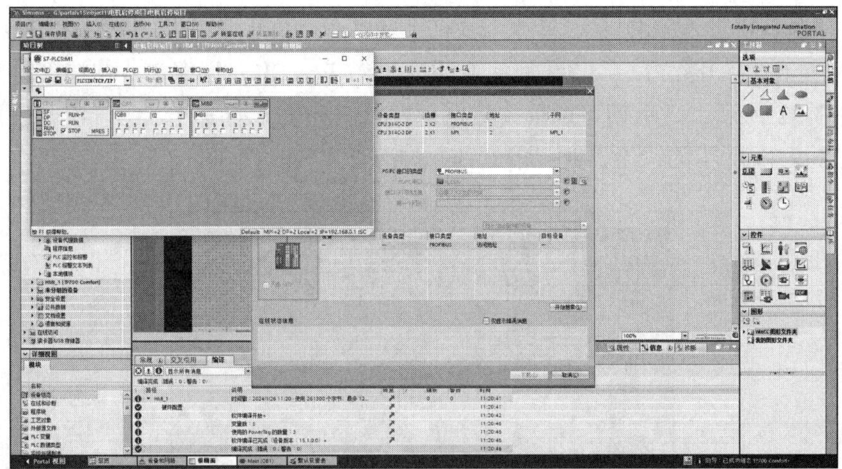

图 3-28　开启仿真进入的界面

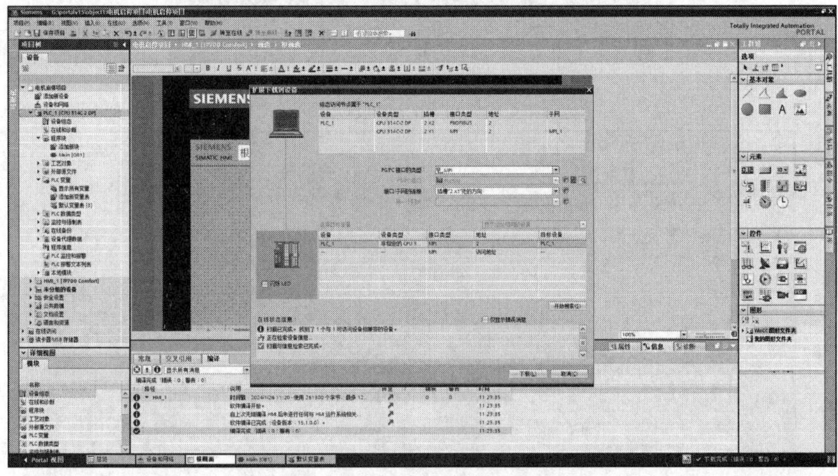

图 3-29　扩展下载到设备界面

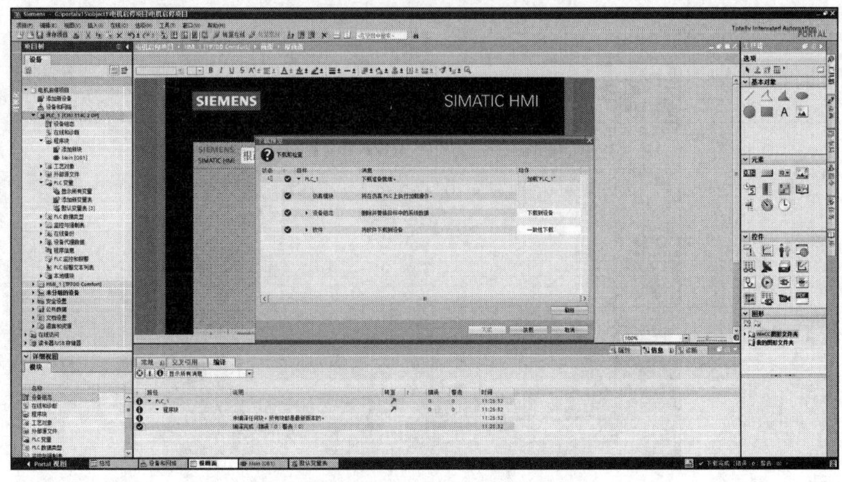

图 3-30　下载预览界面

选中项目树中的“HMI_1”，单击工具栏中的“开启仿真”按钮，进入 HMI 仿真界面，如图 3-31 所示。打开“PLC_1”仿真时会弹出“S7-PLCSIM1”窗口，勾选“RUN”复选框，如图 3-32 所示，之后便可以单击按钮观察“电动机”的变化。第一次开启仿真时可能会出现图 3-33 所示的错误，对“PLC_1”再次开启仿真即可。

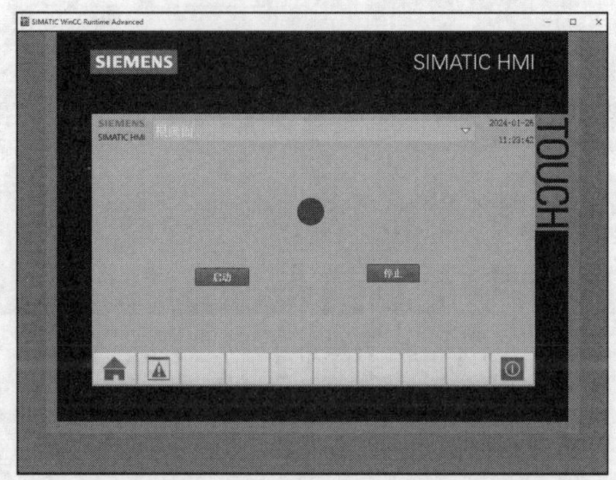

图 3-31　HMI 仿真界面

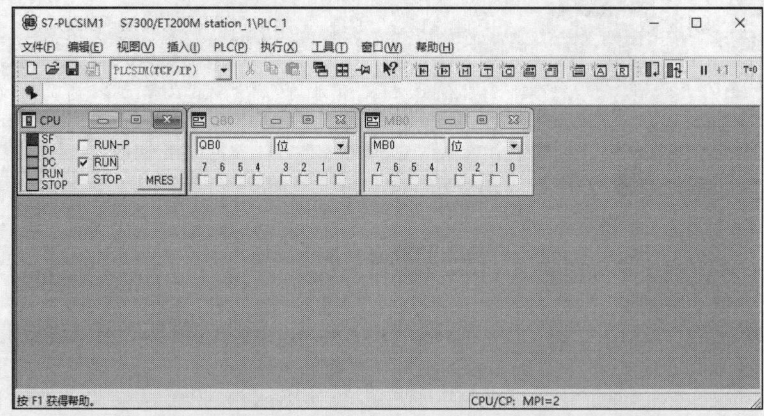

图 3-32　S7-PLCSIM1 窗口

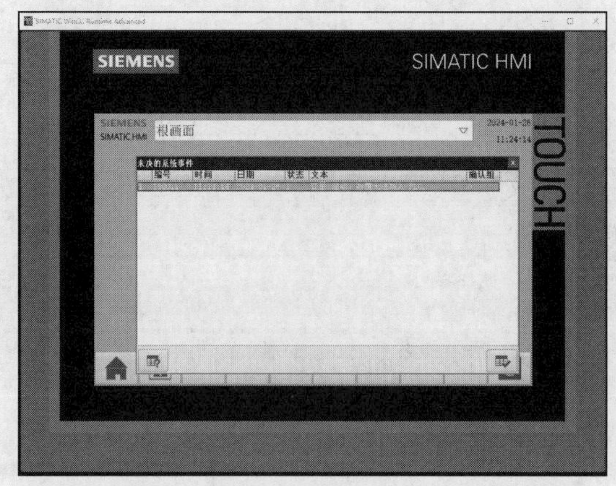

图 3-33　错误界面

3.4.7　程序的状态监控

打开 PLC 的主程序，单击程序编辑器工具栏上的“启用/禁用监视”按钮，如图 3-34 方框所示。此时，程序中发生变化，如图 3-35 所示。单击“启动”按钮，查看程序变化情况，如图 3-36 所示。单击“停止”按钮，查看程序变化情况，如图 3-37 所示。

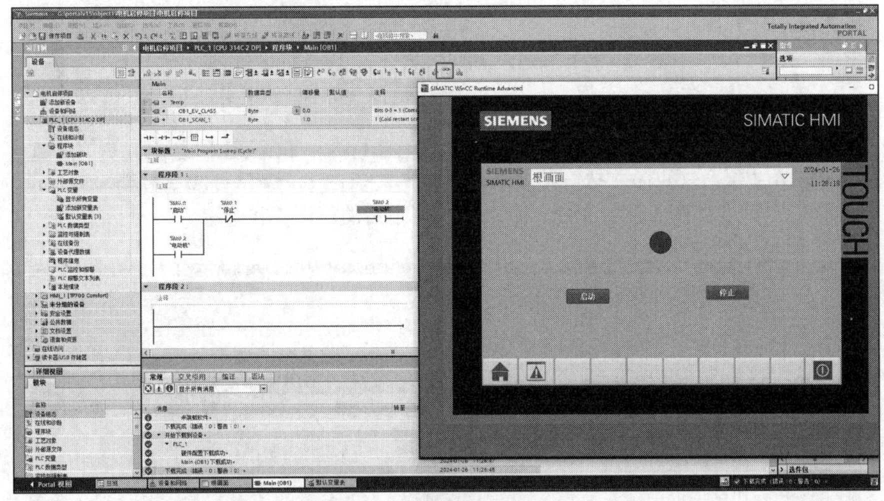

图 3-34　开启程序状态调试

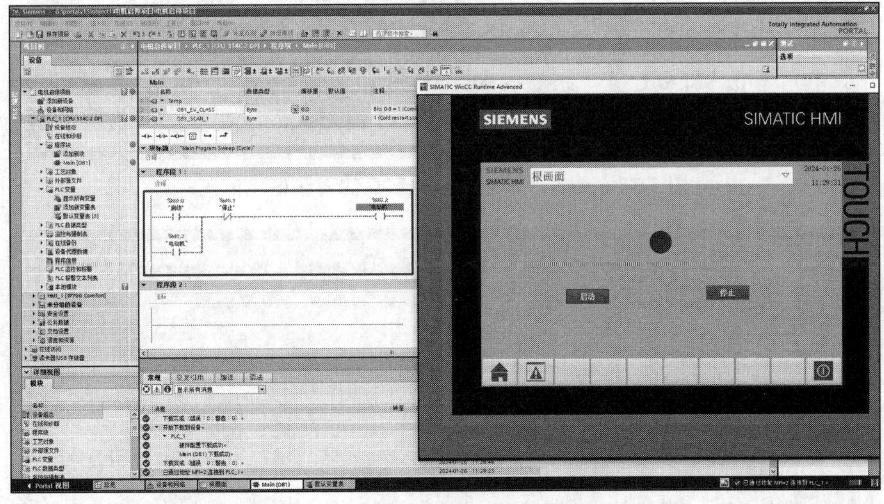

图 3-35　开启程序状态调试后程序变化

先单击菜单栏上的“转至离线”按钮，再单击项目树中的“添加新监控表”，生成“监控表_1”，在表中输入变量，如图 3-38 所示。

单击监控表菜单栏中的“全部监控”按钮，分别单击“启动”按钮和“停止”按钮，查看监视值的变化，如图 3-39 和图 3-40 所示。

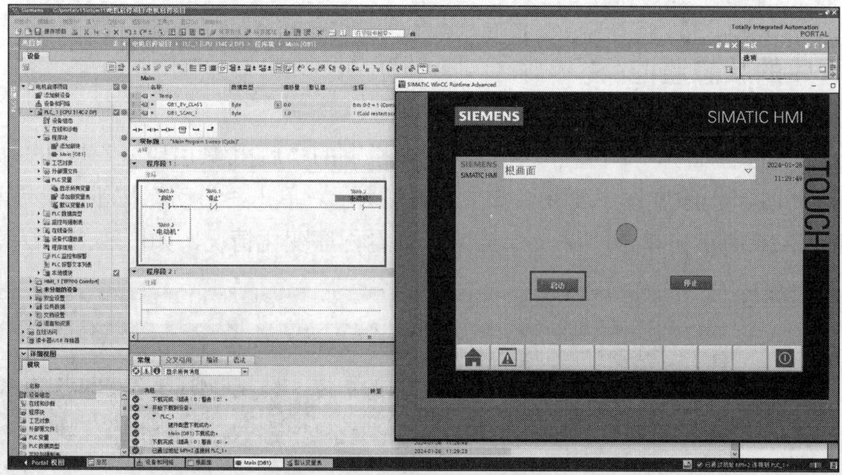

图 3-36　单击“启动”按钮之后的程序变化情况

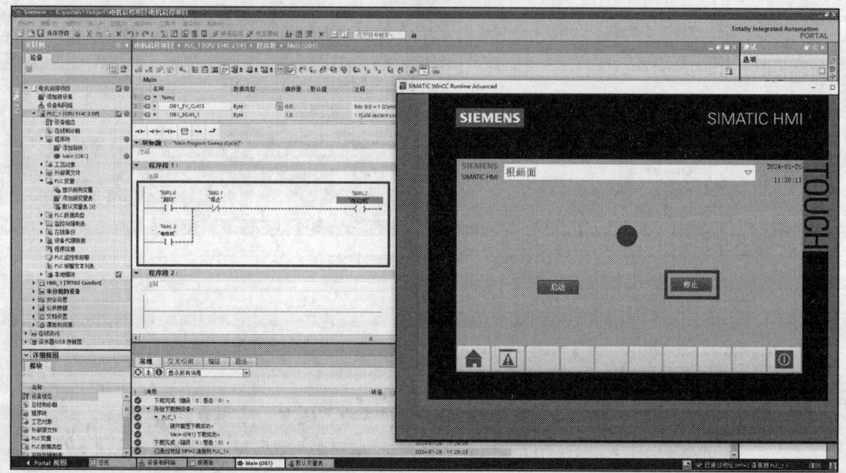

图 3-37　单击“停止”按钮之后的程序变化情况

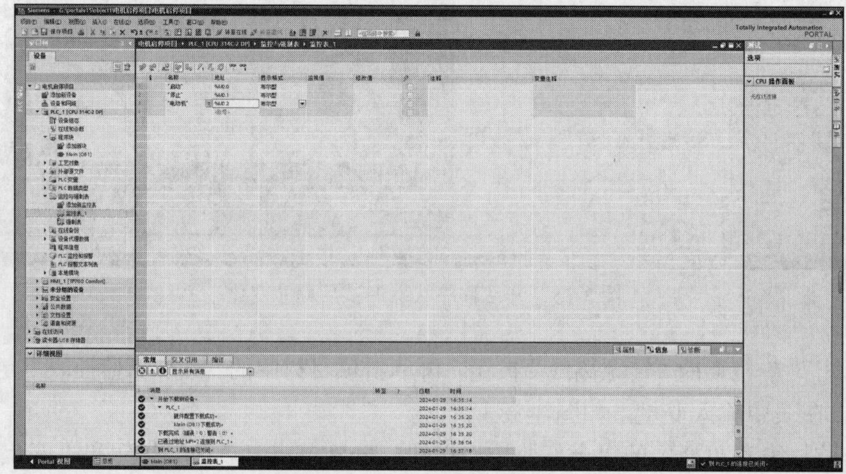

图 3-38　添加新监控表

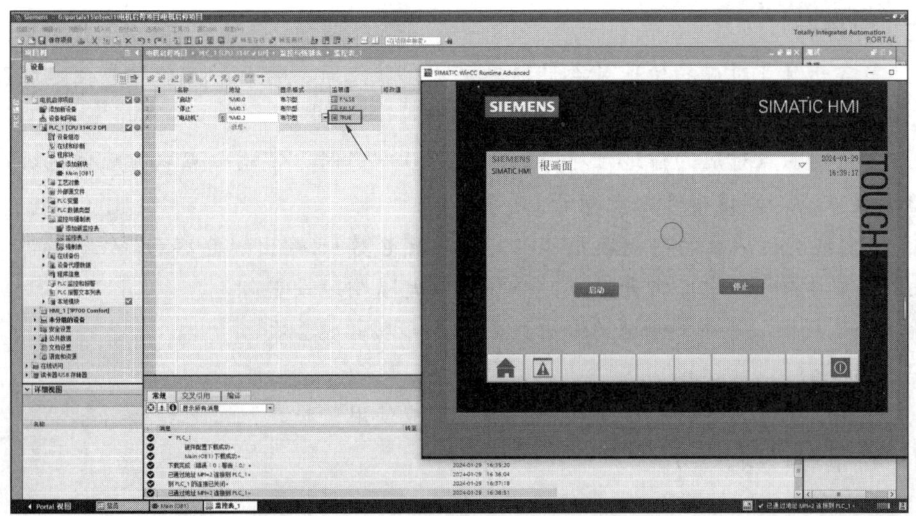

图 3-39　启动之后监控表监控值的变化情况

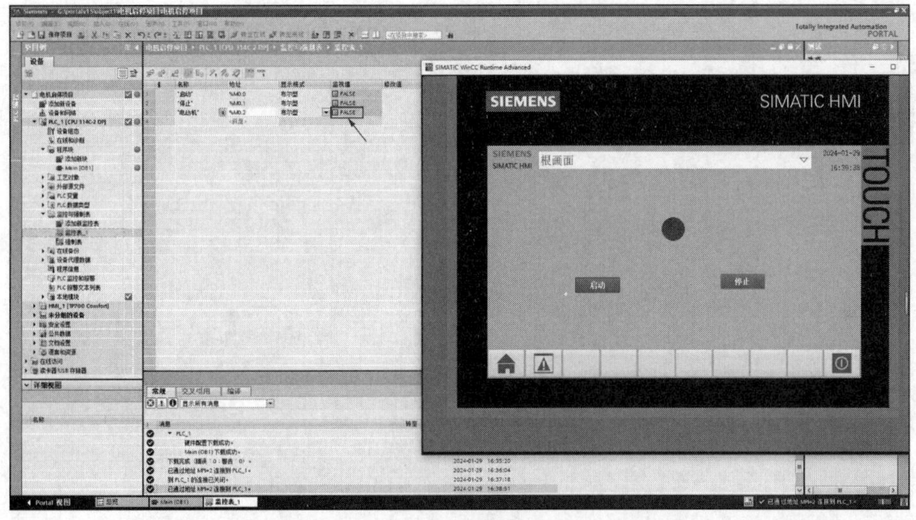

图 3-40　停止之后监控表监控值的变化情况

习　题

一、填空题

1. 常开触点通常情况下时________状态。

2. 常闭触点通常用于________、________、________等场合。

3. 在 PLC 中，输出线圈通常对应于一个________或________模块，用于连接外部负载。

4. WinCC 的图形编辑器是一个强大的________绘图工具。

二、判断题

1. 当常开触点对应的位地址存储器单元是 1 状态时，常开触点取对应位地址存储单元位 1 的原状态，即该常开触点闭合。

2. 当常闭触点对应的位地址存储器单元是 0 状态时，常闭触点取对应位地址存储单元位 0 的反状态，即该常开触点断开。

3. 输出线圈位地址的存储单元可以是输入继电器 I、输出继电器 Q、位存储器 M 等。

4. 在梯形图程序中，常开触点的个数可以无限制地设置。

5. 在程序中，同一个地址的输出线圈最多可以出现 2 次。

三、简答题

1. 程序状态监控有什么优点？什么情况下应使用监控表？

2. 请简述监控表的功能。

项目 4 电动机正/反转 PLC 控制

电动机正/反转 PLC 控制是一种利用 PLC 实现电动机正向和反向旋转的控制方式。这种控制方式广泛应用于工业领域的起重机、机床工作台等需要电动机正/反转的设备。

在电动机正、反转 PLC 控制系统中，PLC 是核心控制器件，我们通过编写控制程序实现对电动机正、反转的精确控制。控制系统中的输入设备（如按钮、开关等）将操作信号传递给 PLC，PLC 根据控制程序处理这些信号，并输出相应的控制指令给电动机，从而控制电动机的正/反转。

为了保证控制系统的可靠性和安全性，电动机正/反转 PLC 控制系统中通常会采用互锁电路等保护措施，防止电动机同时接通正/反转电路，造成短路等故障。此外，PLC 具有丰富的控制功能和强大的逻辑处理能力，可以方便地实现各种复杂的控制要求，提高生产效率和设备自动化水平。

4.1 项目要求

按下正转启动按钮 SB1，电动机正转接触器 KM1 线圈接通得电，接触器 KM1 主触点接通，电动机正转启动；按下停止按钮 SB3，电动机正转接触器 KM1 线圈失电，接触器 KM1 主触点断开，电动机停止转动。按下反转启动按钮 SB2，电动机反转接触器 KM2 线圈接通得电，KM2 接触器主触点接通，电动机反转启动；按下停止按钮 SB3，电动机反转接触器 KM2 线圈失电，KM2 接触器主触点断开，电动机停止。上述操作能够实现正转与反转之间的直接切换。电动机正/反转 PLC 控制的等效电路如图 4-1 所示。

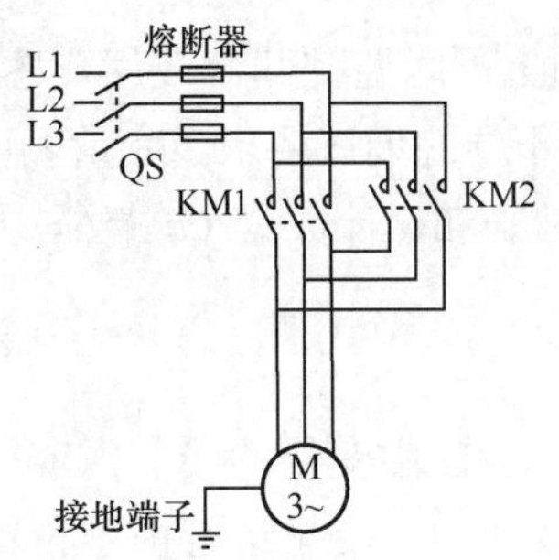

图 4-1　电动机正反转 PLC 控制的等效电路

4.2 学习目标

（1）掌握电动机正、反转的工作原理。

（2）掌握置位/复位指令、跳变沿指令的使用方法。

（3）提高编程与调试能力。

4.3 相关知识

4.3.1 在 PLCSIM 中使用符号地址

下面以电动机正/反转 PLC 控制为例，学习在 PLCSIM 中如何使用符号地址。打开 S7-PLCSIM 仿真软件，单击工具栏上的“Insert Vertical Bit”按钮，插入垂直位列表，设置地址为 IB0 和 QB4，如图 4-2 所示。

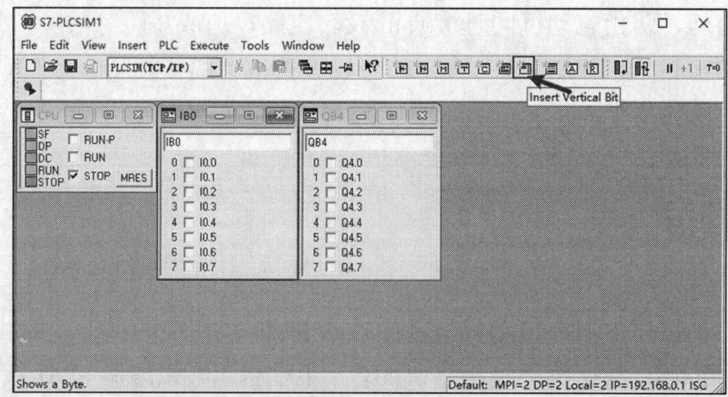

图 4-2 插入垂直位列表

4.3.2 用变量表监控与调试程序

使用变量表可以在一个画面上同时监控和修改用户感兴趣的全部或部分变量。一个项目可以生成多个变量表，以满足不同的调试要求。变量表可以监控和修改的变量包括输入/输出继电器、位存储器 M、定时器 T、计数器 C、数据块内的存储单元和外设输入/外设输出。

1. 变量表的功能

（1）监视变量，显示程序或 CPU 中变量的当前内容。

（2）修改变量，对程序或 CPU 中的变量进行内容设置。

（3）对外设输出赋值，在停机状态下将固定内容赋给 CPU 的每个输出点 Q。

（4）强制设定变量，给变量赋一个固定内容，程序的执行不会影响已被设定的变量内容。

（5）定义变量被监视或赋予新内容时的触发条件。

2．在变量表中输入变量

以电动机正反转 PLC 控制为例，在 PLC 变量目录下，双击“添加新变量表”，新增“变量表_1”，如图 4-3 所示。

图 4-3　新增变量表

双击“变量表_1”，在第 1 行的名称列输入“正向启动按钮 SB1”，地址列输入“I0.0”，数据类型列默认为“Bool”。在第 2 行的名称列中输入“反向启动按钮 SB2”，地址列输入“I0.1”，数据类型列默认为“Bool”。在第 3 行的名称列输入“停止按钮 SB3”，地址列输入“I0.2”，数据类型列默认为“Bool”。在第 4 行的名称列输入“正向转动接触器 KM1 线圈”，地址列输入“Q4.0”，数据类型列默认为“Bool”。在第 5 行的名称列输入“反向转动接触器 KM2 线圈”，地址列输入“Q4.1”，数据类型列默认为“Bool”。设置变量结果如图 4-4 所示。

电动机正反转PLC控制 ▸ PLC_1 [CPU 1516T-3 PN/DP] ▸ PLC 变量 ▸ 变量表_1 [5]

变量表_1

	名称	数据类型	地址	保持	可从 ...	从 H...	在 H...	监控	注释
1	正向启动按钮SB1	Bool	%I0.0	☐	☑	☑	☑		
2	反向启动按钮SB2	Bool	%I0.1	☐	☑	☑	☑		
3	停止按钮SB3	Bool	%I0.2	☐	☑	☑	☑		
4	正向转动接触器KM1线圈	Bool	%Q4.0	☐	☑	☑	☑		
5	反向转动接触器KM2线圈	Bool	%Q4.1	☐	☑	☑	☑		
6	<新增>			☐	☑	☑	☑		

图 4-4　设置变量结果

3．监视变量

单击工具栏中的“全部监视”按钮，启动监视功能。表中将显示附加的“监视值”列，该列显示当前数据值。再次单击“全部监视”按钮，结束监视。

4．修改变量

打开指定的块，单击工具栏中的“启用/禁用监视”按钮对变量进行监视。双击要修改的在线值（不适用于数据类型为布尔型的值）；或者单击指定变量，通过快捷菜单进行修改。在随即打开的对话框中，在“修改值”框中输入指定值，并单击“确定”按钮进行确认；或者在随即打开的对话框中，确定是否切换为布尔型在线值。

示例：若布尔型变量的值为 0，则单击“是”。确认查询结果时，该值将切换为 1。若布尔型变量的值为 1，则单击“是”。确认查询结果时，该值将切换为 0。若通过单击“否”或“关闭”退出对话框，则系统保留该布尔型变量的当前值。

4.3.3　置位输出指令与复位输出指令

在电动机启/停控制程序中，如果梯形图中没有 Q4.0 自锁常开触点，那么就一直要按着启动按钮，不能松开。这显然太麻烦，下面学习的指令可以解决上述问题。

（1）置位输出指令---(S)---：可将指定操作数的信号状态置位为 1。仅当线圈输入的逻辑运算结果（RLO）为 1，PLC 才执行置位输出指令。若信号流通过线圈（RLO 为 1），则指定的操作数置位为 1。若没有信号流过线圈（RLO 为 0），则指定操作数的信号状态将保持不变。

上面的 RLO 是状态字的第一位。RLO 位用于存储逻辑指令或比较指令的结果。在逻辑串中，RLO 位的状态表示有关信号能流的信息：RLO 的状态为 1 表示有信号能流，RLO 状态为 0 表示无信号能流。用户可用 RLO 触发跳转指令，以改变逻辑操作结果。

（2）复位输出指令---(R)---：将指定操作数的信号状态复位为 0。仅当线圈输入的逻辑运算结果（RLO）为 1，PLC 才执行复位输出指令。若信号流通过线圈（RLO 为 1），则指定的操作数复位为 0。若没有信号流过线圈（RLO 为 0），则指定操作数的信号状态将保持不变。

4.3.4　触发器

在梯形图中，触发器有置位复位触发器和复位置位触发器两种类型。

置位复位触发器：根据输入 S 和 R1 的信号状态，置位或复位指定操作数的位。若输入 S 的信号状态为 1 且输入 R1 的信号状态为 0，则将指定的操作数置位为 1。若输入 S 的信号状态为 0 且输入 R1 的信号状态为 1，则将指定的操作数复位为 0。输入 R1 的优先级高于输入 S。当两个输入 S 和 R1 的信号状态都为 1 时，指定操作数的信号状态将复位为 0。若两个输入 S 和 R1 的信号状态都为 0，则不会执行该指令，因此操作数的信号状态保持不变。操作数的当前信号状态被传送到输出 Q，可以被读取和使用。

复位置位触发器：根据输入 R 和 S1 的信号状态，复位或置位指定操作数的位。若输入 R 的信号状态为 1 且输入 S1 的信号状态为 0，则指定的操作数将复位为 0。若输入 R 的信号状态为 0 且输入 S1 的信号状态为 1，则将指定的操作数置位为 1。输入 S1 的优先级高于输入 R。当两个输入 R 和 S1 的信号状态都为 1 时，指定操作数的信号状态将置位为 1。若两个输入 R 和 S1 的信号状态都为 0，则不会执行该指令，因此操作数的信号状态保持不变。操作数的当前信号状态被传送到输出 Q，可以被读取和使用。

4.3.5　跳变沿检测指令

扫描操作数的信号上升沿指令：确定所指定操作数（<操作数 1>）的信号状态是否从 0 变为 1。该指令将比较<操作数 1>的当前信号状态与上一次扫描的信号状态，上一次扫描的信号状态保存在边沿存储位（<操作数 2>）中。若该指令检测到逻辑运算结果

（RLO）从 0 变为 1，则说明出现了一个上升沿。该指令每次执行时都会查询信号上升沿。当检测到信号上升沿时，<操作数 1>的信号状态将在一个程序周期内保持置位为 1。在其他情况下，操作数的信号状态均为 0。要查询的操作数（<操作数 1>）在该指令上方的操作数占位符中进行指定。边沿存储位（<操作数 2>）在该指令下方的操作数占位符中进行指定。

扫描操作数的信号下降沿指令：确定所指定操作数（<操作数 1>）的信号状态是否从 1 变为 0。该指令将比较<操作数 1>的当前信号状态与上一次扫描的信号状态，上一次扫描的信号状态保存在边沿存储位（<操作数 2>）中。若该指令检测到逻辑运算结果（RLO）从 1 变为 0，则说明出现了一个下降沿。该指令每次执行时都会查询信号下降沿。当检测到信号下降沿时，<操作数 1>的信号状态将在一个程序周期内保持置位为 1。在其他任何情况下，操作数的信号状态均为 0。要查询的操作数（<操作数 1>）在该指令上方的操作数占位符中进行指定。边沿存储位（<操作数 2>）在该指令下方的操作数占位符中进行指定。

4.4 项目实施

4.4.1 输入/输出信号器件

输入信号器件：正向启动按钮 SB1、反向启动按钮 SB2、停止按钮 SB3。

输出信号器件：正向转动接触器 KM1 线圈、反向转动接触器 KM2 线圈。

4.4.2 硬件组态

本项目的硬件组态（选择 CPU 1516T-3 PN/DP）如图 4-5 所示。

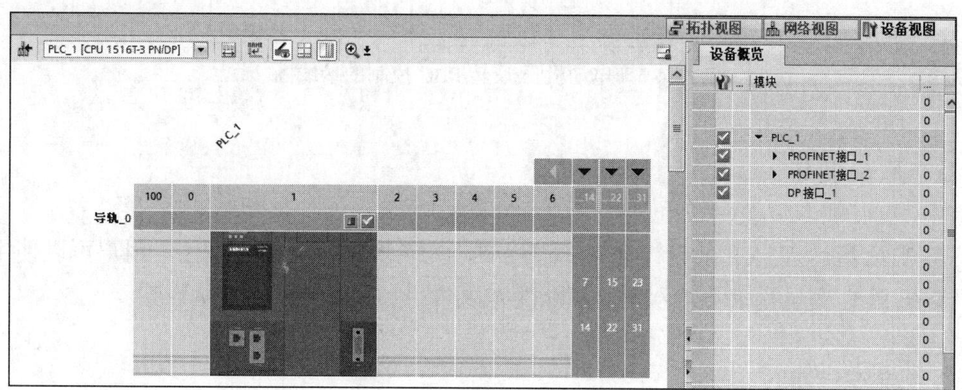

图 4-5　硬件组态（项目 4）

4.4.3 输入/输出地址分配

根据任务，输入/输出地址分配如表 4-1 所示。

表 4-1 输入/输出地址分配

序号	输入信号器件名称	编程元件地址	序号	输出信号器件名称	编程元件地址
1	正向启动按钮 SB1（常开触点）	I0.0	1	正向转动接触器 KM1 线圈	Q4.0
2	反向启动按钮 SB2（常开触点）	I0.1	2	反向转动接触器 KM2 线圈	Q4.1
3	停止按钮 SB3（常闭触点）	I0.2			

4.4.4 接线图

为了防止正向转动接触器 KM1 线圈与反向转动接触器 KM2 线圈同时得电，造成三相电源短路，我们在 PLC 外部设置了硬件互锁电路。本项目的接线图如图 4-6 所示。

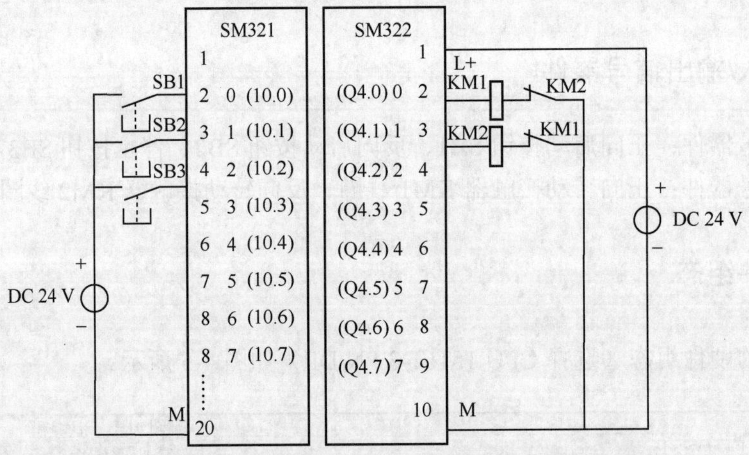

图 4-6 电动机正/反转 PLC 控制的接线图

4.4.5 定义变量

在 TIA 博途 V15.1 上设计程序的过程中，为了增加程序的可读性，用户可以使用变量表。在 PLC 变量目录下，双击“默认变量表”，进行输入/输出变量设置。

4.4.6 编写程序

编程思路如下。当按下正向启动按钮 SB1 时，I0.0 的值是 1，此时 I0.0 常开触点接通。因为 I0.2 常闭触点处于接通状态，所以 Q4.0 线圈接通得电。说明：Q4.0 自锁常开触点的功能是当 I0.0 常开触点断开时，通过 Q4.0 自锁常开触点仍然能使 Q4.0 线圈接通得电。

当按下停止按钮 SB3 时，I0.2 的值是 1，此时 I0.2 常闭触点断开，所有 Q4.0 线圈失电。

正向转动接触器 KM1 线圈与反向转动接触器 KM2 线圈不能同时得电，硬件已采用互锁，软件也需要互锁，即需要在 Q4.0 输出线圈左侧串联 Q4.1 常闭触点，在 Q4.1 输出线圈左侧串联 Q4.0 常闭触点。程序段 1 串联 I0.1 常闭触点，程序段 2 串联 I0.0 常闭触点。完整程序如图 4-7 所示。

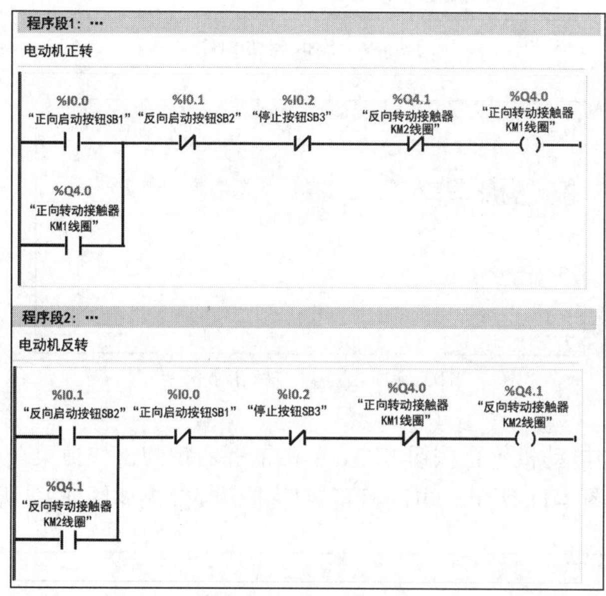

图 4-7　完整程序

4.4.7　调试程序

启动仿真后，单击“RUN”按钮，启用监视，电动机正转默认情况程序段如图 4-8 所示。

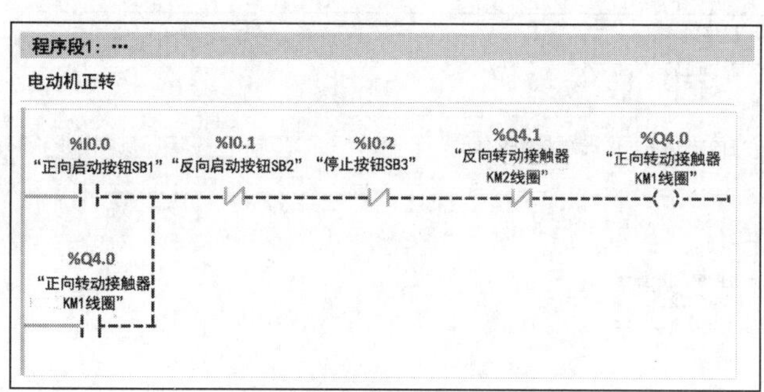

图 4-8　电动机正转默认情况程序段

正转测试：选中正向启动按钮 SB1，单击鼠标右键弹出快捷菜单，依次选择“修改”→“修改为 1”，如图 4-9 所示。电动机正转仿真效果如图 4-10 所示。

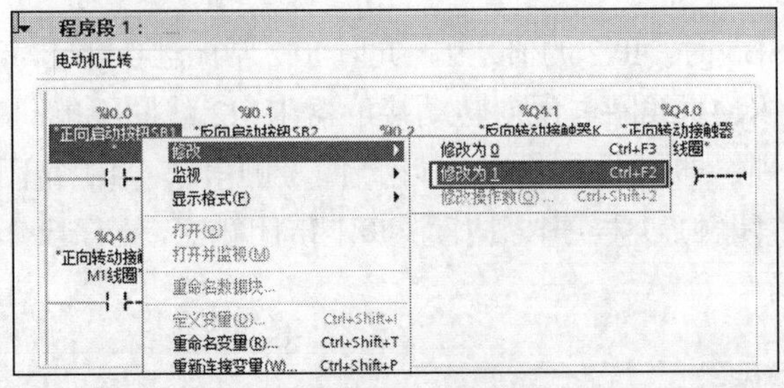

图 4-9 模拟按动 SB1

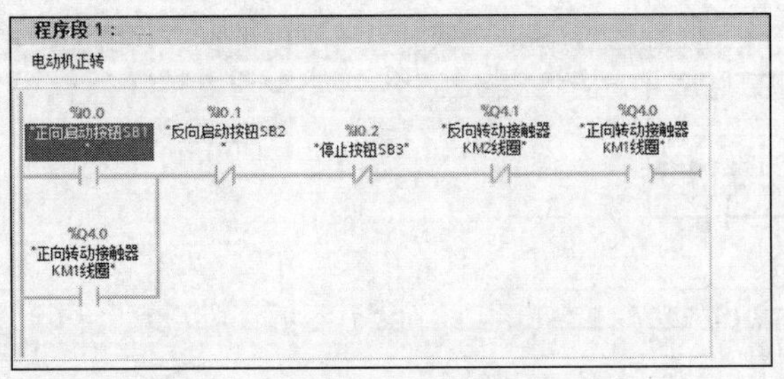

图 4-10 电动机正转仿真效果

停止测试：选中电动机停止按钮 SB3，单击鼠标右键弹出快捷菜单，依次选择“修改”→“修改为 1”，如图 4-11 所示。电动机正转停止仿真效果如图 4-12 所示。

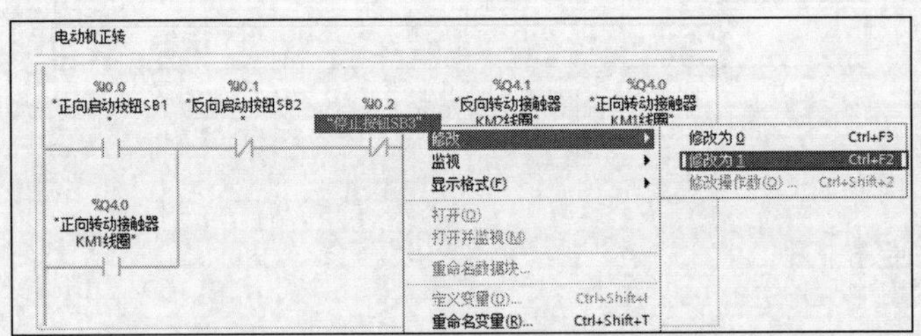

图 4-11 模拟按动电动机正转 SB3

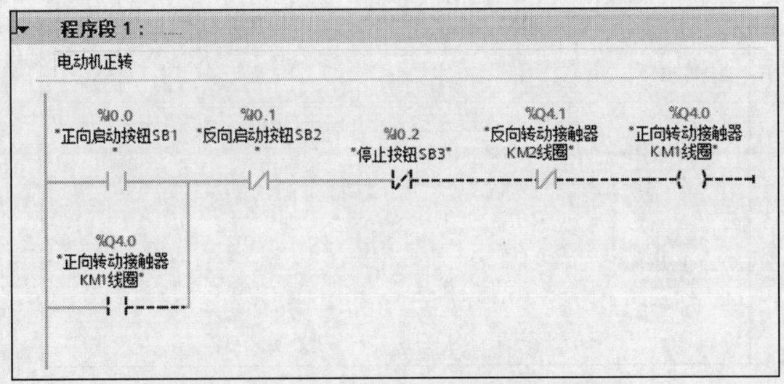

图 4-12 电动机正转停止仿真效果

反转测试：选中反向启动按钮 SB2，单击鼠标右键弹出快捷菜单，依次选择“修改”→“修改为 1”，如图 4-13 所示。电动机反转仿真效果如图 4-14 所示。

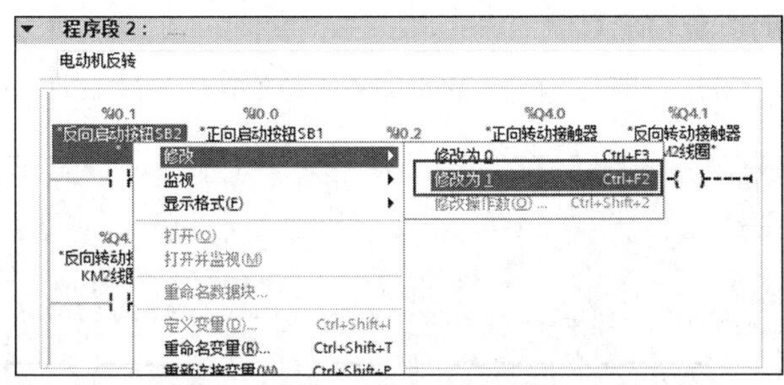

图 4-13　模拟按动 SB2

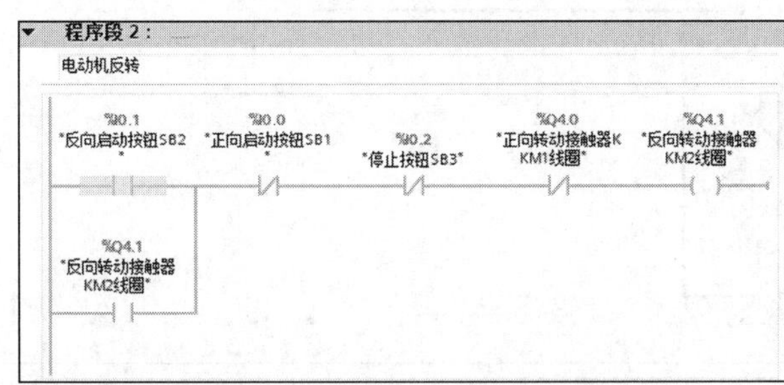

图 4-14　电动机反转仿真效果

停止测试：选中电动机停止按钮 SB3，单击鼠标右键弹出快捷菜单，依次选择“修改”→“修改为 1”，如图 4-15 所示。电动机反转停止仿真效果如图 4-16 所示。

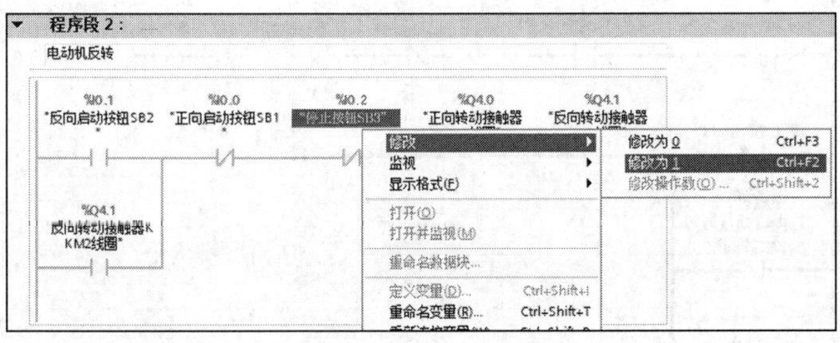

图 4-15　模拟按动电动机反转 SB3

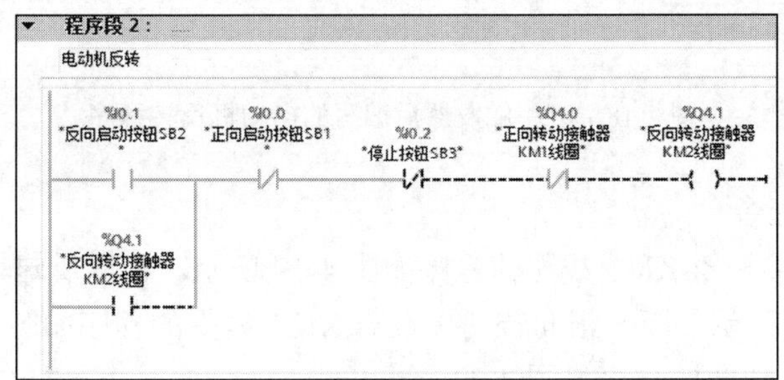

图 4-16　电动机反转停止仿真效果

项目解决方案扩展

1．应用触发器

应用触发器后编写的电动机正转程序如图 4-17 所示，反转程序如图 4-18 所示。

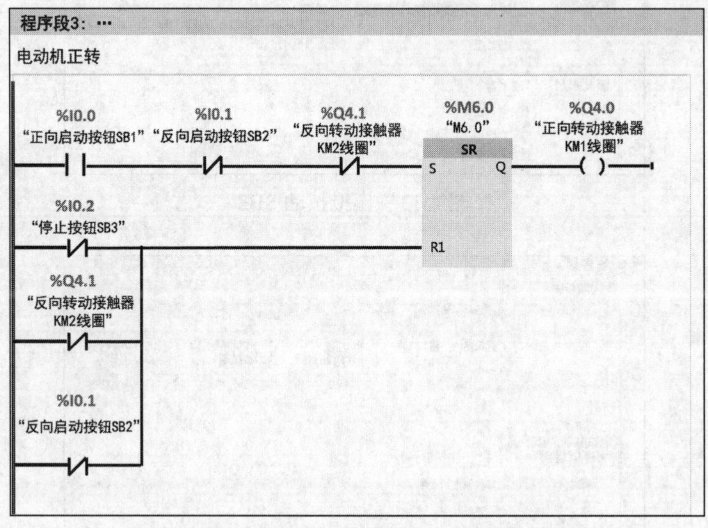

图 4-17　应用触发器后编写的电动机正转程序

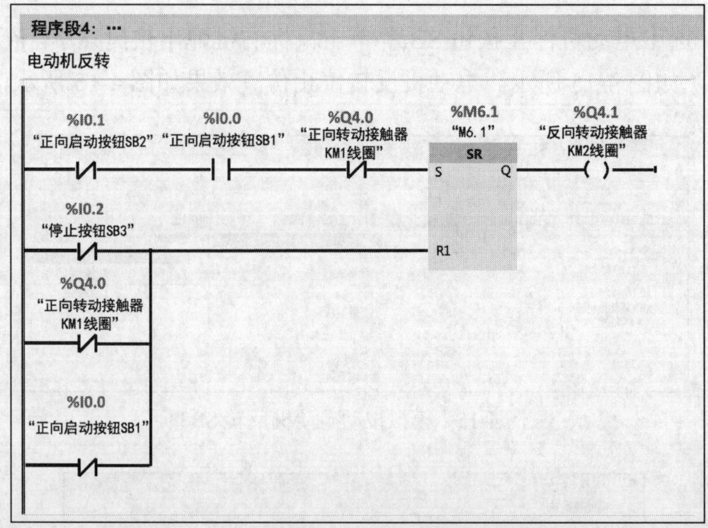

图 4-18　应用触发器后编写的电动机反转程序

2．置位/复位指令

接通正向转动接触器 KM1 线圈的程序如图 4-19 所示，接通反向转动接触器 KM2 线圈的程序如图 4-20 所示，断开正向转动接触器 KM1 线圈的程序如图 4-21 所示，断开反向转动接触器 KM2 线圈的程序如图 4-22 所示。

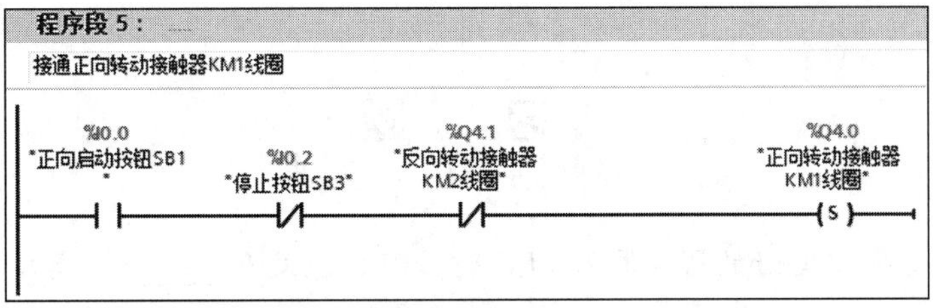

图 4-19 接通正向转动接触器 KM1 线圈的程序

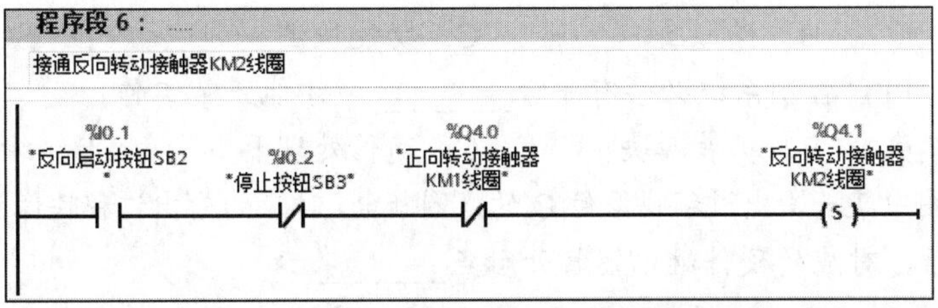

图 4-20 接通反向转动接触器 KM2 线圈的程序

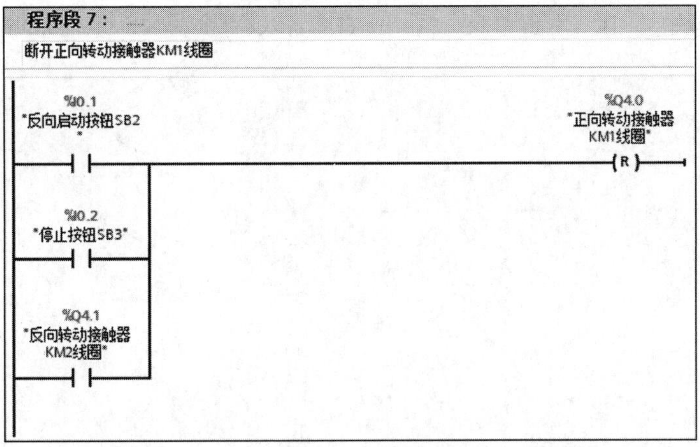

图 4-21 断开正向转动接触器 KM1 线圈的程序

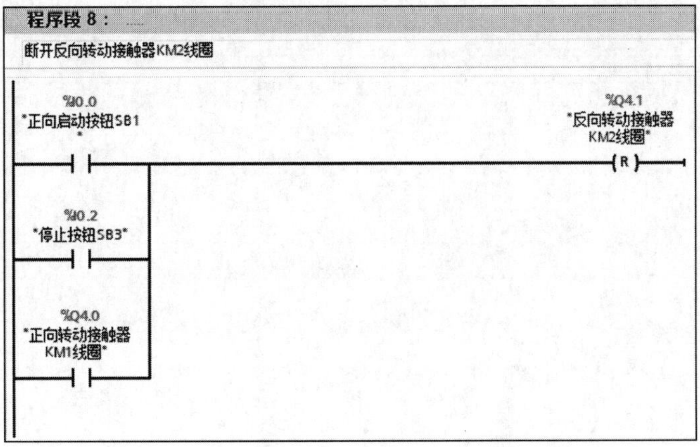

图 4-22 断开反向转动接触器 KM2 线圈的程序

习　题

1. 将编程器内编写好的程序写入 PLC 时，PLC 应处在________模式。

A. RUN　　B. STOP　　C. 扫描　　D. 断电

2. 以下________不是西门子系列 PLC 的编程语言。

A. Basic　　B. 梯形图　　C. 功能块图　　D. SCL

3. 每一个 PLC 控制系统必须有一台________，才能正常工作。

A. CPU 模块　　B. 扩展模块　　C. 通信处理器　　D. 编程器

4. 若梯形图中某一输出过程映像位 Q 的线圈断电，对应的输出过程映像位为________状态，输出刷新后，对应的硬件继电器常开触点________。

A. 0，断开　　B. 0，闭合　　C. 1，断开　　D. 1，闭合

5. PLC 的 CPU 与现场输入/输出装置的设备通信的桥梁是________。

A. 输入模块　　B. 输出模块　　C. 输入/输出模块　　D. 外设接口

项目 5 小车自动往复运动 PLC 控制

随着工业自动化的不断发展，PLC 作为一种重要的控制设备，已广泛应用于各种自动化生产线和机械设备中。小车自动往复运动是工业自动化领域中常见的运动形式之一，因此，开发一套基于 PLC 控制的小车自动往复运动系统具有重要的实际意义。

5.1 项目要求

自动控制小车的往复运动，即小车在设定的轨道上能够自动进行前进和后退的运动。按下启动按钮 SB1 后，小车向前运行，挡板碰到左限位行程开关 SQ1，系统发出停止信号，小车停止前进；同时发出启动后退信号，小车后退，挡板碰到右限位行程开关 SQ2，系统发出停止信号，小车停止后退；同时发出启动前进信号，小车前进。按下停止按钮之前，小车可重复执行上述往复运动过程，按下停止按钮之后，小车停止运动。小车往复运动需要进行过载保护，即需要添加热继电器 FR，使电流超过电动机额定电流一定倍数时，电路能在第一时间断开，保护电动机。小车往复运动的过程如图 5-1 所示。

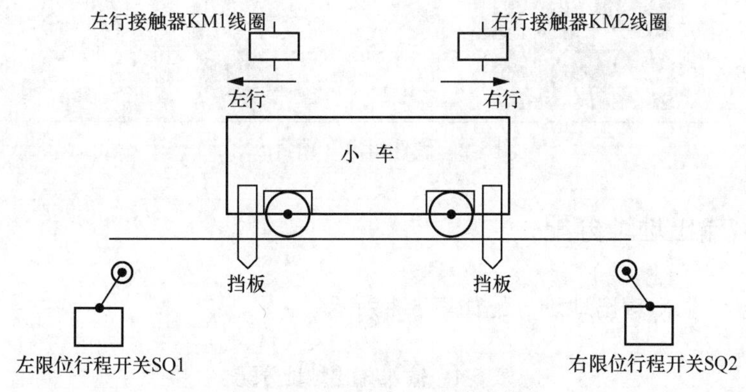

图 5-1 小车往复运动的过程

5.2 学习目标

（1）巩固触发器、置位/复位指令和输出线圈的应用能力。

（2）掌握行程控制类编程方法。
（3）掌握电动机过载保护在编程中的应用。
（4）提高编程及调试能力。

5.3 项目实施

5.3.1 输入/输出信号器件

输入信号器件：启动按钮 SB1、停止按钮 SB2、左限位行程开关 SQ1、右限位行程开关 SQ2、热继电器 FR。

输出信号器件：左行接触器 KM1 线圈、右行接触器 KM2 线圈。

5.3.2 硬件组态

本项目的硬件组态（选择 CPU 1516T-3 PN/DP）如图 5-2 所示。

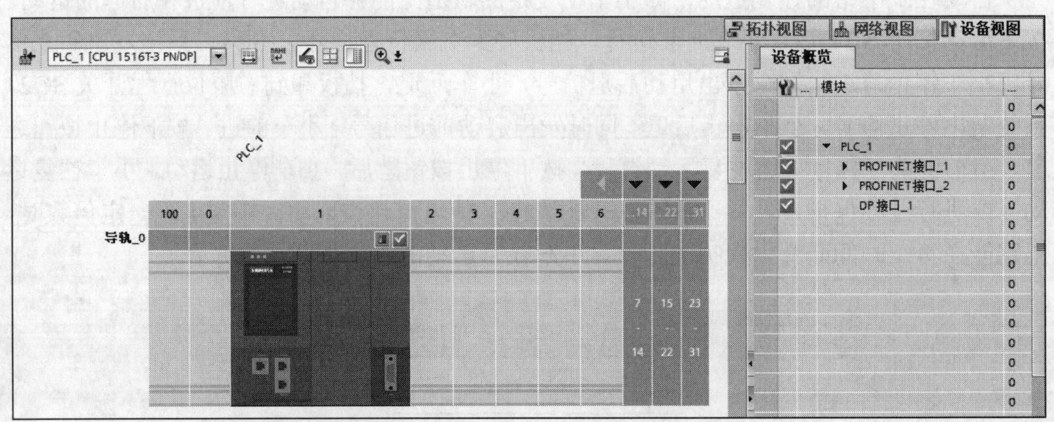

图 5-2 硬件组态（项目 5）

5.3.3 输入/输出地址分配

根据任务，输入/输出地址分配如表 5-1 所示。

表 5-1 输入/输出地址分配

序号	输入信号器件名称	编程元件地址	序号	输出信号器件名称	编程元件地址
1	启动按钮 SB1（常开触点）	I0.0	1	左行接触器 KM1 线圈	Q4.0
2	停止按钮 SB2（常闭触点）	I0.1	2	右行接触器 KM2 线圈	Q4.1

续表

序号	输入信号器件名称	编程元件地址	序号	输出信号器件名称	编程元件地址
3	左限位行程开关 SQ1（常闭触点）	I0.2			
4	右限位行程开关 SQ2（常闭触点）	I0.3			
5	热继电器 FR（常闭触点）	I0.4			

5.3.4 接线图

本项目的接线图如图 5-3 所示。

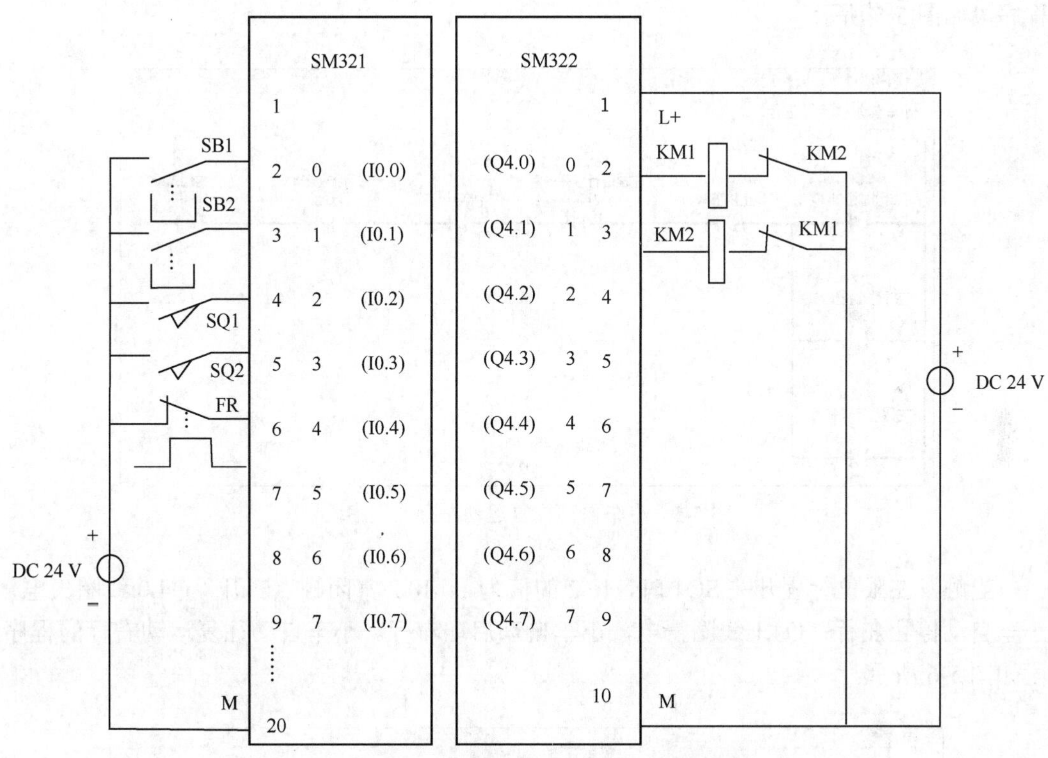

图 5-3　小车自动往复 PLC 控制的接线图

5.3.5 定义变量

在 TIA 博途 V15.1 上设计程序的过程中，为了增加程序的可读性，用户可以使用变量表。在 PLC 变量目录下，双击“默认变量表”，进行输入/输出内容分配。小车自动往复运动的变量表内容如图 5-4 所示。

默认变量表							
	名称	数据类型	地址	保持	可从 ...	从 H...	在 H...
1	启动按钮SB1	Bool	%I0.0	☐	☑	☑	☑
2	停止按钮SB2	Bool	%I0.1	☐	☑	☑	☑
3	左限位行程开关SQ1	Bool	%I0.2	☐	☑	☑	☑
4	右限位行程开关SQ2	Bool	%I0.3	☐	☑	☑	☑
5	左行接触器KM1线圈	Bool	%Q4.0	☐	☑	☑	☑
6	右行接触器KM2线圈	Bool	%Q4.1	☐	☑	☑	☑
7	热继电器FR	Bool	%I0.4	☐	☑	☑	☑

图 5-4　小车自动往复运动的变量表内容

5.3.6　编写程序

编程思路如下。当按下启动按钮 SB1 时，I0.0 的值为 1，此时 I0.0 常开触点接通，因为热继电器 FR 是动断触点，所以 Q4.0 线圈得电，小车左行。小车自动往复运动左行的程序段如图 5-5 所示。

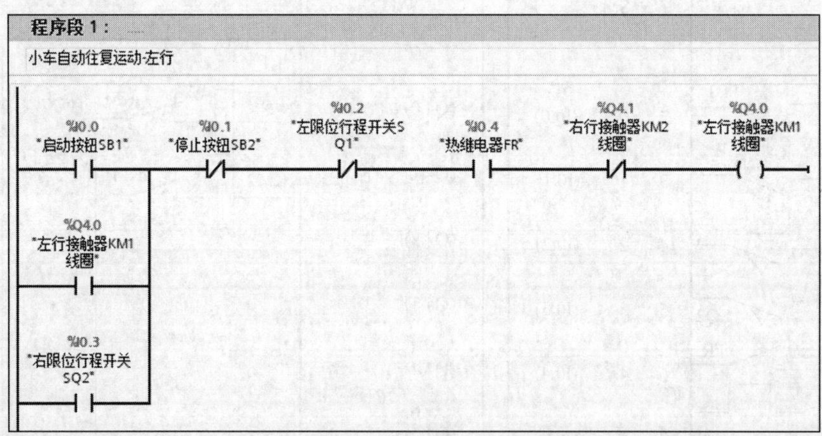

图 5-5　小车自动往复运动左行的程序段

当触发左限位行程开关 SQ1 时，I0.2 的值为 1，I0.2 常闭触点断开，Q4.0 线圈失电，小车自动停止左行；Q4.1 线圈得电，小车自动启动右行。小车自动往复运动右行的程序段如图 5-6 所示。

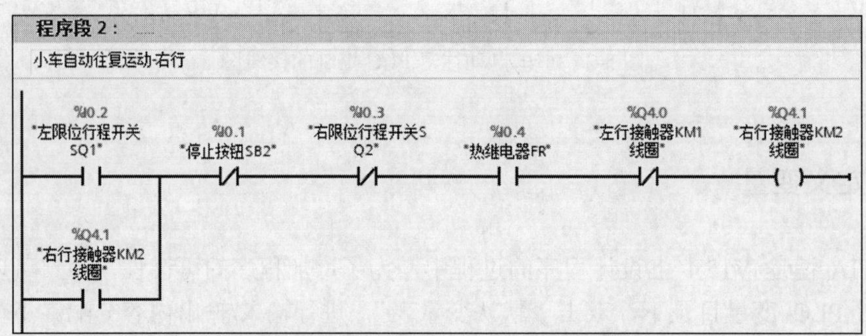

图 5-6　小车自动往复运动右行的程序段

当触发右限位行程开关 SQ2 时，I0.3 的值为 1，I0.3 常闭触点断开，Q4.1 线圈失电，小车自动停止右行；Q4.0 线圈得电，小车自动启动左行。

当小车过载时，热继电器 FR 常闭触点断开，I0.4 的值为 0，Q4.0 线圈失电，自动停止左行。

5.3.7　调试程序

启动仿真后，单击“RUN”按钮启用监视功能。这里热继电器 FR 使用常闭触点，使 I0.4 的值为 1，具体修改过程如图 5-7 所示，修改结果如图 5-8 所示。

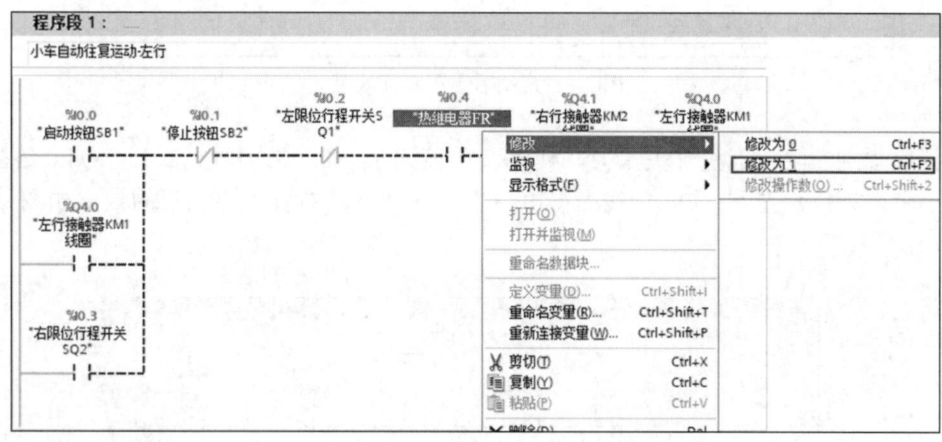

图 5-7　热继电器 FR 常闭触点修改过程

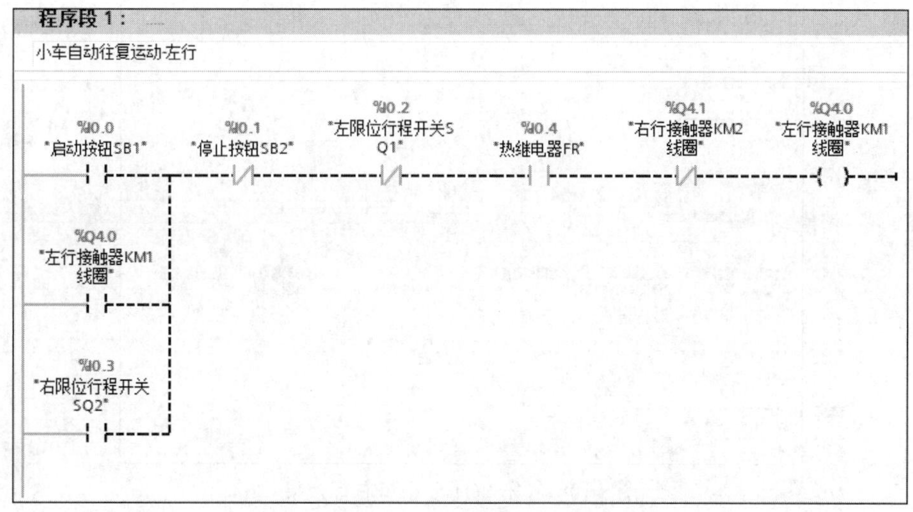

图 5-8　热继电器 FR 常闭触点修改结果

按下启动按钮 SB1，使 I0.0 的值为 1，Q4.0 线圈接通得电，小车左行，启动后的效果如图 5-9 所示。

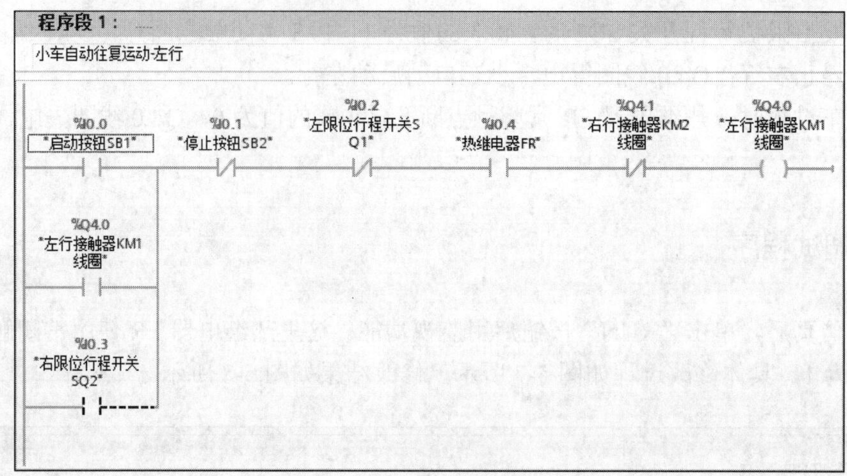

图 5-9　启动后小车左行效果

挡板碰到左限位行程开关 SQ1，使 I0.2 的值为 1，I0.2 常闭触点断开，Q4.0 线圈失电，小车自动停止左行；Q4.1 线圈得电，小车自动启动右行，启动后的效果如图 5-10 所示。

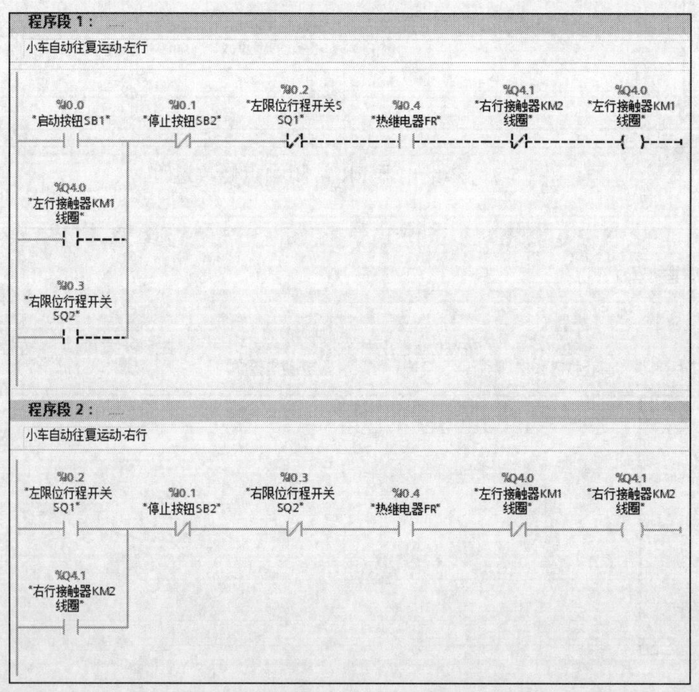

图 5-10　触发 SQ1 后小车右行效果

挡板碰到右限位行程开关 SQ2（先将左限位行程开关 SQ1 关闭，使 I0.2 的值为 0），使 I0.3 的值为 1，I0.2 常闭触点断开，Q4.1 线圈失电，小车自动停止左行；Q4.0 线圈得电，小车自动启动左行，启动后的效果如图 5-11 所示。

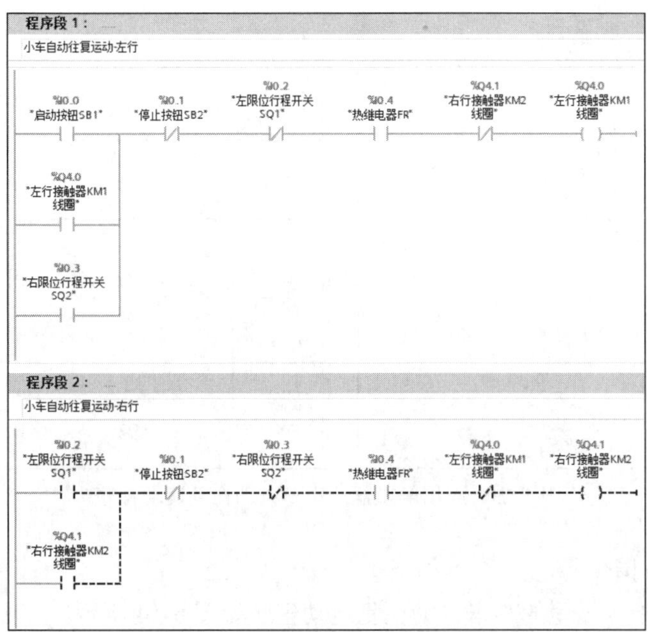

图 5-11　触发 SQ2 后小车左行效果

当小车过载时，模拟触发热继电器 FR 后常闭触点断开，使 I0.4 的值为 0；I0.4 常闭触点断开，Q4.0 线圈失电，小车停止左行，启动后的效果如图 5-12 所示。

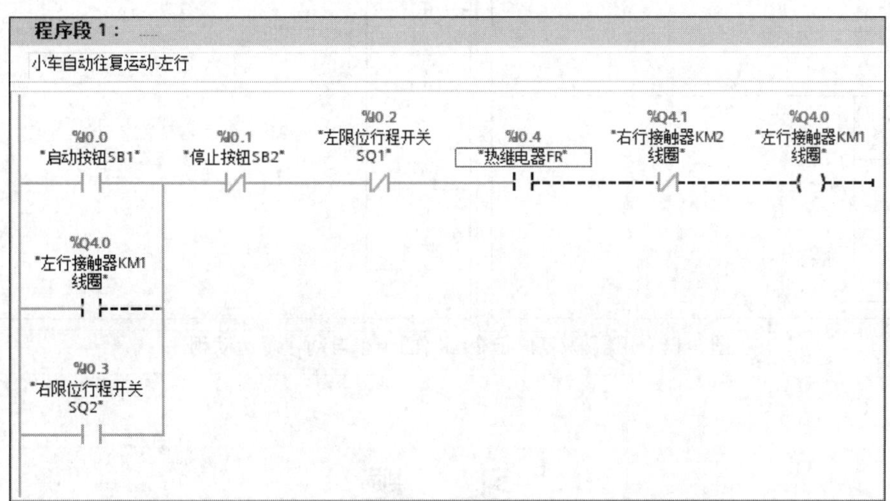

图 5-12　触发热继电器 FR 后小车停止左行效果

项目解决方案扩展

1. 应用触发器

应用触发器后编写的小车自动往复运动程序如图 5-13 所示。

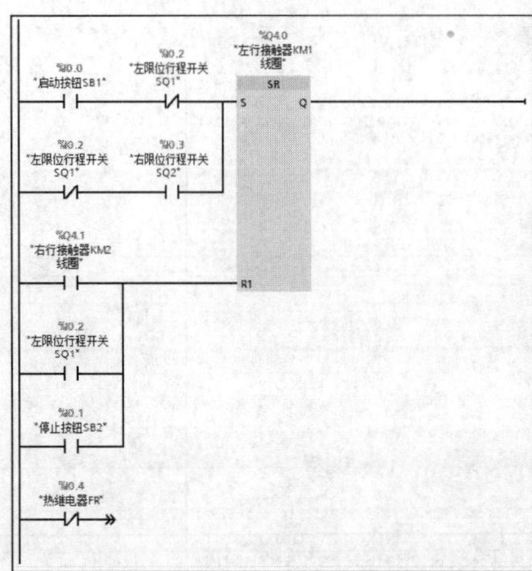

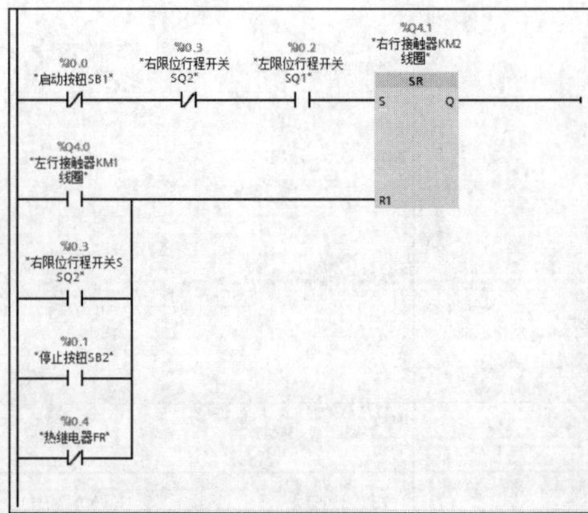

图 5-13　应用触发器后小车自动往复运动程序

2．置位/复位指令

用置位/复位指令编写的小车自动往复运动程序如图 5-14 所示。

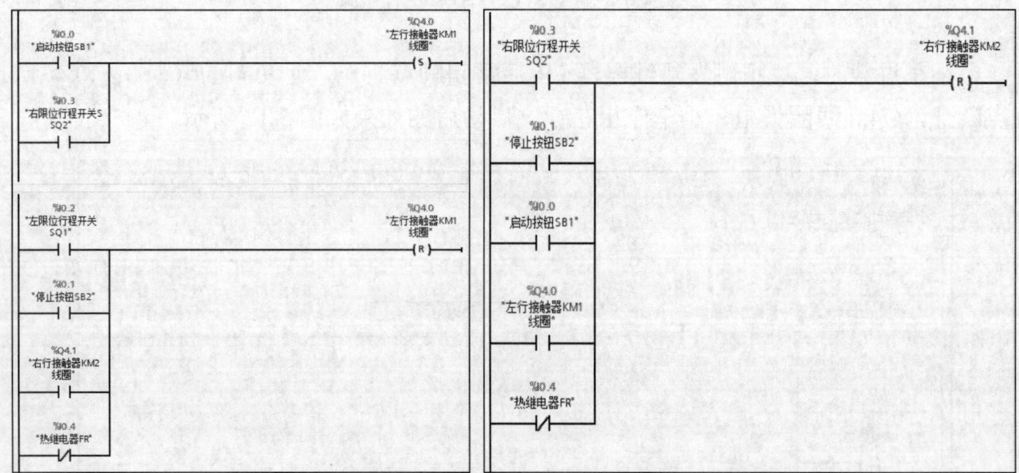

图 5-14　用置位/复位指令编写的小车自动往复运动程序

习　题

1. 在 PLC 中，用来存储用户程序的元件是什么？

2. 简述小车自动往复运动 PLC 控制的基本工作原理，其中包括涉及的主要输入/输出设备及其作用。

3. 在小车自动往复运动 PLC 控制系统中，若小车到达右端后不能自动返回，试分析可能出现的故障及其原因，并给出相应的排查方法。

项目 6 三相异步电机星-三角降压启动 PLC 控制

本项目将根据系统控制要求，设计三相异步电机星-三角降压启动 PLC 的接线图，编写出正确的 PLC 程序，并使用仿真软件进行调试。

6.1 项目要求

三相异步电机星-三角降压启动 PLC 控制示意及元件说明如图 6-1 所示，具体操作要求如下。

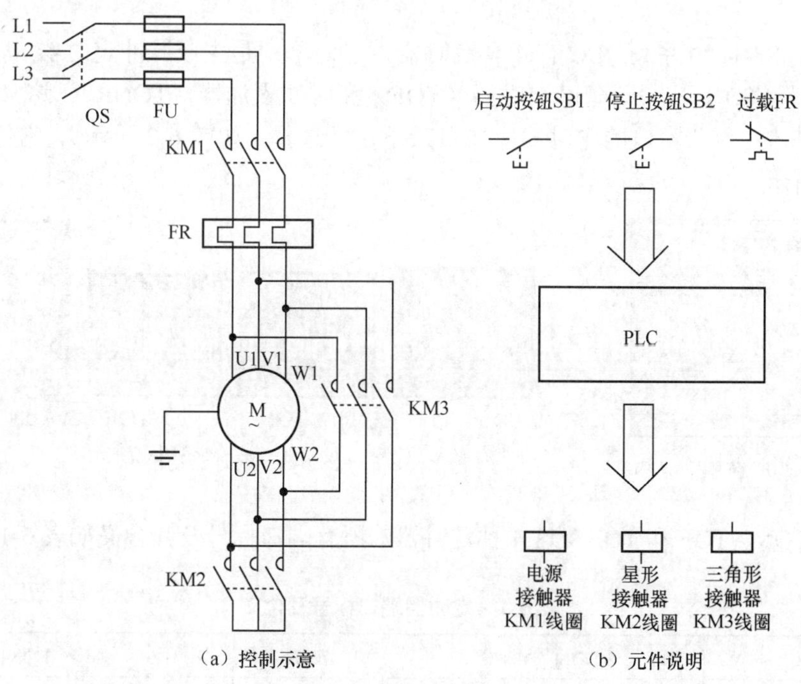

图 6-1 三相异步电机星-三角降压启动 PLC 控制示意及元件说明

（1）按下启动按钮 SB1 后，电源接触器 KM1 线圈、星形接触器 KM2 线圈得电，KM1 和 KM2 的主触点接通，电动机 M 降压启动。

（2）电动机 M 运行 10 s 后，星形接触器 KM2 线圈失电，主触点断开，三角形接触器 KM3 线圈得电，KM3 主触点接通，电动机 M 以三角形连接全压运行。

（3）按下停止按钮 SB2 后，电动机 M 停止。

（4）当电动机 M 过载故障时，热继电器 FR 常闭触点断开，电动机 M 停止。

6.2 学习目标

（1）掌握电动机星-三角降压启动 PLC 控制原理。

（2）掌握定时器指令的应用。

（3）巩固热继电器 FR（常闭触点）的应用。

（4）提高编程与调试能力。

6.3 相关知识

6.3.1 定时器

西门子 S7-1200 系列 PLC 有 4 种定时器，它们分别是生成脉冲定时器（TP）、接通延时定时器（TON）、关断延时定时器（TOF）和时间累加器（TONR）。这 4 种定时器可以在“基本指令”窗口的定时器操作目录下进行选择（如图 6-2 所示），它们的功能框如图 6-3 所示。

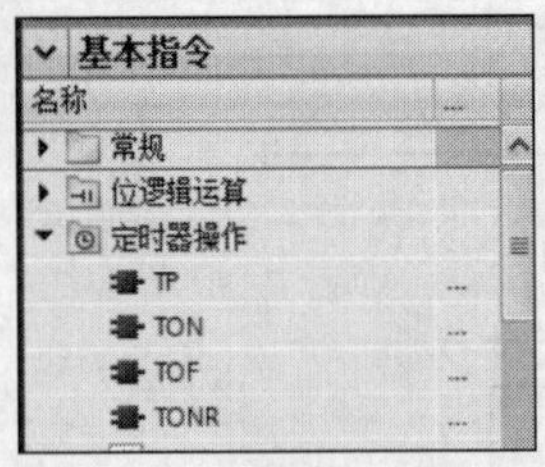

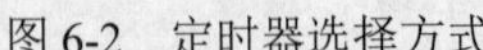
图 6-2　定时器选择方式

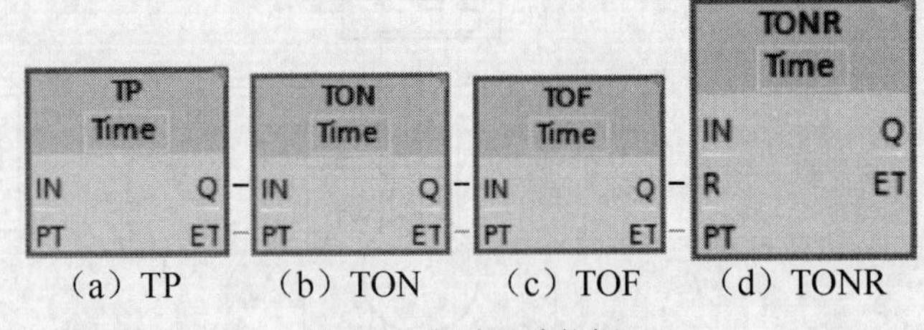

（a）TP　（b）TON　（c）TOF　（d）TONR

图 6-3　定时器功能框

TP、TON、TOF 和 TONR 这 4 种定时器的所有端口标号及其含义如表 6-1 所示。

表 6-1　定时器端口标号及含义

TP		TON		TOF		TONR	
端口标号	含义	端口标号	含义	端口标号	含义	端口标号	含义
IN	信号输入	IN	信号输入	IN	信号输入	IN	信号输入
PT	预设时间值	PT	预设时间值	PT	预设时间值	PT	预设时间值

续表

TP		TON		TOF		TONR	
端口标号	含义	端口标号	含义	端口标号	含义	端口标号	含义
Q	输出端	Q	输出端	Q	输出端	Q	输出端
ET	当前时间存储位	ET	当前时间存储位	ET	当前时间存储位	ET	当前时间存储位
						R	复位端

TP：当 IN 端条件满足（接通）时，Q 端输出并开始计时；当到达 PT 端时间时，Q 端停止输出。

TON：当 IN 端条件满足（接通）时，开始计时；当到达 PT 端时间时，Q 端开始输出。

TOF：当 IN 端条件满足时，Q 端输出；当 IN 端条件不满足时，开始计时，到达 PT 端时间时，Q 停止输出。

TONR：当 IN 端条件满足时，开始计时；当 IN 端条件不满足时，停止计时；当 IN 端条件再次满足时，定时器累计计时，累计到达 PT 端时间时，Q 输出。

6.3.2　接通延时定时器

在 4 种定时器中，接通延时定时器（TON）最为常用，用于实现一个在设定时间后开启的定时功能。图 6-4 展示了使用 TON 的程序。

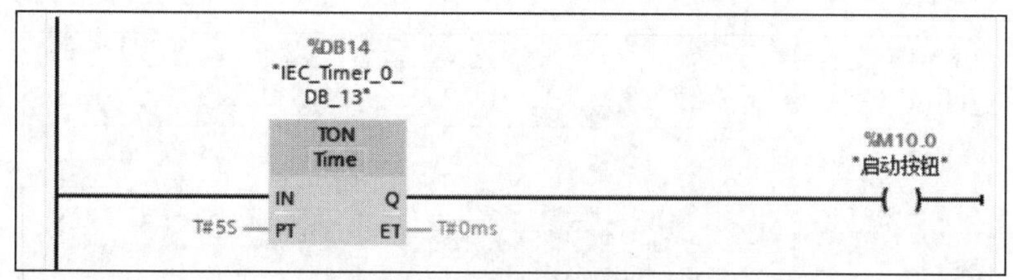

图 6-4　使用 TON 的程序

在程序段的某条支路中添加一个 TON 指令，当 IN 端条件满足（接通）时计时开始。预设时间通过 PT 端进行设置，当计时达到预设时间时，Q 端开始输出，这样就可以实现通电后延迟一段时间启动某个组件的功能。

6.4　项目实施

6.4.1　输入/输出信号器件

输入信号器件：启动按钮 SB1、停止按钮 SB2、热继电器 FR。

输出信号器件：电源接触器 KM1 线圈、星形接触器 KM2 线圈、三角形接触器 KM3 线圈。

6.4.2 硬件组态

首先，添加 PLC 设备。本项目选用的控制器是西门子 S7-1200，CPU 为 1214C DC/DC/DC，其 PLC 设备的硬件组态如图 6-5 所示。

设备概览

模块	插槽	I 地址	Q 地址	类型	订货号	固件	注释
	103						
	102						
	101						
▼ PLC_1	1			CPU 1214C DC/DC/DC	6ES7 214-1AG40-0XB0	V4.2	
DI 14/DQ 10_1	1 1	0...1	0...1	DI 14/DQ 10			
AI 2_1	1 2	64...67		AI 2			
	1 3						
HSC_1	1 16	1000...10...		HSC			
HSC_2	1 17	1004...10...		HSC			
HSC_3	1 18	1008...10...		HSC			
HSC_4	1 19	1012...10...		HSC			
HSC_5	1 20	1016...10...		HSC			
HSC_6	1 21	1020...10...		HSC			
Pulse_1	1 32		1000...10...	脉冲发生器 (PTO/PWM)			
Pulse_2	1 33		1002...10...	脉冲发生器 (PTO/PWM)			
Pulse_3	1 34		1004...10...	脉冲发生器 (PTO/PWM)			
Pulse_4	1 35		1006...10...	脉冲发生器 (PTO/PWM)			
▶ PROFINET接口_1	1 X1			PROFINET接口			

图 6-5 PLC 设备的硬件组态（项目 6）

然后，添加 HMI 显示与触控屏设备，以便直观操作。HMI 设备的类型为 TP900 精智面板，它的硬件组态如图 6-6 所示。

设备概览

模块	索引	类型	订货号	软件或固...	注释
HMI_RT_1	1	TP900 精智面板	6AV2 124-0JC01-0AX0	14.0.1.0	
	2				
	3				
	4				
▼ HMI_1.IE_CP_1	5	PROFINET接口		14.0.1.0	
▶ PROFINET Interface_1	5 X1	PROFINET接口			
	6				
▼ HMI_1.MPI/DP_CP_1	7 X2	MPI/DP 接口		14.0.1.0	
	7 1				
	8				

图 6-6 HMI 设备的硬件组态（项目 6）

添加好设备后，最后将 PLC 设备与 HMI 显示与触控屏设备连接起来，如图 6-7 所示。

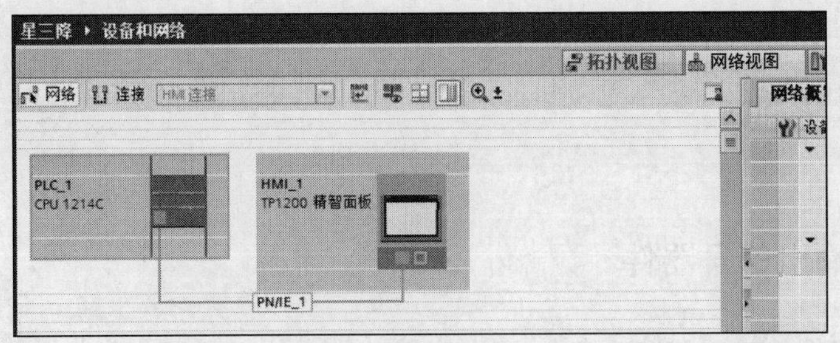

图 6-7 PLC 设备与 HMI 显示与触控屏设备的连接图（项目 6）

6.4.3　输入/输出地址分配

各输入/输出器件编程元件的地址分配如表 6-2 所示。

表 6-2　各输入/输出器件编程元件的地址分配

序号	输入器件名称	编程元件地址	序号	输出器件名称	编程元件地址
1	启动按钮 SB1（常开触点）	I0.0	1	电源接触器 KM1 线圈	Q4.0
2	停止按钮 SB2（常开触点）	I0.1	2	星形接触器 KM2 线圈	Q4.1
3	热继电器 FR（常闭触点）	I0.2	3	三角形接触器 KM3 线圈	Q4.2

6.4.4　接线图

根据项目要求设计的三相异步电机星-三角降压启动 PLC 控制的接线图如图 6-8 所示。

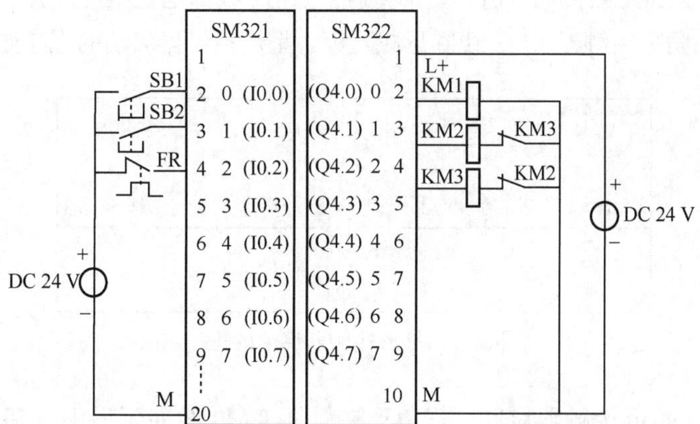

图 6-8　三相异步电机星-三角降压启动 PLC 控制的接线图

6.4.5　定义变量

给 PLC 设备添加一个新变量表，该表的内容如图 6-9 所示，其中，电源 KM1 即电源接触器 KM1 线圈，星形 KM2 即星形接触器 KM2 线圈，三角形 KM3 即三角形接触器 KM3 线圈，余同。这里用 M 点代替 I 点，表示在触摸屏上进行操作，不用连接实际的硬件。

PLC变量表

	名称	数据类型	地址	保持	可从 ...	从 H...	在 H...	注释
1	启动	Bool	%M10.0	☐	☑	☑	☑	%I0.0
2	停止	Bool	%M10.1	☐	☑	☑	☑	%I0.1
3	热继电器	Bool	%M10.2	☐	☑	☑	☑	%I0.2
4	电源KM1	Bool	%Q4.0	☐	☑	☑	☑	
5	星形KM2	Bool	%Q4.1	☐	☑	☑	☑	
6	三角形KM3	Bool	%Q4.2	☐	☑	☑	☑	
7	<新增>			☐	☑	☑	☑	

图 6-9　PLC 变量表

6.4.6 编写程序

程序段 1：电源接触器。按下启动按钮 SB1，电源接触器 KM1 线圈接通得电，其程序如图 6-10 所示。

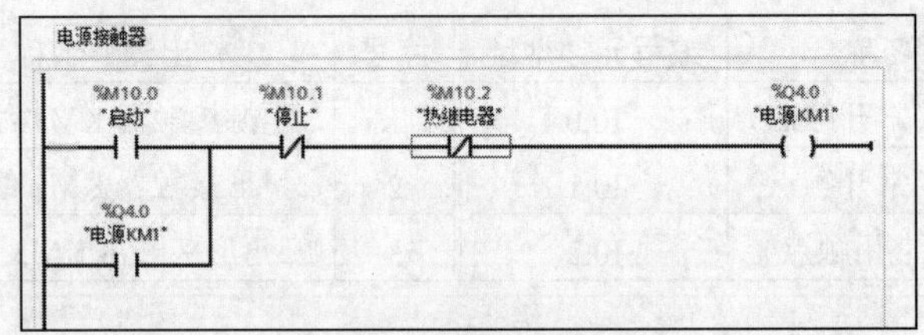

图 6-10 电源接触器的程序

程序段 2：星形接触器启动。当电源接触器 KM1 线圈接通时，星形接触器 KM2 线圈接通；当电源接触器 KM1 线圈断开时，星形接触器 KM2 线圈延迟 10 s 断开。同时，电源接触器 KM1 线圈与三角形接触器 KM3 线圈形成互锁。星形接触器启动的程序如图 6-11 所示。

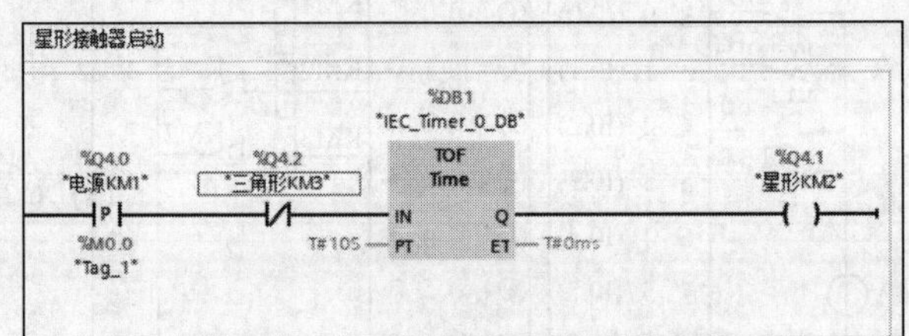

图 6-11 星形接触器启动的程序

程序段 3：三角形接触器启动。三角形接触器 KM3 线圈延迟 10 s 启动，三角形接触器启动的程序如图 6-12 所示。

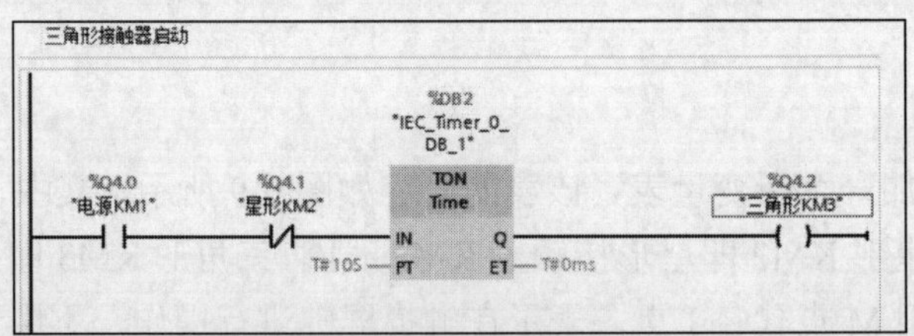

图 6-12 三角形接触器启动的程序

6.4.7 绘制显示屏

打开 HMI 的根画面，分别添加启动按钮、停止按钮、过载按钮，然后用圆形表示线圈，添加组件的效果如图 6-13 所示。

给圆形添加外观动画，分别关联到各接触器线圈变量（需要从 PLC 变量表中指定）。在图 6-14 所示的外观设置界面中，当值为 0 时，设为红色，表示停止。当值为 1 时，将圆形的填充色设为绿色，表示开启中。

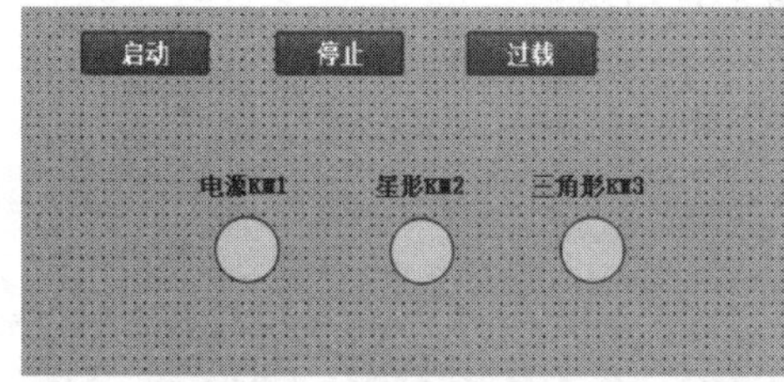

图 6-13　添加组件的效果

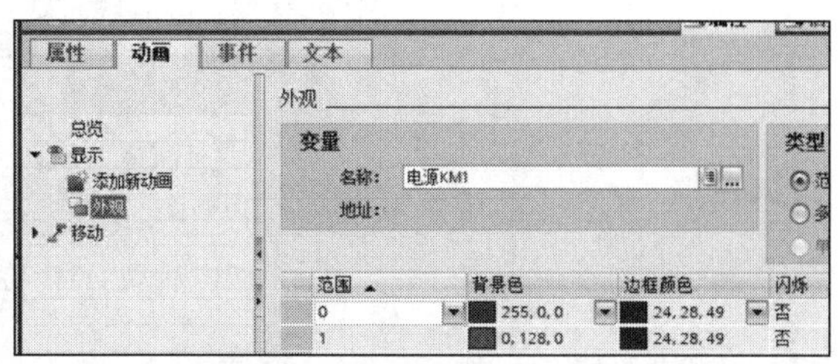

图 6-14　外观设置界面（项目 6）

给 3 个按钮分别设置按下事件，添加置位位函数，并指定对应的变量，如图 6-15 所示。

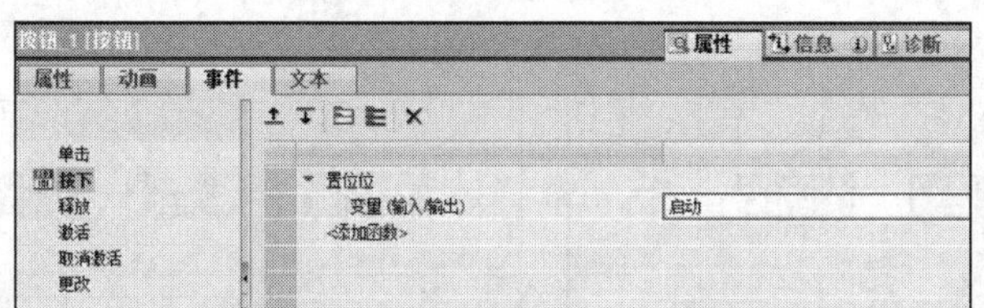

图 6-15　按钮事件设置

6.4.8　调试程序

编译项目，启动 PLC 仿真，将 PLC 装载到 HMI 设备，如图 6-16 所示。装载完成后单击 PLC 窗口的“RUN”按钮运行，进行调试。

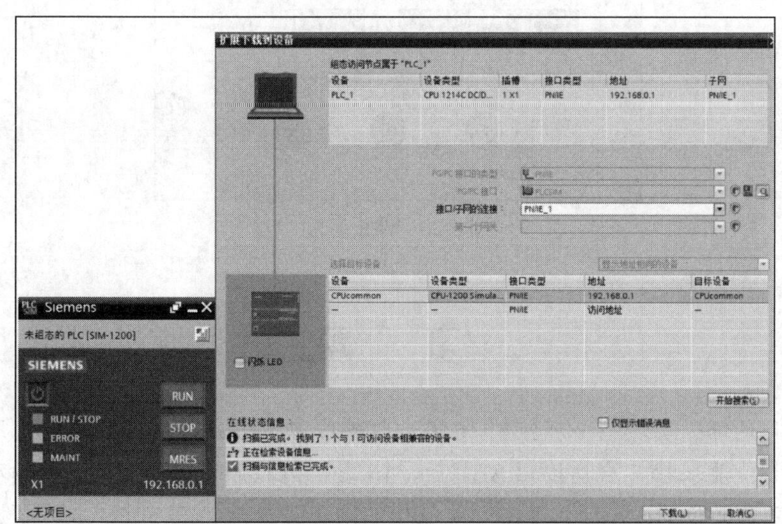

图 6-16　启动 PLC 仿真

启动 HMI 仿真，看到的初始画面如图 6-17 所示。

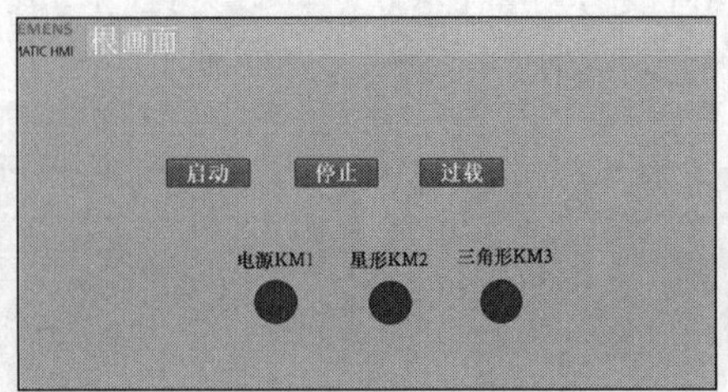

图 6-17　启动 HMI 仿真的初始画面

单击启动按钮，电源接触器 KM1 线圈与星形接触器 KM2 线圈启动（圆形颜色变为浅灰色，计算机端显示为绿色），如图 6-18 所示。10 s 后，星形接触器 KM2 线圈断开（圆形颜色变为深灰，计算机端显示为红色）。再过 10 s，三角形接触器 KM3 线圈启动，如图 6-19 所示。

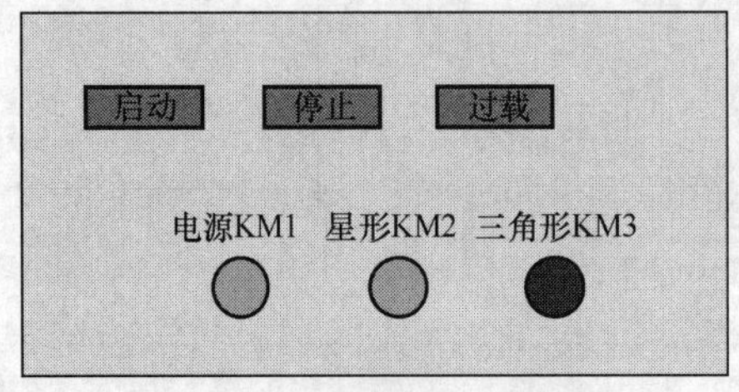

图 6-18　启动 KM1、KM2

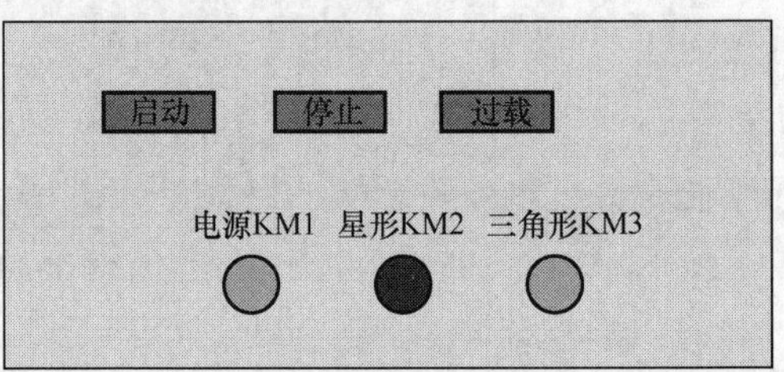

图 6-19　启动 KM3

单击停止按钮或过载按钮，各线圈停止运行，如图 6-20 所示。

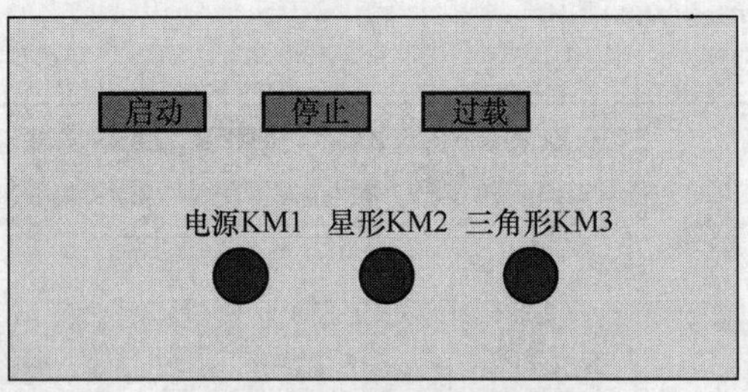

图 6-20　停止运行

习　题

彩灯循环闪烁：实现一个可控制 16 盏彩灯按照以下方式循环闪烁的控制系统。

闪烁方式：要求按下启动按钮 SB1 后，16 盏彩灯按照 HL1～HL16 的顺序（由低到高）亮灭，到最高位 HL16 后，返回到最低位 HL1，并如此循环下去。按下停止按钮 SB2 后，彩灯熄灭，停止工作。彩灯闪烁的时间间隔为 2 s。

项目 7　四节传送带 PLC 控制

本项目将模拟实现一个由四节传送带组成的自动化传送系统，先根据系统要求设计出接线图，再通过仿真软件编写和调试 PLC 程序。

7.1 项目要求

设计一个自动化传送系统，该系统包含四节传送带，分别用 4 台电动机（M1～M4）带动，且每台电动机都有过载保护。四节传送带 PLC 控制示意如图 7-1 所示。

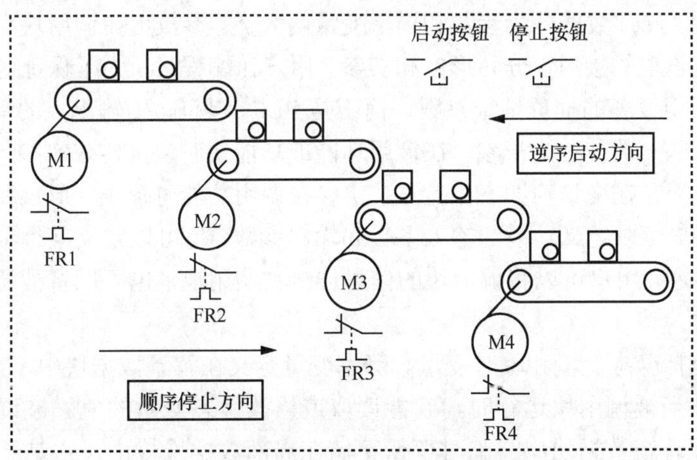

图 7-1　四节传送带 PLC 控制示意

具体操作要求如下。

（1）按下启动按钮，首先启动最末节传送带电动机 M4，延迟 3 s 后，启动电动机 M3，后面依次隔 3 秒启动电动机 M2、电动机 M1。这种启动方式称为逆序启动。

（2）按下停止按钮，首先停止第一节传送带电动机 M1，待物料传送完毕后停止电动机 M2。为了方便调试，这里将物料传送完毕的时间也设为 3 s。也就是说，后面依次隔 3 s 停止电动机 M3、电动机 M4。这种停止方式称为顺序停止。

（3）当某台电动机发生故障时，该电动机及其前面的电动机立即停止，后面的电动机要等待物料传送完毕后依次停止。设物料传送完毕的时间为 3 s，当电动机 M2 故障时，电动机 M1、M2 立即停止。3 s 后，电动机 M3 停止，再过 3 s，电动机 M4 停止。

7.2 学习目标

（1）掌握传送带逆序启动与顺序停止的原理。
（2）熟悉定时器的使用方法。
（3）掌握位存储器的使用方法。
（4）掌握顺序控制编程思路。

7.3 相关知识

7.3.1 逻辑块的结构

每个逻辑块的前部都有一个局部变量声明表，用来对当前逻辑块控制程序所使用的局部数据进行声明。局部数据分为参数和局部变量两大类。参数可在调用块和被调用块之间传递数据，是逻辑块的接口，分为形参和实参。用户在编程时，为了保证对同类设备的控制通用性，要使用设备的抽象地址参数，而不是 PLC 实际输入/输出点的地址（如 I0.0、I0.1、Q4.0），这些参数被称为形参。在调用功能或功能块时，将传入实参代替形参，以实现具体的控制。形参在变量声明表中定义，实参在调用功能时提供。形参和实参的数据类型必须一致。用户可以定义功能的输入参数和输出参数，也可以定义某个参数为输入或输出。通过参数传递，用户可以将调用块的信息传给被调用块，也可以将被调用块的运行结果返回给调用块。

局部变量包括静态变量和临时变量。静态变量定义在背景数据块中，在 PLC 运行期间始终被存储。当被调用块运行时，它能读取或修改静态变量的值。被调用块运行结束后，静态变量保存在数据块中。临时变量存储在局部数据堆栈中。它是一种在逻辑块执行时，用来暂存数据的变量。当退出该逻辑块时，数据堆栈重新分配，临时变量中的数据会被丢失。静态变量和临时变量仅供逻辑块本身使用，不能作为不同程序块之间的数据接口。

局部变量声明表中参数和局部变量的说明如表 7-1 所示。

表 7-1 局部变量声明表中参数和局部变量的说明

变量名	类型	说明
输入参数	IN	由调用逻辑块的块提供数据，输入给逻辑块
输出参数	OUT	向调用逻辑块的块返回参数

续表

变量名	类型	说明
输入/输出参数	IN/OUT	参数的值由调用该逻辑块的其他块提供，由逻辑块处理修改、返回
静态变量	STAT	存储在背景数据块中，逻辑块调用结束后，其内容被保留
临时变量	TEMP	存储在局部数据堆栈中，逻辑块执行结束，变量的值因被其他内容覆盖而丢失

7.3.2　逻辑块的编程

在编辑程序段时，用户可以插入一个功能框，单击图 7-2 所示界面矩形标注的功能框按钮。单击功能框，在图 7-3 所示界面的指令栏选择需要的指令。

本项目主要使用 TON 指令。TON 功能框如图 7-4 所示，它的各个端口可以连接定义好的静态变量或临时变量。当 IN 端驱动条件满足时，Q 端不会立刻输出，而是等待 PT 时间后输出。当 IN 端驱动条件不满足时，TON 定时器计时时间清理。只有驱动条件保持时间大于设定的时间 PT，输出 Q 才会有效。注意项目中有多个延时指令时，编号不能重复。

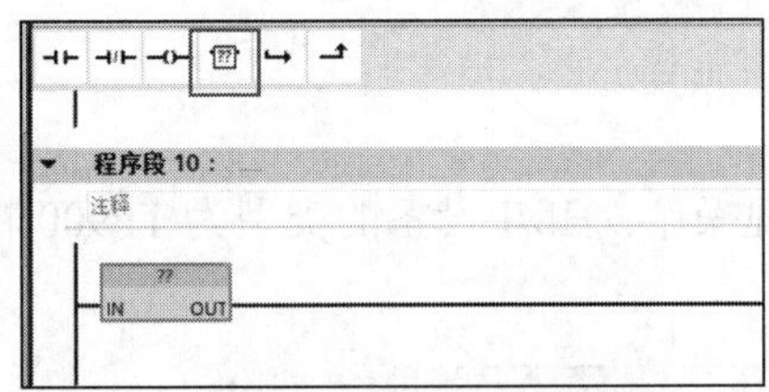

图 7-2　插入功能框

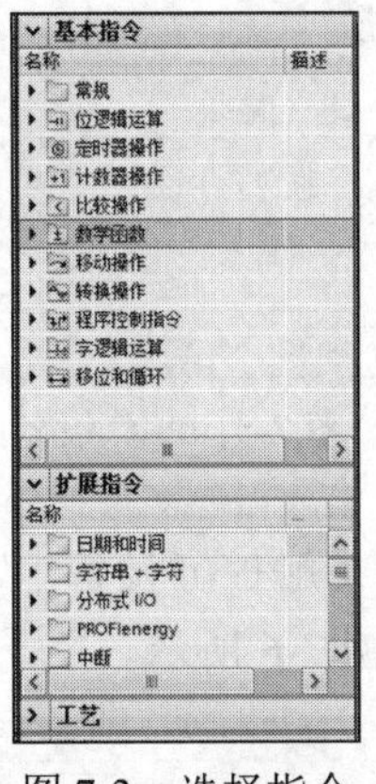

图 7-3　选择指令

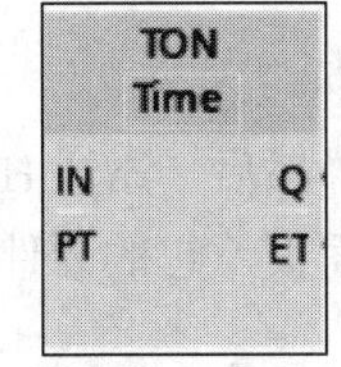

图 7-4 TON 功能框

7.3.3　有参功能的结构化编程

所谓有参功能，是指编辑功能时，在局部变量声明表内定义形参，在功能中使用虚拟的符号地址完成控制程序的编程，以便在其他块中能重复调用有参功能。这种方式一般用于结构化程序编写。有参功能具有以下优点。

（1）程序只需要生成一次，减少了编程时间。

（2）有参功能所在块只在用户存储器中保存一次，降低了存储器的用量。

（3）有参功能所在块可以被程序调用任意次数。该块采用形参编程，当用户程序调用该块时，要用实参赋值给形参。

7.4 项目实施

7.4.1 输入/输出信号器件

输入信号器件：启动按钮 SB1（常开触点）、停止按钮 SB2（常闭触点），以及电动机 M1~M4，分别对应的过载热继电器 FR1~FR4（常闭触点）。

输出信号器件：电动机 M1～M4，分别对应的接触器 KM1~KM4 线圈。

7.4.2 硬件组态

首先，添加 PLC 设备。本项目选用的控制器是西门子 S7-1200，CPU 为 1214C DC/DC/DC，其 PLC 设备的硬件组态如图 7-5 所示。

设备概览

模块	插槽	I 地址	Q 地址	类型	订货号	固件	注释
	103						
	102						
	101						
▼ PLC_1	1			CPU 1214C DC/DC/DC	6ES7 214-1AG40-0XB0	V4.2	
DI 14/DQ 10_1	1 1	0...1	0...1	DI 14/DQ 10			
AI 2_1	1 2	64...67		AI 2			
	1 3						
HSC_1	1 16	1000...10...		HSC			
HSC_2	1 17	1004...10...		HSC			
HSC_3	1 18	1008...10...		HSC			
HSC_4	1 19	1012...10...		HSC			
HSC_5	1 20	1016...10...		HSC			
HSC_6	1 21	1020...10...		HSC			
Pulse_1	1 32		1000...10...	脉冲发生器 (PTO/PWM)			
Pulse_2	1 33		1002...10...	脉冲发生器 (PTO/PWM)			
Pulse_3	1 34		1004...10...	脉冲发生器 (PTO/PWM)			
Pulse_4	1 35		1006...10...	脉冲发生器 (PTO/PWM)			
▸ PROFINET 接口_1	1 X1			PROFINET 接口			

图 7-5 PLC 设备的硬件组态（项目 7）

然后，添加 HMI 显示与触控屏设备，以便于直观操作。HMI 设备的类型为 TP900 精智面板，它的硬件组态如图 7-6 所示。

设备概览

模块	索引	类型	订货号	软件或固...	注释
HMI_RT_1	1	TP900 精智面板	6AV2 124-0JC01-0AX0	14.0.1.0	
	2				
	3				
	4				
▼ HMI_1.IE_CP_1	5	PROFINET 接口		14.0.1.0	
▸ PROFINET Interface_1	5 X1	PROFINET 接口			
	6				
▼ HMI_1.MPI/DP_CP_1	7 X2	MPI/DP 接口		14.0.1.0	
	7 1				
	8				

图 7-6 HMI 设备的硬件组态（项目 7）

添加好设备后，最后将 PLC 设备与 HMI 设备连接起来，如图 7-7 所示。

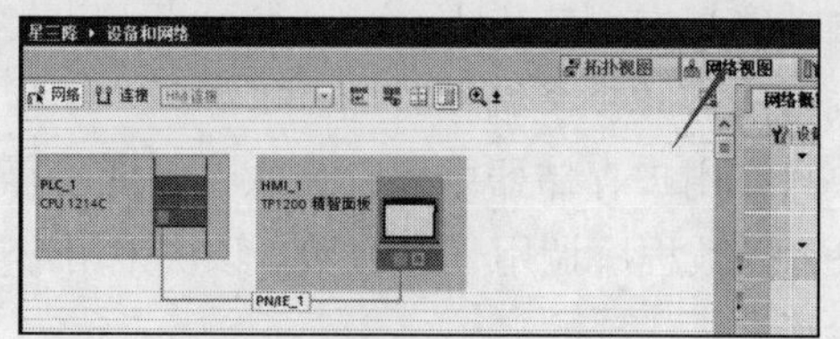

图 7-7 PLC 设备与 HMI 设备的连接图（项目 7）

7.4.3 输入/输出地址分配

四节传送带 PLC 各输入/输出器件编程元件地址分配如表 7-2 所示。

表 7-2　各输入/输出器件编程元件地址分配

序号	输入信号器件名称	编程元件地址	序号	输出信号器件名称	编程元件地址
1	启动按钮 SB1（常开触点）	I0.0	1	M1 的接触器 KM1 线圈	Q4.1
2	启动按钮 SB2（常开触点）	I0.5	2	M2 的接触器 KM2 线圈	Q4.2
3	M1 过载的热继电器 FR1（常闭触点）	I0.1	3	M3 的接触器 KM3 线圈	Q4.3
4	M2 过载的热继电器 FR2（常闭触点）	I0.2	4	M4 的接触器 KM4 线圈	Q4.4
5	M3 过载的热继电器 FR3（常闭触点）	I0.3			
6	M4 过载的热继电器 FR4（常闭触点）	I0.4			

7.4.4 接线图

根据项目要求设计的四节传送带 PLC 控制接线图如图 7-8 所示。

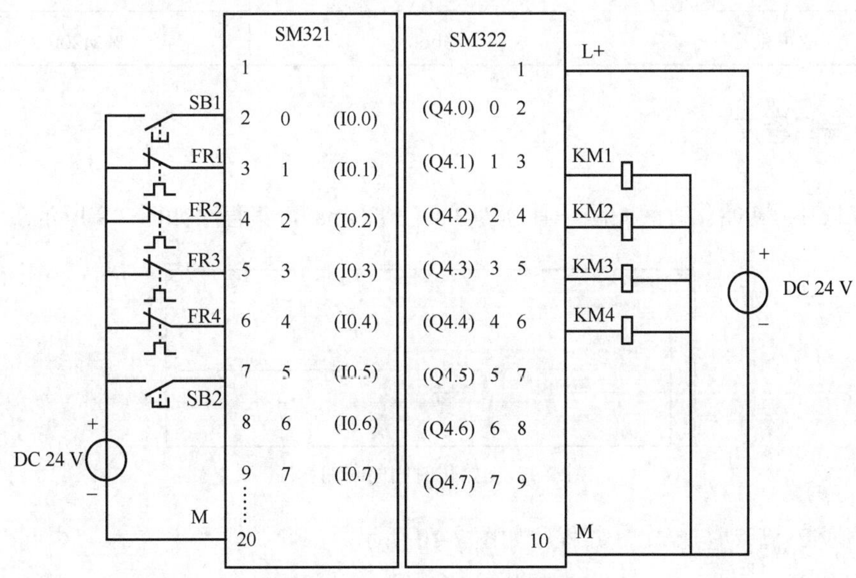

图 7-8　四节传送带 PLC 控制接线图

7.4.5 定义变量

给 PLC 设备添加一个新变量表，其内容如表 7-3 所示。这里用 M 点代替 I 点，表示在触摸屏上进行操作，不用连接实际的硬件。

表 7-3　四节传送带 PLC 设备变量表

名称	数据类型	地址
启动按钮	bool	%M10.0
停止按钮	bool	%M10.5
M1 故障模拟	bool	%M10.1
M2 故障模拟	bool	%M10.2
M3 故障模拟	bool	%M10.3
M4 故障模拟	bool	%M10.4
M1 传送带	bool	%Q4.1
M2 传送带	bool	%Q4.2
M3 传送带	bool	%Q4.3
M4 传送带	bool	%Q4.4
时间间隔设置	dint	%MD102
运行指示灯	bool	% Q 4.0
故障报警	bool	%M200.0

7.4.6 编写程序

程序段 1：初始化时间间隔，具体为 3 s（3000 ms），其程序如图 7-9 所示。

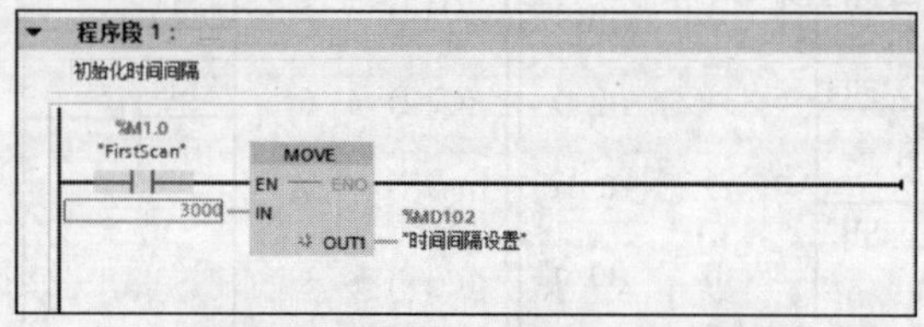

图 7-9　初始化时间间隔的程序

程序段 2：启动与停止，其程序如图 7-10 所示。

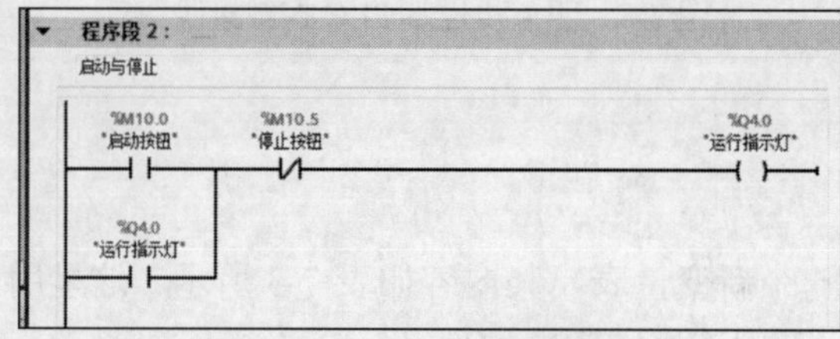

图 7-10　启动与停止的程序

程序段 3：启动电动机。先启动电动机 M4，并依次隔 3 s 启动电动机 M3、M2、M1，其程序如图 7-11 所示。

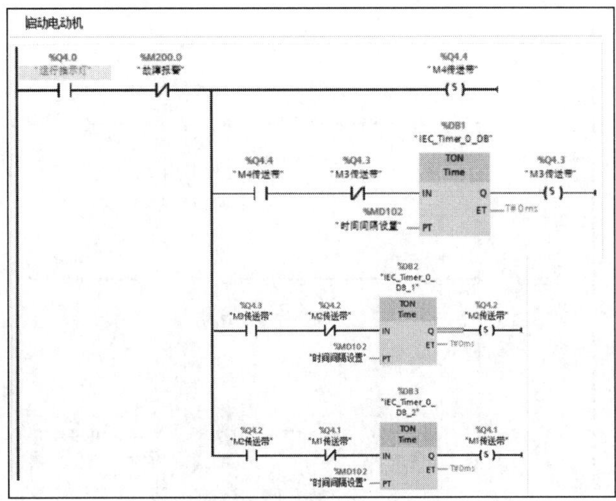

图 7-11　启动电动机的程序

程序段 4：停止电动机。停止电动机 M1，并依次隔 3 s 停止电动机 M2、M3、M4，其程序如图 7-12 所示。

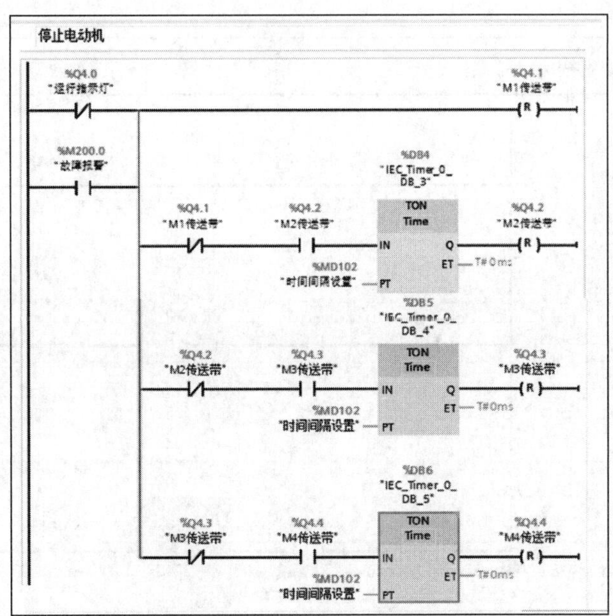

图 7-12　停止电动机的程序

程序段 5：M1 故障模拟。当传送带电动机 M1 发生故障时，电动机 M1 立即停止，电动机 M2、M3、M4 依次隔 3 s 停止（相当于停止按钮），其程序如图 7-13 所示。

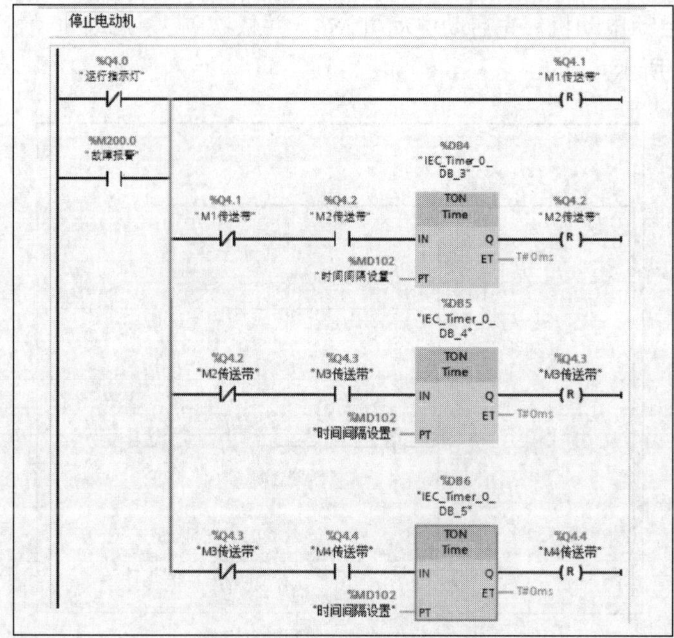

图 7-13　M1 故障模拟的程序

程序段 6：M2 故障模拟。当电动机 M2 发生故障时，电动机 M1、M2 立即停止，电动机 M3、M4 依次隔 3 s 停止，其程序如图 7-14 所示。

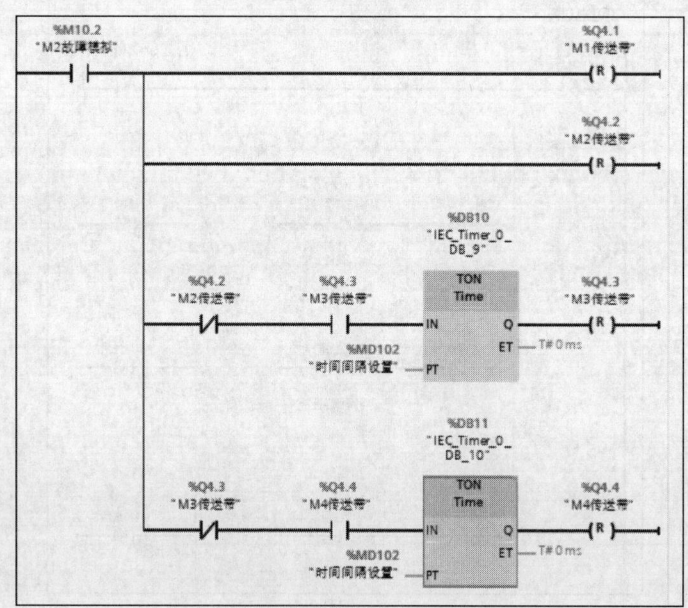

图 7-14　M2 故障模拟的程序

程序段 7：M3 故障模拟。当电动机 M3 发生故障时，电动机 M1、M2、M3 立即停止，3 s 后电动机 M4 停止，其程序如图 7-15 所示。

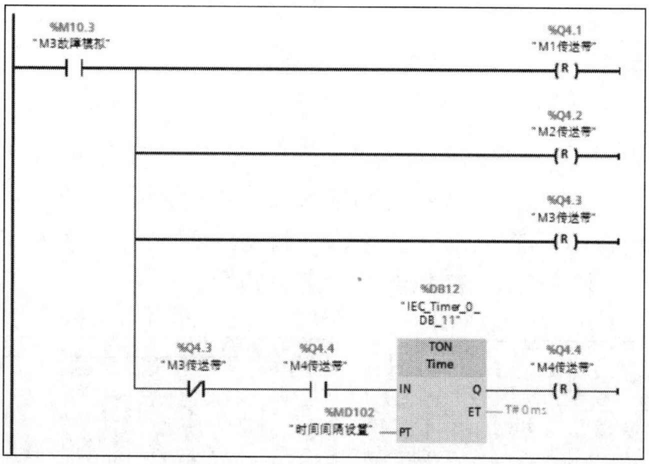

图 7-15 M3 故障模拟的程序

程序段 8：M4 故障模拟。当电动机 M4 发生故障时，电动机 M1、M2、M3、M4 立即停止，其程序如图 7-16 所示。

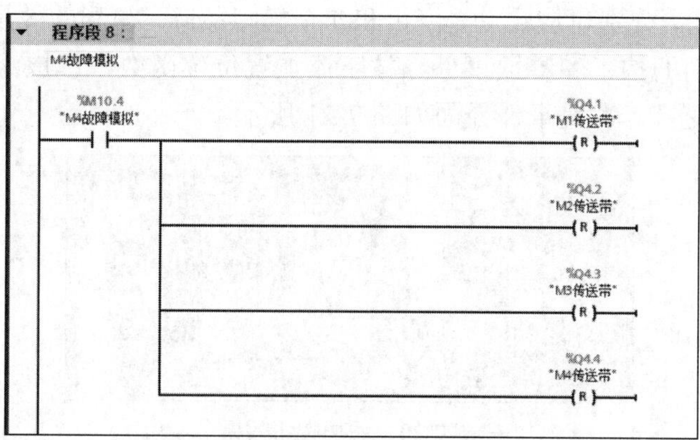

图 7-16 M4 故障模拟的程序

程序段 9：任何故障出现时都会触发故障报警，其程序如图 7-17 所示。

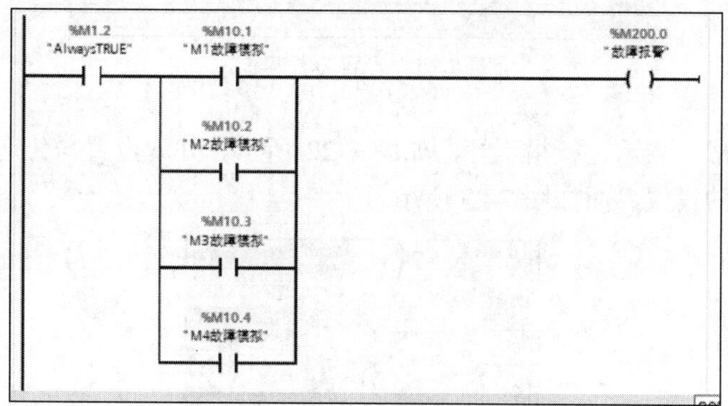

图 7-17 触发故障报警的程序

7.4.7 绘制显示屏

打开 HMI 的根画面，用圆形和直线绘制传送带，如图 7-18 所示。给圆形添加外观动画，分别关联到各传送带变量（需要从 PLC 变量表中指定）。在图 7-19 所示的外观设置界面中，当值为 0 时，圆形颜色设为红色（本书显示为深灰色），表示停止。当值为 1 时，圆形颜色设为绿色（本书显示为浅灰色），表示开启中。

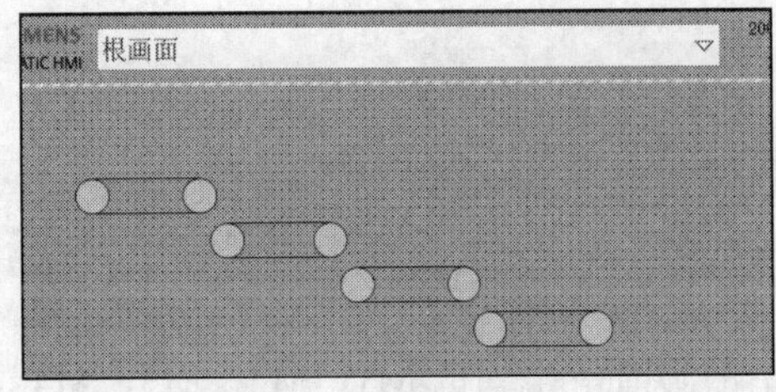

图 7-18 绘制传送带

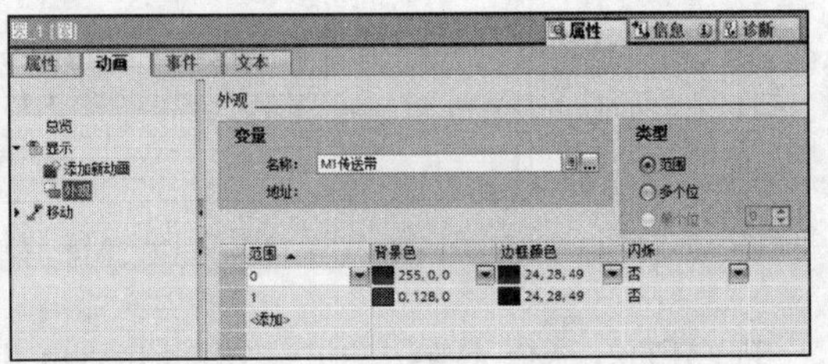

图 7-19 设置外观

添加 6 个按钮，分别对应启动、停止和 4 个模拟故障，得到的效果如图 7-20 所示。下面分别设置它们的按下和释放事件，按下添加置位位函数，释放添加复位位函数，然后指定对应的变量。设置事件界面如图 7-21 所示。

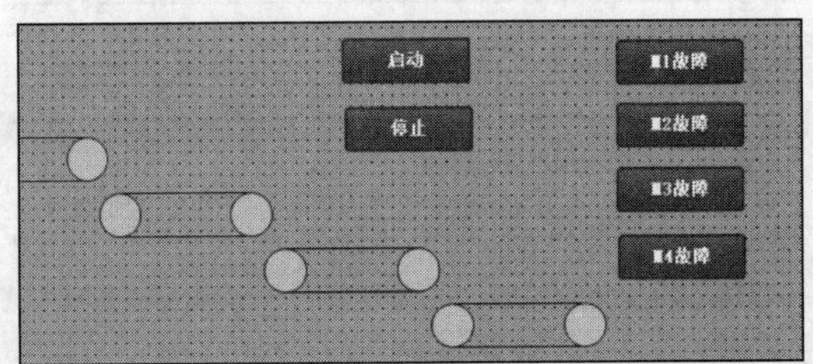

图 7-20 添加按钮效果

图 7-21 设置事件界面

添加一个圆形，表示运行指示灯，如图 7-22 所示。外观设置与传送带的圆形设置相同，运行指示灯的设置界面如图 7-23 所示。

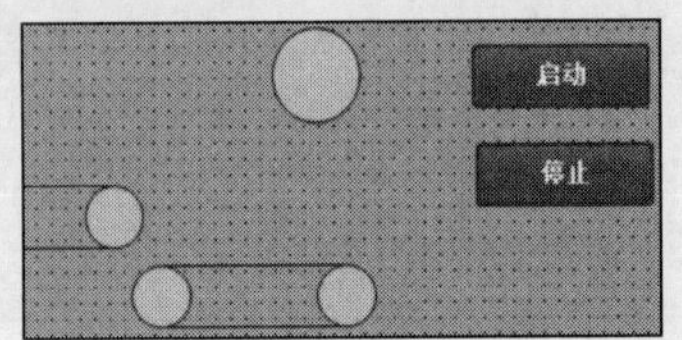

图 7-22 添加指示灯

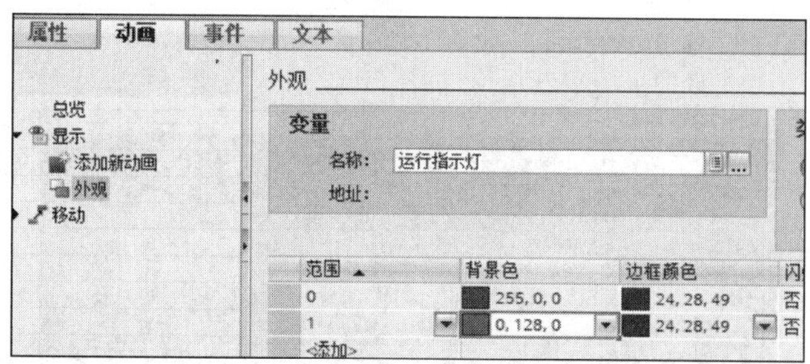

图 7-23　运行指示灯外观设置界面

打开 HMI 变量表，发现之前引用的 PLC 变量已经出现在这里，将采集周期改为 100 ms，使程序运行更顺畅，如图 7-24 所示。

默认变量表

名称	访问模式	采集周期	已记录	来源
M1传送带	<符号访问>	100 ms		
M1故障模拟	<符号访问>	100 ms		%I0.
M2传送带	<符号访问>	100 ms		
M2故障模拟	<符号访问>	100 ms		%I0.
M3传送带	<符号访问>	100 ms		
M3故障模拟	<符号访问>	100 ms		%I0.
M4传送带	<符号访问>	100 ms		
M4故障模拟	<符号访问>	100 ms		%I0.
Tag_ScreenNumber		1 s		
停止按钮	<符号访问>	100 ms		%I0.
启动按钮	<符号访问>	100 ms		%I0.
运行指示灯	<符号访问>	100 ms		

图 7-24　HMI 变量表——默认变量表

7.4.8　调试程序

编译项目，启动 PLC 仿真，将 PLC 装载到 HMI 设备。装载完成后单击 PLC 窗口的“RUN”按钮运行，如图 7-25 所示。

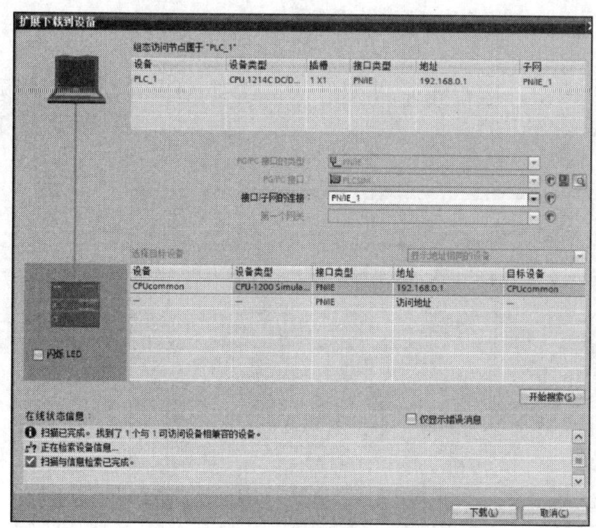

图 7-25　启动 PLC 仿真

启动 HMI 仿真，看到初始画面，如图 7-26 所示。

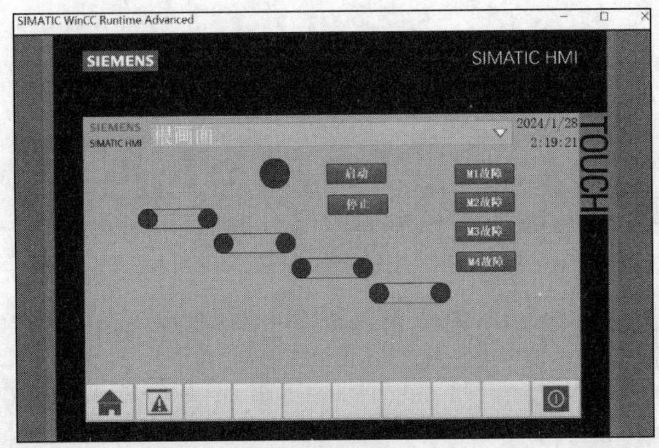

图 7-26　启动 HMI 仿真

启动测试：单击“启动”按钮，运行指示灯亮（变绿），传送带 M4 至 M1 依次隔 3 s 启动，如图 7-27 所示。

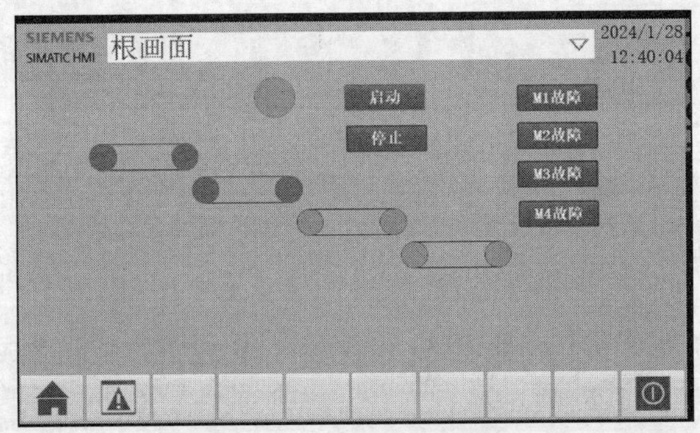

图 7-27　启动测试画面

停止测试：单击“停止”按钮，运行指示灯变红，传送带 M1 至 M4 依次隔 3 s 停止，如图 7-28 所示。

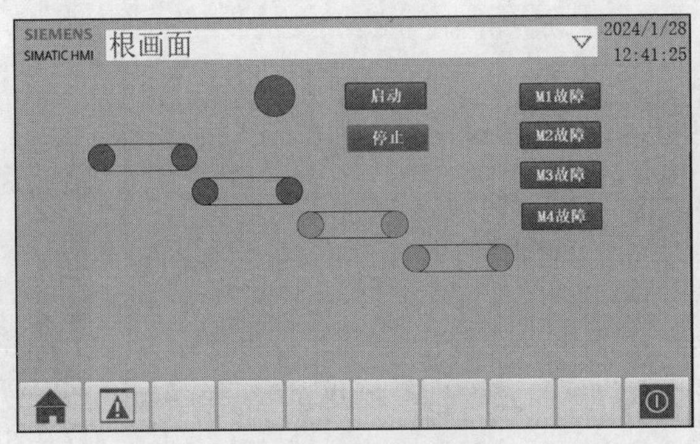

图 7-28　停止测试画面

故障测试：重新单击“启动”按钮，并按住 4 个故障按钮中的一个不放开，如“M2 故障”按钮，此时 M1、M2 立即停止，M3、M4 依次隔 3 s 停止。故障测试画面如图 7-29 所示。

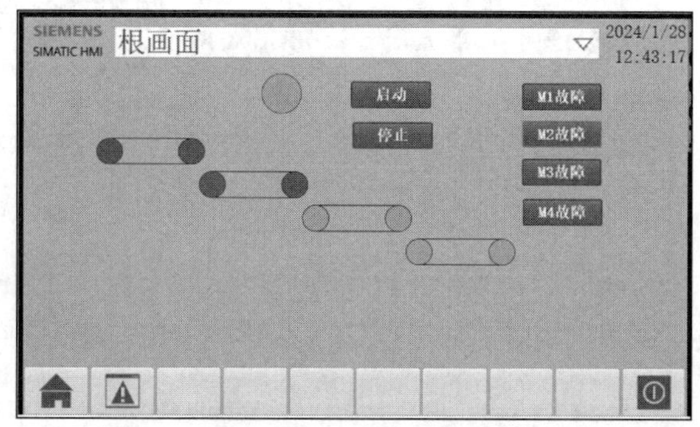

图 7-29　故障测试画面

放开故障按钮表示故障恢复，各传送带依次重新启动。

习　　题

PLC 控制多条传送带接力传送，其示意如图 7-30 所示。一组传送带由 3 条传送带连接而成，用于传送有一定长度的金属板。为了避免传送带在没有金属板时空转，每条传送带末端安装一个用来检测金属板的金属传感器，以保证传送带只有检测到金属板时才启动，检测不到金属板（即金属板离开）时停止。传送带用三相异步电动机驱动。当工人在传送带 1 首端放一块金属板时，按下启动按钮后，传送带 1 先启动；当金属板的前端到达传送带 1 末端时，金属传感器 1 动作，启动传送带 2；当金属板的末端离开金属传感器 1 时，传送带 1 停止。当金属板的前端到达金属传感器 2 时，启动传送带 3，当金属板的末端离开金属传感器 2 时，传送带 2 停止。最后，当金属板的末端离开金属传感器 3 时，传送带 3 停止。

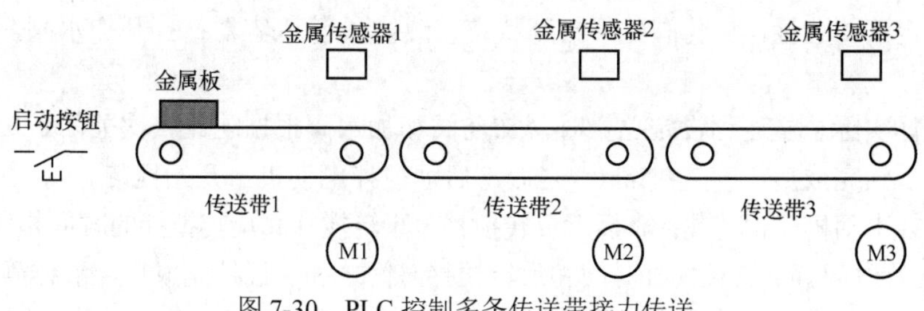

图 7-30　PLC 控制多条传送带接力传送

项目 8　液体混合 PLC 控制

8.1 项目要求

液体混合 PLC 控制装置是混合两种液体的模拟装置，核心部件包括加药阀、加水阀、搅拌电动机、输液泵 1 和输液泵 2。液体混合 PLC 控制装置（简称装置）示意如图 8-1 所示。

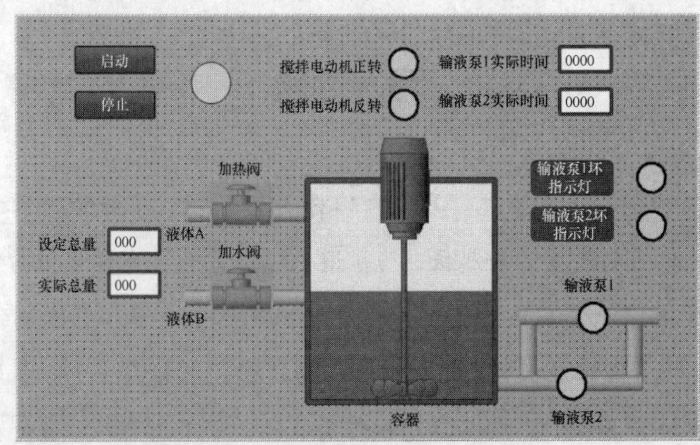

图 8-1　液体混合 PLC 控制装置示意

本项目要求如下。

（1）初始状态：当装置投入运行时，容器为空，加药阀、加水阀、输液泵 1 和输液泵 2 处于关闭状态。

（2）按下“启动”按钮，装置开始按以下约定的规律运行。

① 设定液体总量，加药阀处于打开状态，液体 A 流入容器；打开加水阀，液体 B 流入容器。

② 液体实际总量达到设定总量时，加药阀和加水阀根据配比依次关闭。

③ 当混液完成后，静置 1 min，之后，启动搅拌电动机，开始搅匀。

④ 搅拌电动机先正转搅拌，然后反转搅拌，正转搅拌和反转搅拌的时间相同，且搅拌电动机的运行时间等于正转搅拌时间和反转搅拌时间之和。搅拌完成后，液体静置 1 min。

⑤ 输液泵打开，开始放出混合液体，输液泵有 2 台（1 用 1 备），同一时间有且只有

1 台在工作。运行输液泵时要记录它的运行时间（单位为秒），每次启动输液泵时优先启动运时间较少的泵。若两台预运行时间相等，则默认启动输液泵 1。若输液泵 1 发生故障，则启动输液泵 2 运行。

⑥ 计算输液泵的运行时间，运行结束后容器液体放空，输液泵关闭，开始进入下一个运行周期。

8.2 学习目标

（1）掌握液体混合的原理。
（2）进一步巩固跳变沿指令的应用技巧。
（3）巩固定时器指令和位存储器的应用技巧。
（4）提高编程与调试能力。

8.3 项目实施

8.3.1 硬件组态

添加 PLC 设备，本项目选用的控制器是西门子 S7-1200，CPU 为 1214C DC/DC/DC，其 PLC 设备硬件组态如图 8-2 所示。

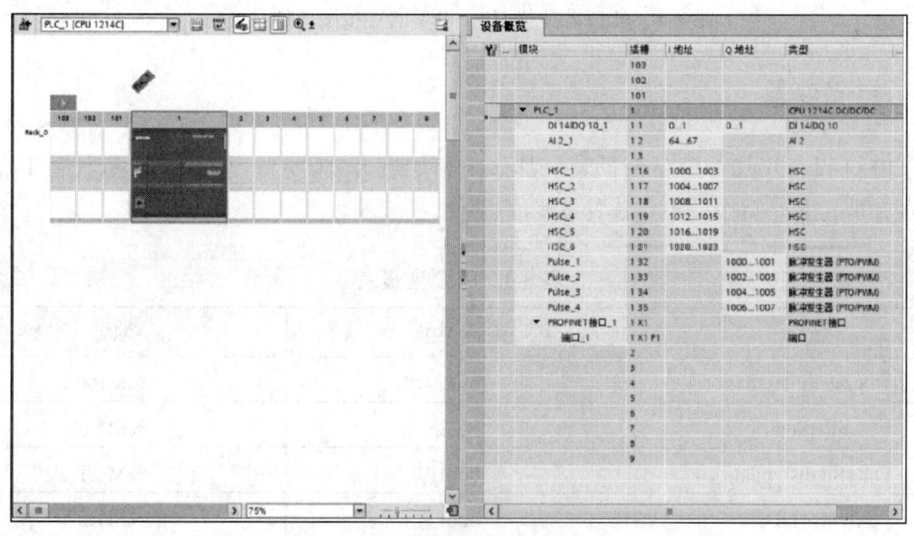

图 8-2　PLC 设备的硬件组态（项目 8）

下面添加 HMI 显示与触控屏设备，以便于直观操作。HMI 设备的类型为 TP900 精智面板，它的硬件组态如图 8-3 所示。添加好设备后，将 PLC 设备与 HMI 设备连接起来，如图 8-4 所示。

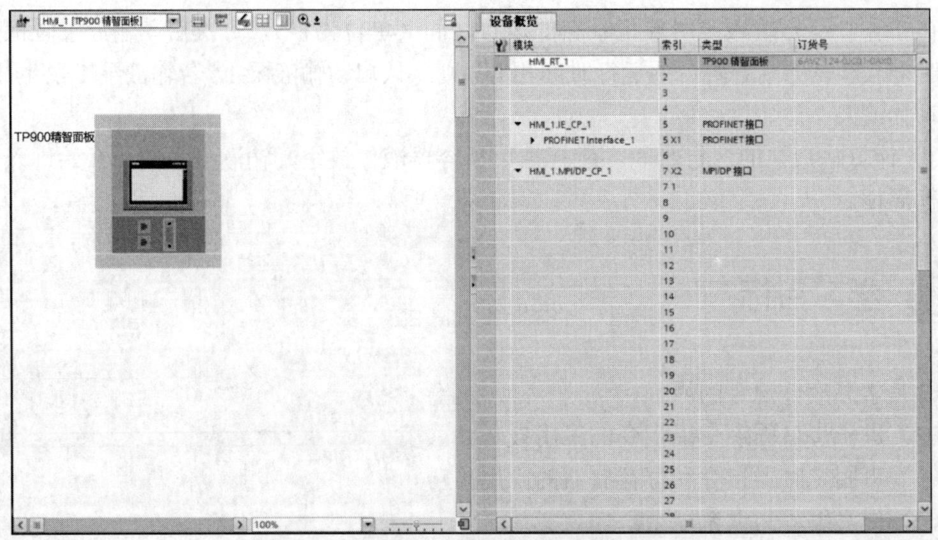

图 8-3　HMI 设备的硬件组态（项目 8）

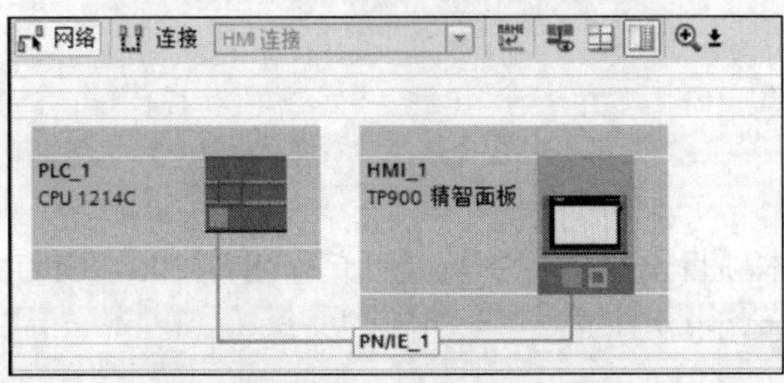

图 8-4　PLC 设备与 HMI 设备的连接图（项目 8）

8.3.2　定义变量

给 PLC 设备添加一个新变量表，具体内容如表 8-1 所示。这里用 M 点代替 I 点，表示在触摸屏上进行操作，不用连接实际的硬件。

表 8-1　PLC 变量表

名称	数据类型	地址
System_Byte	byte	%MB1
FirstScan	bool	%M1.0
DiagStatusUpdate	bool	%M1.1
AlwaysTRUE	bool	%M1.2
AlwaysFALSE	bool	%M1.3
Clock_Byte	byte	%MB0
Clock_10Hz	bool	%M0.0
Clock_5Hz	bool	%M0.1

续表

名称	数据类型	地址
Clock_2.5Hz	bool	%M0.2
Clock_2Hz	bool	%M0.3
Clock_1.25Hz	bool	%M0.4
Clock_1Hz	bool	%M0.5
Clock_0.625Hz	bool	%M0.6
Clock_0.5Hz	bool	%M0.7
启动	bool	%M2.0
停止	bool	%M2.1
输液泵 1 坏	bool	%M2.2
输液泵 2 坏	bool	%M2.3
搅拌电动机正转	bool	%M2.4
搅拌电动机反转	bool	%M2.5
输液泵 1	bool	%M2.6
输液泵 2	bool	%M2.7
加药阀	bool	%M3.0
加水阀	bool	%M3.1
运行指示灯	bool	%M3.2
设定容量	real	%MD200
计算后需要加水量	real	%MD204
计算后需要加药量	real	%MD208
实际加药阀流量	real	%MD212
实际加水阀流量	real	%MD216
实际加水量	real	%MD220
实际加药量	real	%MD224
加药加水完毕	bool	%M3.3
需要搅拌时间	real	%MD228
正转时间	real	%MD232
实际搅拌时间	real	%MD236
搅拌完毕	bool	%M3.4
实际容量	real	%MD240
输液泵 1 实际运行时间	real	%MD244
输液泵 2 实际运行时间	real	%MD248
输液泵 1 坏指示灯	bool	%M3.5

续表

名称	数据类型	地址
输液泵 2 坏指示灯	bool	%M3.6
实际输液泵流量	real	%MD252
实际动画存储	int	%MW256
存储位 1	bool	%M3.7
存储位 2	bool	%M4.0
存储位 3	bool	%M4.1
存储位 4	bool	%M4.2
存储位 5	bool	%M4.3
存储位 6	bool	%M4.4
存储位 7	bool	%M4.5
存储位 8	bool	%M4.6
存储位 9	bool	%M4.7
存储位 10	bool	%M5.0
存储位 11	bool	%M5.1
存储位 12	bool	%M5.2
存储位 13	bool	%M5.3
存储位 14	bool	%M5.4
存储位 15	bool	%M5.5
存储位 16	bool	%M5.6
存储位 17	bool	%M5.7
存储位 18	bool	%M6.0
存储位 19	bool	%M6.1
存储位 20	bool	%M6.2
存储位 21	bool	%M6.3
外部液位数值	real	%MD258
中间值	real	%MD262
实际液位总量	real	%MD266
系统停止	bool	%M6.4

8.3.3 编写程序

1. 启停控制模块

设置“启动”按钮：单击“启动”按钮后，系统进入运行模式；单击“停止”按钮后，系统停止运行。启停控制模块的程序如图 8-5 所示。

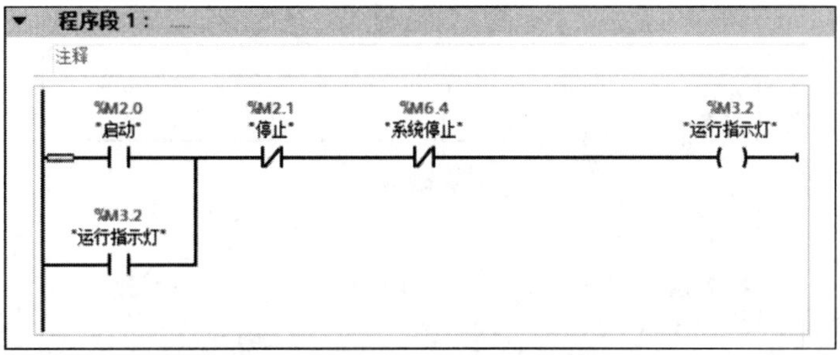

程序段 1：……
注释
%M2.0 "启动"
%M2.1 "停止"
%M6.4 "系统停止"
%M3.2 "运行指示灯"
%M3.2 "运行指示灯"

图 8-5　启停控制模块的程序

2. 配比流量计算模块

配比流量计算模块能够根据设定容量，计算需要的加药量和加水量，其程序如图 8-6 所示。

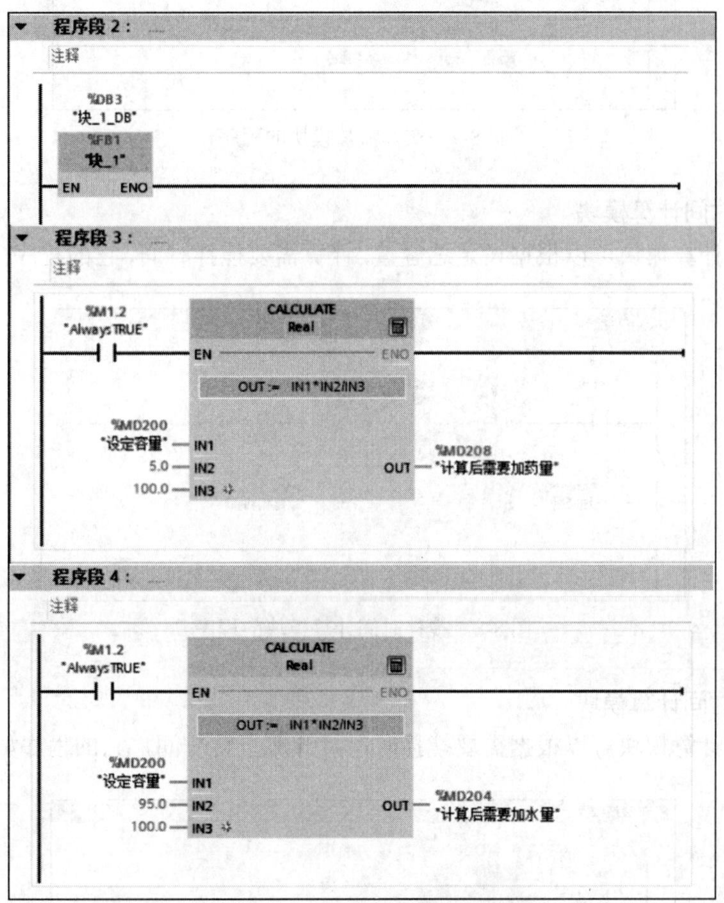

图 8-6　配比流量计算模块的程序

3. 实际流量模块

实际流量模块可以输出实时加药量和加水量，它的程序如图 8-7 所示。

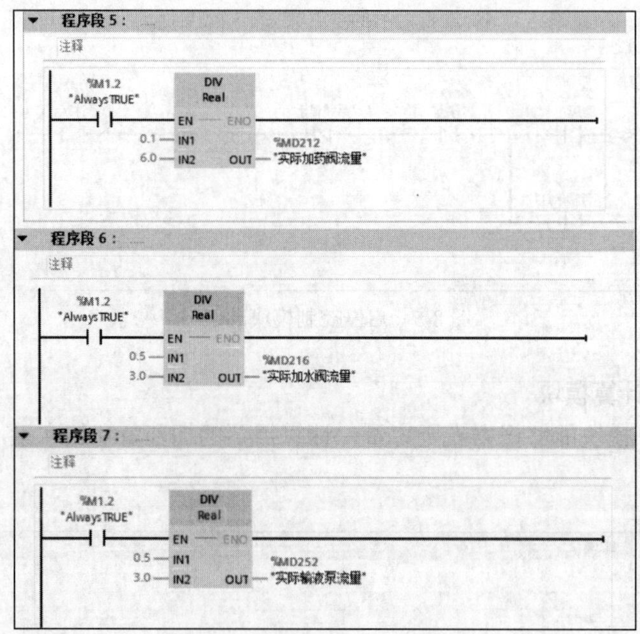

图 8-7　实际流量模块的程序

4．搅拌时间计算模块

搅拌时间计算模块可以根据设定总容量，计算需要搅拌时间，它的程序如图 8-8 所示。

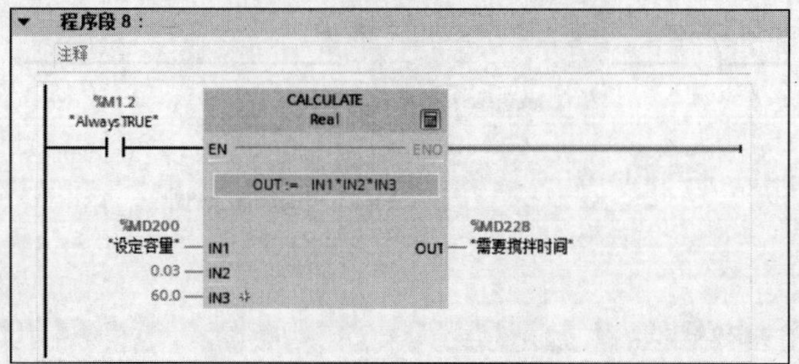

图 8-8　搅拌时间计算模块的程序

5．正转时间计算模块

正转时间计算模块可以根据需要搅拌时间，计算正转时间，它的程序如图 8-9 所示。

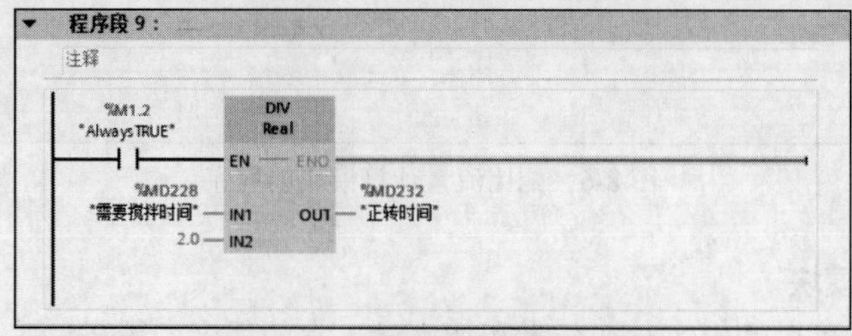

图 8-9　正转时间计算模块的程序

6．实际总容量计算模块

实际总容量计算模块可以计算实际总容量，其程序如图 8-10 所示。

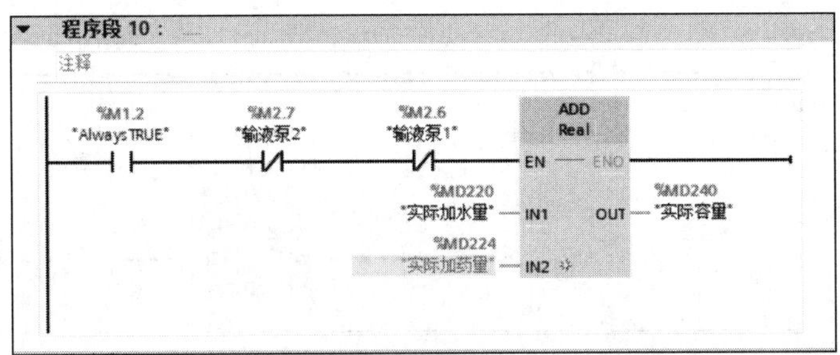

图 8-10　实际总容量计算模块的程序

7．加水阀模块

加水阀模块的程序如图 8-11 所示。

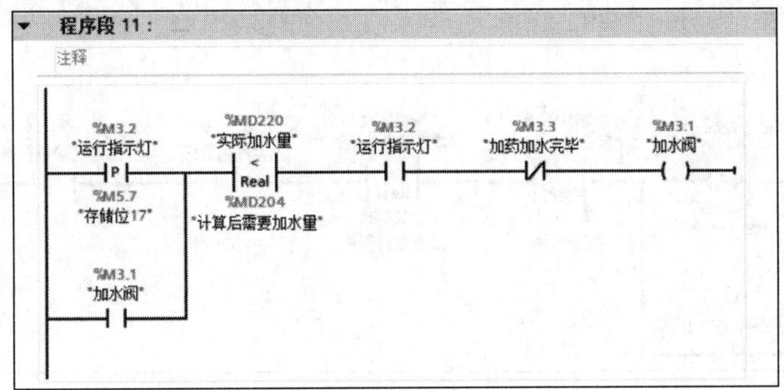

图 8-11　加水阀模块的程序

8．加药阀模块

加药阀模块的程序如图 8-12 所示。

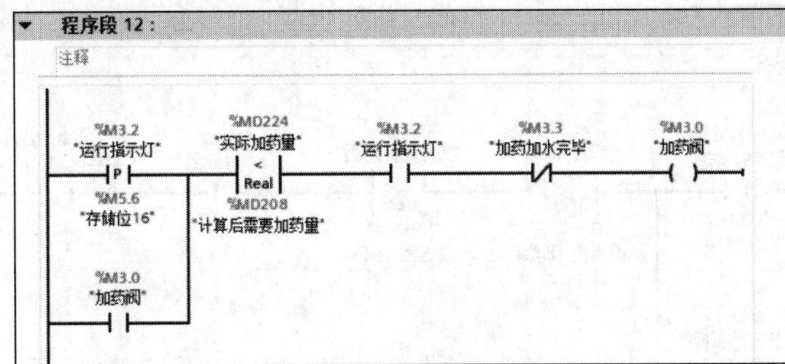

图 8-12　加药阀模块的程序

9．混液完成模块

混液完成静置 1 min，这部分操作由混液完成模块实现，它的程序如图 8-13 所示。

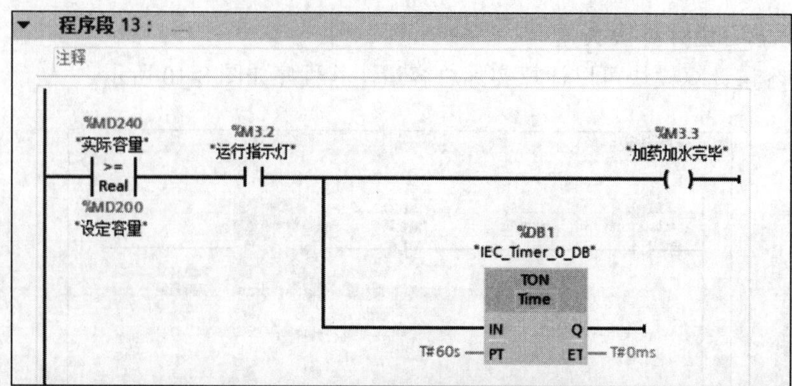

图 8-13　混液完成模块的程序

10．搅拌电动机正转模块

搅拌电动机正转模块可以对混液进行正向搅拌，它的程序如图 8-14 所示。

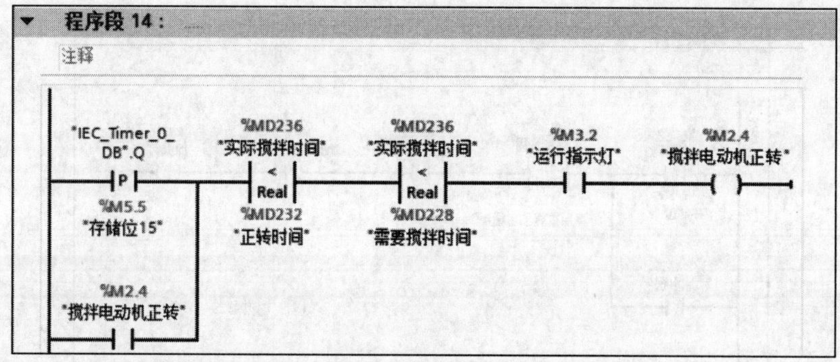

图 8-14　搅拌电动机正转模块的程序

11．搅拌电动机反转模块

搅拌电动机反转模块可以对混液进行反向搅拌，它的程序如图 8-15 所示。

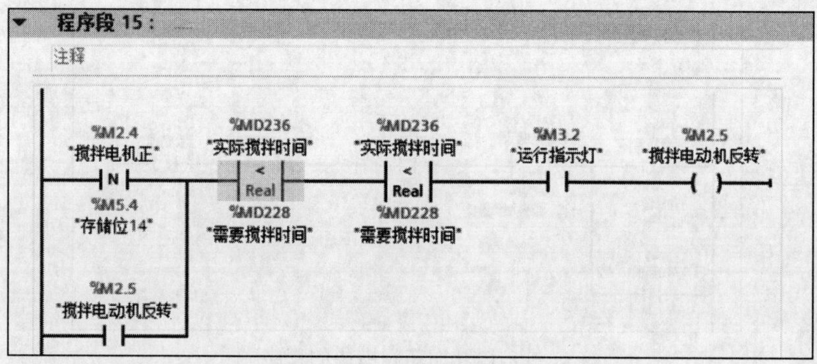

图 8-15　搅拌电动机反转模块的程序

12．搅拌完成模块

搅拌完成，等待 1 min，这部分操作由搅拌完成模块实现，它的程序如图 8-16 所示。

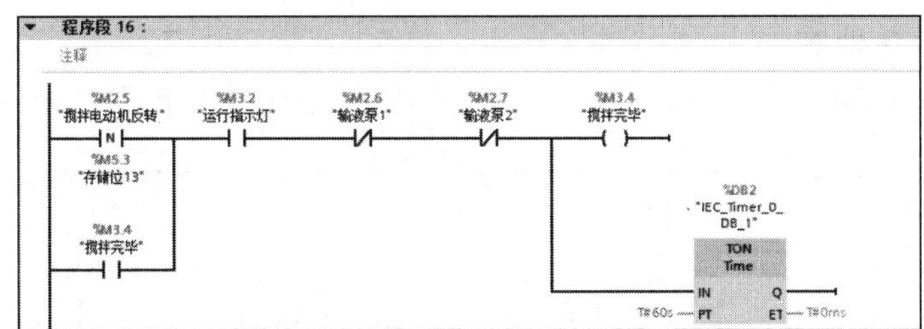

图 8-16　搅拌完成模块的程序

13. 输液泵模块

输液泵模块的程序如图 8-17 所示，实现的功能是控制总体运行状态指示灯和分别控制两台输液泵的状态指示灯。

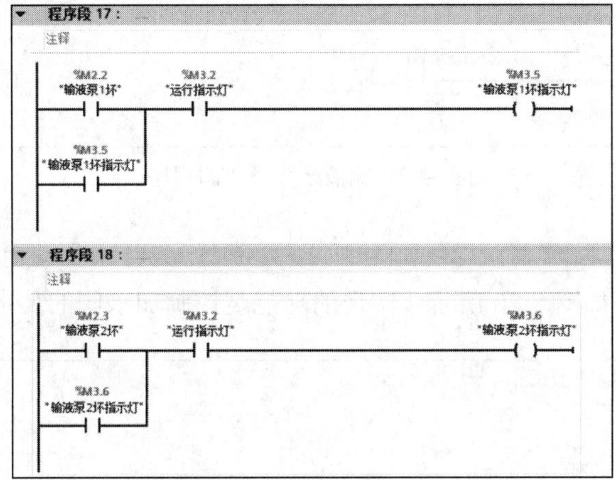

图 8-17　输液泵模块的程序

14. 输液泵 1 模块

输液泵 1 模块的程序如图 8-18 所示，实现的功能是与备用输液泵 2 一起控制输液容量。

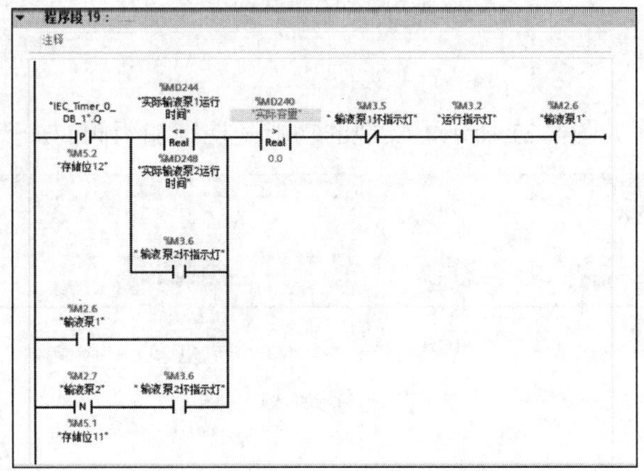

图 8-18　输液泵 1 模块的程序

15．输液泵 2 模块

输液泵 2 模块的程序如图 8-19 所示，实现的功能是与备用输液泵 1 一起控制输液容量。

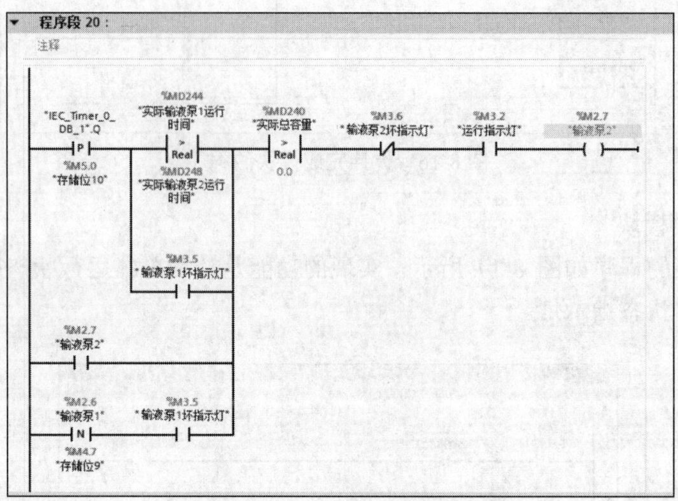

图 8-19　输液泵 2 模块的程序

16．加水模块

加水模块的程序如图 8-20 所示，实现的功能是控制加水阀的加水量。

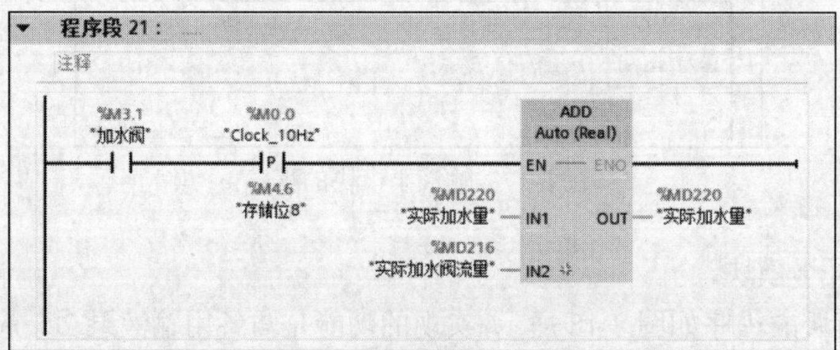

图 8-20　加水模块的程序

17．加药模块

加药模块的程序如图 8-21 所示，实现的功能是控制加药阀的加药量。

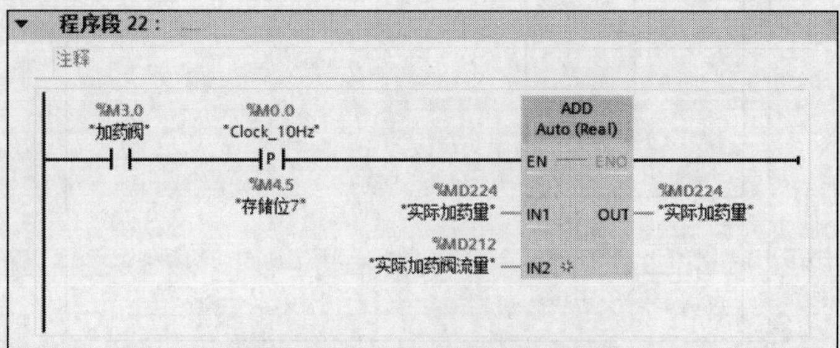

图 8-21　加药模块的程序

18．输液以后实际容量模块

输液以后实际总容量模块的程序如图 8-22 所示，实现的功能是根据输液泵的流量来计算实际总容量。

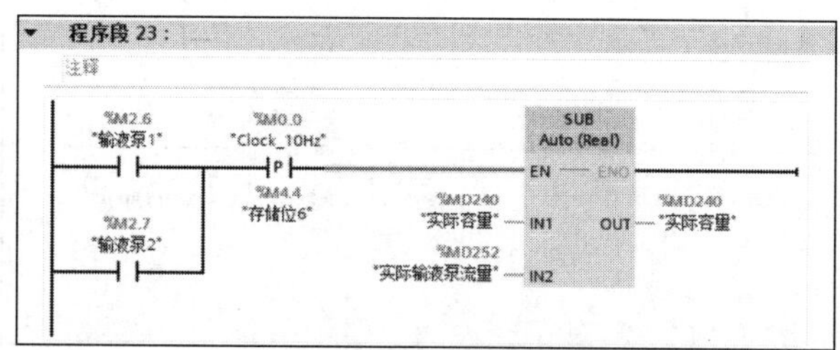

图 8-22 输液以后实际容量模块的程序

19．实际搅拌时间模块

实际搅拌时间模块的程序如图 8-23 所示，实现的功能是根据搅拌电机的正、反转时间来计算实际搅拌时间。

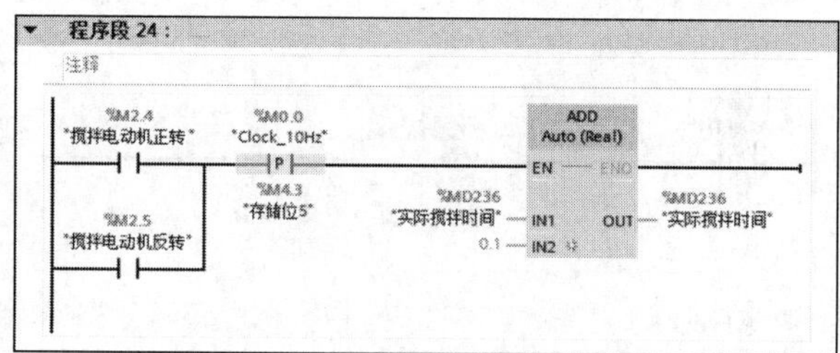

图 8-23 实际搅拌时间模块的程序

20．实际指标模块

实际指标模块的程序如图 8-24 所示，实现的功能是根据输液泵的输入值来计算实际搅拌时间、加水量、加药量、总容量等指标值。

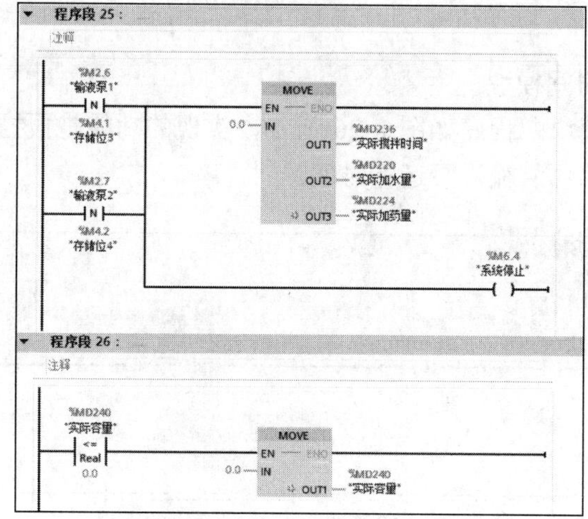

图 8-24 实际指标模块的程序

21．动画存储模块

动画存储模块的程序如图 8-25 所示，实现的功能是根据实际搅拌电机的正、反转状态来输出动画所需状态值。

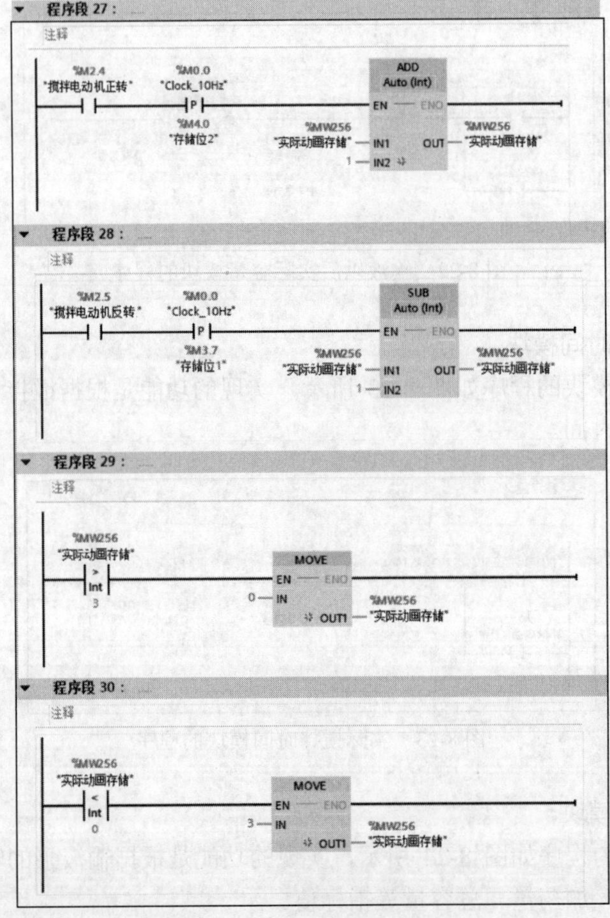

图 8-25　动画存储模块的程序

22．输液泵运行时间模块

输液泵运行时间模块的程序如图 8-26 所示，实现的功能是根据输液泵 1 和输液泵 2 各自的运行时间来计算总的输液泵运行时间。

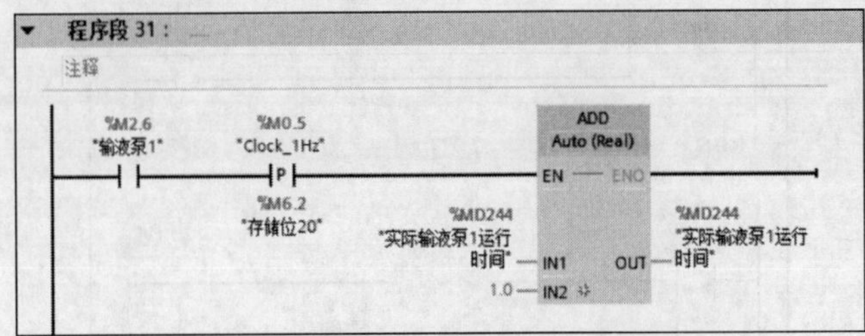

图 8-26　输液泵运行时间模块的程序

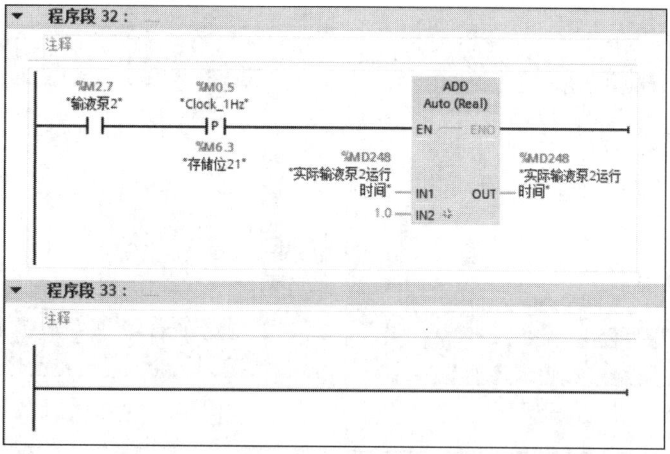

程序段 32：
注释
%M2.7 "输液泵2"
%M0.5 "Clock_1Hz"
%M6.3 "存储位21"
ADD Auto (Real)
EN ENO
%MD248 "实际输液泵2运行时间" IN1
1.0 IN2
OUT %MD248 "实际输液泵2运行时间"

程序段 33：
注释

图 8-26　输液泵运行时间模块的程序（续）

8.3.4　调试程序

本项目采用西门子 TIA 博途软件搭建装置模型，进行直观的仿真测试，验证装置的可行性。下面按照图 8-1 进行装置的仿真与调试，液体混合 PLC 控制装置的仿真界面如图 8-27 所示。

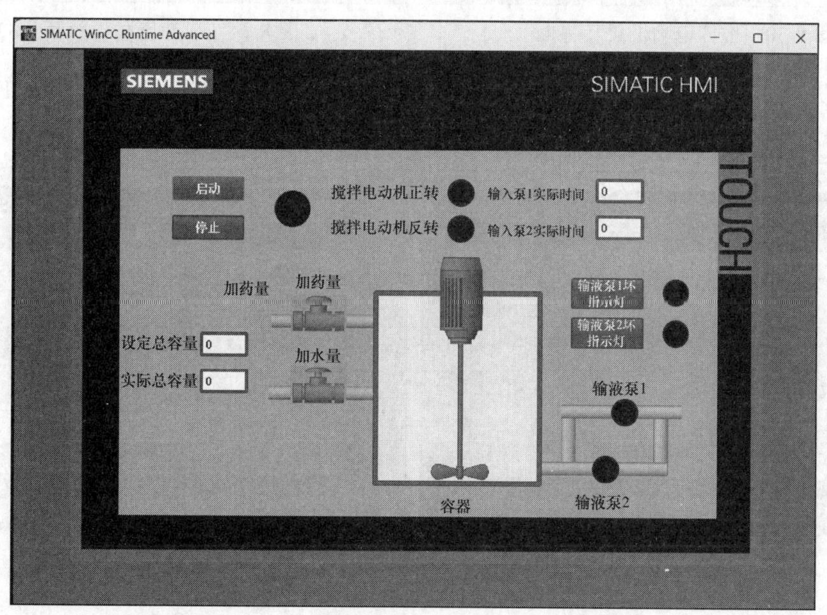

图 8-27　液体混合 PLC 控制装置的仿真界面

设定容量界面如图 8-28 所示。按照配比加料界面如图 8-29 所示。加料完毕，静置 1 min，搅拌电动机开始搅拌，正转界面如图 8-30 所示，反转界面如图 8-31 所示。

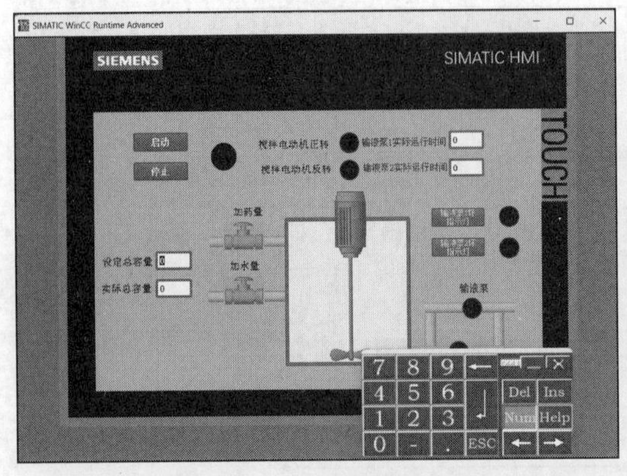

图 8-28　设定容量界面

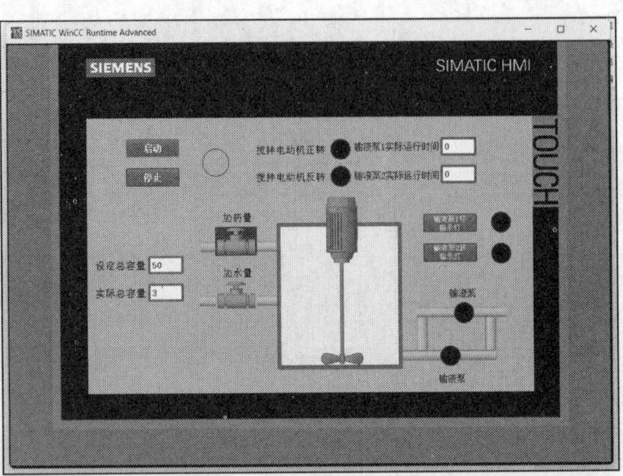

图 8-29　按照配比加料界面

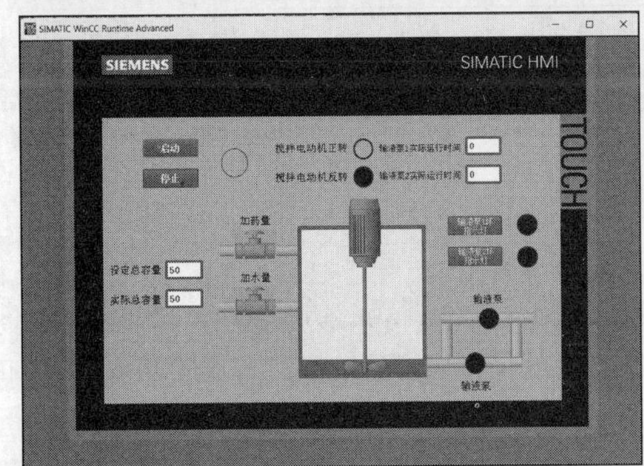

图 8-30　搅拌电动机正转界面

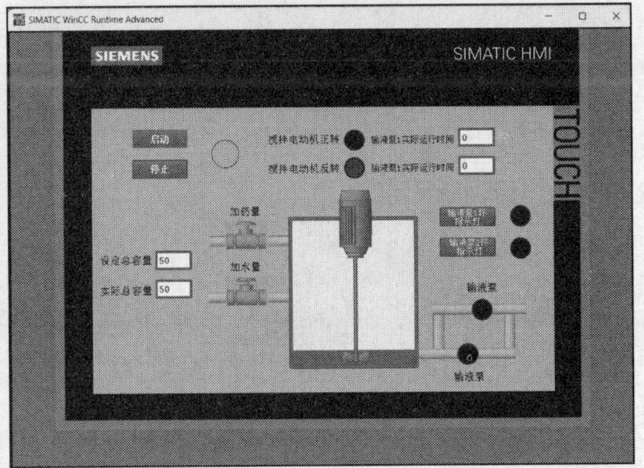

图 8-31　搅拌电动机反转界面

搅拌完毕，等待 1 min，输液泵开始输液，这里默认输液泵 1 工作，其界面如图 8-32 所示。

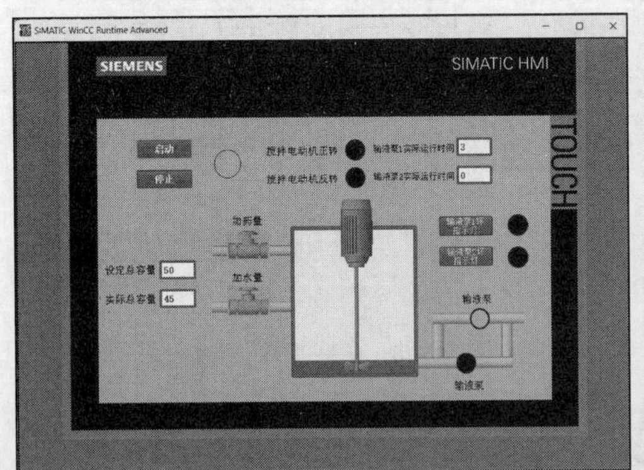

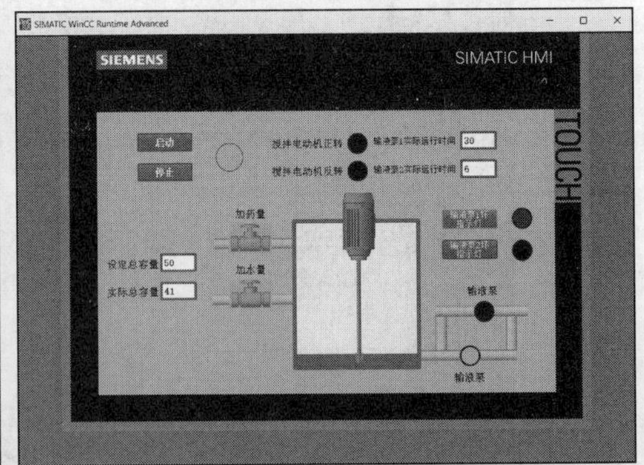

图 8-32　输液泵工作界面

习　题

水塔水位 PLC 控制示意如图 8-33 所示。

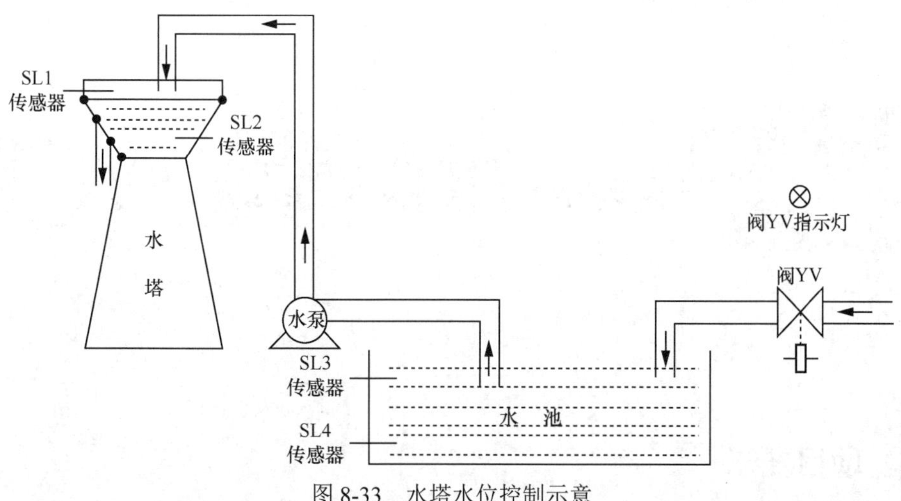

图 8-33　水塔水位控制示意

其中，SL1 表示水塔的水位上限，SL2 表示水塔水位下限，SL3 表示水池水位上限，SL4 表示水池水位下限。当水淹没 SL1、SL2、SL3、SL4 时，传感器状态为 ON；当传感器露出液面时，传感器状态为 OFF。

在自动状态下，当水池水位低于水池水位下限（SL4 传感器状态为 OFF）时，阀 YV 被打开，水池进水。定时器开始定时 4 s，到时间后如果 SL4 传感器状态还不为 ON，那么阀 YV 指示灯闪烁，表示水池没有进水，出现故障。SL3 传感器状态为 ON 后，阀 YV 关闭。当 SL4 传感器状态为 ON，且水塔水位低于水塔水位下限时，水泵运转抽水；当水塔水位高于水塔水位上限时，水泵停止抽水。

项目 9 循环灯 PLC 控制

9.1 项目要求

彩灯在日常生活中随处可见，无论是美化、亮化工程，还是企业的广告宣传，都可借助彩灯的形势，让相关物体光彩夺目、缤彩纷呈。这些彩灯可以用霓虹灯组成，也可以用白炽灯或日光灯组成。而彩灯控制可以通过控制全部或部分彩灯的亮和灭、闪烁频率、灯的亮度及灯光流的方向来实现渲染效果。不太复杂的彩灯控制功能一般可以采用单片机或各种专用的彩灯控制器来实现，本项目采用 PLC 来实现。

彩灯广告屏（简称广告屏）的示意图如图 9-1 所示。

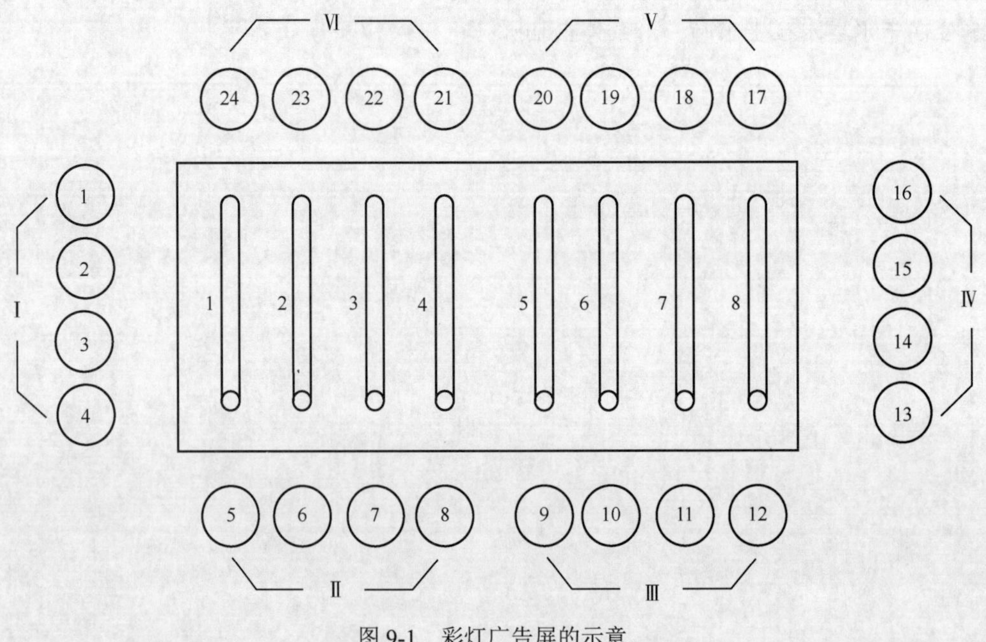

图 9-1　彩灯广告屏的示意

彩灯和流水灯的时序分别如图 9-2 和图 9-3 所示。

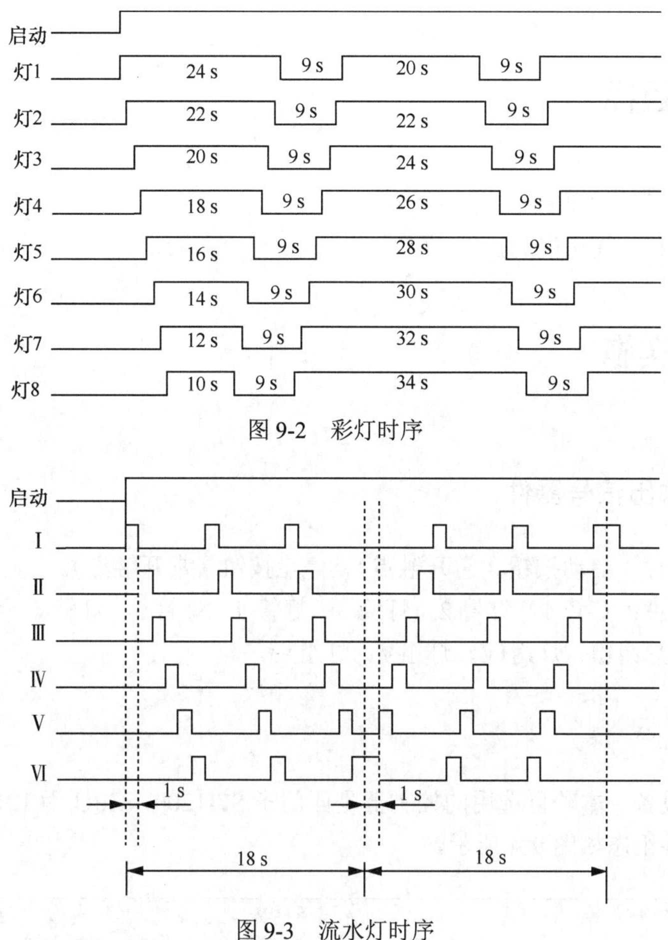

图9-2 彩灯时序

图9-3 流水灯时序

彩灯控制器的相关要求如下。

（1）广告屏的中间部分有8根霓虹灯管（简称灯管），从左到右依次编号为1、2、3、4、5、6、7、8。系统启动以后，灯管点亮的（编号）顺序依次为1、2、3、4、5、6、7、8，时间间隔为1 s；8根灯管全亮后持续10 s，之后按照8、7、6、5、4、3、2、1的顺序依次熄灭，时间间隔为1 s；灯管全熄灭后等待2 s，又从8号灯管开始，按照8、7、6、5、4、3、2、1的顺序依次点亮灯管，时间间隔为1 s；灯管全亮后持续20 s，按照1、2、3、4、5、6、7、8的顺序熄灭，时间间隔仍为1 s。灯管全熄灭后等待2 s，重复执行上述过程。

（2）广告屏四周安装了24个流水灯，每4个为一组，共分成6组（编号分别为I、II、III、IV、V、VI）。系统启动以后，按照从I至VI的顺序，每间隔1 s点亮1个流水灯并进行循环；18 s后，按照从VI至I的顺序，每间隔1 s点亮1个流水灯并进行循环；再按照I至VI的顺序循环，直到系统停止工作为止。

（3）系统用启动按钮和停止按钮控制启动和停止，并有单步控制和连续控制功能。

（4）各个彩灯的工作电压为220 V交流电。

9.2 学习目标

（1）掌握循环灯的原理。

（2）提高编程与调试能力。

9.3 项目实施

9.3.1 输入/输出信号器件

输入信号器件：启动按钮（常开触点）、停止按钮（常开触点）。

输出信号器件：灯管 1、灯管 2、灯管 3、灯管 4、灯管 5、灯管 6、灯管 7、灯管 8、灯组Ⅰ、灯组Ⅱ、灯组Ⅲ、灯组Ⅳ、灯组Ⅴ、灯组Ⅵ。

9.3.2 硬件组态

添加 PLC 设备，本项目选用的控制器是西门子 S7-1200，CPU 为 1214C DC/DC/DC。其 PLC 设备硬件组态如图 9-4 所示。

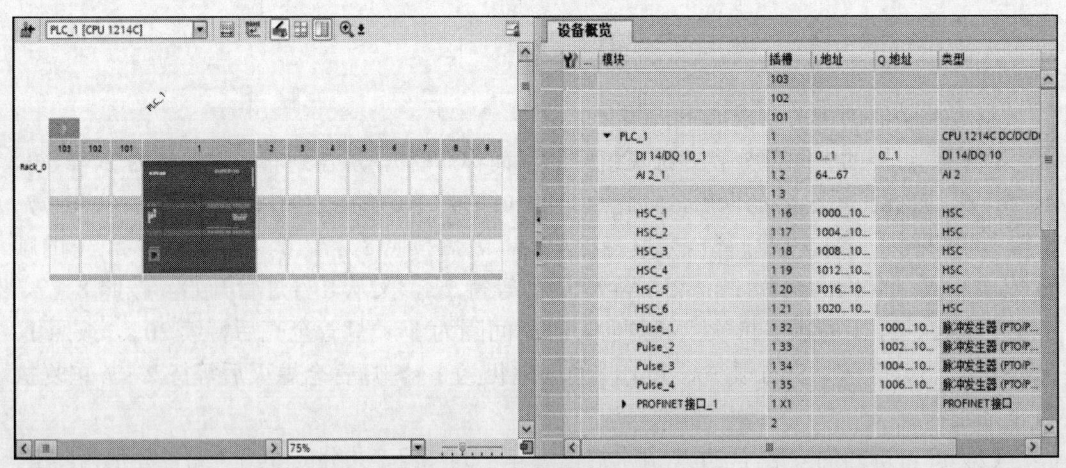

图 9-4　PLC 设备的硬件组态（项目 9）

下面添加 HMI 显示与触控屏设备，以便于直观操作。HMI 设备的类型为 TP900 精智面板，它的硬件组态如图 9-5 所示。

添加好设备后，将 PLC 设备和 HMI 设备连接起来，如图 9-6 所示。

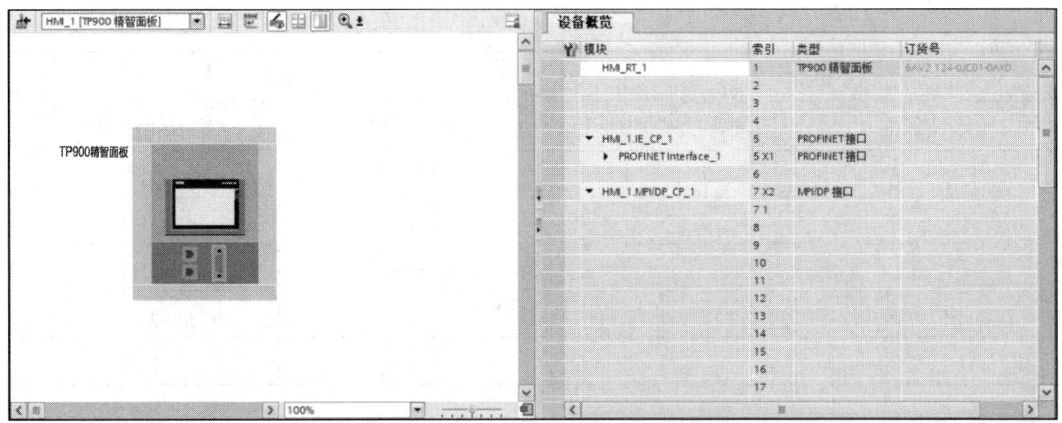

图 9-5　HMI 设备的硬件组态（项目 9）

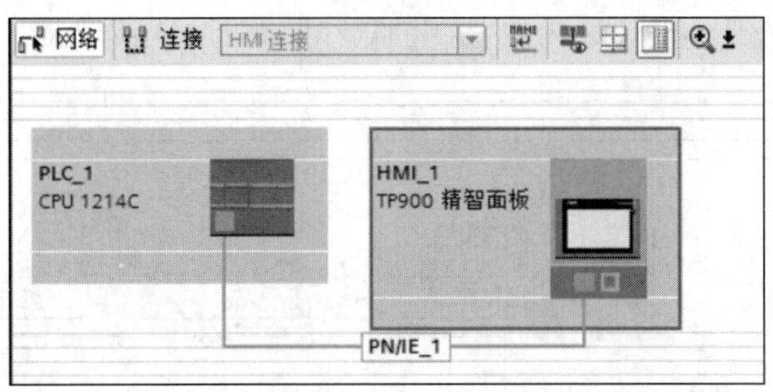

图 9-6　PLC 设备与 HMI 设备的连接图（项目 9）

9.3.3　输入/输出地址分配

输入/输出地址的分配如表 9-1 所示。

表 9-1　输入/输出地址分配

输入		输出	
器件名称	编程元件地址	器件名称	编程元件地址
启动按钮	I0.0	灯管 1	Q0.0
停止按钮	I0.1	灯管 2	Q0.1
		灯管 3	Q0.2
		灯管 4	Q0.3
		灯管 5	Q0.4
		灯管 6	Q0.5
		灯管 7	Q0.6
		灯管 8	Q0.7
		灯组 I	Q1.0

续表

输入		输出	
器件名称	编程元件地址	器件名称	编程元件地址
		灯组Ⅱ	Q1.1
		灯组Ⅲ	Q1.2
		灯组Ⅳ	Q1.3
		灯组Ⅴ	Q1.4
		灯组Ⅵ	Q1.5

9.3.4 接线图

根据项目要求设计的循环灯 PLC 控制的接线图如图 9-7 所示。

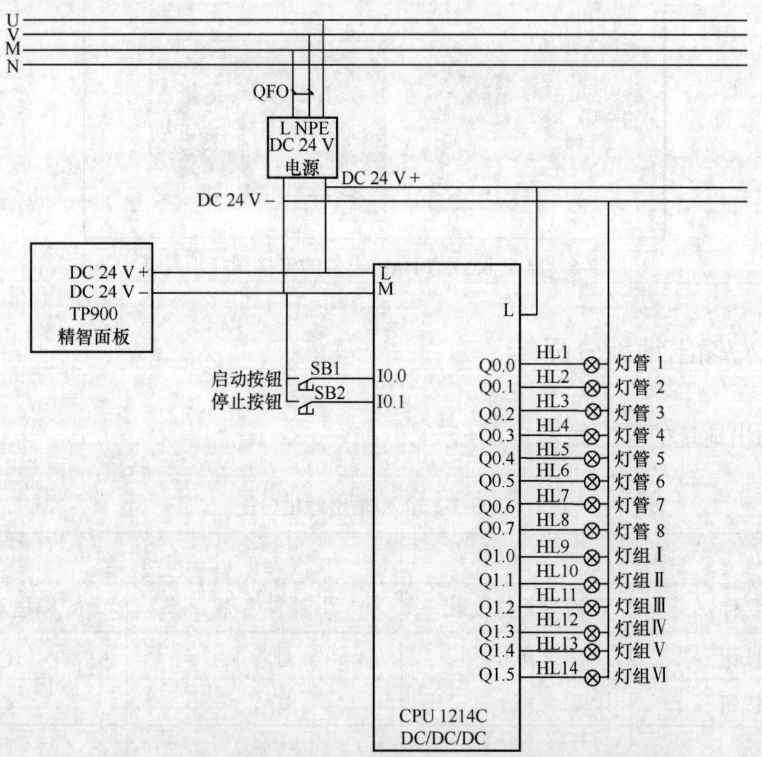

M表示参考电位端，L表示正电压输入端，QFO表示过载保护断路器。

图 9-7 循环灯 PLC 控制的接线图

9.3.5 定义变量

给 PLC 设备添加一个新变量表，具体内容如表 9-2 所示。这里用 M 点代替 I 点，表示在触摸屏上进行操作，不用连接实际的硬件。

表 9-2　循环灯 PLC 变量表

名称	数据类型	地址
System_Byte	byte	%MB1
FirstScan	bool	%M1.0
DiagStatusUpdate	bool	%M1.1
AlwaysTRUE	bool	%M1.2
AlwaysFALSE	bool	%M1.3
Clock_Byte	byte	%MB0
Clock_10Hz	bool	%M0.0
Clock_5Hz	bool	%M0.1
Clock_2.5Hz	bool	%M0.2
Clock_2Hz	bool	%M0.3
Clock_1.25Hz	bool	%M0.4
Clock_1Hz	bool	%M0.5
Clock_0.625Hz	bool	%M0.6
Clock_0.5Hz	bool	%M0.7
启动按钮	bool	%M2.0
停止按钮	bool	%M2.1
灯管 1	bool	%M2.2
灯管 2	bool	%M2.3
灯管 3	bool	%M2.4
灯管 4	bool	%M2.5
灯管 5	bool	%M2.6
灯管 6	bool	%M2.7
灯管 7	bool	%M3.0
灯管 8	bool	%M3.1
灯组 Ⅰ	bool	%M3.2
灯组 Ⅱ	bool	%M3.3
灯组 Ⅲ	bool	%M3.4
灯组 Ⅳ	bool	%M3.5
灯组 Ⅴ	bool	%M3.6

续表

名称	数据类型	地址
灯组Ⅵ	bool	%M3.7
运行	bool	%M4.0
正转	bool	%M4.1
反转	bool	%M4.2
计时	int	%MW200
顺序比较	int	%MW202
顺序比较信号	bool	%M4.3
存储 1	bool	%M4.4
存储 2	bool	%M4.5
存储 3	bool	%M4.6

9.3.6 编写程序

1. 启停控制模块

设置启动按钮，单击启动按钮后，系统进入运行模式；单击停止按钮后，系统停止运行，这些功能由启停控制模块实现，其程序如图 9-8 所示。

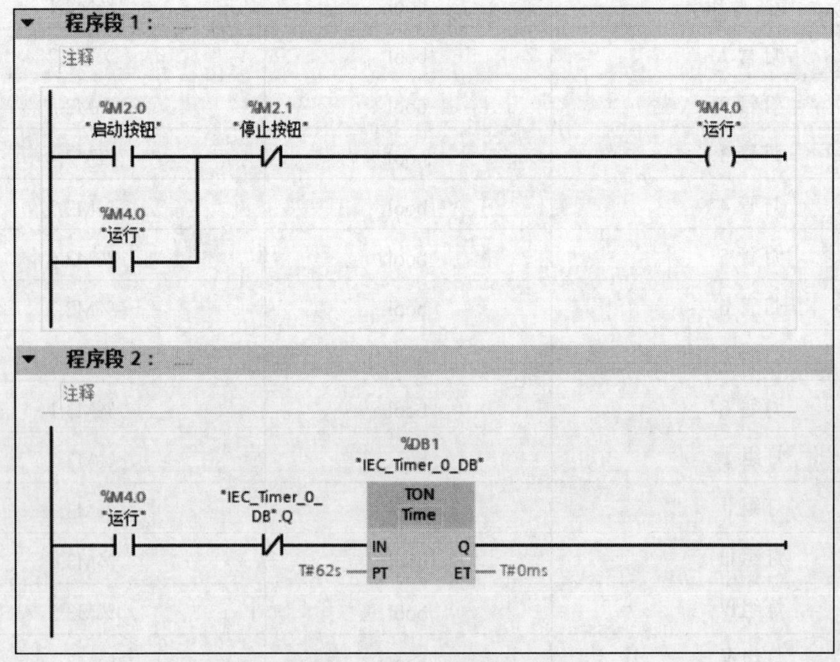

图 9-8　启停控制模块的程序

2．灯管控制模块

灯管 1～灯管 8 控制模块的程序如图 9-9～图 9-16 所示。

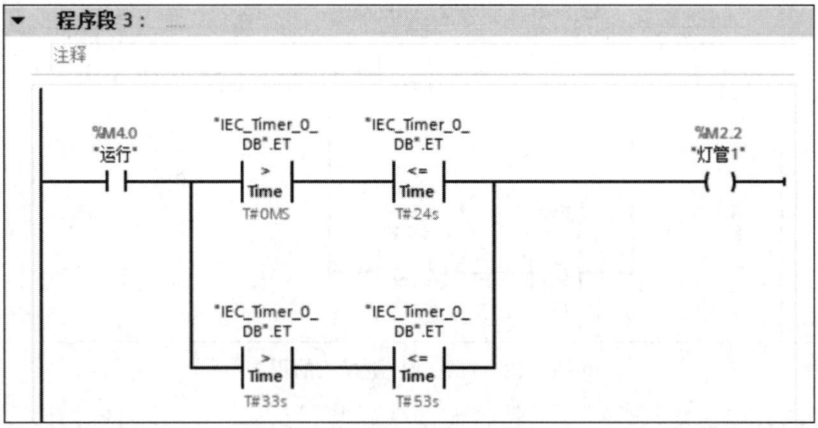

图 9-9　灯管 1 控制模块的程序

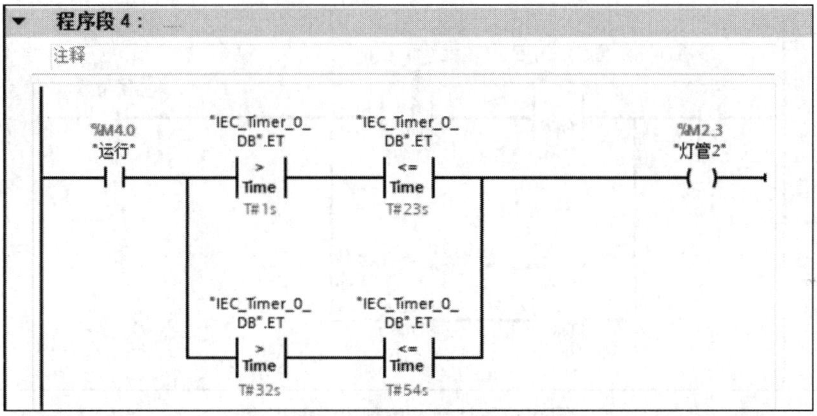

图 9-10　灯管 2 控制模块的程序

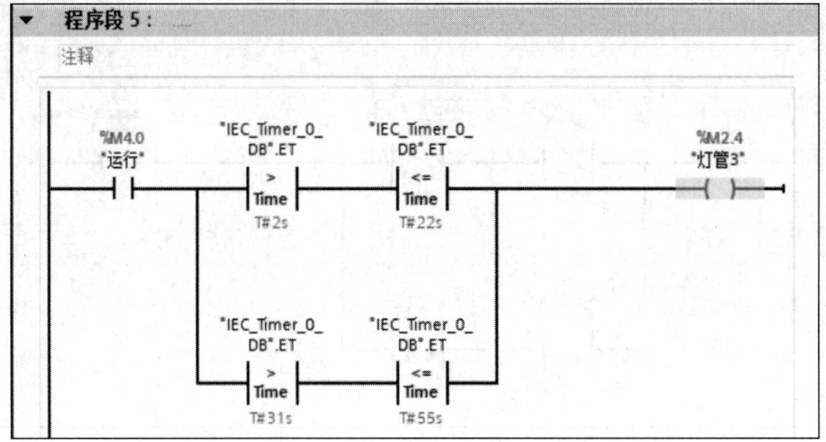

图 9-11　灯管 3 控制模块的程序

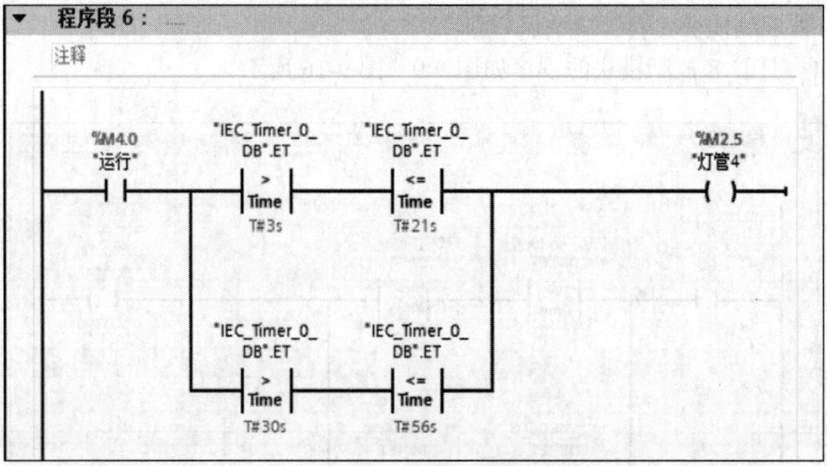

图 9-12 灯管 4 控制模块的程序

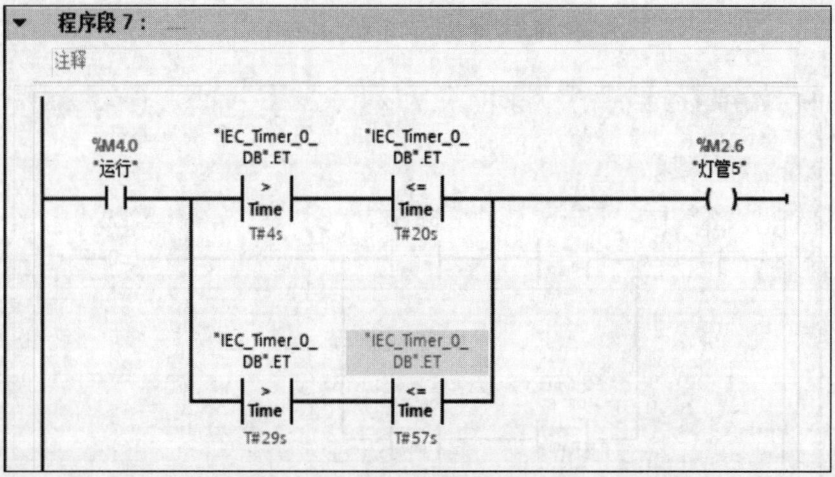

图 9-13 灯管 5 控制模块的程序

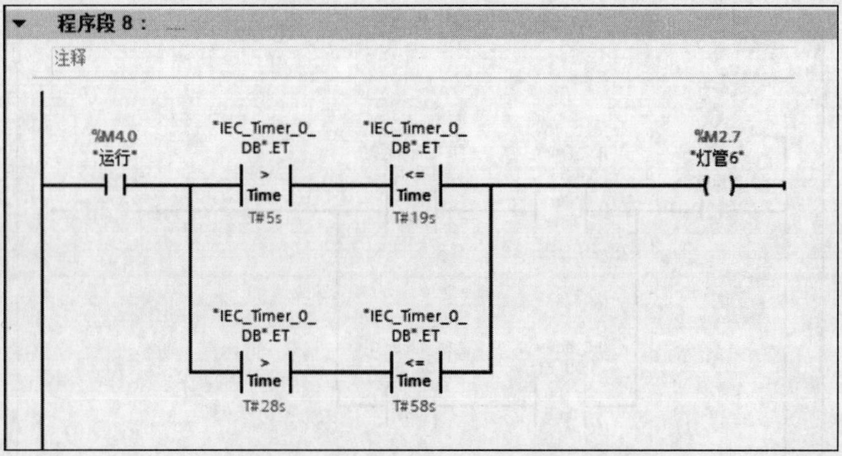

图 9-14 灯管 6 控制模块的程序

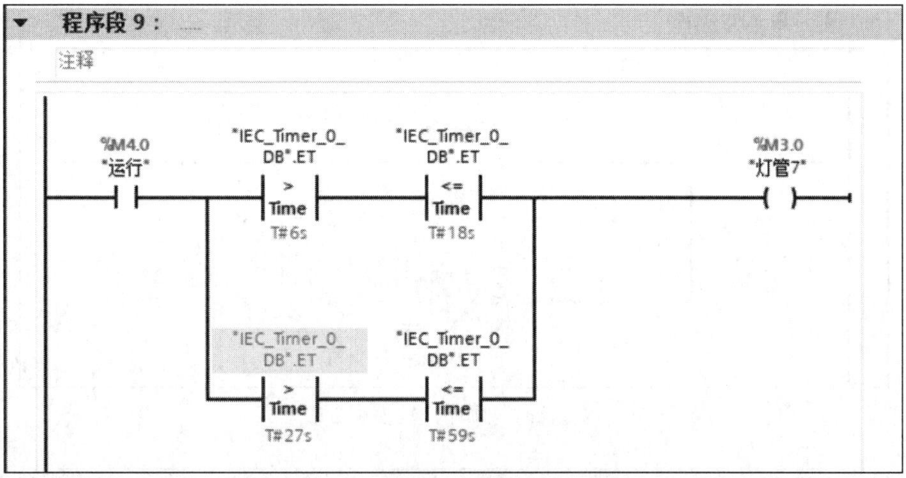

▼ 程序段 9：……
注释
%M4.0
"运行"
"IEC_Timer_0_
DB".ET
>
Time
T#6s
"IEC_Timer_0_
DB".ET
<=
Time
T#18s
%M3.0
"灯管7"
"IEC_Timer_0_
DB".ET
>
Time
T#27s
"IEC_Timer_0_
DB".ET
<=
Time
T#59s

图 9-15　灯管 7 控制模块的程序

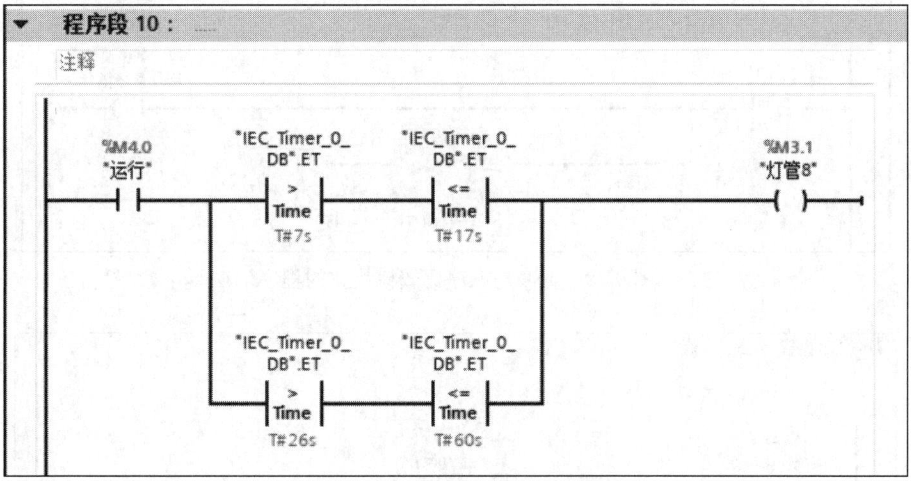

▼ 程序段 10：……
注释
%M4.0
"运行"
"IEC_Timer_0_
DB".ET
>
Time
T#7s
"IEC_Timer_0_
DB".ET
<=
Time
T#17s
%M3.1
"灯管8"
"IEC_Timer_0_
DB".ET
>
Time
T#26s
"IEC_Timer_0_
DB".ET
<=
Time
T#60s

图 9-16　灯管 8 控制模块的程序

3．计时与顺序比较模块

计时与顺序比较模块的程序如图 9-17～图 9-21 所示。

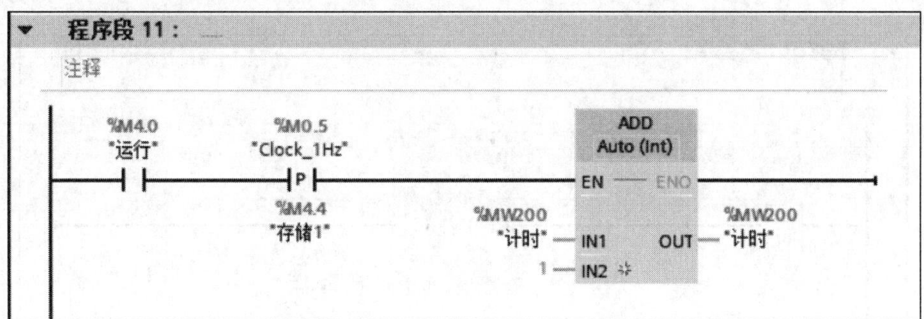

图 9-17　计时与顺序比较模块 1 的程序

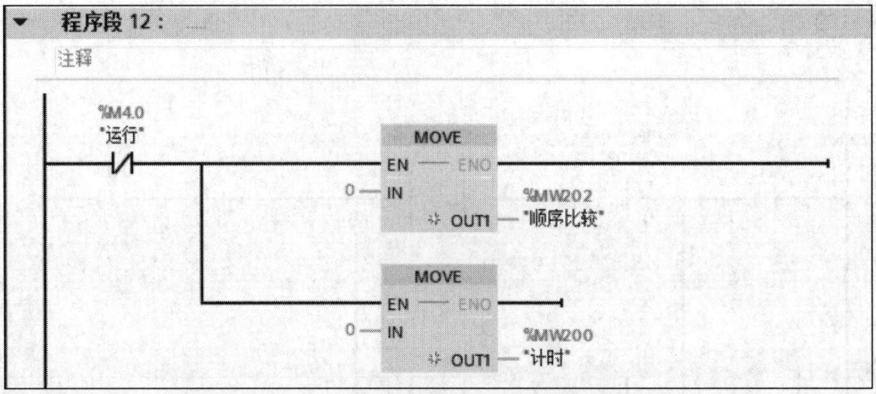

图 9-18 计时与顺序比较模块 2 的程序

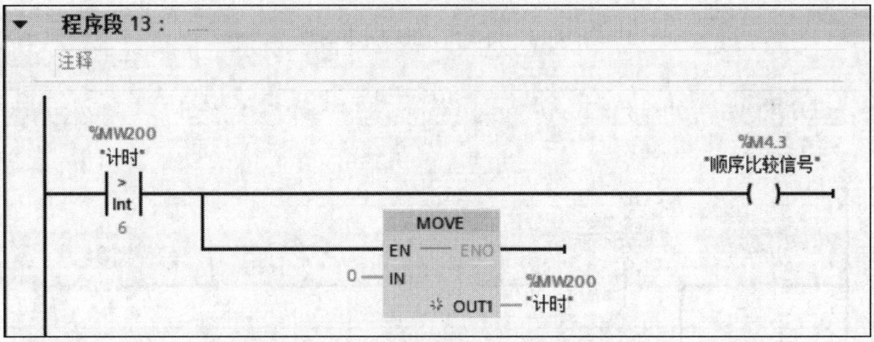

图 9-19 计时与顺序比较模块 3 的程序

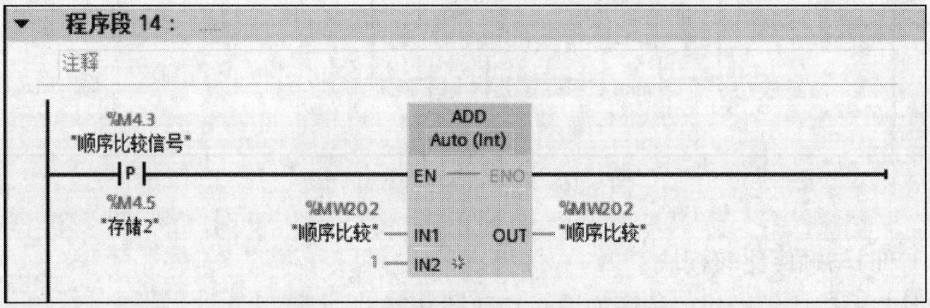

图 9-20 计时与顺序比较模块 4 的程序

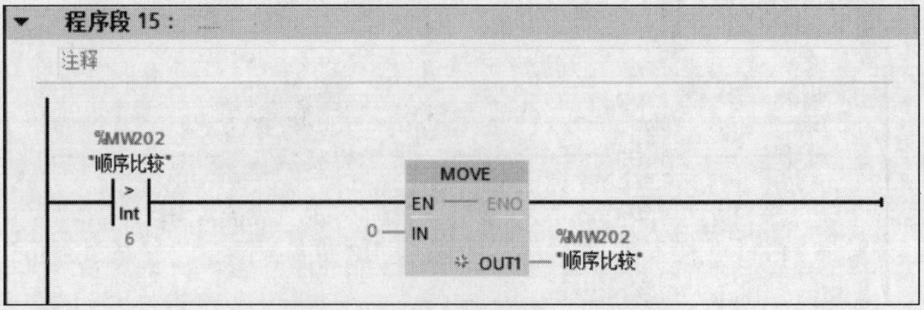

图 9-21 计时与顺序比较模块 5 的程序

4．正/反转控制模块

正转控制模块的程序如图 9-22 所示，反转控制模块的程序如图 9-23 所示。

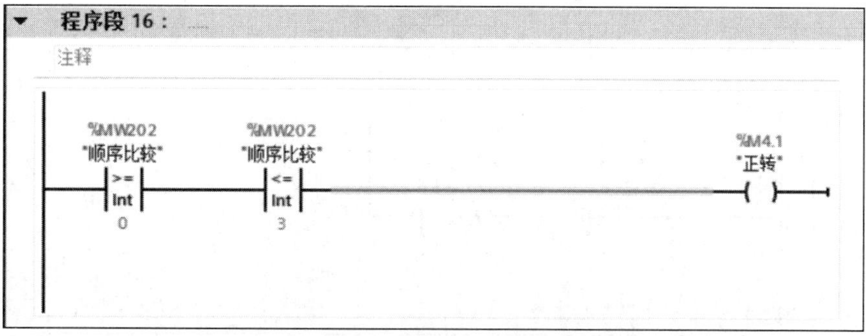

程序段 16：
注释
%MW202
"顺序比较"
>=
Int
0
%MW202
"顺序比较"
<=
Int
3
%M4.1
"正转"

图 9-22　正转控制模块的程序

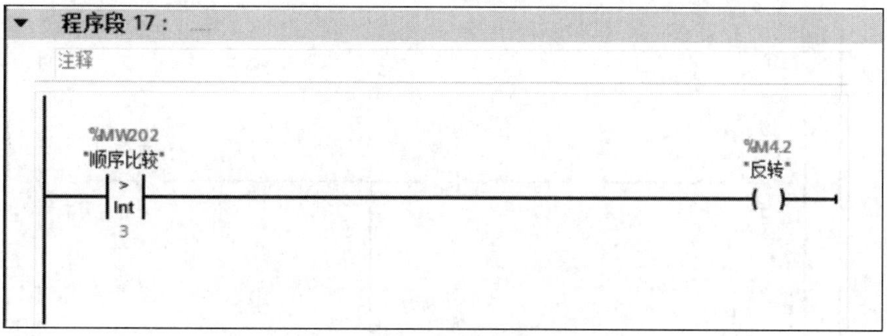

程序段 17：
注释
%MW202
"顺序比较"
>
Int
3
%M4.2
"反转"

图 9-23　反转控制模块的程序

5．灯组控制模块

灯组Ⅰ～灯组Ⅵ控制模块的程序如图 9-24～图 9-29 所示。

程序段 18：
注释
%M4.1
"正转"
%MW200
"计时"
>
Int
0
%MW200
"计时"
<=
Int
1
%M3.2
"灯组Ⅰ"
%M4.2
"反转"
%MW200
"计时"
>
Int
5
%MW200
"计时"
<=
Int
6

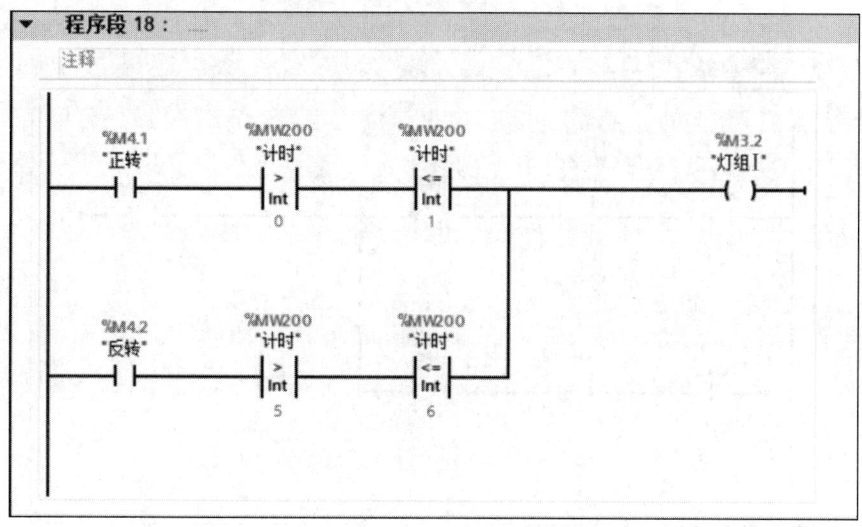

图 9-24　灯组Ⅰ控制模块的程序

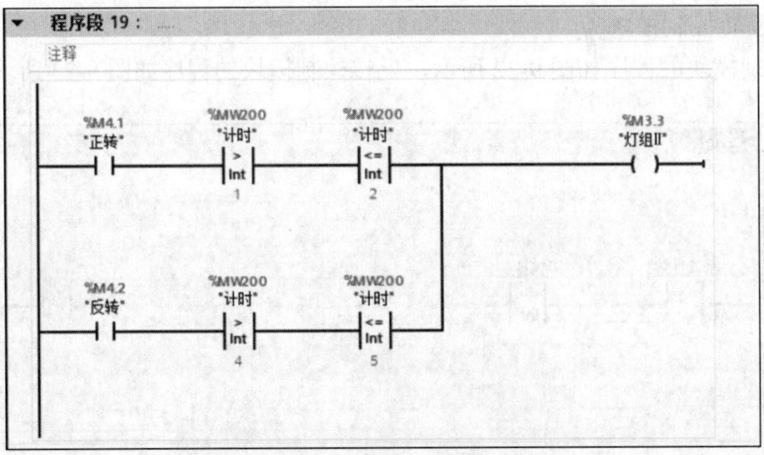

程序段 19：……
注释
%M4.1 "正转" —| |— %MW200 "计时" > Int 1 — %MW200 "计时" <= Int 2 — %M3.3 "灯组Ⅱ" —( )—
%M4.2 "反转" —| |— %MW200 "计时" > Int 4 — %MW200 "计时" <= Int 5

图 9-25　灯组Ⅱ控制模块的程序

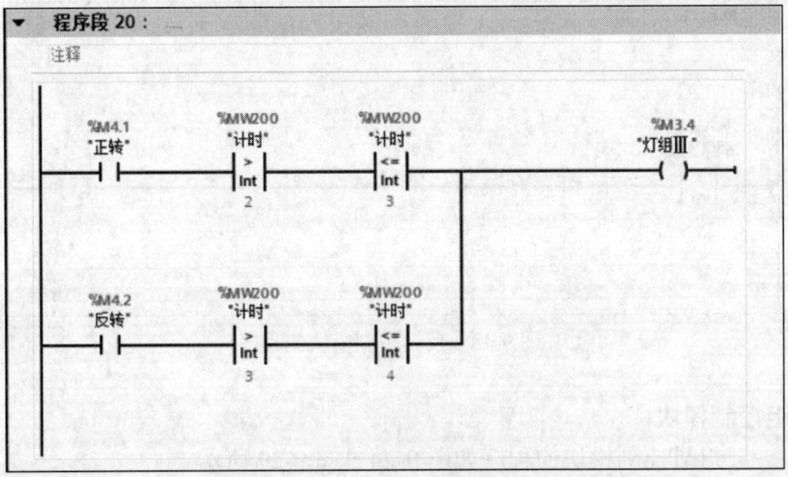

程序段 20：……
注释
%M4.1 "正转" —| |— %MW200 "计时" > Int 2 — %MW200 "计时" <= Int 3 — %M3.4 "灯组Ⅲ" —( )—
%M4.2 "反转" —| |— %MW200 "计时" > Int 3 — %MW200 "计时" <= Int 4

图 9-26　灯组Ⅲ控制模块的程序

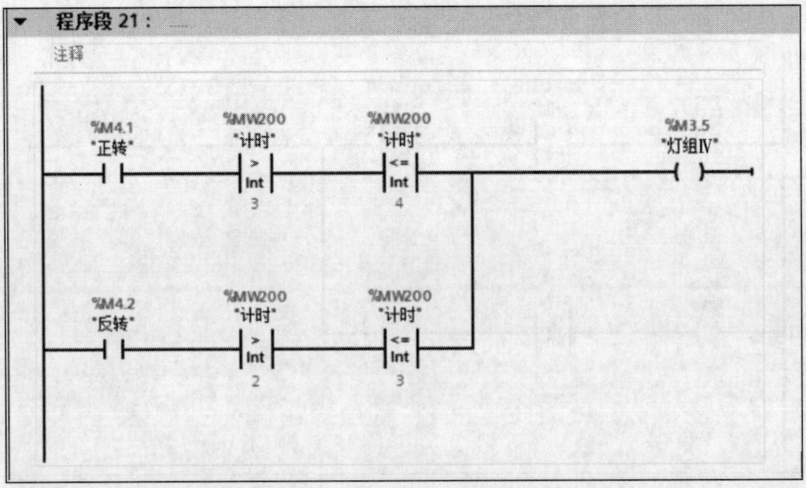

程序段 21：……
注释
%M4.1 "正转" —| |— %MW200 "计时" > Int 3 — %MW200 "计时" <= Int 4 — %M3.5 "灯组Ⅳ" —( )—
%M4.2 "反转" —| |— %MW200 "计时" > Int 2 — %MW200 "计时" <= Int 3

图 9-27　灯组Ⅳ控制模块的程序

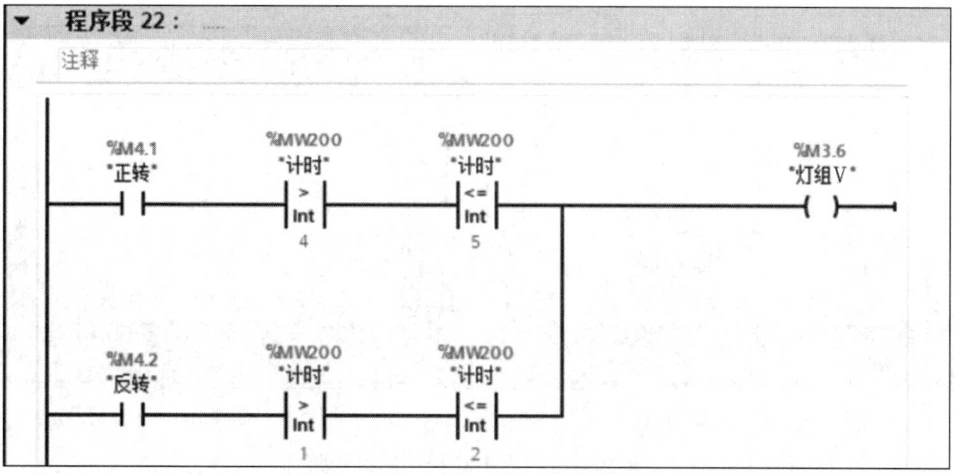

图 9-28　灯组Ⅴ控制模块的程序

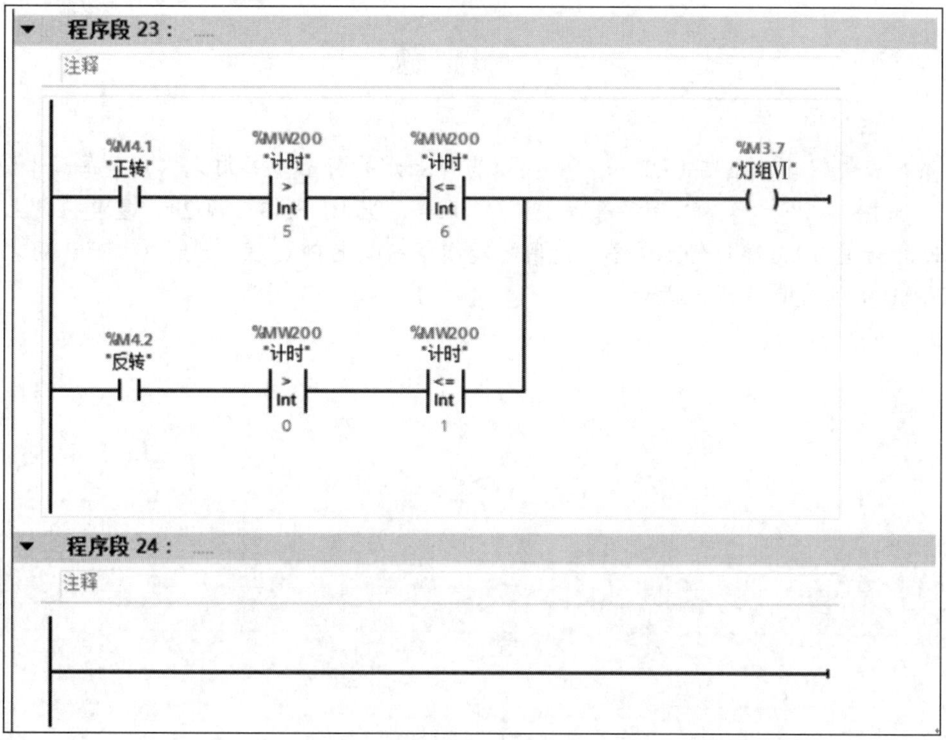

图 9-29　灯组Ⅵ控制模块的程序

9.3.7　调试程序

本项目采用西门子 TIA 博途软件搭建系统模型，进行直观的仿真测试，验证系统的可行性。下面按照图 9-1 进行仿真与调试，循环灯 PLC 控制的仿真运行界面如图 9-30 所示。

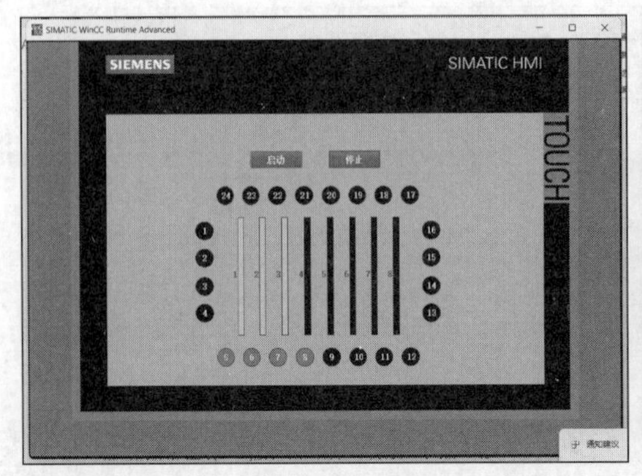

（a）1～3 灯管亮，5～8 灯亮

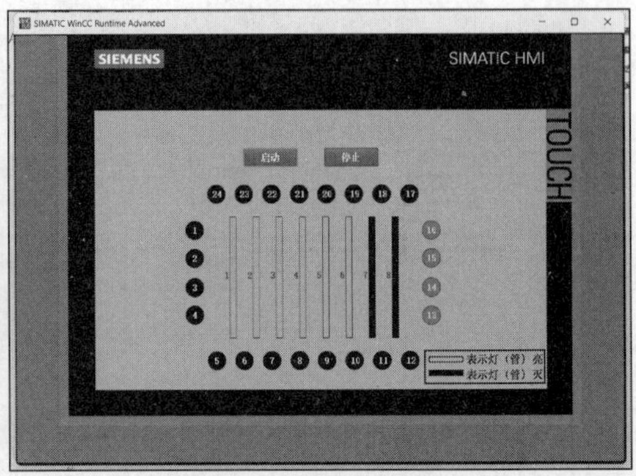

（b）1～6 灯管亮，13～16 灯亮

图 9-30　循环灯 PLC 控制的仿真界面

习　题

某广告灯牌有 8 盏灯（L1～L8），要求当合上开关 K 后，各灯先以正序每隔 1 s 依次点亮；当 L8 亮后等 2 s，以反序每隔 1 s 依次灭掉；当 L1 灭掉后停 2 s，重复执行上述过程。断开开关 K，8 盏灯停止工作。请用功能指令完成此 PLC 程序设计（提示：用左、右循环指 ROL、ROR 完成此设计）。

项目 10 双智能温室大棚

PLC 作为一种专为工农业环境应用设计的数字运算操作电子系统，具有抗干扰能力强、可靠性高、编程灵活、易于扩展和维护等特点，是现代自动化技术的核心组件之一。

随着现代农业技术的发展，智能温室大棚已成为提升农业生产效率、保证农作物品质的重要手段，尤其在温控方面，由于农作物生长对环境温度极为敏感，精准控制温度能有效促进农作物生长发育，提高产量并减少病虫害的发生。将 PLC 应用于温室大棚控制系统，可以实现对大棚内温度及其他环境参数的精确监测和自动调节，从而达到优化农作物生长环境、节省能源、降低成本的目标。

通过本项目的学习，读者将能够深入理解 PLC 的工作原理、编程逻辑及它在农业自动化领域的具体应用，掌握如何将 PLC 用于温室大棚的温控系统，同时通过采集和分析温室大棚内的实时数据，为农作物生长提供最合适的环境参数，帮助决策者调整生产计划和种植策略。

对于农业工程、自动化技术等相关专业的读者来说，此类项目的实践经验能极大提升他们的专业素养和就业竞争力，也能帮助他们在实践中遇到问题时进行故障诊断、系统优化，甚至设计新的温控解决方案。

10.1 项目要求

本项目是一个利用现代自动化技术对温室大棚（简称大棚）内的温度进行精准调控的现代农业设施项目，具体要求如下。

（1）本项目的核心目标是使 PLC 通过预先编写的程序，实现智能控制功能。

（2）温度传感器负责实时监测大棚内的温度，并将数据传输至 PLC，确保数据采集的准确性与及时性。

（3）根据预设的农作物生长适宜的温度范围，PLC 接收并处理温度传感器监测的温度数据，执行设备（如加热器、冷却系统或通风装置等）根据 PLC 发出的指令动作，以使大棚内部的温度维持在预设的范围内。

10.2 学习目标

（1）掌握双智能温室大棚的原理。

（2）熟悉加热设备、冷却设备及通风系统的控制原理，并能通过 PLC 进行有效控制。

（3）对仿真结果进行数据采集与分析，评估温控策略的有效性，同时根据仿真结果修改和完善 PLC 程序，以提升系统的稳定性和响应速度。

（4）提高编程与调试能力。

10.3 相关知识

10.3.1 计数器指令

西门子 S7-1200 系列 PLC 的计数器指令是其编程功能块中用于实现计数功能的关键组成部分。在 S7-1200 系列 PLC 中，计数器一般有加计数器（counter up，CTU）、减计数器（counter down，CTD）和加减计数器（counter up/down，CTUD）。

CTU 在接收到指定输入信号（如上升沿）时增加当前的计数值。CTU 通常会设定一个预置值（preset value，PV），当计数值达到预置值时，相应的输出触点状态会发生改变。

CTD 在接收到特定输入信号时减少计数值。同样地，CTD 可以设置预置值，并在计数值减少到等于或小于预置值时触发输出状态变化。

CTUD 能够根据不同的输入信号进行加法或减法计数。CTUD 可以在一个计数周期内同时处理递增和递减计数任务，并且可以配置预置值比较功能。

计数器指令的基本格式一般包括选择合适的计数模式、设置输入条件、确定计数方向，以及关联的预置值和输出位。例如，在 S7-1200 系列 PLC 中，一个简单的 CTU 指令的基本格式如下。

```
COUNTER CTU T4          // 假设 T4 是所使用的计数器编号
IN      I0.0            // 输入信号，如上升沿触发计数
PV      10              // 预置值，当计数达到 10 时，输出 Q4.0 将切换状态
ET      Q4.0            // 输出触点，当计数值满足条件时变位
```

高速计数器（high-speed counter，HSC）在 S7-1200 系列 PLC 中也是可用的，它能对高速脉冲信号进行精确计数，可用于速度测量、定位控制等应用，支持单相、双相、A/B 相正交等多种计数模式，并且可通过硬件中断来实时处理计数事件。

S7-1200 系列 PLC 的计数器的配置和使用通常可以在 STEP 7 Basic 编程软件中，通过向导或手动编辑程序来完成。

10.3.2　数据传送与转换指令

在西门子 S7-1200 系列 PLC 中，数据传送与转换指令是用于处理不同数据类型之间值的传送和转换的核心功能。

1．数据传送指令

MOV（move）指令：最基本的数据传送指令，用于将存储区的值无条件地复制到另一个存储区。

MOV 指令的格式：MOV <源地址> TO <目标地址>。MOV 指令可以传输字节、字、双字、实数等不同类型的数据。

2．数据转换指令

CONV（convert）指令主要用于不同类型数据之间的转换，具体例子如下。

- CONV_DW：将两个字（word）合并成一个双字（double word），或者将一个双字分割成两个字。
- CONV_REAL_TO_INT：将浮点数（如 real）转换为整数（integer），并且可以选择是否进行四舍五入操作。

此外，西门子 ST-1200 系列 PLC 中还有针对时间、日期和其他特殊格式数据的转换指令，这里不一一列出。

3．浮点数转整数指令

S7-1200 系列 PLC 还提供了其他专门用于浮点数到整数转换的指令，具体例子如下。

- TRUNC：截断浮点数的小数部分，将浮点数不进行四舍五入地转换为整数。
- ROUND：对浮点数进行四舍五入后转换为整数。

4．其他指令

MOVE_BLOCK：用于一次性移动大地数据，如数组、结构体等。

5．应用实例

将输入寄存器（I）中的一个字数据传送到输出寄存器（Q）中，具体指令为：MOV IW10 TO QW20。

将模拟量输入（analog input，AI）读取到的浮点数转换为整数并存入一个整数变量，具体指令为：CONV_REAL_TO_INT AIW4 TO IB20 xx。

10.3.3　整数运算

西门子 S7-1200 系列 PLC 中的整数运算指令主要用于处理和操作整数值，这些指令可以执行算术运算（加、减、乘、除）、比较以及逻辑位运算等操作。

1．算术运算指令

ADD（加法）：用于将两个或两个以上整数值相加。

SUB（减法）：用于从一个整数值中减去另一个整数值。

MUL（乘法）：用于计算两个整数的乘积。

DIV（除法）：用于计算两个整数的商。注意：在 PLC 中进行除法运算时需要考虑除数不能为 0 的情况。

2．比较指令

CMP（比较）：对两个整数值进行比较，比较结果通常会存储为一个布尔变量，表示大于、小于或等于的比较结果。

GREATER（大于）、LESS（小于）、EQUAL（等于）、UNEQUAL（不等于）：直接得出两个整数值之间大小关系的逻辑结果。

3．逻辑位运算指令

SHL（左移）和 SHR（右移）：对整数进行逻辑位移操作。

AND（与）、OR（或）、XOR（异或）：进行逻辑位操作，这些通常用于位级控制或数据位组合。

4．其他相关指令

NEG（取反）：对整数值求负。

INC（递增）或 DEC（递减）：分别用于增加或减少指定地址处存储的整数值。

在实际编程中，读者应根据需求选择适当的指令，并确保在执行过程中考虑了数据范围和可能产生的溢出问题。例如，在 STEP 7 Basic 编程环境中，编写程序时会用到相应的函数块或指令来完成上述运算，如使用“+”“-”“*”“/”符号进行基本的数学运算。

10.3.4　浮点数运算与浮点数函数

西门子 S7-1200 系列 PLC 中在进行浮点数运算时，会使用一系列浮点数函数指令进行加、减、乘、除，以及指数等运算。

1．浮点算术运算指令

ADD_RD 或 ADD_RF（浮点加法）：用于将两个浮点数相加。

SUB_RD 或 SUB_RF（浮点减法）：用于从一个浮点数中减去另一个浮点数。

MUL_RD 或 MUL_RF（浮点乘法）：用于计算两个浮点数的乘积。

DIV_RD 或 DIV_RF（浮点除法）：用于计算两个浮点数的商。

2．浮点函数

EXP（指数运算）：计算某个浮点数的指数值。

LOG，LOG10（对数运算）：计算自然对数或以 10 为底的对数。

SQRT（平方根）：计算浮点数的平方根。

ABS（绝对值）：获取浮点数的绝对值。

3．数据类型转换

浮点数转整数（如 TRUNC，ROUND）：将浮点数转换为整数，TRUNC 不对浮点数进行四舍五入处理，ROUND 则根据指定的方式对浮点数进行四舍五入处理。

在执行浮点运算时需要注意数据类型的正确匹配和存储空间的合理分配，以避免数据溢出或精度损失。

由于 PLC 的实时性和资源限制，复杂的浮点运算可能会占用较多的 CPU 周期，需要考虑它对系统性能的影响。

10.3.5 字逻辑运算指令

在西门子 S7-1200 系列 PLC 中，字逻辑运算指令主要用于处理字级别的二进制数据。这类指令用于实现逻辑与、逻辑或、逻辑异或及逻辑非等操作。

1. 基本字逻辑运算指令

AND（逻辑与）：用于对两个字逐位进行逻辑与操作，结果中的每一位都是输入字对应位的逻辑与结果。

OR（逻辑或）：用于对两个字逐位进行逻辑或操作，结果中的每一位都是输入字对应位的逻辑或结果。

XOR（逻辑异或）：用于对两个字逐位进行逻辑异或操作，结果中的每一位都是输入字对应位的逻辑异或结果。

2. 位操作指令

NOT（逻辑非）：对一个字的所有位执行逻辑非操作，即将所有“1”变为 0，所有 0 变为“1”。

3. 字位移指令

SHL（逻辑左移）：将一个字的所有位向左移动指定位数，空出的低位用 0 填充。

SHR（逻辑右移）：将一个字的所有位向右移动指定位数，移出的高位一般会被丢弃。对于有符号整数类型，高位的符号位通常会扩展到空出的位置。

4. 应用实例

例如，编程时可能会使用如下的指令。

```
// 对两个字 W1 和 W2 逐位进行逻辑与操作，并将结果存入 W3
AND W1, W2 TO W3
// 对字 W4 执行逻辑非操作
NOT W4 TO W5
// 将字 W6 左移 3 位，结果存储在 W7
SHL W6, 3 TO W7
```

需要注意的是，尽管这里描述的操作是字级操作，但是实际上这些指令也可以应用于双字或者其他支持的数据类型中，只是操作的对象和范围不同。在实际应用中，这些逻辑运算常用于控制信号的组合、状态判断及数据处理。

10.3.6 比较指令

在西门子 S7-1200 系列 PLC 中，比较指令用于对不同数据类型的变量进行大小或相等性的判断。这些指令主要用于逻辑控制、状态检测及流程中的条件判断。

1．基本比较指令类型

等于（==）：用于检查两个操作数是否完全相等。

不等于（!=）：检查两个操作数是否不相等。

大于（>）：判断第一个操作数是否大于第二个操作数。

小于（<）：判断第一个操作数是否小于第二个操作数。

大于或等于（>=）：判断第一个操作数是否大于或等于第二个操作数。

小于或等于（<=）：判断第一个操作数是否小于或等于第二个操作数。

2．使用方法

在 STEP 7 Basic 编程环境中，用户可以通过功能块或者直接使用梯形图指令实现上述比较。

比较的结果通常是一个布尔值（True/False 或 1/0），可以被用作控制其他逻辑或触发特定动作的条件。

3．应用实例

比较两个整数值 IW1 和 IW2 的大小，并根据结果控制输出 Q1.0 的状态，具体指令如下。

```
IF IW1 > IW2 THEN
    Q1.0 := 1; // 若 IW1 大于 IW2，则 Q1.0 置位为 1
ELSE
    Q1.0 := 0; // 否则 Q1.0 复位为 0
END_IF;
// 或者在 SCL 语言中可能表示为以下形式
IF IW1 >= IW2 THEN
    OUT := 1;
ELSE
    OUT := 0;
END_IF;
```

4．注意事项

操作数的数据类型必须一致，如两个整数之间比较、两个实数之间比较等。

比较浮点数时需要考虑精度问题。因为浮点数存在近似值的问题，所以浮点数的比较需要设定一个合理的误差范围。

10.3.7 模拟量的检测

在西门子 S7-1200 系列 PLC 中，实现模拟量检测是一个结合硬件配置、软件参数设定及编程逻辑实现的过程，其目的是将现场传感器捕捉到的连续物理信号可靠地转化为可由 PLC 进行处理和决策的数字信息。

1．模拟量输入模块

西门子 S7-1200 系列 PLC 可以通过配备相应的模拟量输入模块（如 SM 1231 AI、SM 1231 AIF 等）来接收外部传感器或变送器传送的模拟信号。这些信号可以是电压（如 0～10 V、±10 V）、电流（如 0～20 mA、4～20 mA）等。

2. 模数转换

当模拟信号进入 PLC 时，它先通过模拟量输入模块内部的模数转换器（ADC）转换为数字信号，这确保了连续变化的模拟信号能够被 PLC 识别并进行进一步处理。

3. 校准与标定

在使用模拟量输入前，需要先对模块进行校准，以消除硬件误差，并根据实际应用要求进行零点和满度标定。这个操作通常是通过 STEP 7 Basic 编程软件中的参数设置来完成的，确保输入的模拟量对应正确的工程量单位（如温度、压力、流量等）。

4. 数据读取与处理

在 PLC 程序中，使用相应的功能块或指令读取模拟量通道的数据，如模拟量输入字（analog input word，AIW）或模拟量输入数值。这里读取到的数据是一个 16 位有符号整数，表示经过转换后的模拟值。

5. 工程量转换

从模拟输入得到的数字值需要根据所连接传感器的特性曲线进行转换，以便准确表示实际的过程变量。例如，一个温度传感器输出的是 4～20 mA 的信号，并且已知 0 mA 对应 0 ℃，20 mA 对应 100℃，那么我们需要编写逻辑代码将数字量转换成对应的温度值。

6. 滤波与抗干扰

对模拟信号进行采样时，为了减少噪声干扰和提高测量稳定性，有时会采用数字滤波技术，比如在 PLC 中设置低通滤波器或其他类型的滤波算法。

7. 监控与报警

用户在采集模拟量数据的同时可以设置阈值检查，当模拟量数据超过预设范围时触发报警或执行相应控制动作。

10.3.8　比例变换块 FC105 的调用

西门子 S7-1200 系列 PLC 中的比例变换块通常是指用于处理模拟量信号比例关系的功能块，能够将来自传感器或外部设备的模拟信号（如 0～10 V、4～20 mA 等）按预设的比例关系转换为工程单位（如压力、温度、流量）。比例变换块在自动化控制中起着至关重要的作用。

比例变换块 FC105 的具体功能是接收一个整型值（int），并将它转换为以工程单位表示的介于上限（HI_LIM）和下限（LO_LIM）之间的实型值，其结果写入 OUT。

FC105 端子参数使用说明如表 10-1 所示。

表 10-1　FC105 端子参数使用说明

参数	说明	数据类型	存储区	功能描述
EN	输入	bool	I、Q、M、D、L	使能输入端，值为“1”时激活该功能

续表

参数	说明	数据类型	存储区	功能描述
ENO	输出	bool	I、Q、M、D、L	该功能执行无错误，使能输出信号状态为“1”
IN	输入	int	I、Q、M、D、L、P、常数	模拟量输入通道地址
HI_LIM	输入	real	I、Q、M、D、L、P、常数	变送器的上限
LO_LIM	输入	real	I、Q、M、D、L、P、常数	变送器的下限
BIPOLAR	输入	bool	I、Q、M、D、L	测量信号的极性，信号状态的值为“1”时表示输入值为双极性，值为 0 时表示输入值为单极性
OUT	输出	real	I、Q、M、D、L、P	比例变换后的结果
RET_VAL	输出	real	I、Q、M、D、L、P	通过返回变量可以知道比例变换过程是否正常；返回值 W#16#0000，表示该指令执行没有错误。其他值参见“错误信息”

10.4 项目实施

10.4.1 硬件组态

添加 PLC 设备，本项目选用的控制器是西门子 S7-1200，CPU 为 1214C DC/DC/DC，其 PLC 设备硬件组态如图 10-1 所示。

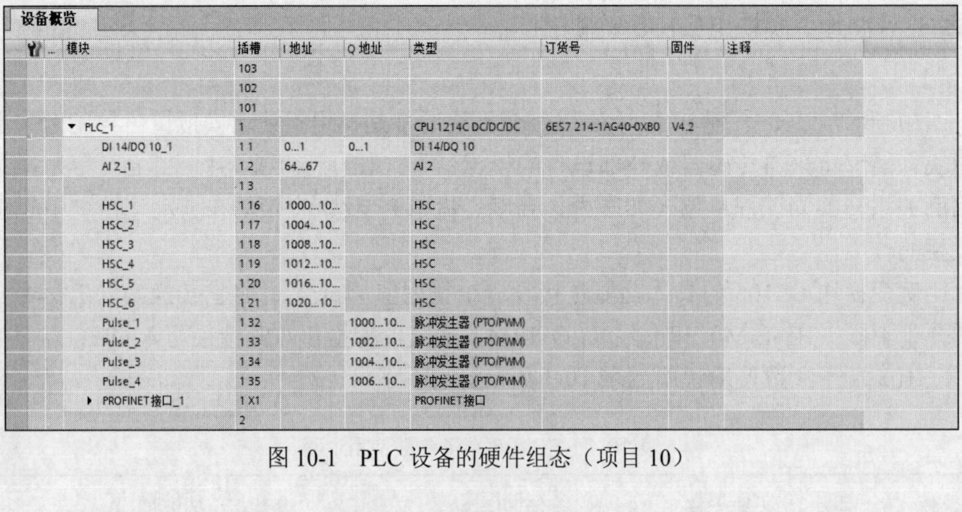

设备概览

模块	插槽	I 地址	Q 地址	类型	订货号	固件	注释
	103						
	102						
	101						
▼ PLC_1	1			CPU 1214C DC/DC/DC	6ES7 214-1AG40-0XB0	V4.2	
DI 14/DQ 10_1	1 1	0...1	0...1	DI 14/DQ 10			
AI 2_1	1 2	64...67		AI 2			
	1 3						
HSC_1	1 16	1000...10...		HSC			
HSC_2	1 17	1004...10...		HSC			
HSC_3	1 18	1008...10...		HSC			
HSC_4	1 19	1012...10...		HSC			
HSC_5	1 20	1016...10...		HSC			
HSC_6	1 21	1020...10...		HSC			
Pulse_1	1 32		1000...10...	脉冲发生器 (PTO/PWM)			
Pulse_2	1 33		1002...10...	脉冲发生器 (PTO/PWM)			
Pulse_3	1 34		1004...10...	脉冲发生器 (PTO/PWM)			
Pulse_4	1 35		1006...10...	脉冲发生器 (PTO/PWM)			
▶ PROFINET接口_1	1 X1			PROFINET接口			
	2						

图 10-1 PLC 设备的硬件组态（项目 10）

同时添加 HMI 显示与触控屏设备，以便于直观操作。HMI 设备的类型为 TP900 精智面板，它的硬件组态如图 10-2 所示。

设备概览

模块	索引	类型	订货号	软件或固...	注释
HMI_RT_1	1	TP900 精智面板	6AV2 124-0JC01-0AX0	14.0.1.0	
	2				
	3				
	4				
▼ HMI_1.IE_CP_1	5	PROFINET接口		14.0.1.0	
▶ PROFINET Interface_1	5 X1	PROFINET接口			
	6				
▼ HMI_1.MPI/DP_CP_1	7 X2	MPI/DP 接口		14.0.1.0	
	7 1				

图 10-2　HMI 设备的硬件组态（项目 10）

添加好 PLC 设备和 HMI 设备后，将二者连接起来，如图 10-3 所示。

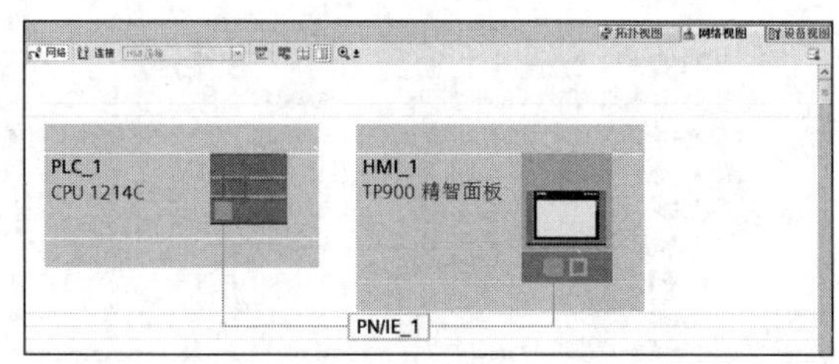

图 10-3　PLC 设备与 HMI 设备的连接图（项目 10）

10.4.2　定义变量

给 PLC 设备添加一个新变量表，具体内容如图 10-4～图 10-6 所示。这里用 M 点代替 I 点，表示在触摸屏上进行操作，不用连接实际的硬件。

PLC 变量

	名称	变量表	数据类型	地址	保持	可从 ...	从 H...	在 H...	注释
1	Clock_Byte	默认变量表	Byte	%MB0	☐	☑	☑	☑	
2	Clock_10Hz	默认变量表	Bool	%M0.0	☐	☑	☑	☑	
3	Clock_5Hz	默认变量表	Bool	%M0.1	☐	☑	☑	☑	
4	Clock_2.5Hz	默认变量表	Bool	%M0.2	☐	☑	☑	☑	
5	Clock_2Hz	默认变量表	Bool	%M0.3	☐	☑	☑	☑	
6	Clock_1.25Hz	默认变量表	Bool	%M0.4	☐	☑	☑	☑	
7	Clock_1Hz	默认变量表	Bool	%M0.5	☐	☑	☑	☑	
8	Clock_0.625Hz	默认变量表	Bool	%M0.6	☐	☑	☑	☑	
9	Clock_0.5Hz	默认变量表	Bool	%M0.7	☐	☑	☑	☑	
10	System_Byte	默认变量表	Byte	%MB1	☐	☑	☑	☑	
11	FirstScan	默认变量表	Bool	%M1.0	☐	☑	☑	☑	
12	DiagStatusUpdate	默认变量表	Bool	%M1.1	☐	☑	☑	☑	
13	AlwaysTRUE	默认变量表	Bool	%M1.2	☐	☑	☑	☑	
14	AlwaysFALSE	默认变量表	Bool	%M1.3	☐	☑	☑	☑	
15	启动	默认变量表	Bool	%M2.0	☐	☑	☑	☑	
16	运行	默认变量表	Bool	%M2.1	☐	☑	☑	☑	
17	急停	默认变量表	Bool	%M2.2	☐	☑	☑	☑	
18	停止	默认变量表	Bool	%M2.3	☐	☑	☑	☑	
19	启动(1)	默认变量表	Bool	%M2.6	☐	☑	☑	☑	
20	运行(1)	默认变量表	Bool	%M2.7	☐	☑	☑	☑	
21	急停(1)	默认变量表	Bool	%M3.0	☐	☑	☑	☑	
22	停止(1)	默认变量表	Bool	%M3.1	☐	☑	☑	☑	
23	暂停(1)	默认变量表	Bool	%M3.2	☐	☑	☑	☑	
24	暂停运行(1)	默认变量表	Bool	%M3.3	☐	☑	☑	☑	
25	启动(2)	默认变量表	Bool	%M3.4	☐	☑	☑	☑	

图 10-4　PLC 变量表 1（项目 10）

PLC 变量

	名称	变量表	数据类型	地址	保持	可从 ...	从 H...	在 H...	注释
25	启动(2)	默认变量表	Bool	%M3.4	☐	☑	☑	☑	
26	运行(2)	默认变量表	Bool	%M3.5	☐	☑	☑	☑	
27	急停(2)	默认变量表	Bool	%M3.6	☐	☑	☑	☑	
28	停止(2)	默认变量表	Bool	%M3.7	☐	☑	☑	☑	
29	暂停(2)	默认变量表	Bool	%M4.0	☐	☑	☑	☑	
30	暂停运行(2)	默认变量表	Bool	%M4.1	☐	☑	☑	☑	
31	总进气阀	默认变量表	Bool	%M4.2	☐	☑	☑	☑	
32	总排气阀	默认变量表	Bool	%M4.3	☐	☑	☑	☑	
33	总进气阀运行	默认变量表	Bool	%M4.4	☐	☑	☑	☑	
34	进气阀(1)	默认变量表	Bool	%M4.5	☐	☑	☑	☑	
35	排气阀(1)	默认变量表	Bool	%M4.6	☐	☑	☑	☑	
36	进气阀运行(1)	默认变量表	Bool	%M4.7	☐	☑	☑	☑	
37	进气阀(2)	默认变量表	Bool	%M5.0	☐	☑	☑	☑	
38	排气阀(2)	默认变量表	Bool	%M5.1	☐	☑	☑	☑	
39	进气阀运行(2)	默认变量表	Bool	%M5.2	☐	☑	☑	☑	
40	降温风机(1)	默认变量表	Bool	%M5.5	☐	☑	☑	☑	
41	升温风机(1)	默认变量表	Bool	%M5.6	☐	☑	☑	☑	
42	降温风机(2)	默认变量表	Bool	%M5.7	☐	☑	☑	☑	
43	升温风机(2)	默认变量表	Bool	%M6.0	☐	☑	☑	☑	
44	温度显示1	默认变量表	Int	%MW60	☐	☑	☑	☑	
45	温度显示2	默认变量表	Int	%MW62	☐	☑	☑	☑	
46	恢复运行(1)	默认变量表	Bool	%M5.3	☐	☑	☑	☑	
47	恢复运行(2)	默认变量表	Bool	%M5.4	☐	☑	☑	☑	
48	停止总进气阀	默认变量表	Bool	%M6.1	☐	☑	☑	☑	
49	停进气阀(1)	默认变量表	Bool	%M6.3	☐	☑	☑	☑	

图 10-5　PLC 变量表 2（项目 10）

PLC 变量

	名称	变量表	数据类型	地址	保持	可从 ...	从 H...	在 H...	注释
50	停进气阀(2)	默认变量表	Bool	%M6.4	☐	☑	☑	☑	
51	停止总进气阀运行	默认变量表	Bool	%M6.2	☐	☑	☑	☑	
52	停进气阀运行(1)	默认变量表	Bool	%M6.6	☐	☑	☑	☑	
53	停进气阀运行(2)	默认变量表	Bool	%M6.7	☐	☑	☑	☑	
54	存储位1	默认变量表	Bool	%M6.5	☐	☑	☑	☑	
55	温度上限1	默认变量表	Int	%MW64	☐	☑	☑	☑	
56	温度上限2	默认变量表	Int	%MW66	☐	☑	☑	☑	
57	温度下限1	默认变量表	Int	%MW68	☐	☑	☑	☑	
58	温度下限2	默认变量表	Int	%MW70	☐	☑	☑	☑	
59	排气阀运行(1)	默认变量表	Bool	%M7.1	☐	☑	☑	☑	
60	排气阀运行(2)	默认变量表	Bool	%M7.2	☐	☑	☑	☑	
61	存储位2	默认变量表	Bool	%M7.0	☐	☑	☑	☑	
62	存储位3	默认变量表	Bool	%M7.3	☐	☑	☑	☑	
63	循环风机(1)	默认变量表	Bool	%M7.5	☐	☑	☑	☑	
64	循环风机(2)	默认变量表	Bool	%M7.6	☐	☑	☑	☑	
65	存储位4	默认变量表	Bool	%M7.4	☐	☑	☑	☑	
66	存储位5	默认变量表	Bool	%M7.7	☐	☑	☑	☑	
67	存储位6	默认变量表	Bool	%M8.0	☐	☑	☑	☑	
68	存储位7	默认变量表	Bool	%M8.1	☐	☑	☑	☑	
69	存储位8	默认变量表	Bool	%M8.2	☐	☑	☑	☑	
70	存储位9	默认变量表	Bool	%M8.3	☐	☑	☑	☑	
71	存储位10	默认变量表	Bool	%M8.4	☐	☑	☑	☑	
72	存储位11	默认变量表	Bool	%M8.5	☐	☑	☑	☑	
73	报警1	默认变量表	Bool	%M8.6	☐	☑	☑	☑	
74	报警2	默认变量表	Bool	%M8.7	☐	☑	☑	☑	

图 10-6　PLC 变量表 3（项目 10）

同时，给 HMI 设备添加一个新变量表，具体内容如图 10-7 和图 10-8 所示。

HMI 变量

名称	变量表	数据类型	连接	PLC 名称
报警1	默认变量表	Bool	HMI_连接_1	PLC_1
报警2	默认变量表	Bool	HMI_连接_1	PLC_1
降温风机(1)	默认变量表	Bool	HMI_连接_1	PLC_1
降温风机(2)	默认变量表	Bool	HMI_连接_1	PLC_1
进气阀(1)	默认变量表	Bool	HMI_连接_1	PLC_1
进气阀(2)	默认变量表	Bool	HMI_连接_1	PLC_1
进气阀运行(1)	默认变量表	Bool	HMI_连接_1	PLC_1
进气阀运行(2)	默认变量表	Bool	HMI_连接_1	PLC_1
排气阀(1)	默认变量表	Bool	HMI_连接_1	PLC_1
排气阀运行(1)	默认变量表	Bool	HMI_连接_1	PLC_1
排气阀运行(2)	默认变量表	Bool	HMI_连接_1	PLC_1
启动	默认变量表	Bool	HMI_连接_1	PLC_1
启动(1)	默认变量表	Bool	HMI_连接_1	PLC_1
启动(2)	默认变量表	Bool	HMI_连接_1	PLC_1
升温风机(1)	默认变量表	Bool	HMI_连接_1	PLC_1
升温风机(2)	默认变量表	Bool	HMI_连接_1	PLC_1
停进气阀(1)	默认变量表	Bool	HMI_连接_1	PLC_1
停进气阀(2)	默认变量表	Bool	HMI_连接_1	PLC_1
停止	默认变量表	Bool	HMI_连接_1	PLC_1
停止(1)	默认变量表	Bool	HMI_连接_1	PLC_1
停止(2)	默认变量表	Bool	HMI_连接_1	PLC_1
停止总进气阀	默认变量表	Bool	HMI_连接_1	PLC_1
温度上限1	默认变量表	Int	HMI_连接_1	PLC_1

图 10-7 HMI 变量表 1（项目 10）

HMI 变量

名称	变量表	数据类型	连接	PLC 名称
停止总进气阀	默认变量表	Bool	HMI_连接_1	PLC_1
温度上限1	默认变量表	Int	HMI_连接_1	PLC_1
温度上限2	默认变量表	Int	HMI_连接_1	PLC_1
温度下限1	默认变量表	Int	HMI_连接_1	PLC_1
温度下限2	默认变量表	Int	HMI_连接_1	PLC_1
温度显示1	默认变量表	Int	HMI_连接_1	PLC_1
温度显示2	默认变量表	Int	HMI_连接_1	PLC_1
循环风机(1)	默认变量表	Bool	HMI_连接_1	PLC_1
循环风机(2)	默认变量表	Bool	HMI_连接_1	PLC_1
运行	默认变量表	Bool	HMI_连接_1	PLC_1
运行(1)	默认变量表	Bool	HMI_连接_1	PLC_1
运行(2)	默认变量表	Bool	HMI_连接_1	PLC_1
暂停(1)	默认变量表	Bool	HMI_连接_1	PLC_1
暂停(2)	默认变量表	Bool	HMI_连接_1	PLC_1
暂停运行(1)	默认变量表	Bool	HMI_连接_1	PLC_1
暂停运行(2)	默认变量表	Bool	HMI_连接_1	PLC_1
总进气阀	默认变量表	Bool	HMI_连接_1	PLC_1
总进气阀运行	默认变量表	Bool	HMI_连接_1	PLC_1
总排气阀	默认变量表	Bool	HMI_连接_1	PLC_1
<添加>				

图 10-8 HMI 变量表 2（项目 10）

10.4.3 编写程序

1. 主程序编写

程序段 1：单击“启动”按钮 M2.0，程序通电，运行指示灯（图 10-9 中标注为“运行”，余同）M2.1 亮，同时将有电[1]传给自身（即 M2.1），形成自锁常开触点，表示即使 M2.0 断电，整个程序仍然可以正常供电运行；单击“停止”按钮 M2.3，整个程序断电，

1 有电通常指的是电路中有电流流动，即电路处于激活或导通状态。

停止运行。主程序程序段 1 如图 10-9 所示。

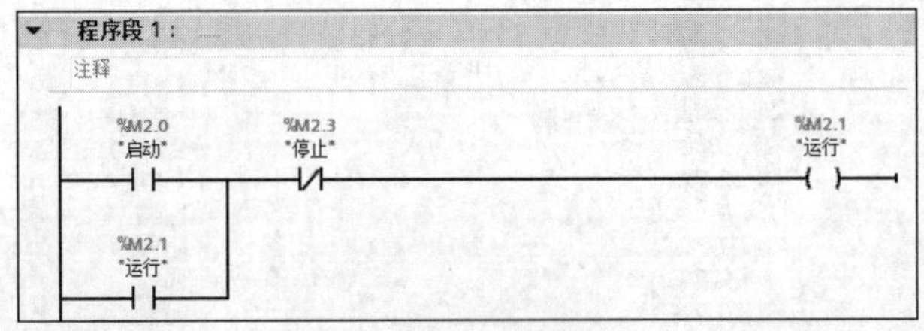

图 10-9　主程序程序段 1

程序段 2：单击“停止”按钮 M2.3，程序断电，急停状态 M2.2 通电，同时将有电传给自身（即 M2.2），形成自锁常开触点，表示即使 M2.3 断电，整个程序仍然可以保持停止状态。主程序程序段 2 如图 10-10 所示。

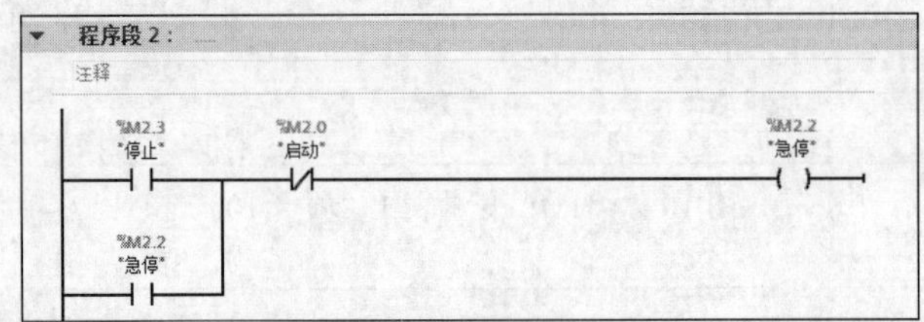

图 10-10　主程序程序段 2

程序段 3：在整个程序中，两个进气阀启动的前提是总进气阀 M4.2 打开，即 M4.2 通电。此时，总进气阀运行 M4.4 通电，同时将有电传送给自身（即 M4.4），形成自锁常开触点，表示即使运行指示灯 M2.1 和总进气阀 M4.2 断电，整个程序仍然可以正常供电运行。同时，总进气阀和总排气阀互通，表示总进气阀打开，总排气阀也会处于打开状态。单击“停止”按钮，急停状态 M2.2 通电，整个程序断电，停止运行；单击“停止总进气阀”按钮，M6.1 通电，程序同样可以断电，停止运行。在程序断电状态下，总进气阀开关按钮无效。主程序程序段 3 如图 10-11 所示。

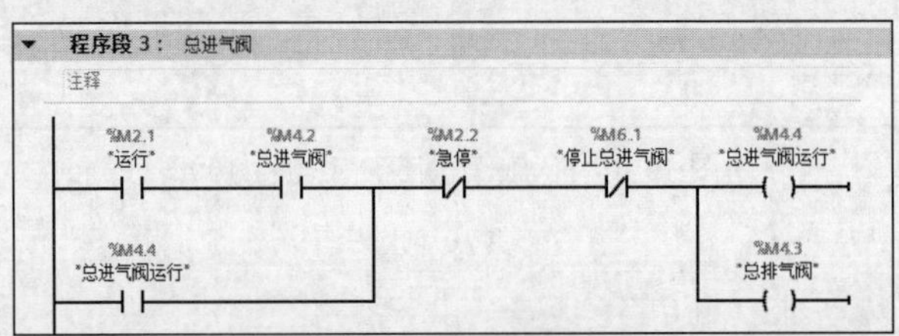

图 10-11　主程序程序段 3

2．大棚程序编写

程序段 1：主程序运行之后，大棚程序才可以运行。主程序单击“启动”按钮，M2.1 通电，此时大棚程序可以执行相关操作。大棚程序单击“启动（1）”按钮，M2.6 通电，“运行（1）”指示灯亮，同时形成自锁常开触点；单击“停止（1）”按钮，M3.1 通电，大棚程序停止运行，“急停（1）”状态通电，同时形成自锁常开触点；单击“暂停（1）”按钮，M3.2 通电，大棚程序暂停运行，再次单击该按钮可以恢复运行。单击“启动（1）”按钮或“停止（1）”按钮，都会消除暂停状态。大棚程序程序段 1 如图 10-12 所示。

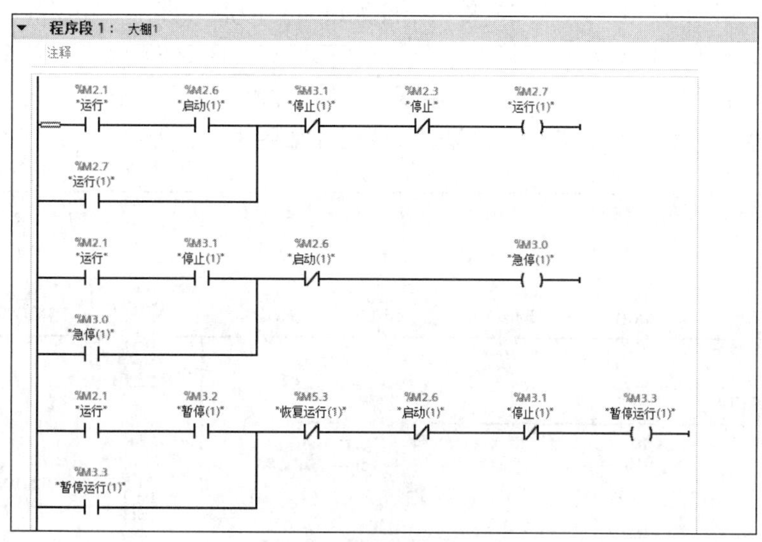

图 10-12　大棚程序程序段 1

程序段 2：主程序运行，M2.1 通电，大棚程序运行，M2.7 通电，总进气阀打开，M4.4 通电，大棚进气阀（1）打开，此时进气阀运行（1）指示灯亮，M4.7 通电，排气阀运行（1）指示灯亮，M7.1 通电，同时循环风机（1）运行指示灯亮，M7.5 通电，同时进气阀形成自锁常开触点；单击“停止（1）”按钮、“暂停运行（1）”按钮或“停进气阀（1）”按钮均可关闭或暂停进气阀。大棚程序程序段 2 如图 10-13 所示。

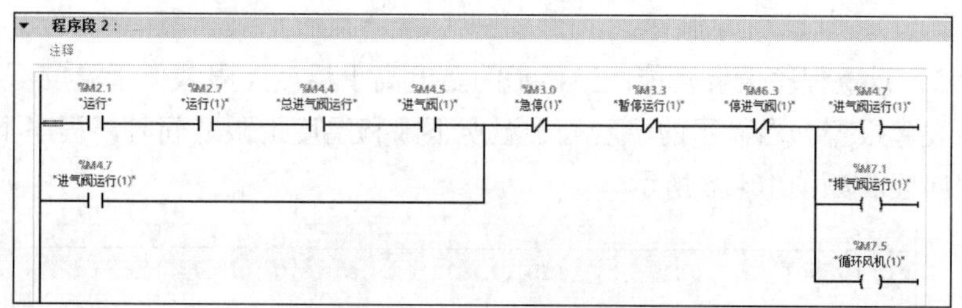

图 10-13　大棚程序程序段 2

程序段 3：主程序运行，大棚程序运行，进气阀（1）运行，设置每间隔 3 s，温度上升 3℃，并输出显示当前温度。大棚程序程序段 3 如图 10-14 所示。

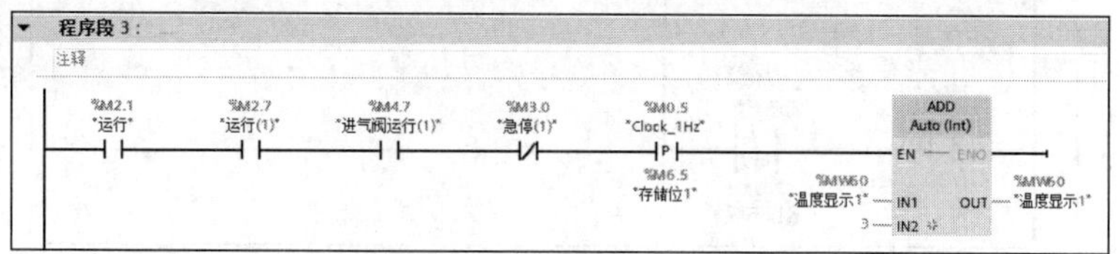

图 10-14　大棚程序程序段 3

程序段 4：主程序运行，大棚程序运行，进气阀（1）运行，同时“急停（1）”按钮和“暂停运行（1）”按钮都可以正常运行。如果显示的温度高于温度上限，那么启动降温风机（1），即 M5.5 通电，以 4 ℃每秒的下降速度进行降温处理，并输出显示当前温度；如果显示的温度低于温度下限，那么启动升温风机（1），即 M5.6 通电，以 4 ℃每秒的上升速度进行升温处理，并输出显示当前温度。单击“急停（1）”按钮时，大棚程序停止运行，将温度显示初始化为 0 ℃。大棚程序程序段 4 如图 10-15 所示。

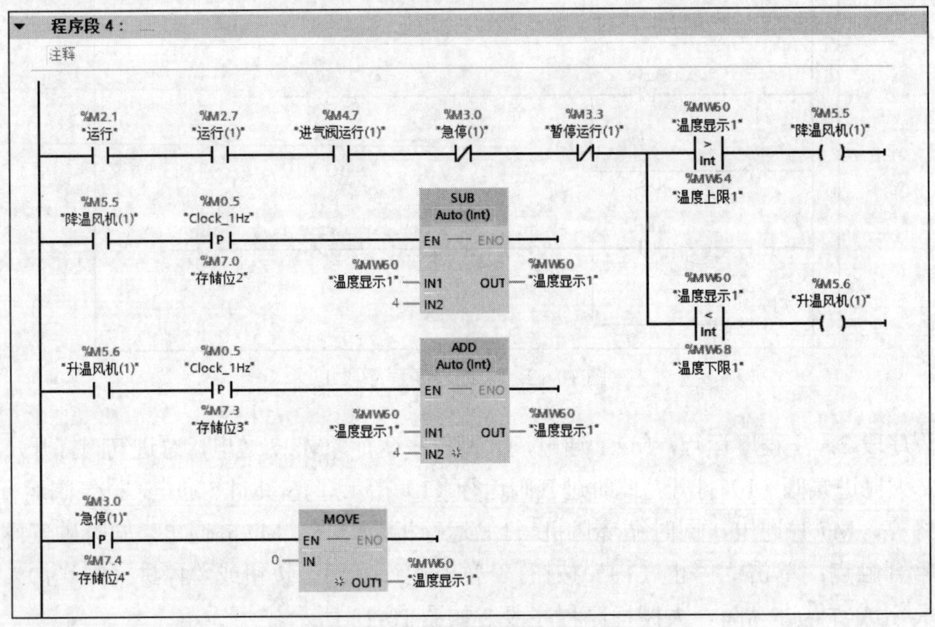

图 10-15　大棚程序程序段 4

程序段 5：设置程序报警功能。当显示的温度高于温度上限或低于温度下限时，M8.6 通电，程序发起报警。当显示的温度处于温度下限和温度上限之间时，程序不发出报警。大棚程序程序段 5 如图 10-16 所示。

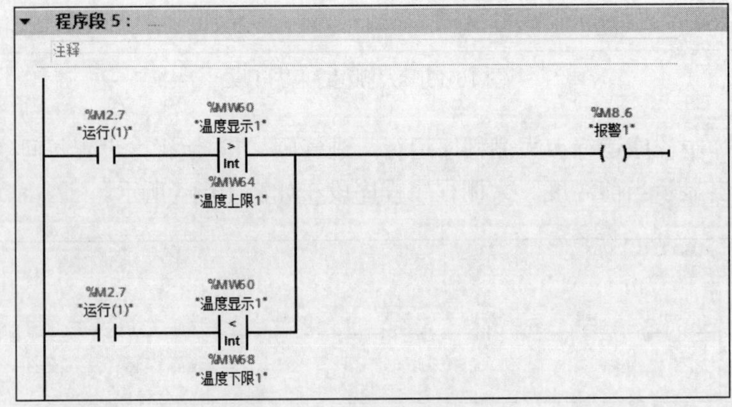

图 10-16　大棚程序程序段 5

10.4.4　绘制显示屏

打开 HMI 的根画面，绘制大棚通气管道、阀门、风机等，如图 10-17 所示。

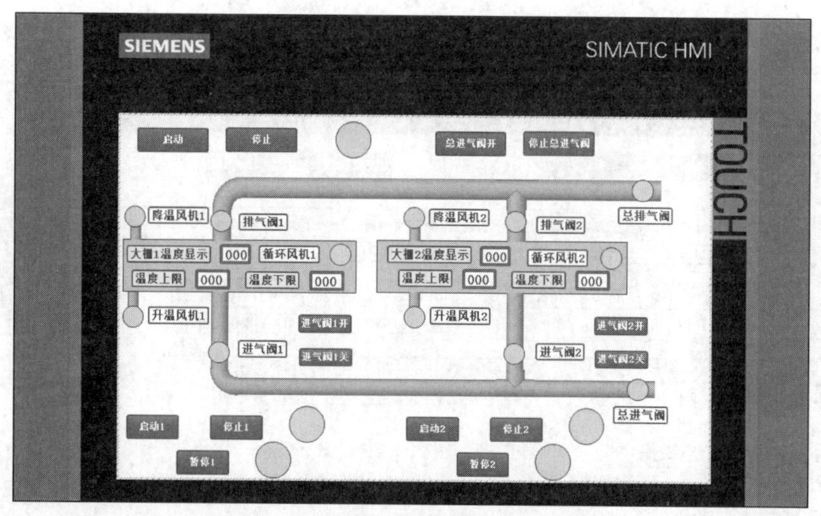

图 10-17　HMI 的根画面（项目 10）

图 10-17 中使用圆形表示运行指示灯，并添加动画外观，分别关联到各状态变量（需要从 PLC 变量表中指定）。在外观设置中，当值为 0 时设置暗灰色表示停止状态，当置为“1”设置绿色[1]来表示运行状态，如图 10-18 所示。

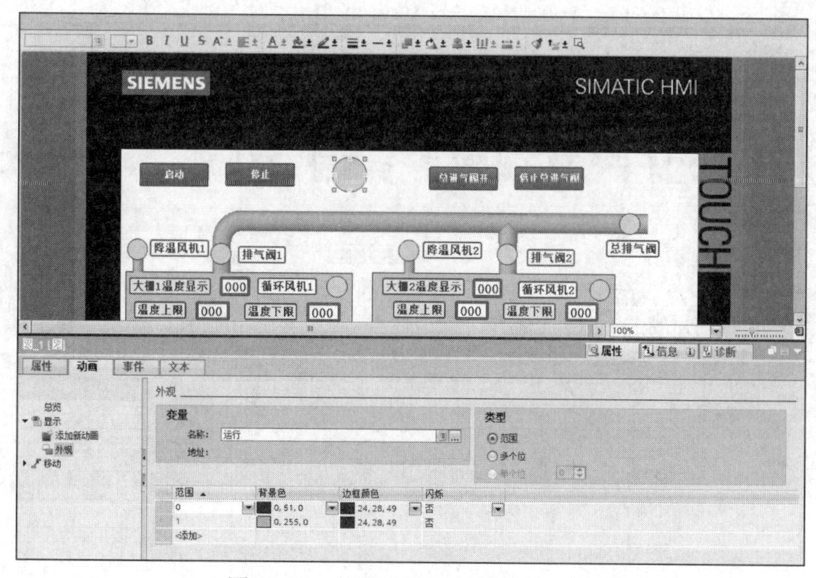

图 10-18　外观设置界面（项目 10）

1　本书为单色印刷，为了便于读者复现和学习，这里的绿色表述保留。书中其他同类内容依次类推。

添加按钮，分别对应启动（3 个）、停止（3 个）、进/排气阀开关（各 3 个）、暂停（2 个），并设置它们的按下和释放事件，按下添加置位位函数，释放添加复位位函数，如图 10-19 所示。同时，设置按钮动画，为它们指定对应的变量连接，如图 10-20 所示。

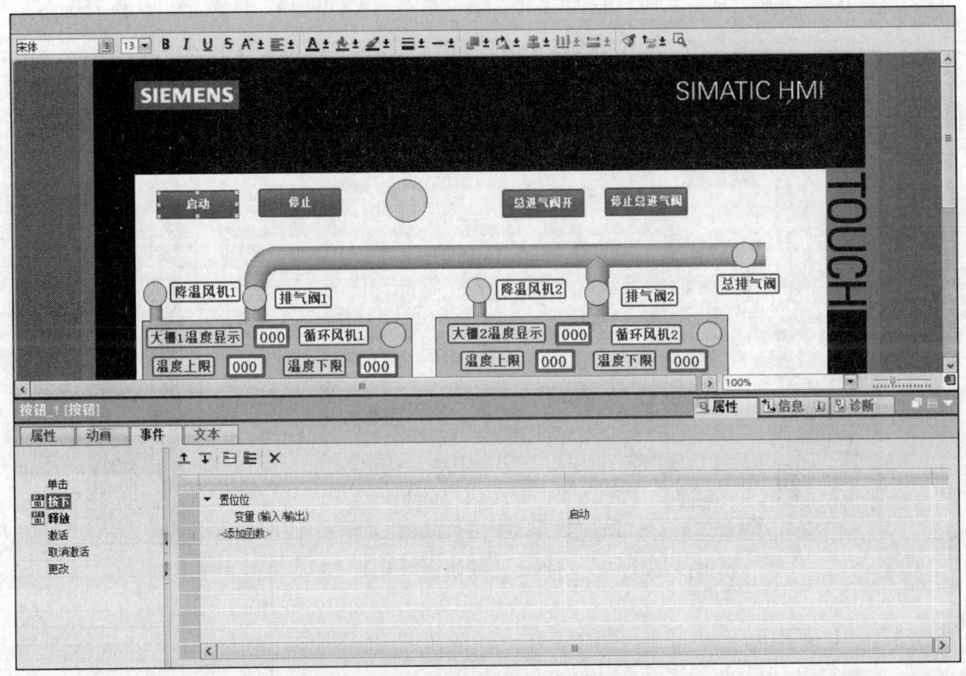

图 10-19　设置按钮事件（项目 10）

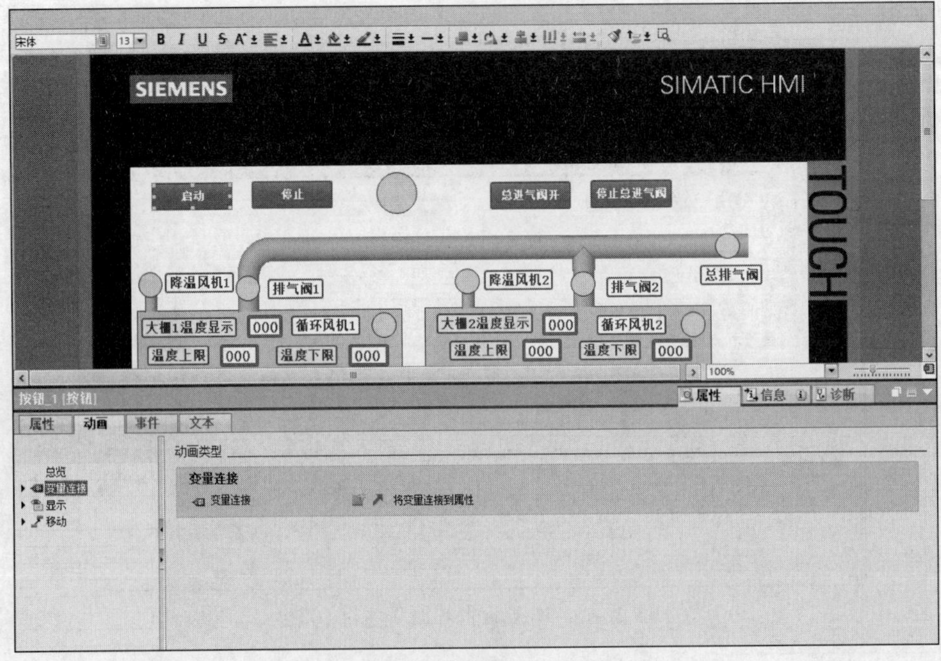

图 10-20　设置按钮动画（项目 10）

10.4.5 调试程序

编译项目，启动 PLC 仿真，将 PLC 装载到 HMI 设备。装载完成后单击 PLC 窗口的“RUN”按钮启动运行，如图 10-21 所示。

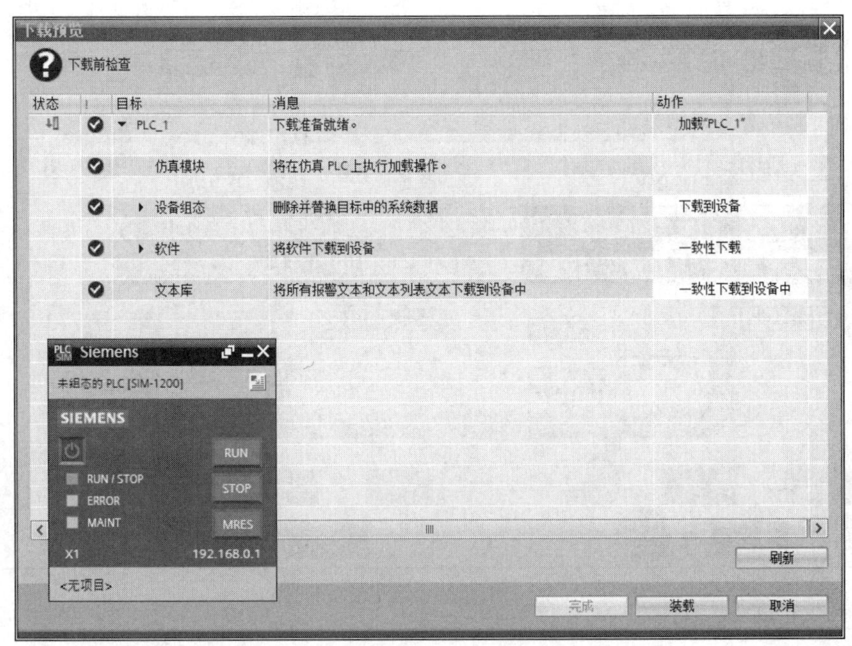

图 10-21 启动 PLC 仿真界面（项目 10）

启动 HMI 仿真，看到的初始画面如图 10-22 所示。

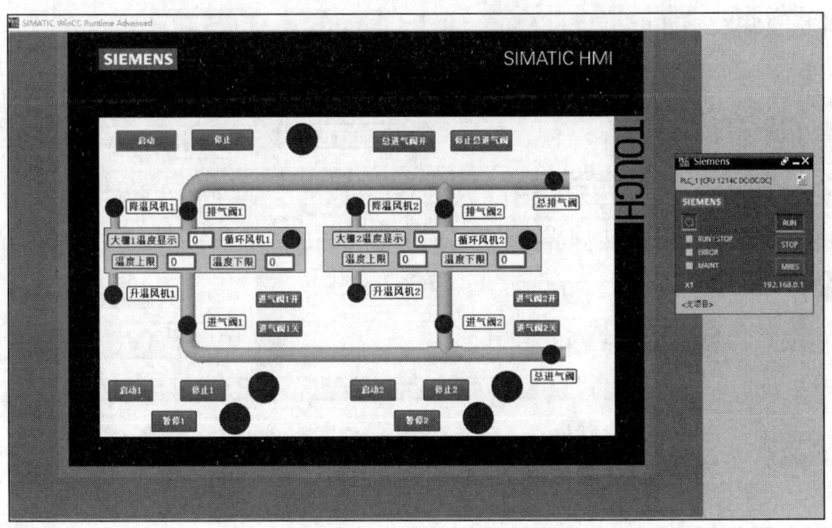

图 10-22 启动 HMI 仿真的初始画面（项目 10）

启动测试：单击主程序“启动”按钮，主程序运行指示灯亮（变绿），打开总进气阀开关；单击大棚程序“启动 1”按钮，大棚程序运行指示灯亮；设置温度上限为 20 ℃，温度下限为 10 ℃，当前温度显示为 30 ℃；打开进气阀（1）开关，进气阀、排气阀运行指示灯亮。当前温度显示为 30 ℃，高于温度上限 20 ℃，降温风机（1）打开，开始降温。启动测试界面如图 10-23 所示。

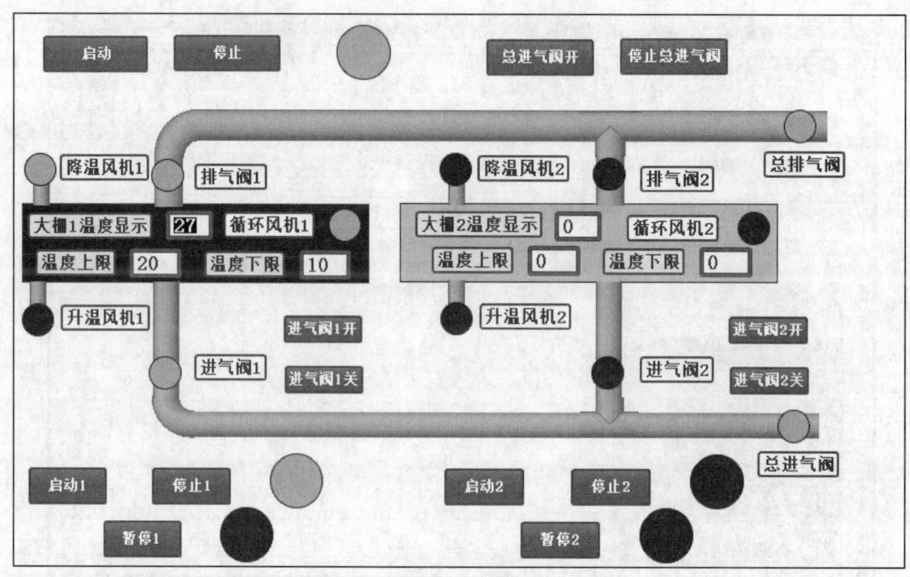

图 10-23 启动测试界面（项目 10）

停止测试：依次点击大棚程序“停止 1”按钮和主程序“停止”按钮，运行指示灯灭（变暗），整个程序停止运行。停止测试界面如图 10-24 所示。

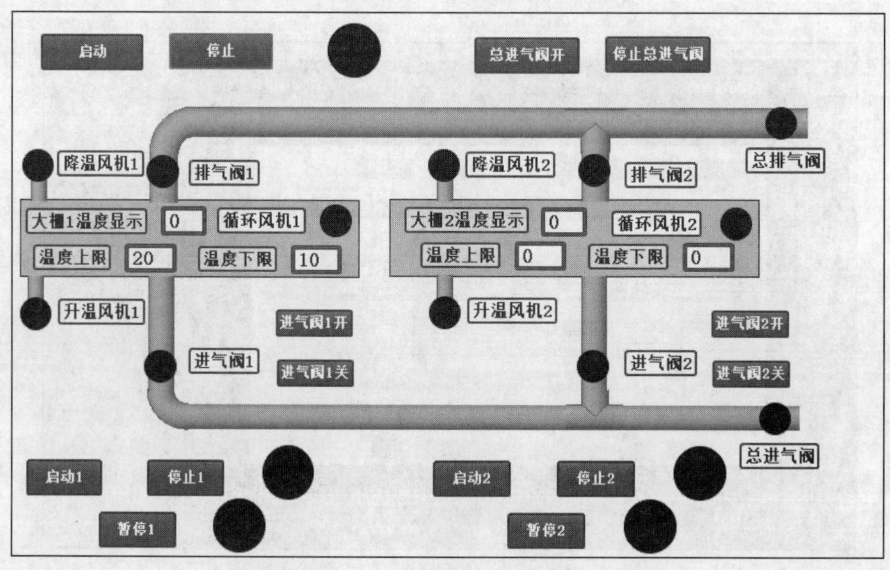

图 10-24 停止测试界面（项目 10）

报警测试：重新启动主程序和大棚程序，设置温度上限为 20 ℃，温度下限为 10 ℃。当前温度显示为 5 ℃，温度异常，程序发起报警，如图 10-25 所示。

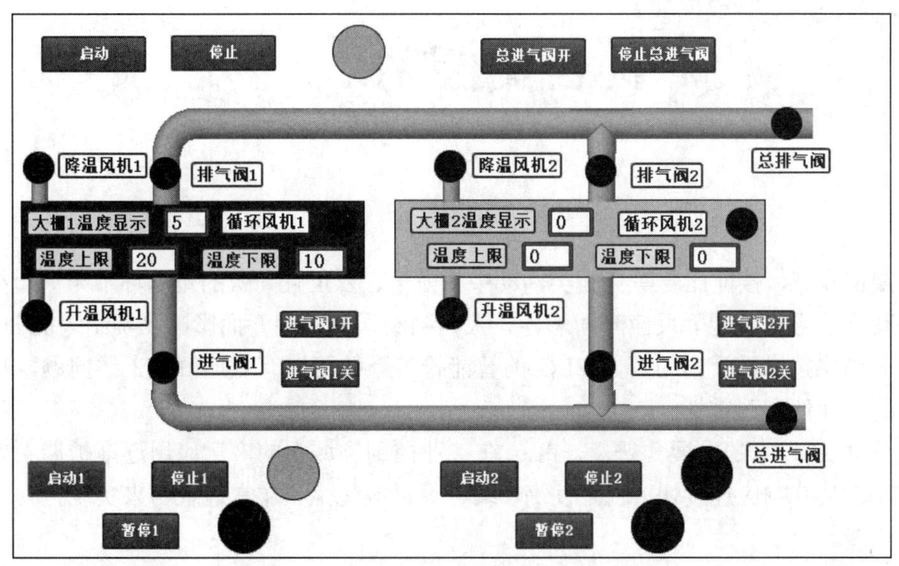

图 10-25 报警测试

习 题

1. 简述可编程控制器（PLC）的基本结构和工作原理。

2. 阐述传统温室大棚的温控方式与智能温室大棚基于 PLC 自动化控制的温控方式的区别与优缺点。

3. 列举几种可能出现在温室大棚 PLC 温控系统中的常见故障，并给出相应的排查方法。

项目 11 抢答器控制

在知识竞赛、技能比赛等竞技类活动中，公平、公正且高效的抢答环节至关重要。传统的手动抢答方式可能因反应时间差异、人为判断误差等因素而影响比赛结果的公平性，而利用自动化技术设计出的基于 PLC 的智能抢答系统可以有效地解决上述问题，从而提高活动的专业性和观赏性。

随着 PLC 技术的发展和普及，PLC 在工业控制领域中的广泛应用逐渐扩展到其他场景中。PLC 具有响应速度快、稳定性高、编程灵活等优点，非常适合用来实现抢答器的精准控制功能。

通过本项目的学习，读者能够很好地将理论知识应用于实际，掌握 PLC 硬件接线、程序编写及调试等综合技能，同时培养团队协作与创新思维能力。

11.1 项目要求

本项目要求使用 PLC 实现六组抢答器控制系统，这是一种利用 PLC 实现多组参赛者能够同时参与抢答的电子系统。该系统主要包括 PLC 主机、输入模块（如按钮或传感器）、输出模块（如显示抢答结果的数码管或 LED 显示屏，以及提示抢答成功的蜂鸣器或灯光）、电源及相应的布线与连接设备。

抢答器的功能描述如下。

（1）抢答功能：系统能同时支持 6 个小组的参赛者独立进行抢答，且能够准确识别并记录最先按下抢答按钮的组别。

（2）显示功能：通过 LED 显示屏或其他可视化方式实时展示当前抢答结果，包括但不限于抢答成功的小组编号、答题时间等信息。

（3）提示功能：在有参赛小组（简称小组）成功抢答后，系统能通过蜂鸣器、灯光或语音等方式给出明确的抢答成功提示。

（4）复位功能：每轮抢答结束后，系统需要自动或人工复位，准备进入下一轮抢答。

抢答器结构如图 11-1 所示，其中设有主持人总台和小组分台两个部分。总台设有“启动”“停止”“开始抢答”和“数据复位”4 个按钮，分台则设有抢答、开始答题和回答完毕 3 个按钮。

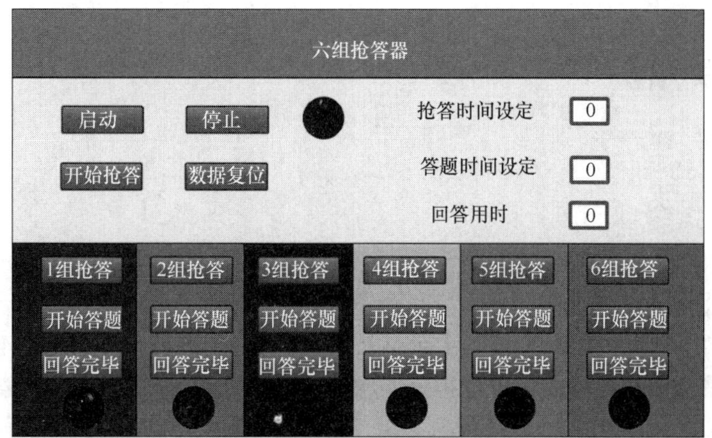

图 11-1　抢答器结构

抢答器的整体控制流程如下。

（1）抢答准备阶段：主持人通过操作界面启动抢答模式，所有小组的抢答器处于待命状态。

（2）抢答进行阶段：主持人按下“开始抢答”按钮，抢答器开始运行，各小组通过按下各自小组的抢答按钮进行抢答，PLC 实时接收并处理各个小组的抢答信号。

（3）抢答判断阶段：当有小组按下抢答按钮后，PLC 根据预设程序立即判断并锁存最先触发的有效抢答信号，同时禁止其他小组继续抢答，并通过输出模块显示抢答成功的组别编号，同时伴有声音或灯光提示。被选中的小组按下“开始回答”按钮后回答问题。在规定时间内如果完成回答，那么可以按下“回答完毕”按钮；如果没完成回答，那么到时间后自动完成回答。

（4）多轮抢答支持：系统能进行多轮抢答，并在每轮结束后可通过“数据复位”按钮，恢复为初始待命状态，确保比赛流程连贯有序。

（5）无效抢答处理：如果有小组在主持人未宣布开始前抢先按下按钮，系统将不予响应，并在主持人单击“开始抢答”按钮后重新开放抢答权限。

（6）时间设定管理：主持人可以针对每一轮的抢答设置抢答时间和答题时间，所有小组必须在设定好的抢答时间内完成抢答，同时记录每一轮中抢到答题资格的小组的答题时长。

11.2 学习目标

（1）掌握抢答器控制的原理。

（2）理解 PLC 输入/输出模块的功能与应用，以及数字量输入/输出信号的处理方法。

（3）掌握基本的 PLC 编程语言（如梯形图、指令表等），并能根据实际需求编写相应的控制程序。

（4）提高编程与调试能力。

11.3 相关知识

11.3.1 置位指令

在西门子 S7-1200 系列 PLC 中，置位（set）指令用于将指定的内部存储位（如输入映像寄存器 I、输出映像寄存器 Q 或 M 存储区等）设置为 1，这是一个非常基本且常用的位操作指令。在梯形图编程环境中，置位指令体现为一个触点常闭接通时执行的操作。

应用实例：在 STEP 7 Basic 编程软件中，如果想要置位地址 Q0.0，那么可以使用 SET 指令，具体如下。

```
// 梯形图表示
SET Q0.0

// 或者用语句表语言表示
Q0.0 := 1;
```

上述指令执行后，不管 Q0.0 之前的状态如何，它都会被强制置为 1。

需要注意的是，置位指令通常与复位指令配合使用，形成所谓的“置位/复位”控制模式。在 PLC 循环扫描过程中，一旦满足某个条件就置位，而其他条件下可能通过复位指令清除该位的状态。此外，尽管置位指令会立即改变目标位的状态，但实际输出到物理设备的变化通常会在 PLC 程序扫描周期结束后才会更新到输出模块上。

对于复杂的控制逻辑，可能需要使用带有记忆功能的指令，例如，边沿触发的置位指令 SETP，该指令仅当指定信号上升沿（或下降沿）到来时才执行置位动作。

11.3.2 复位指令

在西门子 S7-1200 系列 PLC 中，复位（reset）指令用于将指定的内部存储位（如输入映像寄存器 I、输出映像寄存器 Q 或 M 存储区等）设置为 0，这同样是一个基本且常用的位操作指令。在梯形图编程环境中，复位指令表现为一个触点常开接通时执行的操作。

应用实例：在 STEP 7 Basic 编程软件中，如果想要复位地址 Q0.0，那么可以使用 RESET 指令，具体如下。

```
// 梯形图表示
RESET Q0.0

// 或者用语句表语言表示
Q0.0 := 0;
```

上述指令执行后，无论 Q0.0 之前的状态如何，它都会被强制清零，即复位为 0。

复位指令常常与置位指令配合使用，形成逻辑控制回路。例如，当满足某条件时置位一个位，当不满足条件时则复位该位。此外，PLC 在每个扫描周期内更新程序状态，因此，复位指令对目标位状态的改变将在当前扫描周期结束后的下一个周期开始时反映到实际输出模块上。

对于复杂的控制逻辑，可能需要使用带有特定触发条件的复位指令，如边沿触发的复位指令 RSTP，该指令仅当指定信号上升沿（或下降沿）到来时才执行复位动作。

11.4 项目实施

11.4.1 硬件组态

添加 PLC 设备，本项目选用的控制器是西门子 S7-1200，CPU 为 1214C DC/DC/DC，其 PLC 设备的硬件组态如图 11-2 所示。

设备概览

模块	插槽	I 地址	Q 地址	类型	订货号	固件	注释
	103						
	102						
	101						
▾ PLC_1	1			CPU 1214C DC/DC/DC	6ES7 214-1AG40-0XB0	V4.2	
DI 14/DQ 10_1	1 1	0...1	0...1	DI 14/DQ 10			
AI 2_1	1 2	64...67		AI 2			
	1 3						
HSC_1	1 16	1000...10...		HSC			
HSC_2	1 17	1004...10...		HSC			
HSC_3	1 18	1008...10...		HSC			
HSC_4	1 19	1012...10...		HSC			
HSC_5	1 20	1016...10...		HSC			
HSC_6	1 21	1020...10...		HSC			
Pulse_1	1 32		1000...10...	脉冲发生器 (PTO/PWM)			
Pulse_2	1 33		1002...10...	脉冲发生器 (PTO/PWM)			
Pulse_3	1 34		1004...10...	脉冲发生器 (PTO/PWM)			
Pulse_4	1 35		1006...10...	脉冲发生器 (PTO/PWM)			
▸ PROFINET接口_1	1 X1			PROFINET接口			
	2						

图 11-2　PLC 设备的硬件组态（项目 11）

同时添加 HMI 显示与触控屏设备，以便于直观操作，设备的类型为 TP700 精智面板。它的硬件组态如图 11-3 所示。

设备概览

模块	索引	类型	订货号	软件或固...	注释
HMI_RT_1	1	TP700 精智面板	6AV2 124-0GC01-0AX0	14.0.1.0	
	2				
	3				
	4				
▾ HMI_1.IE_CP_1	5	PROFINET接口		14.0.1.0	
▸ PROFINET Interface_1	5 X1	PROFINET接口			
	6				
▾ HMI_1.MPI/DP_CP_1	7 X2	MPI/DP 接口		14.0.1.0	
	7 1				
	8				

图 11-3　HMI 设备的硬件组态（项目 11）

添加好 PLC 设备和 HMI 设备后，将二者连接起来，得到的连接图如图 11-4 所示。

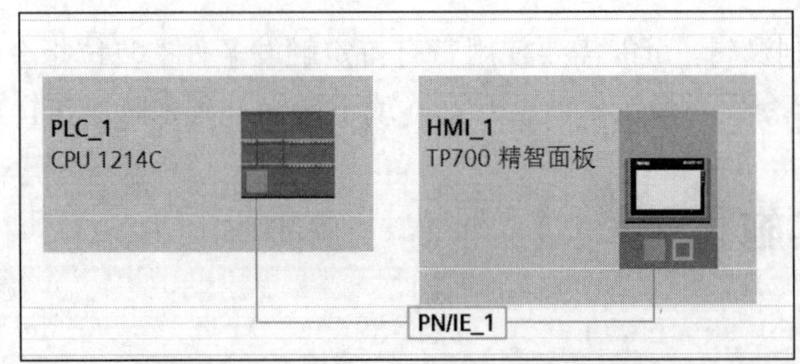

图 11-4　PLC 设备与 HMI 设备的连接图

11.4.2　定义变量

给 PLC 设备添加一个新变量表，具体内容如图 11-5 和图 11-6 所示。这里用 M 点代替 I 点，表示在触摸屏上进行操作，不用连接实际的硬件。

PLC 变量

	名称	变量表	数据类型	地址	保持	可从 ...	从 H...	在 H...	注释
1	System_Byte	默认变量表	Byte	%MB1	☐	☑	☑	☑	
2	FirstScan	默认变量表	Bool	%M1.0	☐	☑	☑	☑	
3	DiagStatusUpdate	默认变量表	Bool	%M1.1	☐	☑	☑	☑	
4	AlwaysTRUE	默认变量表	Bool	%M1.2	☐	☑	☑	☑	
5	AlwaysFALSE	默认变量表	Bool	%M1.3	☐	☑	☑	☑	
6	Clock_Byte	默认变量表	Byte	%MB0	☐	☑	☑	☑	
7	Clock_10Hz	默认变量表	Bool	%M0.0	☐	☑	☑	☑	
8	Clock_5Hz	默认变量表	Bool	%M0.1	☐	☑	☑	☑	
9	Clock_2.5Hz	默认变量表	Bool	%M0.2	☐	☑	☑	☑	
10	Clock_2Hz	默认变量表	Bool	%M0.3	☐	☑	☑	☑	
11	Clock_1.25Hz	默认变量表	Bool	%M0.4	☐	☑	☑	☑	
12	Clock_1Hz	默认变量表	Bool	%M0.5	☐	☑	☑	☑	
13	Clock_0.625Hz	默认变量表	Bool	%M0.6	☐	☑	☑	☑	
14	Clock_0.5Hz	默认变量表	Bool	%M0.7	☐	☑	☑	☑	
15	启动	默认变量表	Bool	%M2.0	☐	☑	☑	☑	
16	停止	默认变量表	Bool	%M2.1	☐	☑	☑	☑	
17	运行	默认变量表	Bool	%M2.2	☐	☑	☑	☑	
18	1组	默认变量表	Bool	%M2.3	☐	☑	☑	☑	
19	2组	默认变量表	Bool	%M2.4	☐	☑	☑	☑	
20	3组	默认变量表	Bool	%M2.5	☐	☑	☑	☑	
21	4组	默认变量表	Bool	%M2.6	☐	☑	☑	☑	
22	5组	默认变量表	Bool	%M2.7	☐	☑	☑	☑	
23	6组	默认变量表	Bool	%M3.0	☐	☑	☑	☑	
24	开始抢答按钮	默认变量表	Bool	%M3.1	☐	☑	☑	☑	
25	开始抢答	默认变量表	Bool	%M3.2	☐	☑	☑	☑	
26	抢答复位	默认变量表	Bool	%M3.3	☐	☑	☑	☑	
27	抢题目时间	默认变量表	Int	%MW60	☐	☑	☑	☑	
28	答题时间	默认变量表	Int	%MW62	☐	☑	☑	☑	
29	存储位1	默认变量表	Bool	%M3.4	☐	☑	☑	☑	
30	1组运行	默认变量表	Bool	%M3.5	☐	☑	☑	☑	
31	2组运行	默认变量表	Bool	%M3.6	☐	☑	☑	☑	
32	3组运行	默认变量表	Bool	%M3.7	☐	☑	☑	☑	

图 11-5　PLC 变量 1（项目 11）

PLC 变量

	名称	变量表	数据类型	地址	保持	可从 ...	从 H...	在 H...	注释
33	4组运行	默认变量表	Bool	%M4.0	☐	☑	☑	☑	
34	5组运行	默认变量表	Bool	%M4.1	☐	☑	☑	☑	
35	6组运行	默认变量表	Bool	%M4.2	☐	☑	☑	☑	
36	开始答题1	默认变量表	Bool	%M4.3	☐	☑	☑	☑	
37	开始答题2	默认变量表	Bool	%M4.4	☐	☑	☑	☑	
38	开始答题3	默认变量表	Bool	%M4.5	☐	☑	☑	☑	
39	开始答题4	默认变量表	Bool	%M4.6	☐	☑	☑	☑	
40	开始答题5	默认变量表	Bool	%M4.7	☐	☑	☑	☑	
41	开始答题6	默认变量表	Bool	%M5.0	☐	☑	☑	☑	
42	存储位2	默认变量表	Bool	%M5.1	☐	☑	☑	☑	
43	用时	默认变量表	Int	%MW64	☐	☑	☑	☑	
44	回答完毕按钮1	默认变量表	Bool	%M5.2	☐	☑	☑	☑	
45	回答完毕按钮2	默认变量表	Bool	%M5.3	☐	☑	☑	☑	
46	回答完毕按钮3	默认变量表	Bool	%M5.4	☐	☑	☑	☑	
47	回答完毕按钮4	默认变量表	Bool	%M5.5	☐	☑	☑	☑	
48	回答完毕按钮5	默认变量表	Bool	%M5.6	☐	☑	☑	☑	
49	回答完毕按钮6	默认变量表	Bool	%M5.7	☐	☑	☑	☑	
50	回答完毕按钮	默认变量表	Bool	%M6.0	☐	☑	☑	☑	
51	存储位3	默认变量表	Bool	%M6.1	☐	☑	☑	☑	
52	组员开始答题	默认变量表	Bool	%M6.2	☐	☑	☑	☑	
53	<新增>				☐	☑	☑	☑	

图 11-6　PLC 变量 2（项目 11）

同时，给 HMI 设备添加一个新变量表，具体内容如图 11-7 和图 11-8 所示。

HMI 变量

名称 ▲	变量表	数据类型	连接	PLC 名称	PLC 变量	地址
1组	默认变量表	Bool	HMI_连接_1	PLC_1	1组	
1组运行	默认变量表	Bool	HMI_连接_1	PLC_1	1组运行	
2组	默认变量表	Bool	HMI_连接_1	PLC_1	2组	
2组运行	默认变量表	Bool	HMI_连接_1	PLC_1	2组运行	
3组	默认变量表	Bool	HMI_连接_1	PLC_1	3组	
3组运行	默认变量表	Bool	HMI_连接_1	PLC_1	3组运行	
4组	默认变量表	Bool	HMI_连接_1	PLC_1	4组	
4组运行	默认变量表	Bool	HMI_连接_1	PLC_1	4组运行	
5组	默认变量表	Bool	HMI_连接_1	PLC_1	5组	
5组运行	默认变量表	Bool	HMI_连接_1	PLC_1	5组运行	
6组	默认变量表	Bool	HMI_连接_1	PLC_1	6组	
6组运行	默认变量表	Bool	HMI_连接_1	PLC_1	6组运行	
答题时间	默认变量表	Int	HMI_连接_1	PLC_1	答题时间	
回答完毕按钮1	默认变量表	Bool	HMI_连接_1	PLC_1	回答完毕按钮1	
回答完毕按钮2	默认变量表	Bool	HMI_连接_1	PLC_1	回答完毕按钮2	
回答完毕按钮3	默认变量表	Bool	HMI_连接_1	PLC_1	回答完毕按钮3	
回答完毕按钮4	默认变量表	Bool	HMI_连接_1	PLC_1	回答完毕按钮4	
回答完毕按钮5	默认变量表	Bool	HMI_连接_1	PLC_1	回答完毕按钮5	
回答完毕按钮6	默认变量表	Bool	HMI_连接_1	PLC_1	回答完毕按钮6	
开始答题1	默认变量表	Bool	HMI_连接_1	PLC_1	开始答题1	
开始答题2	默认变量表	Bool	HMI_连接_1	PLC_1	开始答题2	
开始答题3	默认变量表	Bool	HMI_连接_1	PLC_1	开始答题3	
开始答题4	默认变量表	Bool	HMI_连接_1	PLC_1	开始答题4	

图 11-7　HMI 变量 1（项目 11）

HMI 变量

名称 ▲	变量表	数据类型	连接	PLC 名称	PLC 变量	地址
开始答题3	默认变量表	Bool	HMI_连接_1	PLC_1	开始答题3	
开始答题4	默认变量表	Bool	HMI_连接_1	PLC_1	开始答题4	
开始答题5	默认变量表	Bool	HMI_连接_1	PLC_1	开始答题5	
开始答题6	默认变量表	Bool	HMI_连接_1	PLC_1	开始答题6	
开始抢答按钮	默认变量表	Bool	HMI_连接_1	PLC_1	开始抢答按钮	
启动	默认变量表	Bool	HMI_连接_1	PLC_1	启动	
抢题目时间	默认变量表	Int	HMI_连接_1	PLC_1	抢题目时间	
抢答复位	默认变量表	Bool	HMI_连接_1	PLC_1	抢答复位	
停止	默认变量表	Bool	HMI_连接_1	PLC_1	停止	
用时	默认变量表	Int	HMI_连接_1	PLC_1	用时	
运行	默认变量表	Bool	HMI_连接_1	PLC_1	运行	
<添加>						

图 11-8　HMI 变量 2（项目 11）

11.4.3 编写程序

程序段 1：单击“启动”按钮 M2.0，抢答器程序通电，运行指示灯（图 11-9 中标注为“运行”）M2.2 亮，同时将有电传给自身（即 M2.2），形成自锁常开触点，表示即使 M2.0 断电，整个程序仍然可以正常供电运行；单击“停止”按钮 M2.1，整个程序断电，停止运行。程序段 1 如图 11-9 所示。

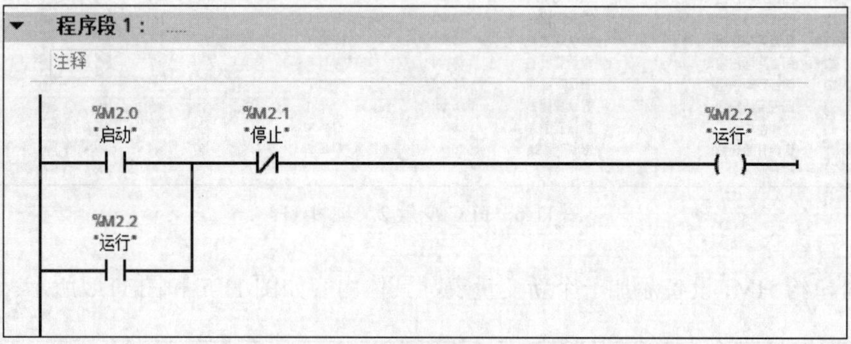

程序段 1：……
注释
%M2.0
"启动"
%M2.1
"停止"
%M2.2
"运行"
%M2.2
"运行"

图 11-9 程序段 1（项目 11）

程序段 2：主持人按下“开始抢答按钮”M3.1，抢答器开始运行，各参赛小组可以在指定的抢答时间结束之前进行抢答。这里设置抢答时间每秒减 1，若抢答时间内没有小组抢答，则不允许进行抢答；若没有设置抢答时间，则主持人宣布开始抢答后，初始化抢答时间为 5 s。程序段 2 如图 11-10 所示。

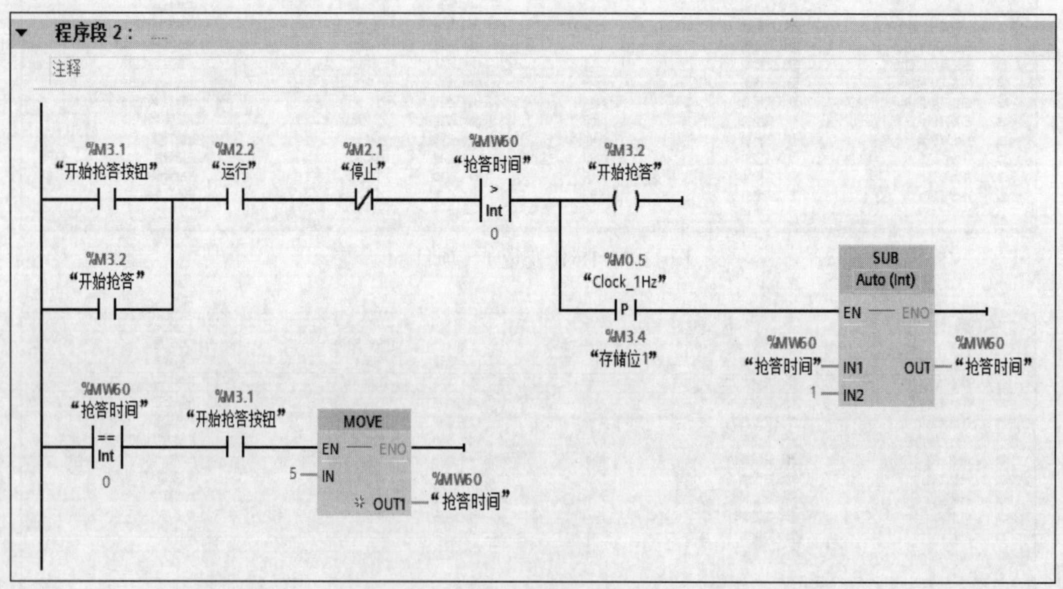

图 11-10 程序段 2（项目 11）

程序段 3：只有主持人按下开始抢答按钮，各参赛小组才允许进行抢答。当其中某个小组抢到答题资格后，其他小组不允许进行抢答。当抢到答题资格的小组在规定时间内回答完问题，并按下回答完毕按钮后，本轮答题结束。程序段 3 如图 11-11 和图 11-12 所示。

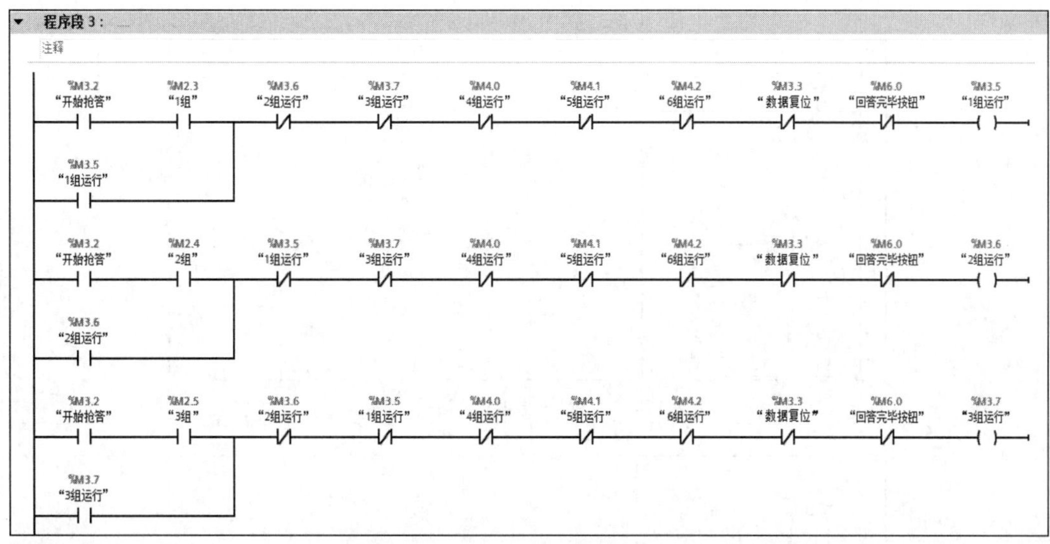

图 11-11　程序段 3-1（项目 11）

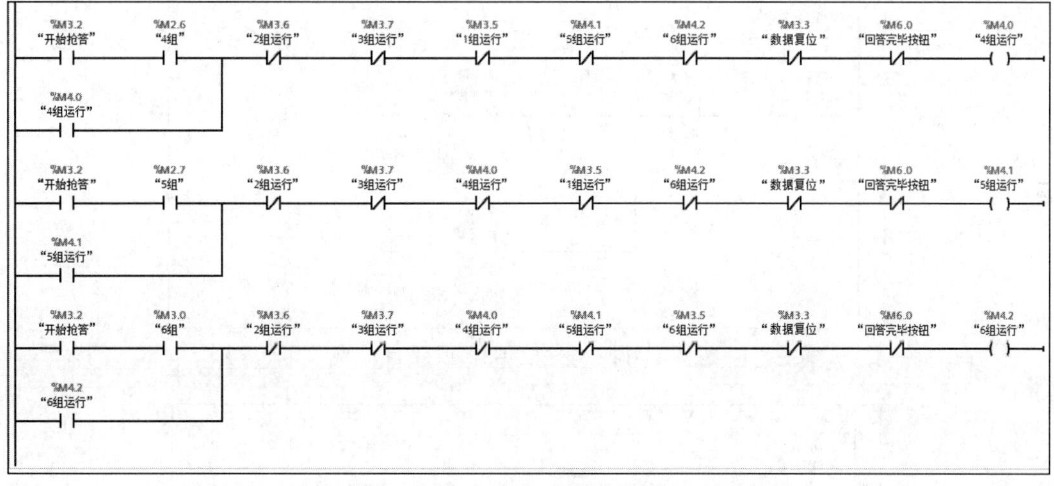

图 11-12　程序段 3-2（项目 11）

程序段 4：主持人设定答题时间，抢到答题资格的小组按下开始回答按钮并开始回答问题。设置答题时间每秒减 1，回答问题用时每秒加 1（这里对应图中的“回答用时”，余同），回答完毕后，按下回答完毕按钮以结束本轮抢答，程序段如图 11-13 和图 11-14 所示。若没有设置答题时间，则主持人宣布开始抢答时初始化答题时长为 30 s，程序段如图 11-15 所示。若在答题时间内回答完问题，按下回答完毕按钮，答题时间初始化为 0 s，程序段如图 11-16 所示。主持人按下“数据复位”按钮，开始下一轮的抢答。

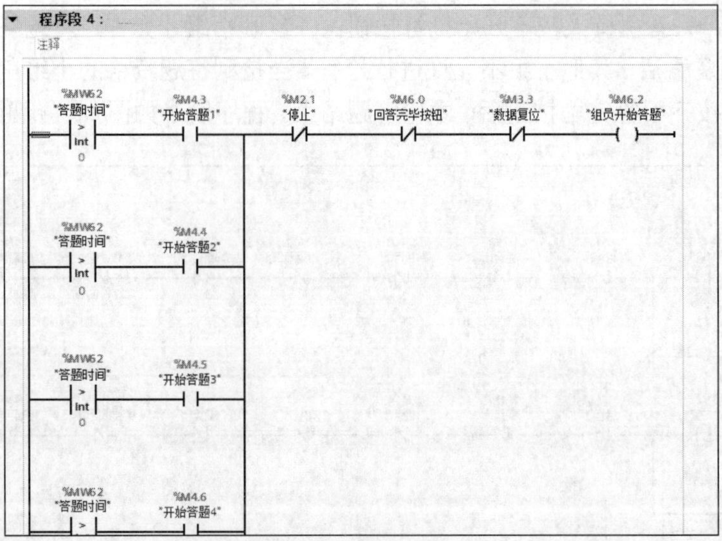

程序段 4：

注释

图 11-13 程序段 4-1（项目 11）

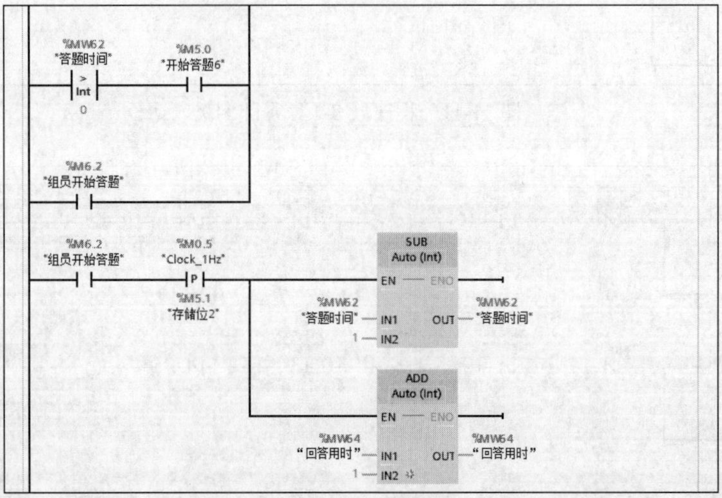

图 11-14 程序段 4-2（项目 11）

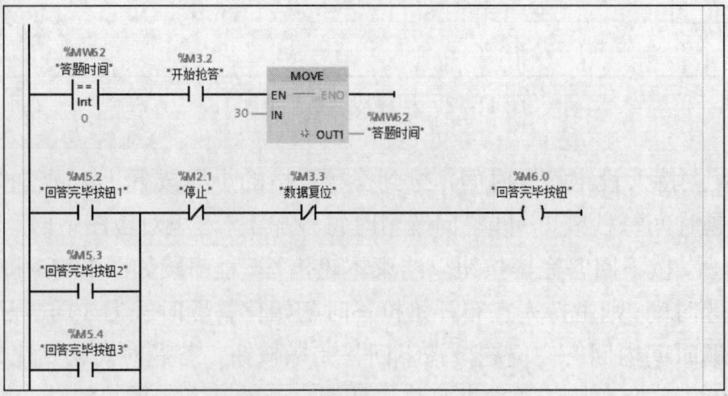

图 11-15 程序段 4-3（项目 11）

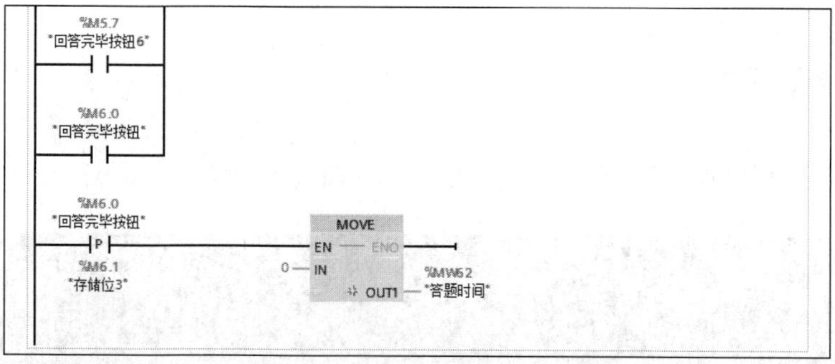

图 11-16 程序段 4-4（项目 11）

程序段 5：各小组若在规定抢答时间内抢到问题，则抢答时间初始化为 0 s，如图 11-17 所示。主持人按下“数据复位”按钮或“停止”按钮后，所有时间初始化为 0 s，如图 11-18 所示。

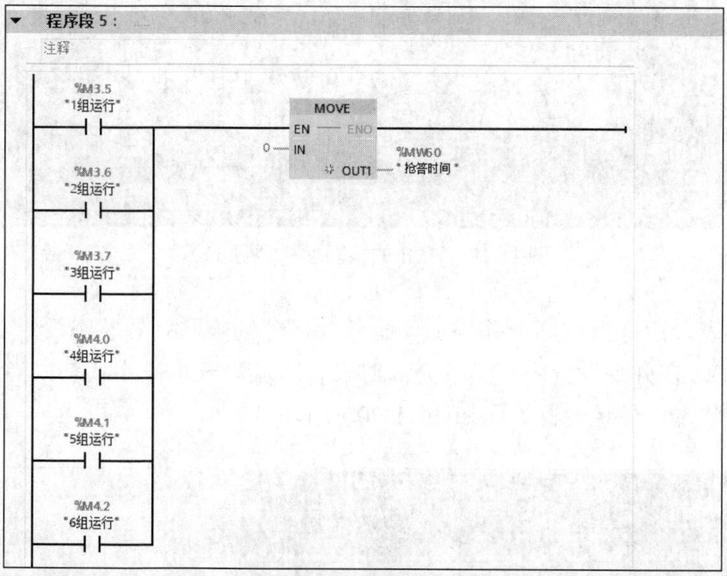

图 11-17 程序段 5-1（项目 11）

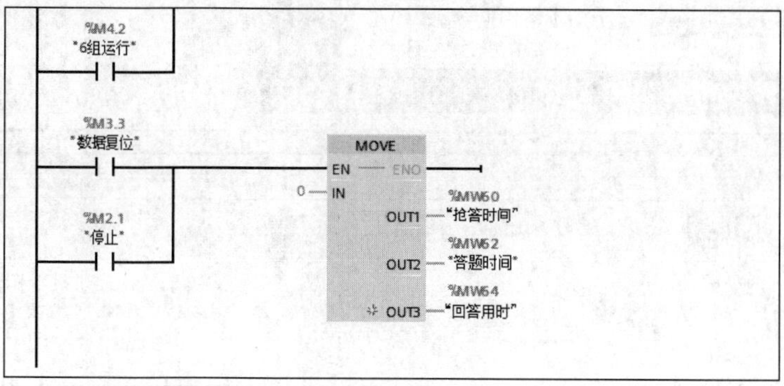

图 11-18 程序段 5-2（项目 11）

11.4.4 绘制显示屏

打开 HMI 的根画面，绘制抢答器画面，如图 11-19 所示。

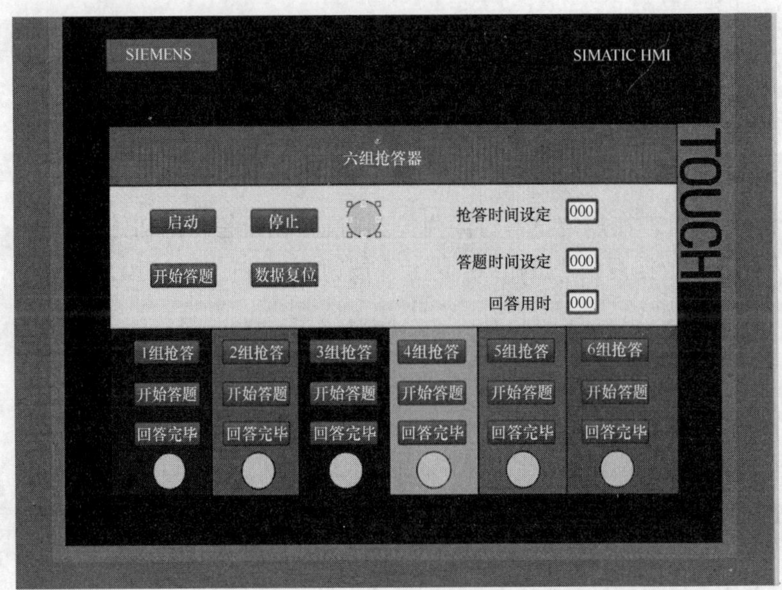

图 11-19　HMI 的根画面（项目 11）

使用圆形表示运行指示灯，并添加动画外观，分别关联到各状态变量（需要从 PLC 变量表中指定）。在外观设置中，当值为 0 时设置暗灰色表示停止状态，当值为 1 时设置绿色表示运行状态。外观设置界面如图 11-20 所示。

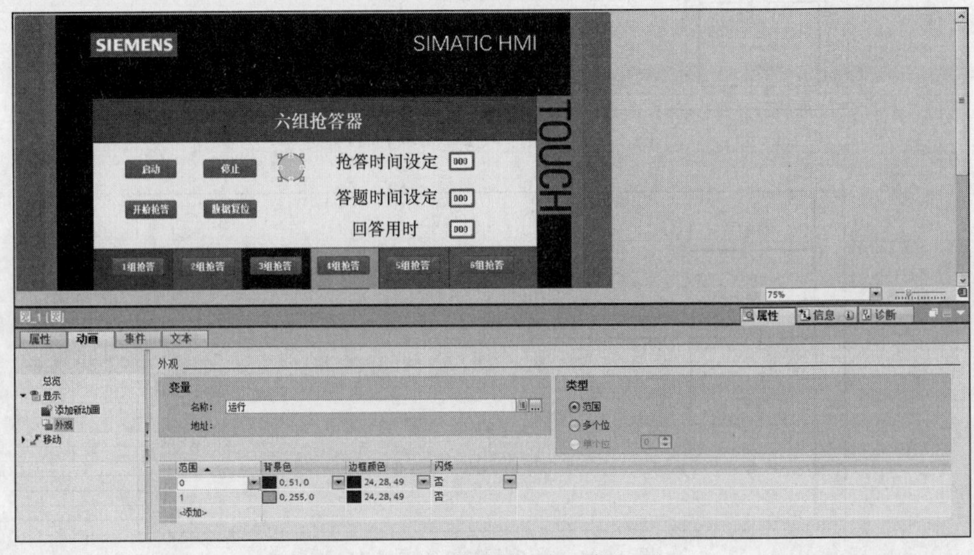

图 11-20　外观设置界面（项目 11）

添加按钮，分别对应启动、停止、开始抢答、数据复位、抢答（6 个）、开始答题（6 个）、回答完毕（6 个）等功能，并分别设置它们的按下和释放事件，其中，按下添加置位位函数，释放添加复位位函数，如图 11-21 所示。同时，设置按钮动画，为它们指定对应的变量连接，如图 11-22 所示。

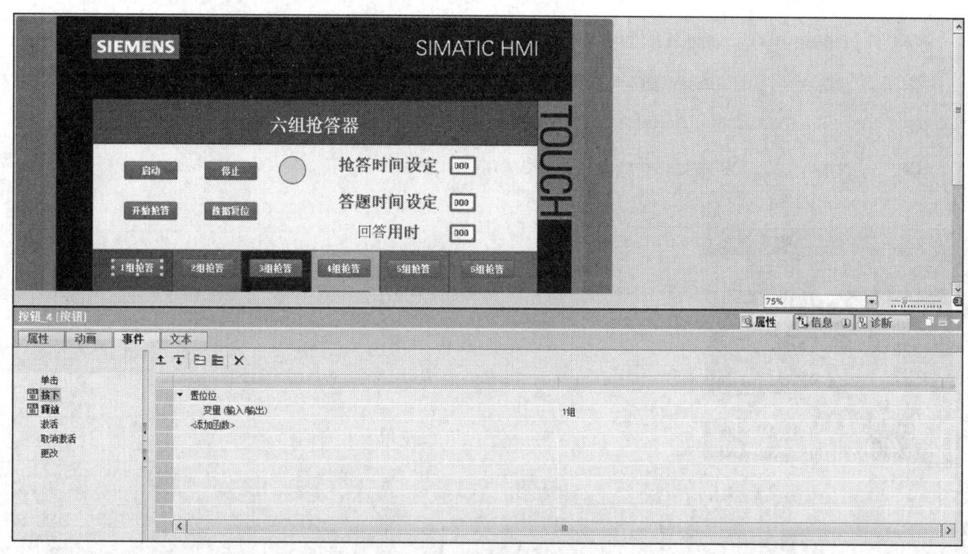

图 11-21　设置按钮事件

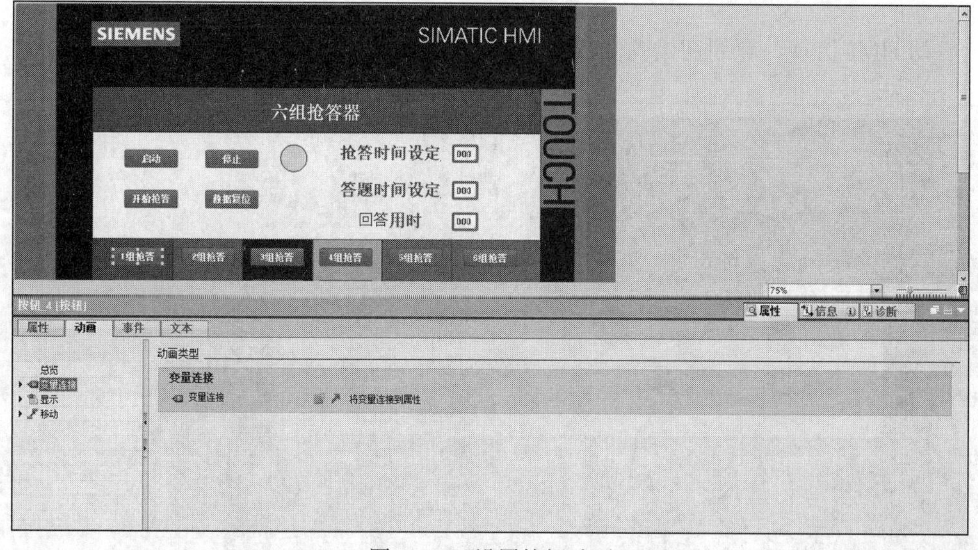

图 11-22　设置按钮动画

11.4.5　调试程序

编译项目，启动 PLC 仿真，将 PLC 装载到 HMI 设备。装载完成后单击 PLC 窗口的

“RUN”按钮启动运行，如图 11-23 所示。

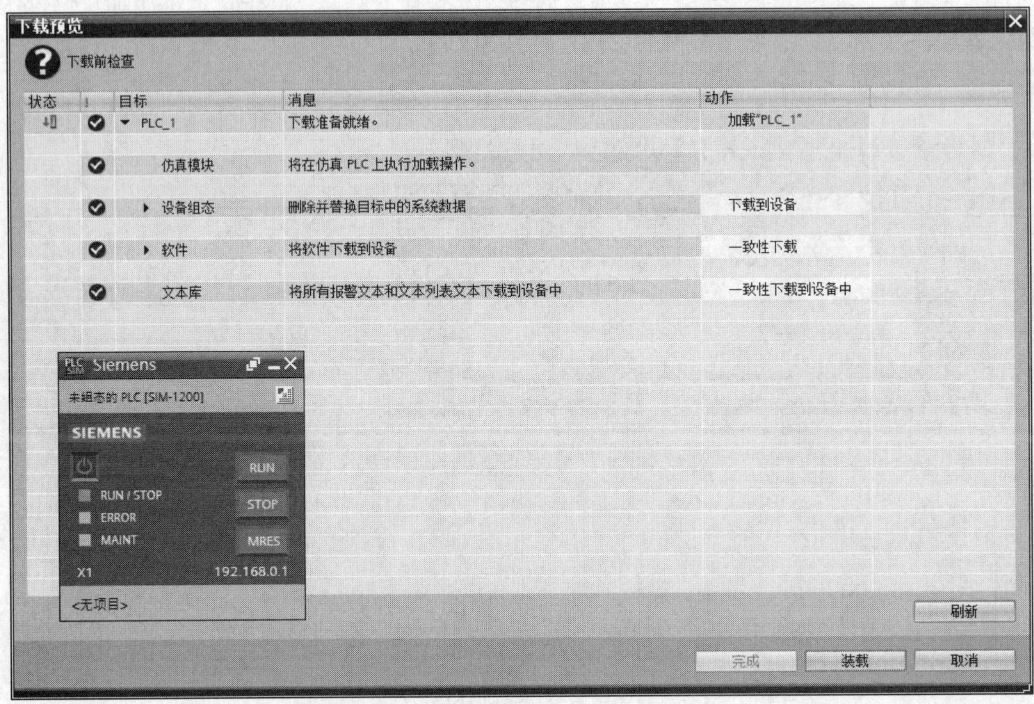

图 11-23　启动 PLC 仿真界面（项目 11）

启动 HMI 仿真，看到初始画面，如图 11-24 所示。

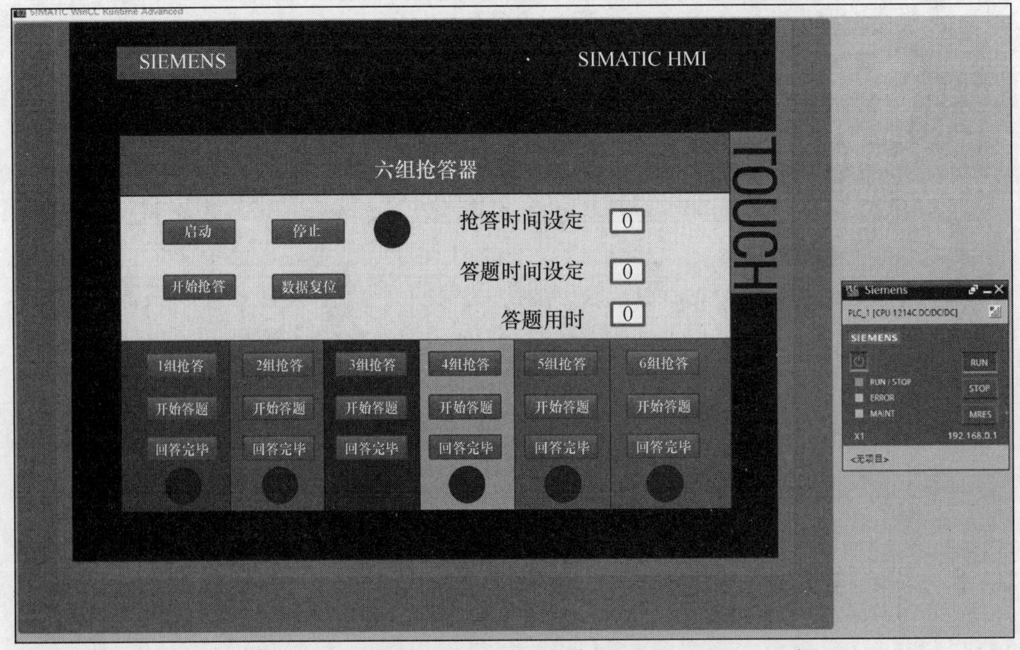

图 11-24　启动 HMI 仿真的初始画面（项目 11）

启动测试：单击抢答器程序“启动”按钮，程序运行指示灯亮（变绿），主持人按下“开始抢答”按钮，抢答时间初始化 5 s，每秒减 1，答题时间初始化 30 s，每秒减 1，各小组可以在规定时间内抢答和答题，同时记录答题用时。启动测试界面如图 11-25 所示。

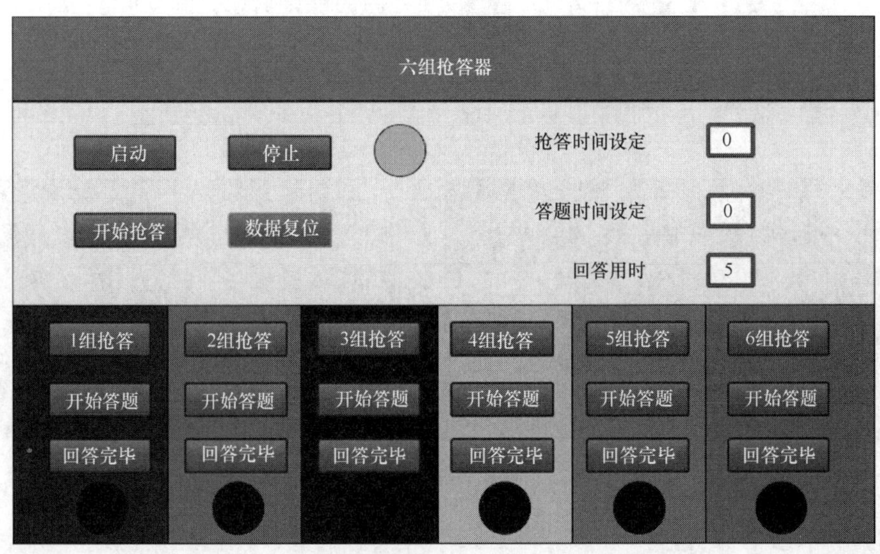

图 11-25　启动测试界面（项目 11）

数据复位测试：主持人按下“数据复位”按钮，抢答器程序进行初始化，各时间初始化为 0。数据复位测试界面如图 11-26 所示。

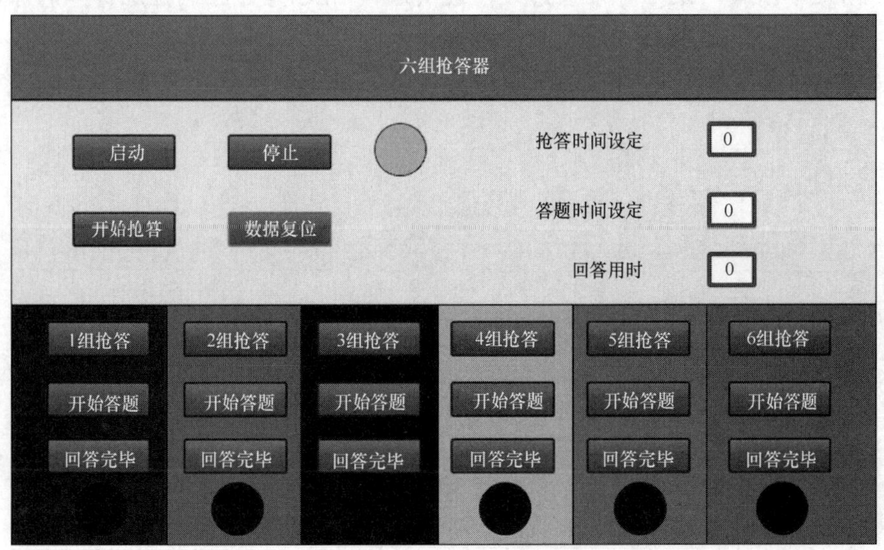

图 11-26　数据复位测试界面

停止测试：主持人按下“停止”按钮，抢答器停止运行，运行指示灯关闭，停止测试界面如图 11-27 所示。

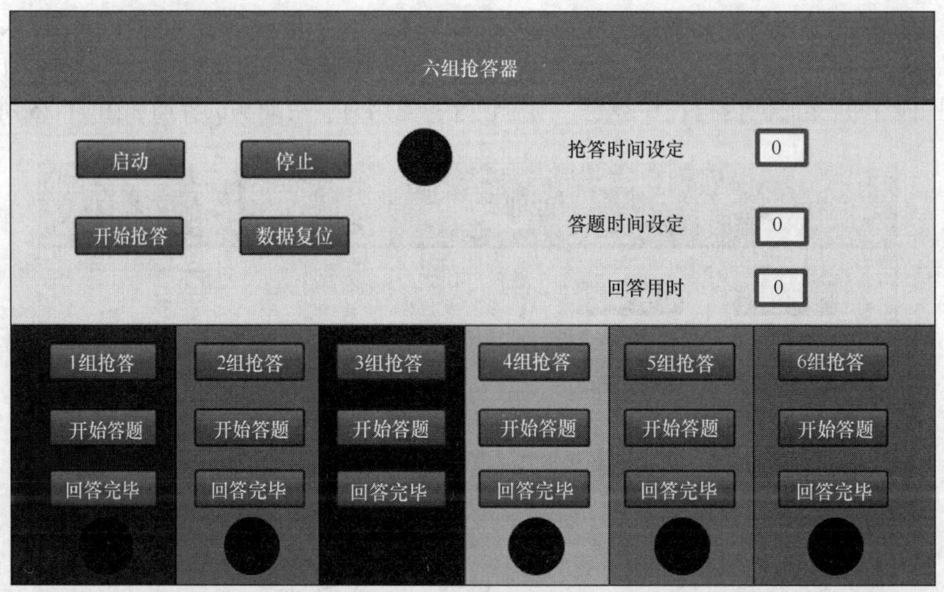

图 11-27　停止测试界面（项目 11）

习　题

1. 简述本项目的设计背景及意义，说明选择 PLC 作为控制系统核心的原因。
2. 请列出可能出现的问题，并设计一套故障排查流程和解决方案。
3. 探讨抢答器系统的潜在改进空间和升级方向，提出优化方案。

项目 12 小车多工位运料控制

在工业生产中，物料的运输是一个必不可少的环节。为了提高生产效率和降低人力成本，设计和开发一款 PLC 运料小车成为一种重要的需求。

在本项目中，我们将以运料小车为对象，分析和设计 PLC 控制系统。通过对运料小车控制需求的分析，读者可以进一步了解和掌握 PLC 的工作原理、功能特点、输入/输出信号的方式及编程软件的使用方法。

12.1 项目要求

本项目的目标是设计一台能够自动运输物料的小车，该小车能够根据预设的路径和指令，自动行驶到指定位置，并能够自动装载和卸载物料。本项目对运料小车的两个工位有控制要求，具体如下。

（1）小车完成从卸料点（SQ1）出发，到 A 加料点（SQ2）取 *m* 次车料，到 B 加料点（SQ3）取 *n* 次车料，再送回卸料点（SQ1）进行配料混合。

（2）A 加料点（SQ2）取料次数 *m* 和 B 加料点（SQ3）取料次数 *n*，可以进行设置。

（3）小车由三相直流异步电机驱动。

根据上述要求绘制的小车工作流程如图 12-1 所示。

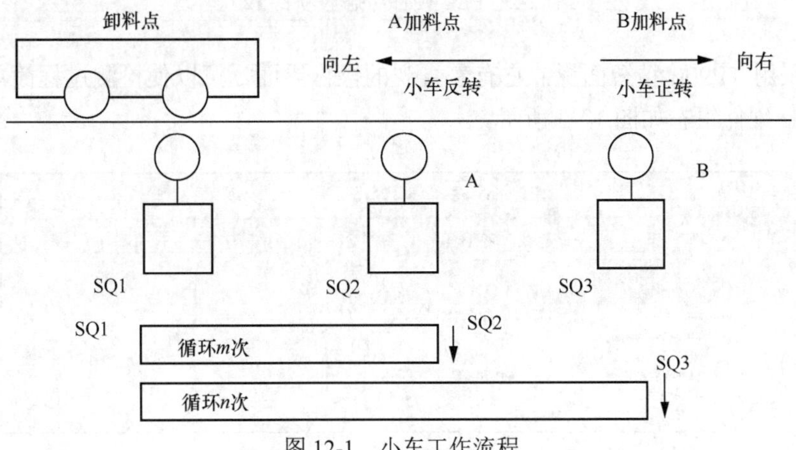

图 12-1　小车工作流程

12.2 学习目标

（1）掌握小车多工位运料控制的原理。

（2）掌握 PLC 的编程语言，包括梯形图、指令表、功能块图和顺序功能图等应用。

（3）提高编程与调试能力。

12.3 项目实施

12.3.1 硬件组态

本项目选用的是西门子 S7-1200 系列 PLC。此系列的 PLC 是小型的 PLC，并且具有非常好的控制能力，价格相对于 S7-1500 系列 PLC 要便宜很多，这是考虑到日后的功能升级和故障处理所做出的选择。本项目采用梯形图的编程方式，因为它具有更简单的逻辑表达功能，能够让人更快速知道程序的作用，方便日后进行故障处理和升级扩展。本项目的 PLC 硬件组态如图 12-2 所示。

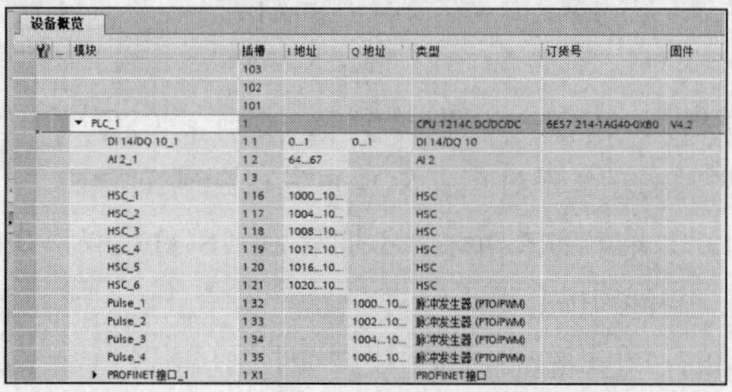

设备概览

模块	插槽	I 地址	Q 地址	类型	订货号	固件
	103					
	102					
	101					
▼ PLC_1	1			CPU 1214C DC/DC/DC	6ES7 214-1AG40-0XB0	V4.2
DI 14/DQ 10_1	1 1	0...1	0...1	DI 14/DQ 10		
AI 2_1	1 2	64...67		AI 2		
	1 3					
HSC_1	1 16	1000...10...		HSC		
HSC_2	1 17	1004...10...		HSC		
HSC_3	1 18	1008...10...		HSC		
HSC_4	1 19	1012...10...		HSC		
HSC_5	1 20	1016...10...		HSC		
HSC_6	1 21	1020...10...		HSC		
Pulse_1	1 32		1000...10...	脉冲发生器 (PTO/PWM)		
Pulse_2	1 33		1002...10...	脉冲发生器 (PTO/PWM)		
Pulse_3	1 34		1004...10...	脉冲发生器 (PTO/PWM)		
Pulse_4	1 35		1006...10...	脉冲发生器 (PTO/PWM)		
▸ PROFINET接口_1	1 X1			PROFINET接口		

图 12-2　PLC 硬件组态（项目 12）

HMI 采用 TP900 精智面板，它有着直观的操作界面，可以使检测过程简单快捷。本项目的 HMI 硬件组态如图 12-3 所示。

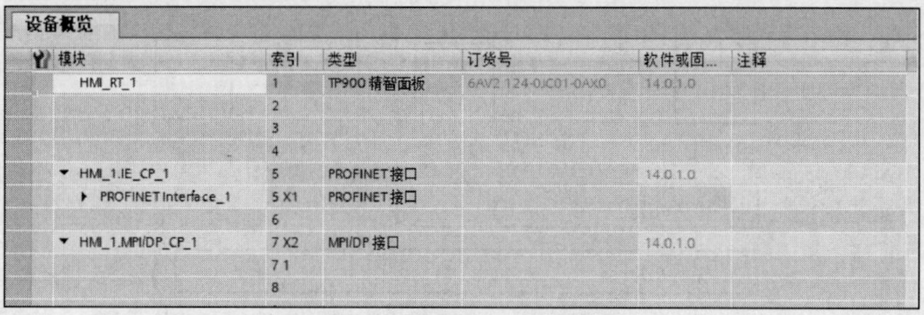

设备概览

模块	索引	类型	订货号	软件或固...	注释
HMI_RT_1	1	TP900 精智面板	6AV2 124-0JC01-0AX0	14.0.1.0	
	2				
	3				
	4				
▼ HMI_1.IE_CP_1	5	PROFINET接口		14.0.1.0	
▸ PROFINET Interface_1	5 X1	PROFINET接口			
	6				
▼ HMI_1.MPI/DP_CP_1	7 X2	MPI/DP 接口		14.0.1.0	
	7 1				
	8				

图 12-3　HMI 硬件组态（项目 12）

12.3.2 输入/输出地址分配

根据小车多工位运料控制的要求，下面对 PLC 的输入/输出地址进行分配，具体如表 12-1 所示。

表 12-1 输入/输出地址分配

输入		输出	
器件名称	编程元件地址	器件名称	编程元件地址
启动	I0.0	小车正转	Q0.0
停止	I0.1	小车反转	Q0.1
A 加满	I0.2		
B 加满	I0.3		
SQ1	I0.4		
SQ2	I0.5		
SQ3	I0.6		
卸料结束	I0.7		

注：A 加满表示在 A 加料点处加满，B 加满亦同。余同。

12.3.3 定义变量

在 PLC 中，变量是用来存储数据的地方，表示输入、输出、内部状态和中间计算结果的具体值。本项目的 PLC 变量表如表 12-2 所示。

表 12-2 PLC 变量表（项目 12）

名称	变量表	数据类型	地址
System_Byte	默认变量表	byte	%MB1
FirstScan	默认变量表	bool	%M1.0
DiagStatusUpdate	默认变量表	bool	%M1.1
AlwaysTRUE	默认变量表	bool	%M1.2
AlwaysFALSE	默认变量表	bool	%M1.3
Clock_Byte	默认变量表	byte	%MB0
Clock_10Hz	默认变量表	bool	%M0.0
Clock_5Hz	默认变量表	bool	%M0.1
Clock_2.5Hz	默认变量表	bool	%M0.2

续表

名称	变量表	数据类型	地址
Clock_2Hz	默认变量表	bool	%M0.3
Clock_1.25Hz	默认变量表	bool	%M0.4
Clock_1Hz	默认变量表	bool	%M0.5
Clock_0.625Hz	默认变量表	bool	%M0.6
Clock_0.5Hz	默认变量表	bool	%M0.7
启动	默认变量表	bool	%M20.0
停止	默认变量表	bool	%M20.1
A 加满	默认变量表	bool	%M20.2
B 加满	默认变量表	bool	%M20.3
SQ1	默认变量表	bool	%M20.4
SQ2	默认变量表	bool	%M20.5
SQ3	默认变量表	bool	%M20.6
小车正转	默认变量表	bool	%M21.0
小车反转	默认变量表	bool	%M21.1
运行	默认变量表	bool	%M2.0
A 处加料次数	默认变量表	int	%MW100
A 处需要加料次数	默认变量表	int	%MW102
B 处加料次数	默认变量表	int	%MW104
B 处需要加料次数	默认变量表	int	%MW106
存储 1	默认变量表	bool	%M2.1
小车正转(1)	默认变量表	bool	%M2.2
小车反转(1)	默认变量表	bool	%M2.3
卸料结束	默认变量表	bool	%M20.7
存储 2	默认变量表	bool	%M2.4
存储 3	默认变量表	bool	%M2.5
A 结束	默认变量表	bool	%M2.6
小车正转(2)	默认变量表	bool	%M2.7
小车反转(2)	默认变量表	bool	%M3.0
存储 4	默认变量表	bool	%M3.1
B 结束	默认变量表	bool	%M3.2
小车位置	默认变量表	int	%MW108
存储 1(1)	默认变量表	bool	%M3.3
存储 1(2)	默认变量表	bool	%M3.4
存储 1(3)	默认变量表	bool	%M3.5

续表

名称	变量表	数据类型	地址
A 加料	默认变量表	bool	%M3.6
卸料	默认变量表	bool	%M3.7
卸料(1)	默认变量表	bool	%M4.0
存储 1(4)	默认变量表	bool	%M4.1
B 加料	默认变量表	bool	%M4.2
存储 1(5)	默认变量表	bool	%M4.3

注：A 结束表示 A 加料点加料结束，B 结束亦同。余同。

同时，给 HMI 设备添加一个新变量表，具体内容如表 12-3 所示。

表 12-3 HMI 变量表（项目 12）

名称	连接	PLC 名称	数据类型	长度/B
启动	HMI_连接_1	启动	bool	1
停止	HMI_连接_1	停止	bool	1
A 处需要加料次数	HMI_连接_1	A 处需要加料次数	int	2
B 处需要加料次数	HMI_连接_1	B 处需要加料次数	int	2
SQ1	HMI_连接_1	SQ1	bool	1
SQ2	HMI_连接_1	SQ2	bool	1
SQ3	HMI_连接_1	SQ3	bool	1
小车位置	HMI_连接_1	小车位置	int	2
A 加料	HMI_连接_1	A 加料	bool	1
B 加料	HMI_连接_1	B 加料	bool	1
卸料	HMI_连接_1	卸料	bool	1

12.3.4 接线图

本项目的 PLC 接线图如图 12-4 所示。

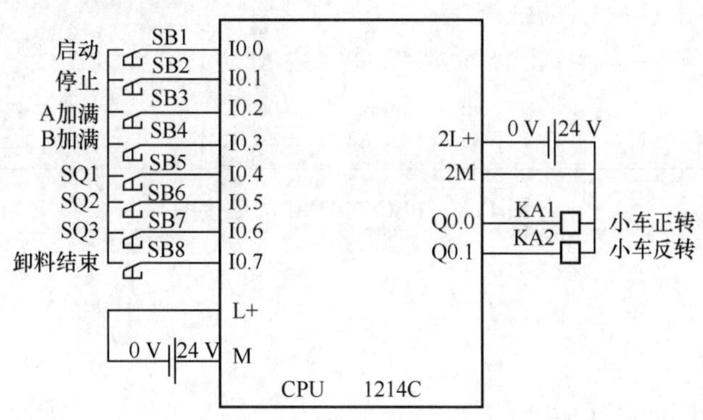

图 12-4 PLC 接线图（项目 12）

12.3.5 拓扑图

本项目的设备拓扑如图 12-5 所示。

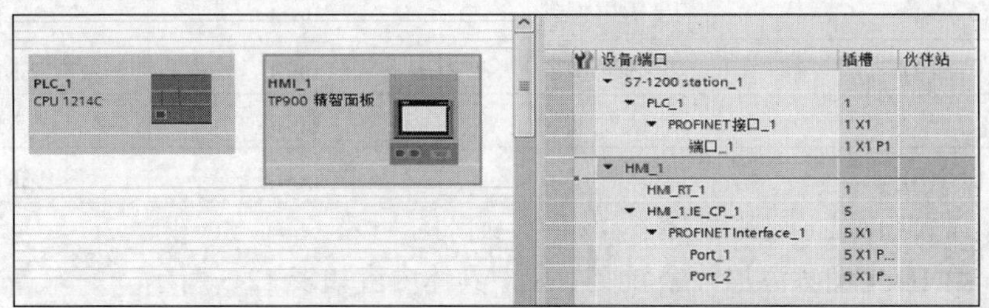

图 12-5 设备拓扑

从图 12-5 中可以看出，本项目主要由 PLC_1 的 CPU 1214C 和 HMI_1 的显示面板组成。PLC_1 有一个端口_1，所占用的插槽是 1 X1 P1。显示面板采用了西门子的 TP900 精智面板。TP900 精智面板的端口有两个——Port_1 和 Port_2，它们所占用的插槽分别是 5 X1 P1 R 和 5 X1 P2 R。

12.3.6 连接图

本项目的 PLC 与 HMI 的连接图如图 12-6 所示。CPU 1214C 的 PROFINET Interface_1 接口通过一根 PN/IE_1 线与 TP900 精智面板的 PROFINET Interface_1 接口相连接。我们可以看到 TP900 的两个端口（Port_1 和 Port_2）中的 Port_1 已经通过 PN/IE_1 接通了。

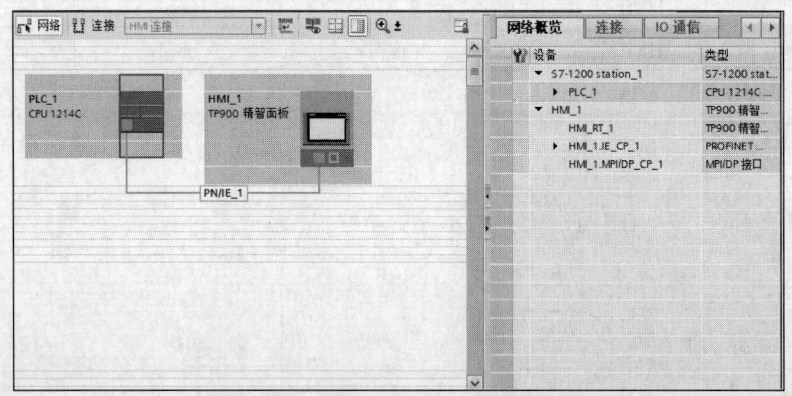

图 12-6 PLC 与 HMI 的连接图

12.3.7 设备图

本项目的设备图如图 12-7 所示。

设备概览

模块	索引	类型	订货号	软件或固...	注释
	4				
▼ HMI_1.IE_CP_1	5	PROFINET接口		14.0.1.0	
▶ PROFINET Interface_1	5 X1	PROFINET接口			
	6				
▶ HMI_1.MPI/DP_CP_1	7 X2	MPI/DP 接口		14.0.1.0	

图 12-7　项目 12 的设备图

12.3.8　编写程序

1. 系统设计

通过仿真测试来验证本次设计的可行性，通过模拟检测设备的运行判断系统是否出现问题，测试系统是否正常运行，以及测试数据结果是否符合预期效果。根据上述内容进行程序编写和变量建立。本项目的运行图如图 12-8 所示。

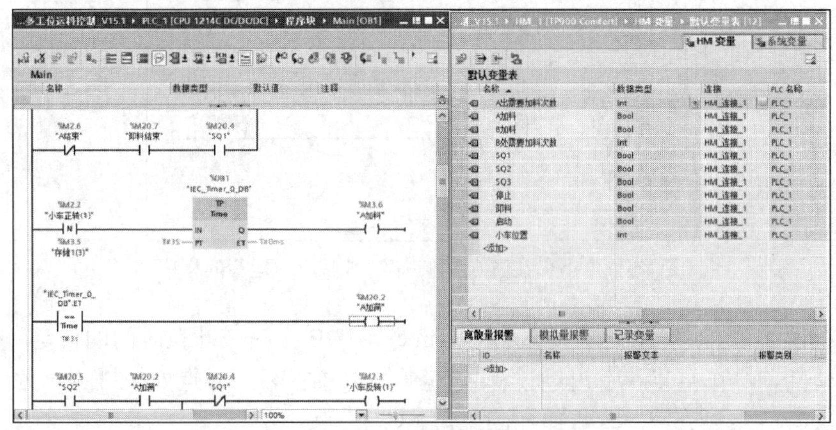

图 12-8　项目 12 的运行图

2. 启停控制模块

设置启动按钮，单击“启动”按钮后系统进入运行模式；单击“停止”按钮后，系统停止运行。启停控制模块的程序如图 12-9 所示。

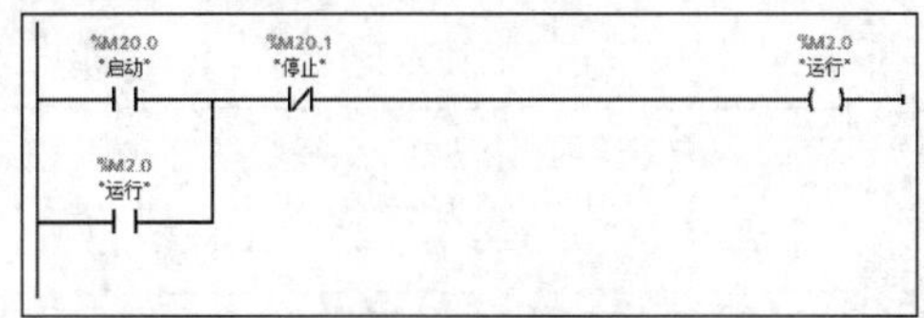

图 12-9　启动停控制模块的程序

3. 小车在 A 加料点（SQ2）处加料并返回原点处卸料

图 12-10 展示了小车在 A 加料点处加料的程序。小车运行达到 A 加料点前一直是正向前进，到达 A 加料点后结束正向前进。这里通过 IEC_Timer_DB 设置了一个特定的加料时间，使小车在 A 加料点处进行加料。

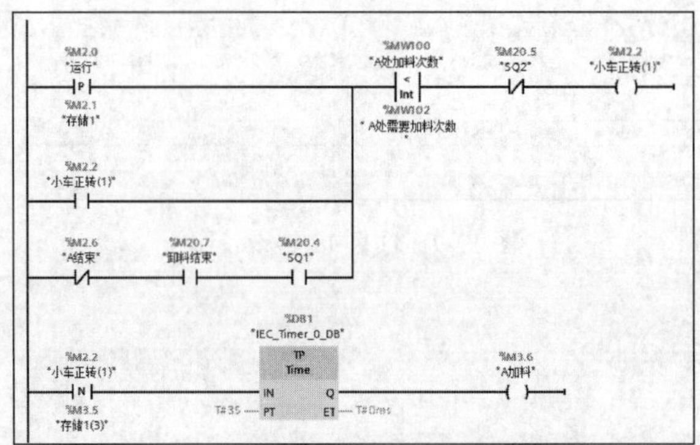

图 12-10　小车在 A 加料点处加料的程序

小车在 A 加料点加满料后，小车反向运行，其程序如图 12-11 所示。

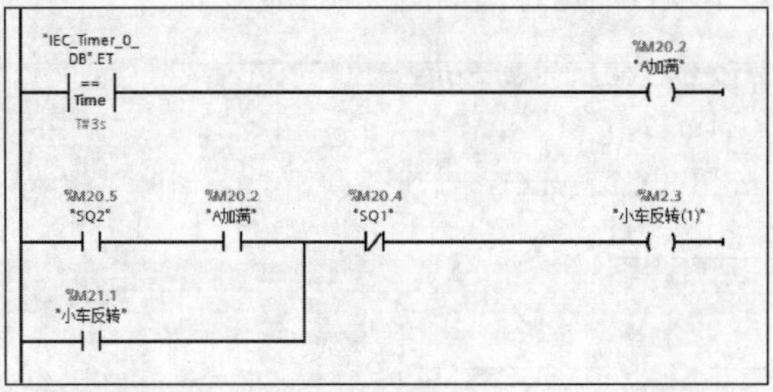

"IEC_Timer_0_DB".ET
==
Time
T#3s
%M20.2
"A加满"
%M20.5
"SQ2"
%M20.2
"A加满"
%M20.4
"SQ1"
%M2.3
"小车反转(1)"
%M21.1
"小车反转"

图 12-11　小车在 A 加料点加满料后反向运行的程序

小车返回到原点卸料，这里通过 IEC_Timer_0_DB_1 完成卸料时间的设定。小车在原点完成卸料后，小车重复执行上述过程，直到设定的在 A 加料点处加料的次数（即 A 处需要加料次数）完成为止，其程序如图 12-12 所示。

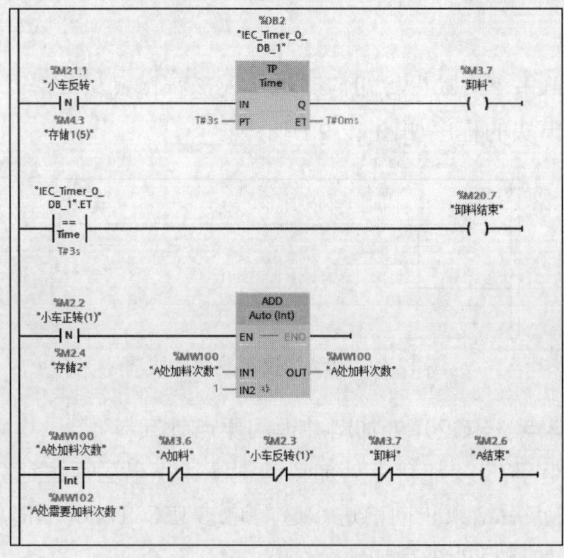

图 12-12　小车卸料的程序

4．小车在 B 加料点（SQ3）处进行加料并返回原点处卸料

当 A 加料点结束以后，小车正向运行到 B 加料点；当达到 B 加料点后，小车停止正向运行；通过定时器 IEC_Timer_0_DB_2 设定加料时间，小车在 B 加料点完成加料，其程序如图 12-13 所示。

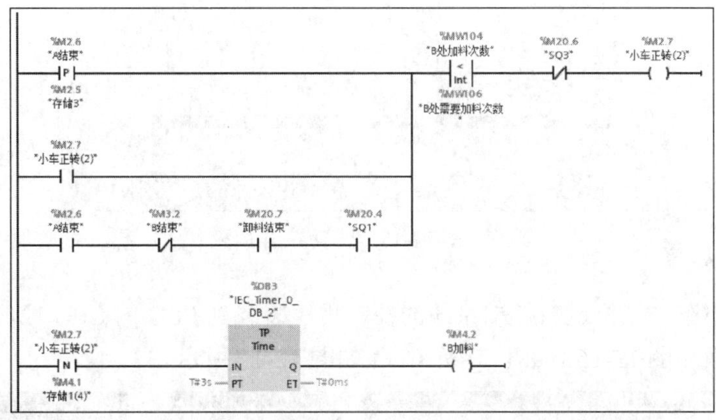

图 12-13　运料小车在 B 加料点加料的程序

当在 B 加料点加满料以后，小车会反方向行驶到起始的卸料点进行卸料，之后往返于卸料点和 B 加料点之间，直到完成在 B 加料点的加料次数（即 B 处需要加料次数），其程序如图 12-14 所示。

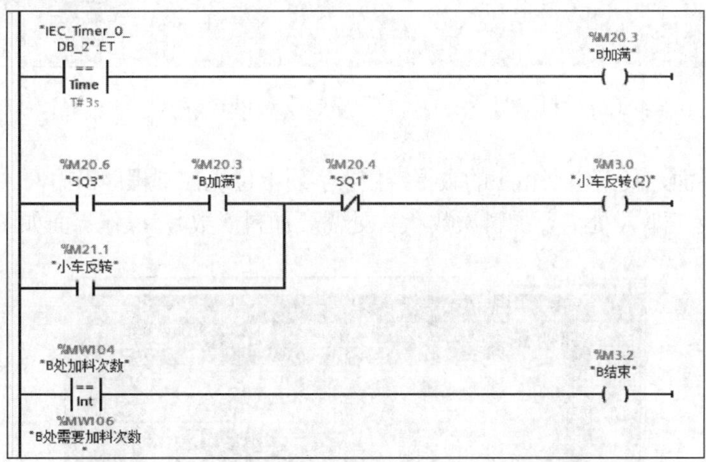

图 12-14　小车在 B 加料点与卸料点之间往返的程序

12.3.9　调试程序

采用西门子 TIA 博途软件搭建系统模型，进行直观的仿真测试，验证系统的可行性。按照图 12-4 所示内容，首先进行仿真与调试，仿真界面如图 12-15 所示。

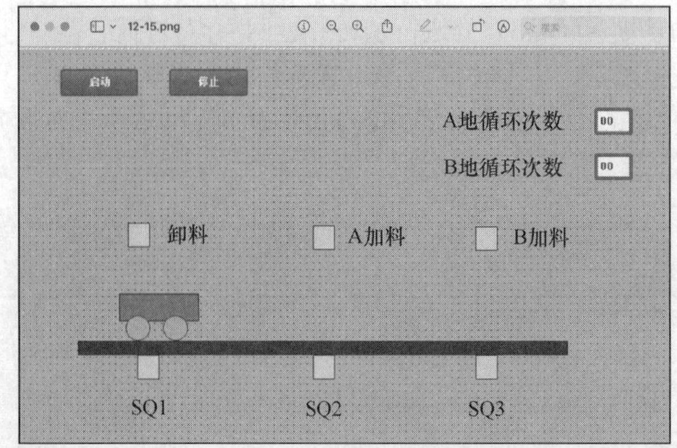

图 12-15　仿真界面

将编写的小车多工位运料控制系统的控制程序装载到 PLC 的 CPU 1214C 中，并打开运行，对应界面如图 12-16 所示。运行 CPU 如图 12-17 所示。

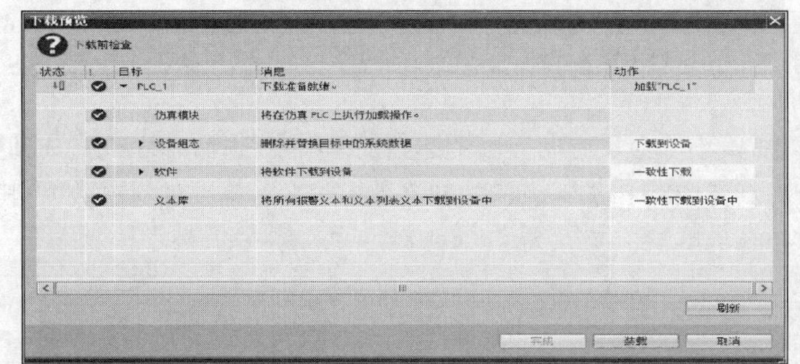

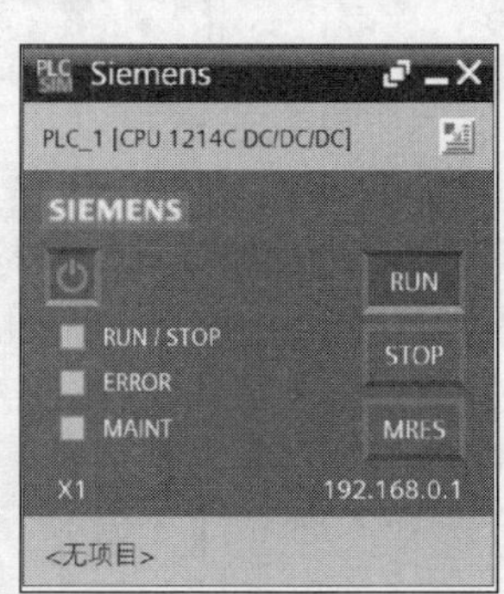

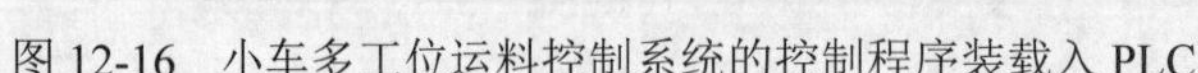
图 12-16　小车多工位运料控制系统的控制程序装载入 PLC　　　　图 12-17　运行 CPU

根据控制界面，我们建立相应的数据链接，实现上位机控制程序。输入 A 加料点和 B 加料点的加料次数（即 A 处需要加料次数和 B 处需要加料次数），操作界面如图 12-18 所示。

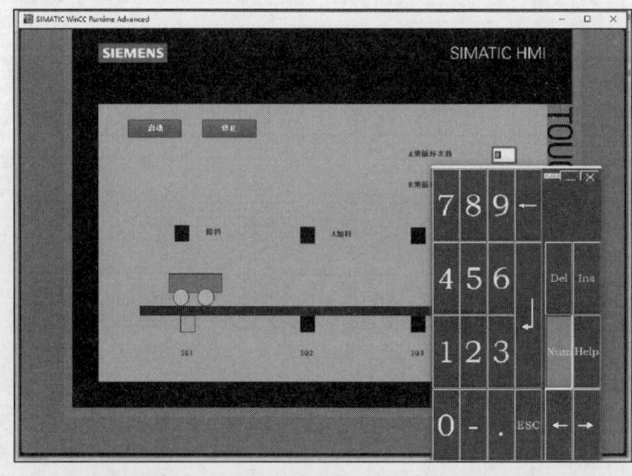

图 12-18　输入 A 加料点和 B 加料点的加料次数操作界面

在图 12-18 所示界面分别设置 A 加料点加料 1 次和 B 加料点加料 2 次，之后单击“启动”按钮，得到的运行效果如图 12-19～图 12-21 所示。

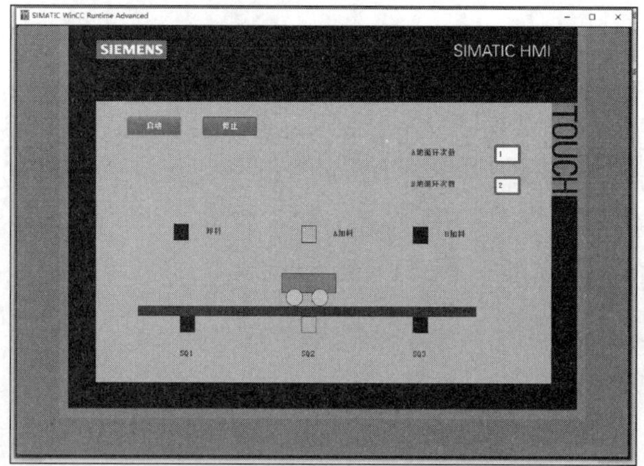

图 12-19　小车在 A 加料点加料

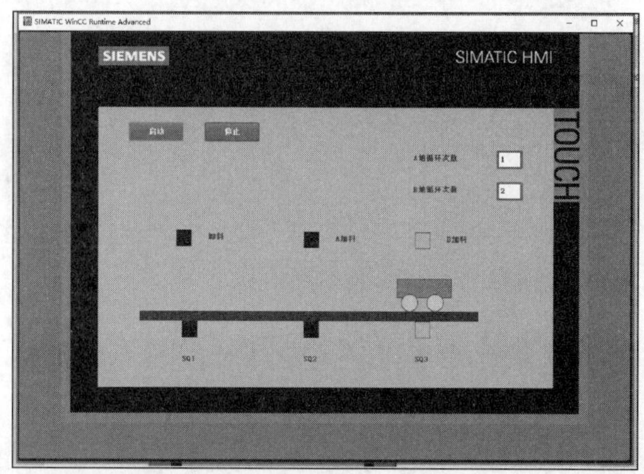

图 12-20　小车在 B 加料点加料

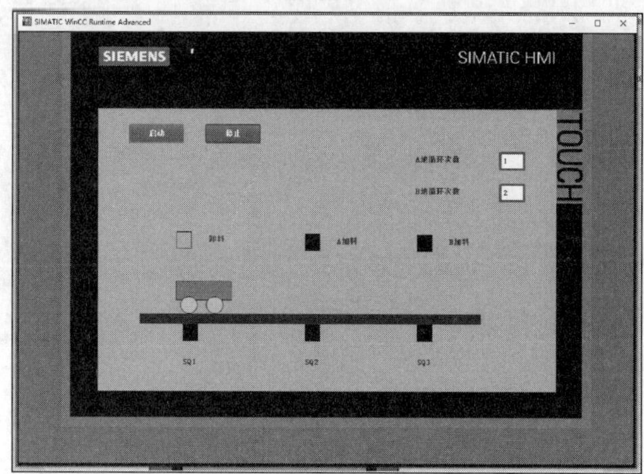

图 12-21　小车在卸料点卸料

习　题

请重新设计一台运料小车，该小车能够根据预设的路径和指令，实现 3 个物料点的运料和卸料，要求画出程序流程图，并在仿真软件中编程实现如下功能。

（1）运料小车完成从卸料点（SQ1）出发，到 A 加料处（SQ2）取 1 次车料，再返回卸料点（SQ1）卸料。

（2）运料小车到达 B 加料处（SQ3）取 2 次车料，再返回卸料点（SQ1）卸料。

（3）运料小车到达 C 加料处（SQ4）取 3 次车料，再返回卸料点（SQ1）卸料并进行配料混合。

项目 13 停车场车位控制

随着城市化进程的加快，停车难问题日益凸显。停车场车位控制是现代智能交通系统的重要组成部分。智能停车场系统应运而生，其中，PLC 作为核心控制器，在停车场车位控制方面具有广泛的应用。

本项目主要介绍停车场控制系统各部分功能的实现，同时阐述 PLC 的输入/输出分配，重点介绍 PLC 外部硬件电路接线和软件编程设计。

13.1 项目要求

停车场车位控制项目的目标是设计一套基于 PLC 的中、小型停车场车位控制系统，该系统从功能上分为出入控制系统和停车场自动开关门系统。出入控制系统主要负责统计并显示停车场内已用车位的数量，以控制车辆的出入，包括传感器、PLC 计数系统、红绿指示灯等。自动开关门系统主要控制停车场门禁的升降。本项目具体要求如下。

（1）本项目的系统工作受启、停开关控制。

（2）若停车场入口的光电传感器 A 有信号并持续时间在 1 s 以上，则为有效信号，表示有车进入，计数器加 1；若停车场入口的光电传感器 B 有信号并持续时间在 1 s 以上，则为有效信号，表示有车出去，计数器减 1。

（3）车库容量为 30 个车位。当车库内车辆数量小于 30 时，入口处绿色指示灯亮。当车库内车辆数量大于或等于 30 时，入口处红色警示灯亮。

（4）停车场入口门禁采用单相电动机，并配备减速器，可以实现电动机正、反转控制。

13.2 学习目标

（1）掌握停车场车位控制的工作原理。

（2）掌握加数指令和移位指令的应用。

（3）提高编程与调试能力。

停车场车位控制系统流程如图 13-1 所示。

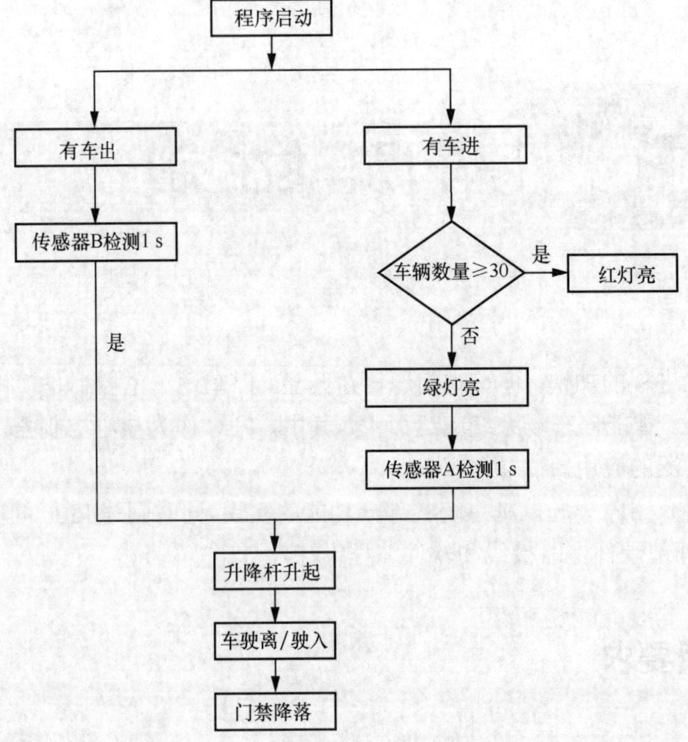

图 13-1 停车场车位控制系统流程

13.3 相关知识

13.3.1 PLC 光电传感器

光电传感器是一种将光信号转换为电信号的传感器，广泛应用于各种工业自动化领域。PLC 光电传感器具有灵敏度高、响应速度快、抗干扰能力强等优点，可以实现对物体的检测、定位和测量等功能。

1．工作原理

PLC 光电传感器主要由光源、光电元件（如光电二极管或光电晶体管）、信号处理器等组成。当光照射到光电元件上时，光电元件产生电流且电流大小与光照强度成正比。信号处理器将光电流转换为电信号，并发送给 PLC 进行处理。

2．PLC 光电传感器的特点

（1）响应速度快：PLC 光电传感器具有较快的响应速度，能够实时反映外界光线的变化。

（2）灵敏度高：PLC 光电传感器对光线的敏感度较高，即使在微弱的光线下也能正常工作。

（3）抗干扰能力强：PLC 光电传感器具有较强的抗电磁干扰、抗射频干扰能力。

（4）结构紧凑：PLC 光电传感器体积小、质量轻，便于安装和集成。

（5）易于编程：PLC 光电传感器通常具有数字输出，便于编程及与其他设备通信。

3．主要应用领域

（1）工业自动化：PLC 光电传感器在工业自动化领域中的应用非常广泛，如生产线上的物体检测、机器人导航等。

（2）交通运输：在公路、铁路、地铁等交通运输领域，PLC 光电传感器可用于检测车辆、行人等，从而提高交通安全性。

（3）智能家居：PLC 光电传感器可用于智能家居设备的光线控制、门窗感应等。

（4）环境监测：PLC 光电传感器可用于大气污染、水质污染等环境监测领域，实时反映环境变化。

（5）医疗设备：PLC 光电传感器在医疗设备中具有广泛应用，如生物组织切割、眼科治疗等。

13.3.2　PLC 传送类指令

传送类指令用于在各个编程元件之间进行数据传送。单个传送指令每次传送1个数据，传送数据的类型分为字节传送、字传送、双字传送和实数传送。单个传送指令有周期性字节传送指令 MOVB、立即读字节传送指令 BIR、立即写字节传送指令 BIW、字传送指令 MOVW。

1．周期性字节传送指令 MOVB

在梯形图中，周期性字节传送指令以功能框的形式编程，指令名称为 MOV_B，如图 13-2 所示。当允许输入 EN 有效时，一个无符号的单字节数据 IN 将被传送到 OUT 中。影响允许输出 EN0 正常工作的因素为 SM4.3（运行时间）、0006（间接寻址）。

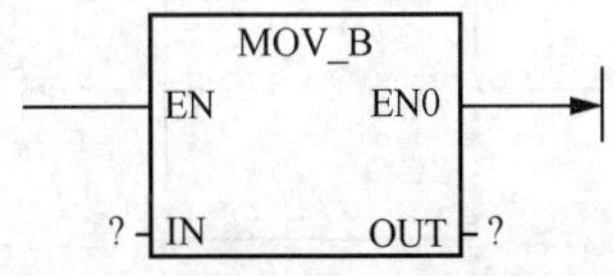

图 13-2　周期性字节传送指令

在语句表中，周期性字节传送指令 MOVB 的指令格式为：MOVB IN,OUT，其中，IN 和 OUT 的寻址范围如表 13-1 所示。

表 13-1　周期性字节传送指令的寻址范围

操作数	数据类型	寻址范围
IN	byte	VB、IB、QB、MB、SB、SMB、LB、AC、*VD、*AC、*LD 和常数
OUT	byte	VB、IB、QB、MB、SB、SMB、LB、AC、*VD、*AC、*LD

2．立即读字节传送指令 BIR

当允许输入 EN 有效时，立即读字节传送指令立即读取（不考虑扫描周期）当前输入继电器区中的由 IN 指定的字节，并传送至 OUT。在梯形图中，立即读字节传送指令以功能框的形式编程，指令名称为 MOV_BIR。当允许输入 EN 有效时，一个无符号的单字节数据 IN 将被传送到 OUT 中。

在语句表中，立即读字节传送指令的指令格式为：BIR IN,OUT，如图 13-3 所示。

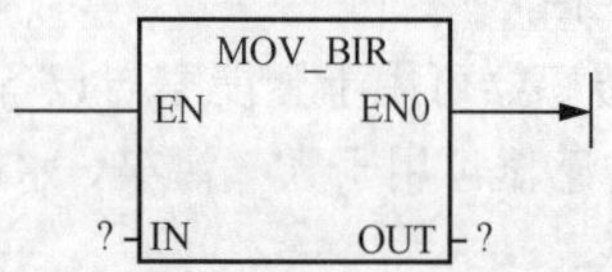

图 13-3　立即读字节传送指令

在立即读字节传送指令中，IN 和 OUT 的寻址范围如表 13-2 所示。

表 13-2　立即读字节传送指令的寻址范围

操作数	类型	寻址范围
IN	byte	IB
OUT	byte	VB、IB、QB、MB、SB、SMB、LB、AC、VD、*AC、LD

3．字传送指令 MOVW

字传送指令 MOVW 可将一个字长的有符号整数数据 IN 传送至 OUT。在梯形图中，字传送指令以功能框的形式编程，当允许输入 EN 有效时，将一个无符号的单字长数据 IN 传送到 OUT 中，如图 13-4 所示。

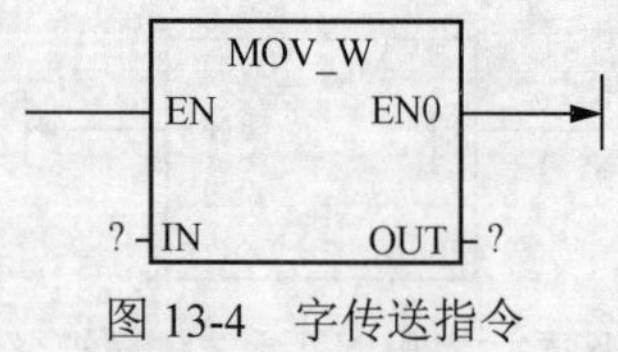

图 13-4　字传送指令

影响允许输出 EN0 正常工作的因素为 SM4.3（运行时间）、0006（间接寻址）。在语句表中，字传送指令 MOVW 的指令格式为：MOVW IN,OUT，其中，IN 和 OUT 的寻址范围如表 13-3 所示。

表 13-3　字传送指令的寻址范围

操作数	类型	寻址范围
IN	word	VW、IW、QW、MW、SW、SMW、LW、T、C、AC、*VD、*AC、*LD 和常数
OUT	word	VW、IW、QW、MW、SW、SMW、LW、T、C、AC、*VD、*AC、*LD

项目解决方案扩展

在 PLC 编程中（以常见的西门子 PLC 等为例），本项目表 13-1~表 13-3 中的寻址范围的具体含义如下。

VB（byte variable，字节变量）：表示字节类型的存储区变量。1 字节（B）包含 8 位（bit），可以用于存储一些相对简单、数据量较小的数据，如单个字节值（取值范围为 0～255），或者用于对字节级别的设备状态、控制字等进行操作。例如，可以用 VB100 表示存储区地址为 100 的字节空间，那么我们在程序中可以对它进行赋值、读取等操作。

IB（input byte，输入字节）：对应 PLC 输入映像区的字节类型地址，主要用于接收外部输入信号的状态，这些外部信号可以来自各种实际的物理设备，比如按钮、接近开关、传感器等的开关量信号。例如，IB0 表示输入映像区的第一个字节地址，其中每一位对应一个实际的输入点，用于获取外部输入设备的实时状态，以便 PLC 程序根据这些输入状态进行相应的逻辑判断和处理。

QB（output byte，输出字节）：表示 PLC 输出映像区的字节类型地址，用于控制 PLC 向外部输出设备发送控制信号，如对控制继电器、指示灯、电磁阀等设备的通断操作。例如，QB1 用于向外部输出设备输出一个字节的控制信息，程序可以根据内部逻辑运算结果（RLO）向该地址写入相应的值，从而改变与之相连的外部设备的工作状态。

MB（memory byte，内存字节）：指的是 PLC 内部的通用内存字节存储区，可以由用户自由定义和使用，用于暂存程序运行过程中的各类中间数据、标志位，例如，在程序中进行数据运算时，用 MB 存储运算的中间结果等。

SB（system byte，系统字节）：一般是 PLC 系统内部预留用于特定系统功能的字节存储区域，涉及 PLC 自身的一些系统配置、状态监测等相关的数据存储。普通用户编程时通常较少直接操作这个区域，更多是由 PLC 自身来管理和使用，以保障其正常运行以及实现一些系统级别的监控功能。

SMB（special memory byte，特殊内存字节）：是指具有特殊用途的内存字节存储区，存储 PLC 运行相关的一些重要参数、状态信息以及可以供用户进行一些特殊配置等的数据，比如 PLC 的扫描周期设定值、某些特殊功能模块的启用标志等。用户可以根据需要在编程时对部分可配置的特殊内存字节进行读/写操作来实现特定的功能扩展或配置调整。

LB（local byte，局部字节）：常用于局部变量的字节存储，在一些有局部变量定义需求的程序块（如子程序等）中使用，它的作用范围局限在定义它的程序块内部，和其他程序块中的同名变量不会产生冲突，方便在局部程序逻辑中暂存数据，提高程序的模块化和可维护性。

AC（accumulator，累加器）：是 PLC 内部用于数据运算和临时存储的重要单元，可以进行多种数据类型（如字节、字、双字等）的操作，常用于数据的算术运算、逻辑运算过程中。数据在参与运算时往往先被加载到累加器中，再执行相应的运算操作，并且运算结果也可以暂存在累加器里，方便后续进一步处理或传递到其他存储区。

VD：这是一种间接寻址方式，用于通过指针来访问双字长度的数据存储区域。通过先定义一个指针（存储在如 VD 寄存器等中），用“”符号表明寻址方式为间接寻址，

这样 PLC 就可以根据指针所指向的地址获取或修改对应双字存储区的数据，增加了程序在数据访问上的灵活性。这一区域尤其适用于需要动态改变数据访问地址的编程场景，比如在循环处理一组数据时使用间接寻址来依次操作不同地址的数据。

*AC：同样是一种间接寻址，不过这里是针对累加器进行的间接操作。利用指针指向累加器内部的某个特定位置或者以累加器为基础进行偏移等方式，间接获取或修改数据，在一些复杂的数据处理和灵活的运算逻辑中发挥作用，能更精细地操控累加器中的数据内容。

*LD：用于对局部数据存储区进行间接寻址。在局部程序块中，当需要动态地、灵活地访问局部数据而不是固定地按名称或直接地址访问时，就可以采用这种间接寻址方式，通过指针来指向局部数据存储区的不同位置，实现对局部数据的灵活操作，提高局部程序逻辑内数据处理的灵活性和效率。

13.4 项目实施

13.4.1 硬件组态

西门子 S7-1200 系列 PLC 具有良好的运动控制能力，非常适合应用于现场自动化生产线。现场的模拟量可以通过模拟量模块直接与 PLC 进行通信，使现场的工作更加轻松方便。西门子 S7-1200 系列 PLC 具有 PID 控制的功能，能够确保现场控制的准确性。图 13-5 所示设备是本项目所采用的西门子 S7-1200 系列 PLC。

图 13-5 西门子 S7-1200 系列 PLC

13.4.2 输入/输出地址分配

根据 PLC 停车场车位控制的要求，PLC 输入/输出地址的分配如表 13-4 和表 13-5 所示。

表 13-4 PLC 输入地址分配

序号	输入地址	输入信号
1	I0.0	启动
2	I0.1	停止
3	I0.2	光电传感器 A
4	I0.3	光电传感器 B
5	I0.4	门上限位
6	I0.5	门下限位

表 13-5　PLC 输出地址分配

序号	输出地址	输出信号
1	Q0.0	绿灯
2	Q0.1	红灯
3	Q0.2	电动机升
4	Q0.3	电动机降
5	Q0.4	升降电动机快速
6	Q0.5	升降电动机慢速

13.4.3　定义变量

PLC 变量表存储了停车场的控制信息和开关门的控制信息，具体内容如表 13-6 所示。

表 13-6　PLC 变量表（项目 13）

名称	变量表	数据类型	地址
System_Byte	默认变量表	byte	%MB1
FirstScan	默认变量表	bool	%M1.0
DiagStatusUpdate	默认变量表	bool	%M1.1
AlwaysTRUE	默认变量表	bool	%M1.2
AlwaysFALSE	默认变量表	bool	%M1.3
Clock_Byte	默认变量表	byte	%MB0
Clock_10Hz	默认变量表	bool	%M0.0
Clock_5Hz	默认变量表	bool	%M0.1
Clock_2.5Hz	默认变量表	bool	%M0.2
Clock_2Hz	默认变量表	bool	%M0.3
Clock_1.25Hz	默认变量表	bool	%M0.4
Clock_1Hz	默认变量表	bool	%M0.5
Clock_0.625Hz	默认变量表	bool	%M0.6
Clock_0.5Hz	默认变量表	bool	%M0.7
启动	默认变量表	bool	%M2.0
停止	默认变量表	bool	%M2.1
光电传感器 A	默认变量表	bool	%M2.2
光电传感器 B	默认变量表	bool	%M2.3
升降电动机快速	默认变量表	bool	%M2.4
升降电动机慢速	默认变量表	bool	%M2.5

续表

名称	变量表	数据类型	地址
上升	默认变量表	bool	%M2.6
下降	默认变量表	bool	%M2.7
运行	默认变量表	bool	%M3.0
车库占用车位	默认变量表	int	%MW200
上限位	默认变量表	bool	%M3.1
下限位	默认变量表	bool	%M3.2
门位置	默认变量表	int	%MW202
存储 1	默认变量表	bool	%M3.3
存储 2	默认变量表	bool	%M3.4
按钮进车	默认变量表	bool	%M3.5
按钮出车	默认变量表	bool	%M3.6
按钮进车(1)	默认变量表	bool	%M3.7
按钮出车(1)	默认变量表	bool	%M4.0
小车进位置	默认变量表	int	%MW204
小车出位置	默认变量表	int	%MW206
控制小车进	默认变量表	bool	%M4.1
控制小车出	默认变量表	bool	%M4.2
存储 3	默认变量表	bool	%M4.3
存储 4	默认变量表	bool	%M4.4
存储 5	默认变量表	bool	%M4.5
开始关门	默认变量表	bool	%M4.6
存储 6	默认变量表	bool	%M4.7
存储 7	默认变量表	bool	%M5.0
存储 8	默认变量表	bool	%M5.1
结束进	默认变量表	bool	%M5.2
结束出	默认变量表	bool	%M5.3
存储 8(1)	默认变量表	bool	%M5.4
红灯	默认变量表	bool	%M5.5
绿灯	默认变量表	bool	%M5.6

在 PLC 中，HMI 是至关重要的。在本项目的 HMI 变量表如表 13-7 所示，该表用于存储和管理项目中用到的数据。

表 13-7　HMI 变量表（项目 13）

名称	连接	PLC 名称	数据类型	大小
启动	HMI_连接_1	启动	bool	1
停止	HMI_连接_1	停止	bool	1
运行	HMI_连接_1	运行	bool	1
门位置	HMI_连接_1	门位置	int	2
光电传感器 B	HMI_连接_1	光电传感器 B	bool	1
光电传感器 A	HMI_连接_1	光电传感器 A	bool	1
车库占用车位	HMI_连接_1	车库占用车位	int	2
按钮出车	HMI_连接_1	按钮出车	bool	1
按钮进车	HMI_连接_1	按钮进车	bool	1
小车出位置	HMI_连接_1	小车出位置	int	2
小车进位置	HMI_连接_1	小车进位置	int	2
快速电动机	HMI_连接_1	快速电动机	bool	1
慢速电动机	HMI_连接_1	慢速电动机	bool	1
上升	HMI_连接_1	上升	bool	1
下降	HMI_连接_1	下降	bool	1
绿灯	HMI_连接_1	绿灯	bool	1
红灯	HMI_连接_1	红灯	bool	1

13.4.4　接线图

本项目的 PLC 接线图如图 13-6 所示。

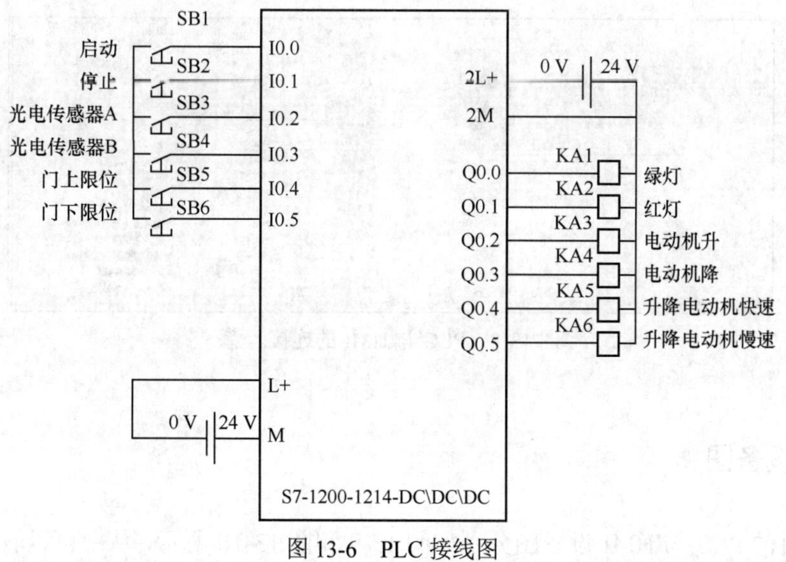

图 13-6　PLC 接线图

13.4.5 拓扑图

本项目的设备拓扑如图 13-7 所示。

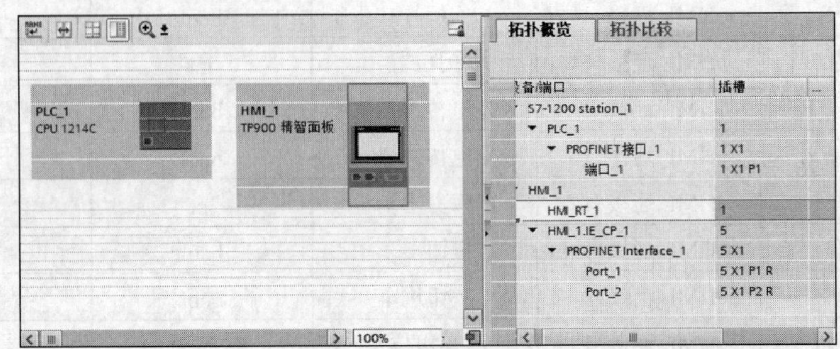

图 13-7 设备拓扑

从图 13-7 中可看出，本项目主要由 PLC_1 的 CPU 1214C 和 HMI_1 的显示面板组成。PLC_1 有一个端口（端口_1），所占用的插槽是 1 X1 P1。显示面板采用的是 TP900 精智面板。TP900 的端口有两个，分别是 Port_1 和 Port_2，它们占用的插槽分别是 5 X1 P1 R 和 5 X1 P2 R。

13.4.6 建立网络图

本项目 PLC 与 HMI 的连接示意如图 13-8 所示。CPU 1214C 的接口 PROFINET 接口_1 通过一根 PN/IE_1 线与 TP900 精智面板的接口 PROFINET 接口_1 相连接。同时，CPU 1214C 连接 4 个脉冲发生器（PTO/PWM）（Pluse_1～Pluse_4）接入 6 个高速计数器（HSC_1～HSC_6）。我们可以看到 TP900 的两个端口（Port_1 和 Port_2）中的 Port_1 已经通过 PN/IE_1 接通了。

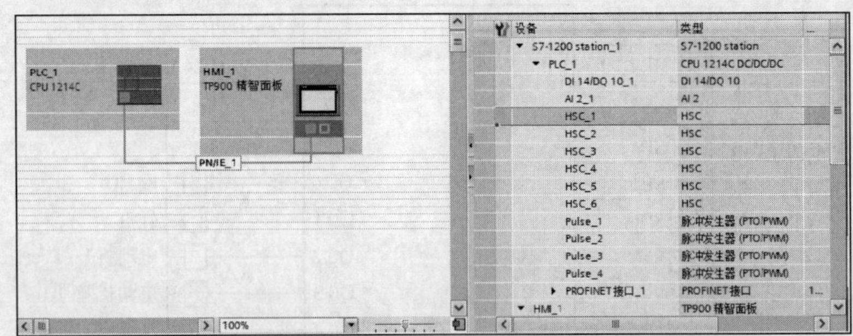

图 13-8 PLC 与 HMI 的连接示意

13.4.7 设备图

本项目的 PLC 与 HMI 设备图分别如图 13-9 和图 13-10 所示，从中可以看出，PLC 设备的连接方式、端口和整体硬件布局，以及 HMI 设备的数据接口、控制与显示对应关系。

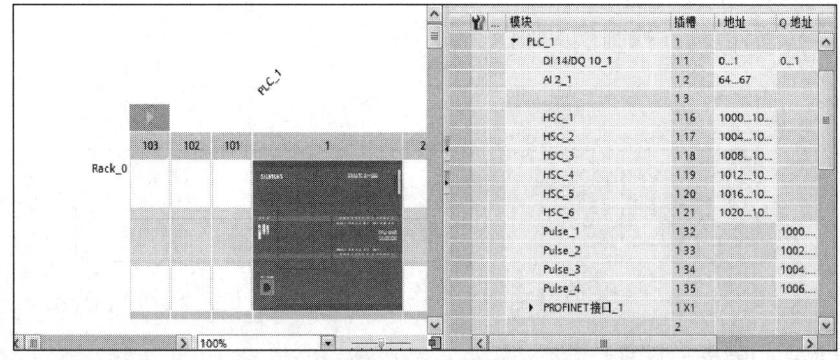

图 13-9　PLC 设备图

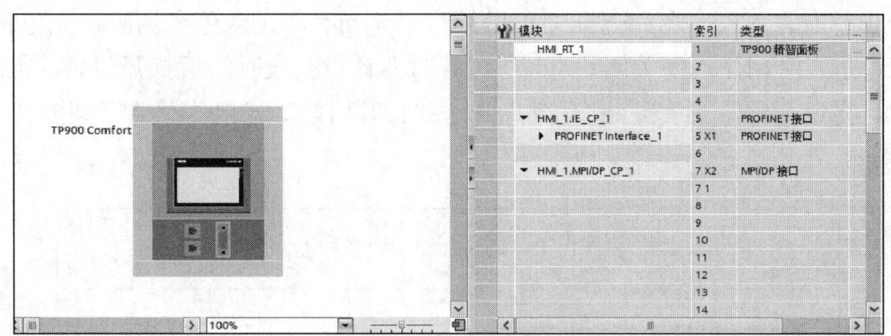

图 13-10　HMI 设备图

13.4.8　编写程序

1. 系统设计

通过仿真测试来验证本次设计的可行性，通过仿真检测设备的运行，来判断系统是否出现问题，测试系统是否正常运行，以及测试数据结果是否符合预期效果。根据上述内容进行程序编写和变量建立。本项目的程序如图 13-11 所示。

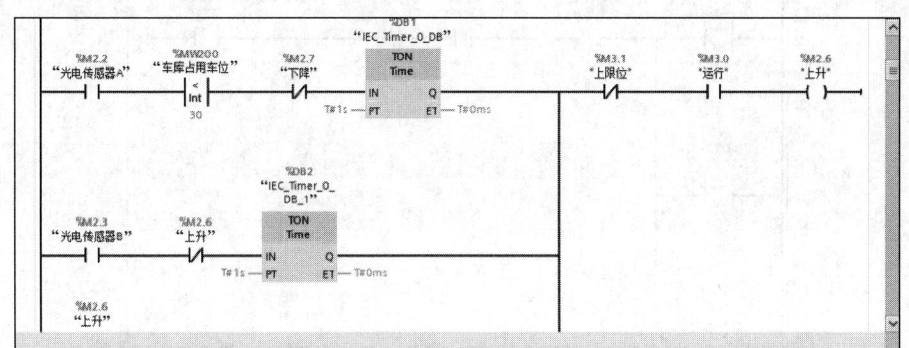

图 13-11　项目 13 程序

2．启停控制模块

设置启动和停止按钮，单击“启动”按钮后，系统进入运行模式。单击“停止”按钮后，系统停止运行。启停控制模块如图 13-12 所示。

图 13-12　启停控制模块的程序

3．停车场门禁感应控制

光电传感器 A 和光电传感器 B 分别安装在门禁（即程序中的“上升”和“下降”）的两侧，用于感应进入停车场和离开停车场的汽车。当有车进入停车场时，光电传感器 A 感应到有车进入且门禁处于关闭状态，通过计时器计量一段时间后打开门禁。当有车离开停车场时，光电传感器 B 感应到有车离开，并打开门禁。光电传感器门禁控制的程序如图 13-13 所示。

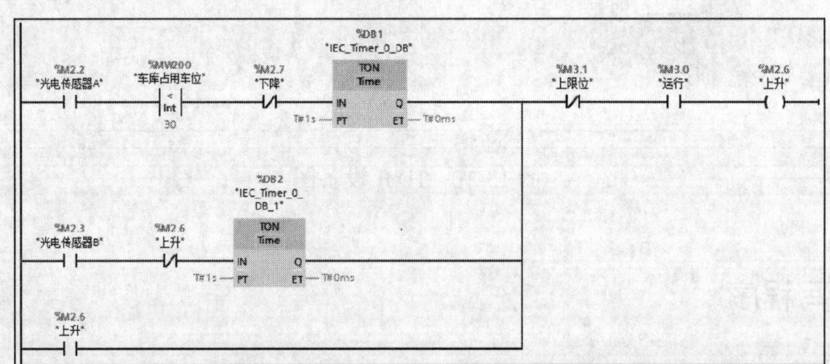

图 13-13　光电传感器门禁控制的程序

当车离开小车进位置或小车出位置时，门禁下降，其程序如图 13-14 所示。

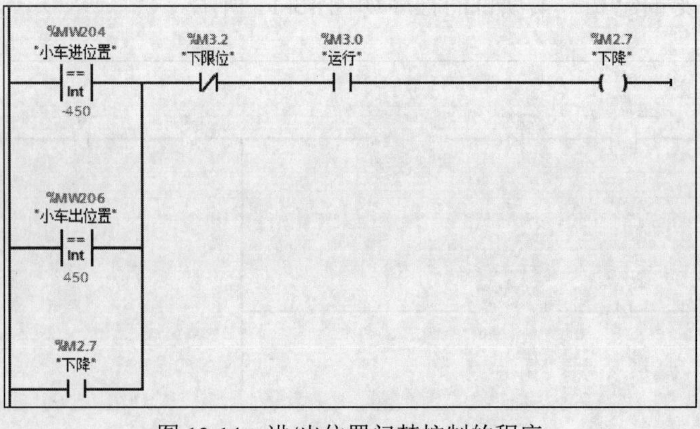

%MW204 "小车进位置" == Int -450　%M3.2 "下限位"　%M3.0 "运行"　%M2.7 "下降"

%MW206 "小车出位置" == Int 450

%M2.7 "下降"

图 13-14　进/出位置门禁控制的程序

当光电传感器感应到车即将驶入或驶出时，门禁系统需要打开或关闭。该动作由电动机触发。当门禁升起或者下降到 30 时，快速电动机与慢速电动机进行切换。电动机的选择与切换控制的程序如图 13-15 所示。

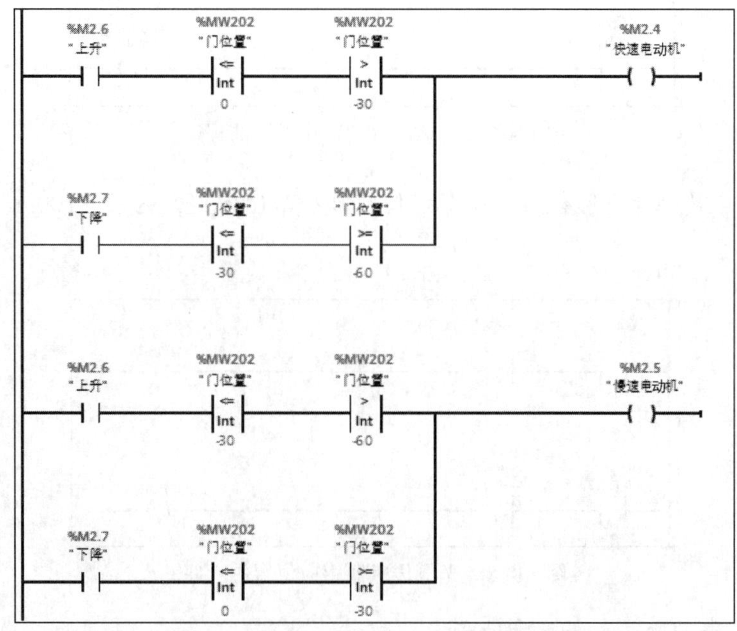

图 13-15 电动机选择与切换控制的程序

4．停车场车位数量控制

光电感应器 A 感应到车辆进入停车场，会使停车场车位数量加 1；光电感应器 B 感应到车辆离开停车场，会使停车场车位数量减 1。停车场车位数量控制的程序如图 13-16 所示。

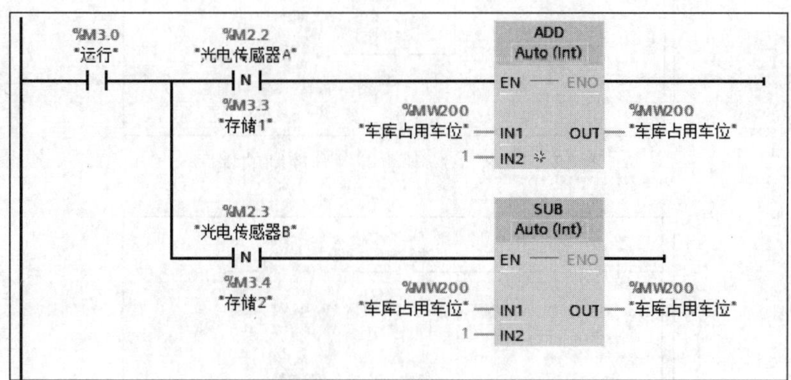

图 13-16 停车场车位数量控制的程序

5．停车场门禁与光电传感器初始化

初始化设置门禁下限位和上限位分别为 0 cm 和 60 cm，其程序如图 13-17 所示。

图 13-17　门禁位置初始化设置的程序

初始化光电传感器感应位置（小车进位置和小车出位置）为 0～100m，其程序如图 13-18 所示。

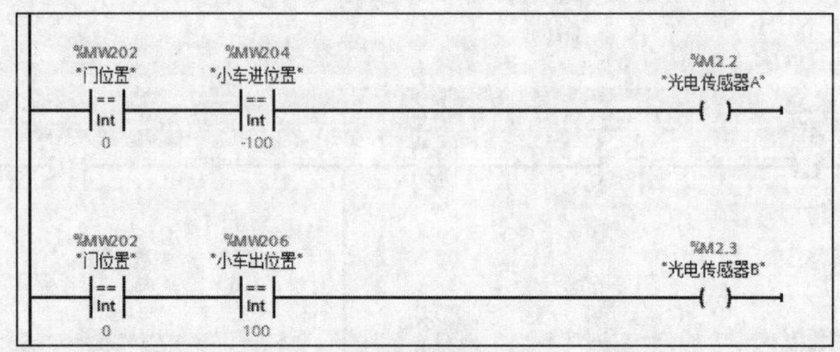

图 13-18　光电传感器感应位置的程序

6．停车场电动机上升与下降控制

停车场门禁的控制是先快后慢的，位置在 30，停车场电动机上升与下降控制的程序分别如图 13-19 和图 13-20 所示。

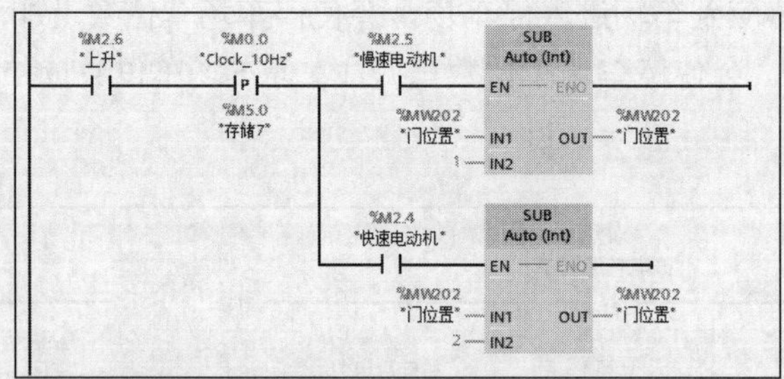

图 13-19　停车场电动机上升控制的程序

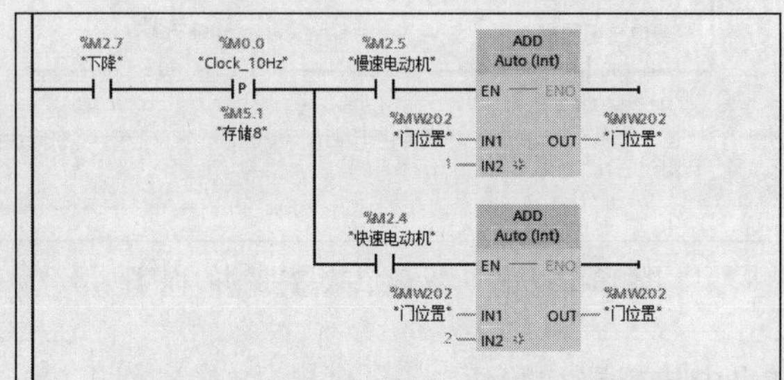

图 13-20　停车场电动机下降控制的程序

13.4.9　调试程序

本项目采用西门子 TIA 博途软件搭建系统模型，进行直观的仿真测试，验证系统的可行性。按照系统的控制连接图进行仿真与调试，仿真界面如图 13-21 所示。

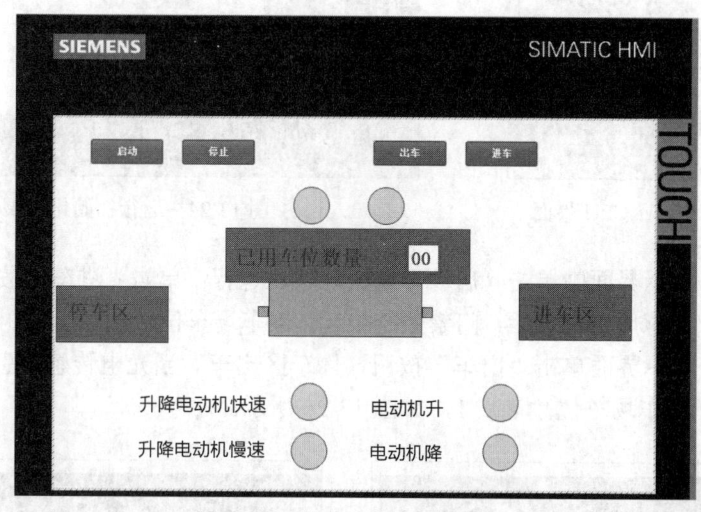

图 13-21　仿真界面（项目 13）

将编写的停车场车位控制系统的控制程序装载到 PLC 的 CPU 1214C 中，操作界面如图 13-22 所示。之后，运行 CPU，界面如图 13-23 所示。得到的初始化效果如图 13-24 所示。

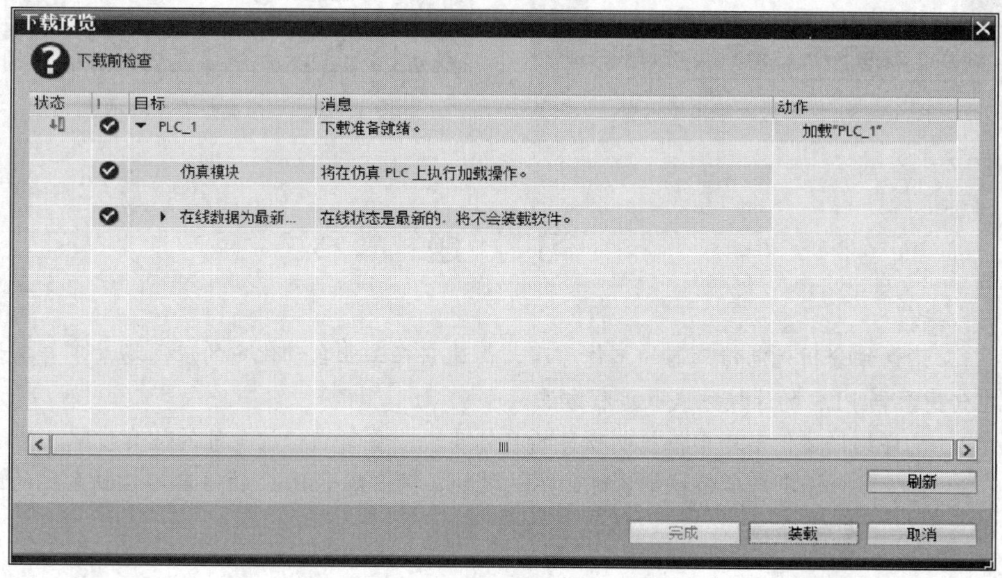

图 13-22　装载控制程序的操作界面

图 13-23　运行 CPU 界面

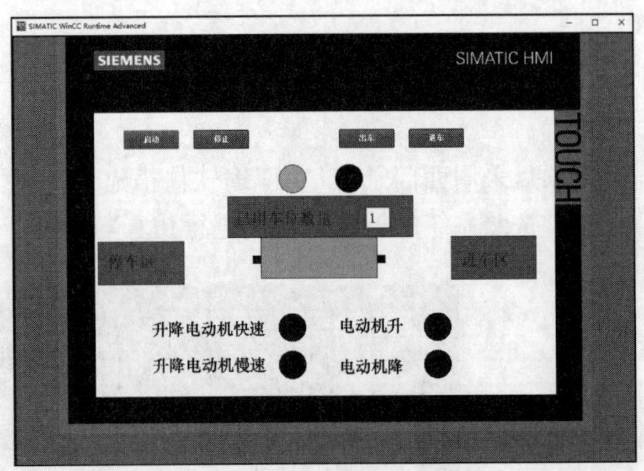

图 13-24　运行初始化效果

在图 13-24 所示界面中单击“启动”按钮，项目运行；单击“进车”按钮，进车区进车。当光电传感器感应到车以后，门禁系统抬起，停车场车位数量加 1，如图 13-25 所示。

在图 13-24 所示界面单击“出车”按钮，停车区出车。当光电传感器感应到车以后，门禁系统抬起，停车场车位数量减 1，如图 13-26 所示。

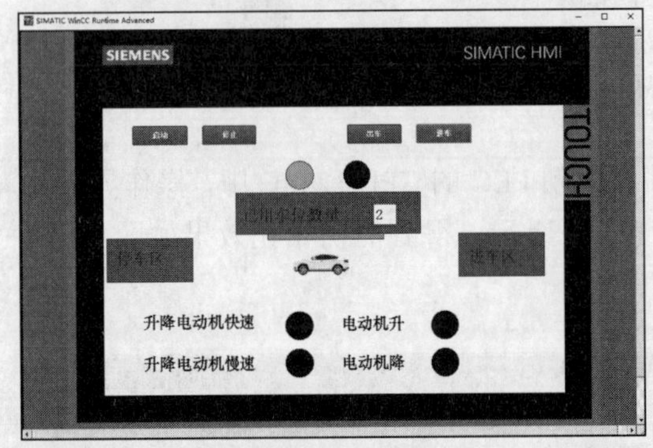

图 13-25　汽车进入停车场示意

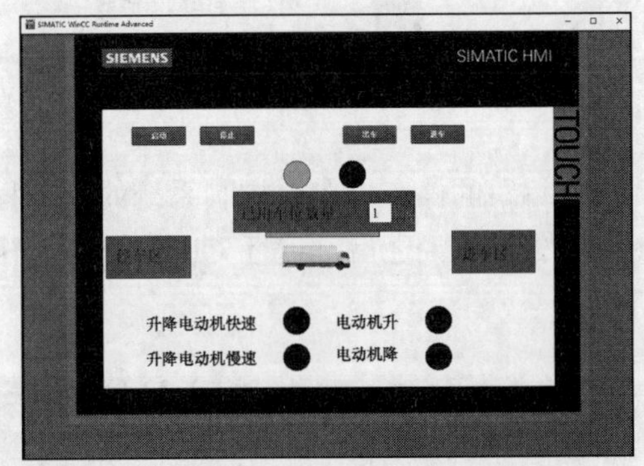

图 13-26　汽车离开停车场示意

习　题

1. 请详细分析光电传感器的工作原理，简述它在工业自动化中的应用场景，并探讨光电传感器与 PLC 的连接方式及编程方法。

2. 请详细描述停车场车位控制项目的具体实现，重新进行该项目的仿真步骤。

3. 分析现有停车场车位控制系统的不足之处，提出基于 PLC 的停车场控制系统的设计思路和优化方案。

项目 14 全自动洗衣机控制

本项目将模拟实现一个全自动洗衣机系统，首先根据系统要求设计出接线图，再通过仿真软件编写和调试 PLC 程序。

14.1 项目要求

全自动洗衣机的实物如图 14-1 所示。

图 14-1 全自动洗衣机实物

本项目采用西门子 S14-1200 系列 PLC 作为核心部件，搭配水位传感器和温度传感器，进行全自动洗衣机控制系统的硬件设计。通过梯形图和语句表进行系统软件编程，并利用 HMI 组态软件进行组态界面设计，实现全自动洗衣机的自动化控制。全自动洗衣机工作的具体步骤如下。

步骤 1：洗衣机开始工作前，PLC 控制进水电磁阀开启，开始进水。

步骤 2：当水位达到预设值时，PLC 控制进水电磁阀关闭，停止进水，同时开始洗涤正转。洗涤时间为 15 s。

步骤 3：当洗涤正转 15 s 后，PLC 控制洗涤电动机停止，开始洗涤反转。

步骤 4：当洗涤反转 15 s 后，计数器加 1，累计洗涤次数。若已经洗涤了 3 次，则进行步骤 5，否则，返回步骤 2 重复进行洗涤过程。

步骤 5：洗涤完毕后，PLC 控制排水电磁阀开启，开始排水。

步骤 6：当水位降低到规定下限时，低水位开关接通，PLC 控制脱水电磁离合器合上，脱水电动机正转进行甩干。

步骤 7：脱水 10 s 后，计数器加 1，第一次脱水停止。当水位达到预设值时，PLC 控制洗涤电动机正转，同时停止进水，然后开始洗涤正转。重复执行步骤 2～步骤 6，直到第二次脱水停止，接着重复执行步骤 2～步骤 6，脱水第 3 次。

步骤 8：第三次脱水完毕后，PLC 控制烘干指示灯熄灭，进行报警并停机。

14.2 学习目标

（1）掌握全自动洗衣机控制工作原理。

（2）掌握定时器和计数器的应用方法。

（3）掌握如何正确选用、配置传感器和执行器，并将它们与 PLC 进行连接，确保能够准确地获取洗衣机的工作状态信息，并输出相应的控制信号。

（4）提高编程与调试能力。

14.3 相关知识

14.3.1 计数质量

PLC 计数器质量的评估，需要综合考虑多个方面。以下是一些关键要素，用于评估 PLC 计数器的性能和适用性。

1．精度和分辨率

精度是指计数器能够准确计数的程度，通常以小数点后的位数来表示。分辨率是指计数器的最小计数单位，即可以计数的最小变化量。拥有高精度和高分辨率的计数器能够提供更准确的测量和更精细的控制。

2．计数范围

计数范围是指计数器能够计数的最大值和最小值。具有适当计数范围的计数器能满足特定的应用需求。

3．计数速度

计数速度是指计数器执行计数操作的速度。快速的计数速度可以提高系统的响应速度和控制性能。

4．计数稳定性

计数稳定性是指计数器在长时间运行过程中的可靠性和稳定性。稳定的计数器可以提供更可靠的数据和更稳定的控制。

5．输入信号类型和兼容性

不同类型的输入信号可能需要不同的输入适配器和处理电路。因此，评估计数器性能和适用性时还需要考虑所支持的输入信号类型以及与不同设备的兼容性。

14.3.2　步控指令

PLC 的步控指令通常是指那些用于顺序控制的指令，如步进指令。这些指令通常用于在大型程序中建立各个程序段的联结点，特别适用于顺序控制。使用步进指令可以将整个系统的控制程序划分为若干个程序段，每个程序段对应于工艺过程的一个部分。

在编写顺序控制程序时，首先应确定整个控制系统的流程，然后将复杂的任务或过程分解成若干个工序（状态），最后弄清各个工序成立的条件、工序转移的条件和转移的方向，这样就可以画出顺序功能图。

14.4 项目实施

14.4.1　硬件组态

本项目选用的控制器是西门子 S14-1200 系列 PLC，CPU 为 1214C DC/DC/DC，其硬件组态如图 14-2 所示。

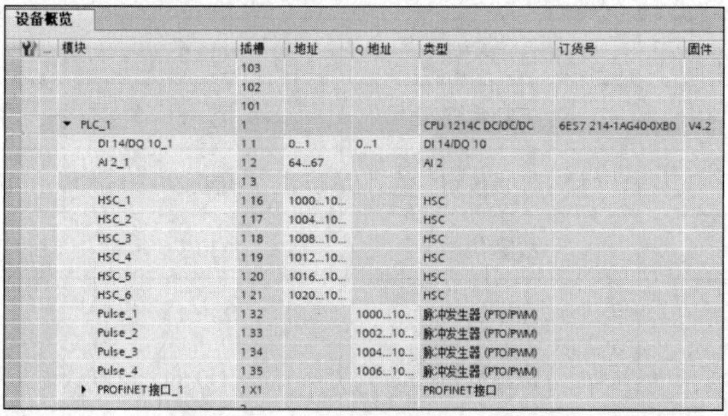

设备概览

模块	插槽	I 地址	Q 地址	类型	订货号	固件
	103					
	102					
	101					
▼ PLC_1	1			CPU 1214C DC/DC/DC	6ES7 214-1AG40-0XB0	V4.2
DI 14/DQ 10_1	1 1	0...1	0...1	DI 14/DQ 10		
AI 2_1	1 2	64...67		AI 2		
	1 3					
HSC_1	1 16	1000...10...		HSC		
HSC_2	1 17	1004...10...		HSC		
HSC_3	1 18	1008...10...		HSC		
HSC_4	1 19	1012...10...		HSC		
HSC_5	1 20	1016...10...		HSC		
HSC_6	1 21	1020...10...		HSC		
Pulse_1	1 32		1000...10...	脉冲发生器 (PTO/PWM)		
Pulse_2	1 33		1002...10...	脉冲发生器 (PTO/PWM)		
Pulse_3	1 34		1004...10...	脉冲发生器 (PTO/PWM)		
Pulse_4	1 35		1006...10...	脉冲发生器 (PTO/PWM)		
▸ PROFINET接口_1	1 X1			PROFINET接口		

图 14-2　PLC 设备的硬件组态（项目 14）

添加 HMI 显示与触控屏设备，以便于直观操作。HMI 设备为 TP900 精智面板，它的硬件组态如图 14-3 所示。

添加好设备后，将 PLC 设备与 HMI 设备连接起来，如图 14-4 所示。

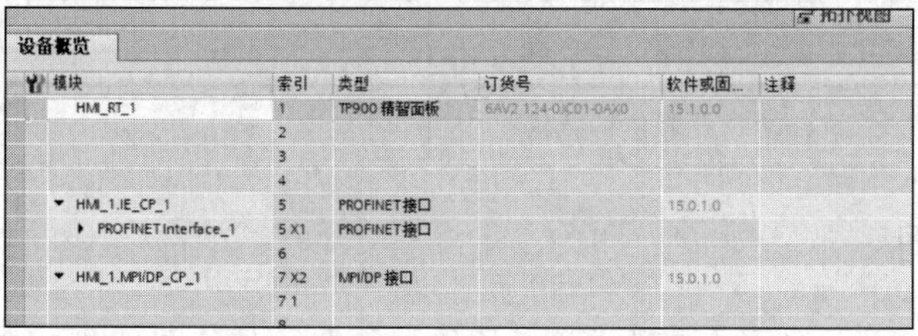

拓扑视图

设备概览

模块	索引	类型	订货号	软件或固...	注释
HMI_RT_1	1	TP900 精智面板	6AV2 124-0JC01-0AX0	15.1.0.0	
	2				
	3				
	4				
▼ HMI_1.IE_CP_1	5	PROFINET接口		15.0.1.0	
▸ PROFINET Interface_1	5 X1	PROFINET接口			
	6				
▼ HMI_1.MPI/DP_CP_1	7 X2	MPI/DP 接口		15.0.1.0	
	7 1				

图 14-3　HMI 设备的硬件组态（项目 14）

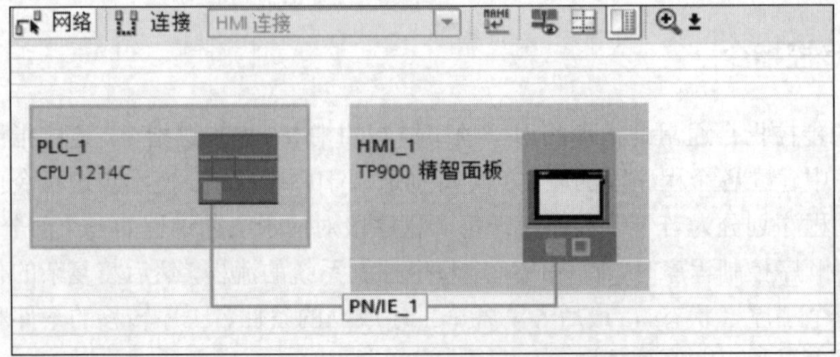

图 14-4 PLC 设备与 HMI 设备的连接图（项目 14）

14.4.2 输入/输出地址分配

本项目的输入/输出地址分配如表 14-1 所示。

表 14-1 输入/输出地址分配

输入		输出	
器件名称	编程元件地址	器件名称	编程元件地址
I0.0	自动按钮	Q0.0	注水阀
I0.1	手动按钮	Q0.1	洗涤电动机正转
I0.2	停止按钮	Q0.2	洗涤电动机反转
I0.3	故障信号	Q0.3	排水阀
I0.4	注水按钮	Q0.4	甩干电动机
I0.5	洗涤按钮	Q0.5	报警指示灯
I0.6	排水按钮	Q0.6	烘干电动机
I0.14	甩干按钮		
I1.0	烘干按钮		
I1.1	高液位传感器		
I1.2	中液位传感器		
I1.3	低液位传感器		

14.4.3 接线图

根据项目要求设计的全自动洗衣机系统的 PLC 控制接线图如图 14-5 所示。

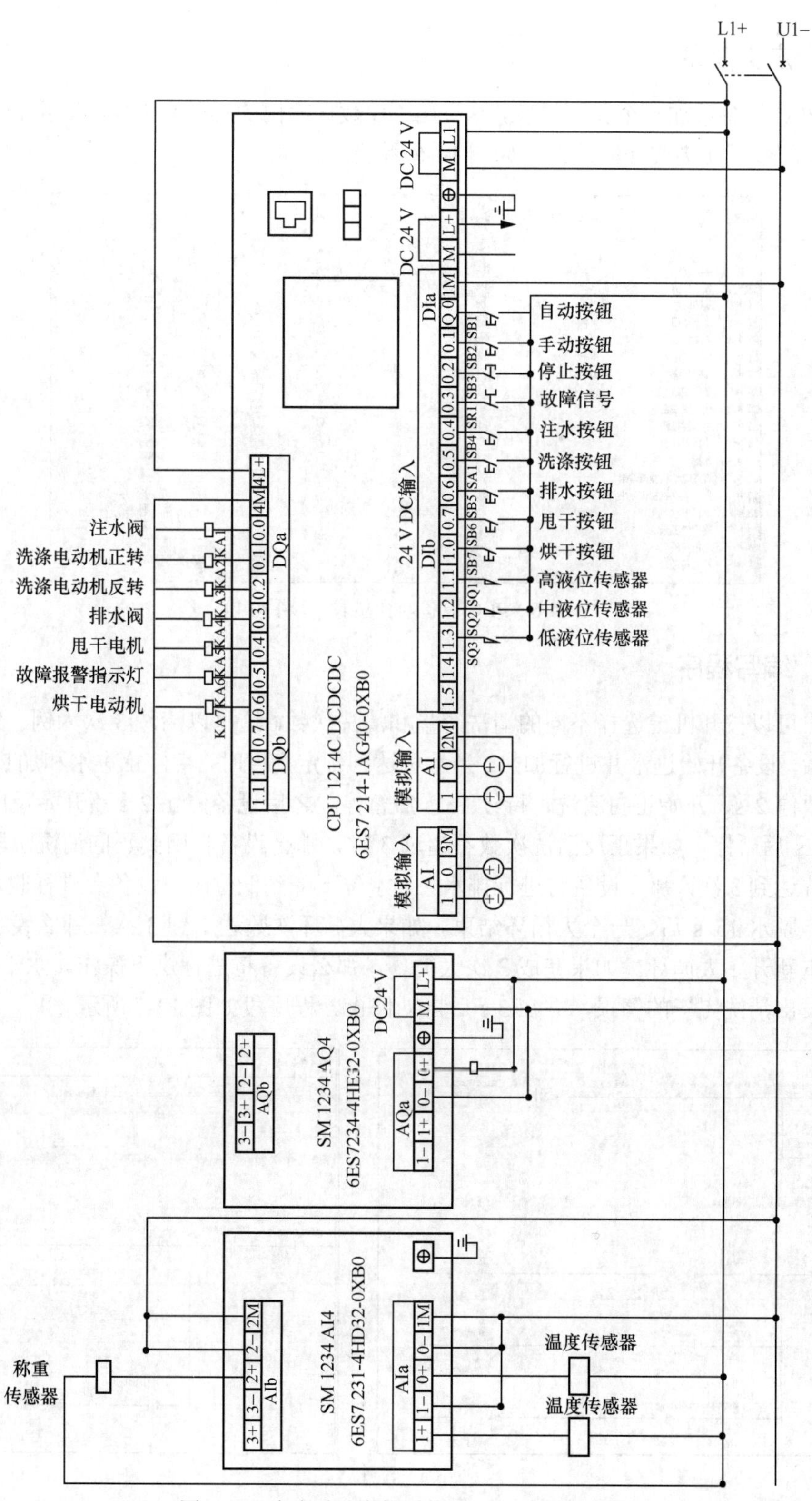

图 14-5　全自动洗衣机系统的 PLC 控制接线图

14.4.4 定义变量

给 PLC 设备添加一个新变量表，这里用 DB 数据库内的点代替 I 点，表示在触摸屏上进行操作，不用连接实际的硬件，如图 14-6 所示。

HMI

名称	数据类型	偏移量	起始值	保持	可从 HMI/...	从 H...	在 HMI ...	设定值
▼ Static				☐	☐	☐	☐	☐
自动按钮	Bool	0.0	false	☐	☑	☑	☑	☐
手动按钮	Bool	0.1	false	☐	☑	☑	☑	☐
停止按钮	Bool	0.2	false	☐	☑	☑	☑	☐
故障信号	Bool	0.3	false	☐	☑	☑	☑	☐
注水按钮	Bool	0.4	false	☐	☑	☑	☑	☐
洗涤按钮	Bool	0.5	false	☐	☑	☑	☑	☐
排水按钮	Bool	0.6	false	☐	☑	☑	☑	☐
甩干按钮	Bool	0.7	false	☐	☑	☑	☑	☐
烘干按钮	Bool	1.0	false	☐	☑	☑	☑	☐
大容量按钮	Bool	1.1	false	☐	☑	☑	☑	☐
中容量按钮	Bool	1.2	false	☐	☑	☑	☑	☐
小容量按钮	Bool	1.3	false	☐	☑	☑	☑	☐
水量	Real	2.0	0.0	☐	☑	☑	☑	☐
洗涤电动机旋转效果	Int	6.0	0	☐	☑	☑	☑	☐
甩干电动机旋转效果	Int	8.0	0	☐	☑	☑	☑	☐
洗涤电动机工作	Bool	10.0	false	☐	☑	☑	☑	☐
温度传感器	Real	12.0	0.0	☐	☑	☑	☑	☐
湿度传感器	Real	16.0	0.0	☐	☑	☑	☑	☐
称重传感器	Real	20.0	0.0	☐	☑	☑	☑	☐

图 14-6 PLC 设备新变量表（项目 14）

14.4.5 编写程序

用户可以按开机键选择不同的清洗容量和清洗次数。这里以清洗 3 次为例。在选择清洗次数后，设备开始进水并进行加热。当水位达到一定高度时，将停止进水和加热。然后，设备会暂停 2 s，开始正向清洗，持续 15 s 后暂停。之后设备停止 2 s 后开始反向清洗，持续 15 s 后暂停。如果正反清洗次数不超过 3 次，那么设备将回到正向清洗阶段。如果正反清洗达到 3 次，那么设备将进行排水。当水位下降到低位时，设备会进行脱水，并继续排水。脱水 15 s 后，一个大循环结束。如果大循环次数达不到 3 次，那么设备将继续进水并重新开始大循环。如果完成 3 次大循环，那么设备将进行烘干操作。烘干完成后，设备会发出清洗完毕的警报，并在 3 s 后自动停止。程序段如图 14-7 所示。

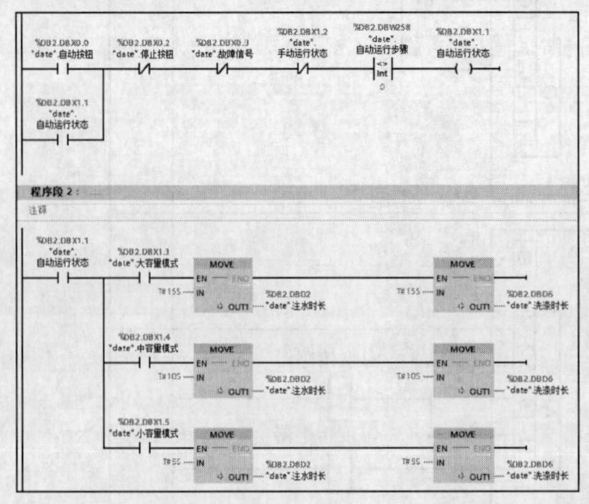

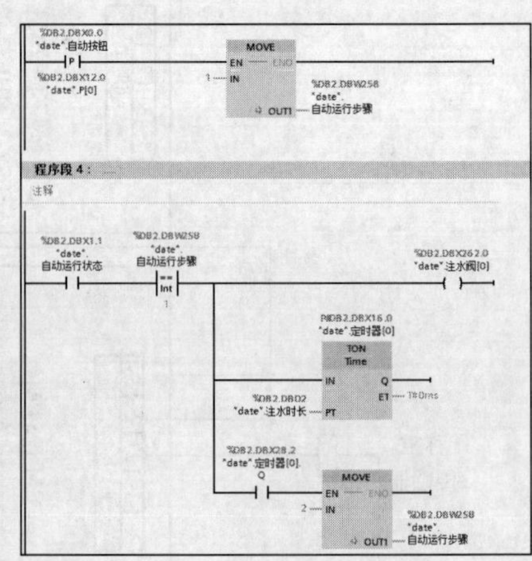

（a）注水

图 14-7 程序段（项目 14）

（b）正向清洗

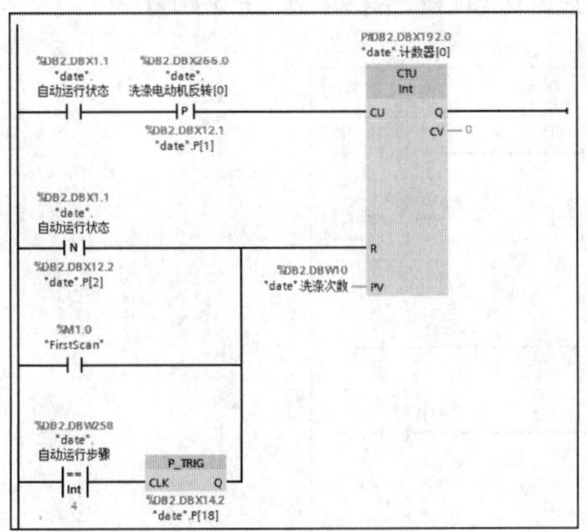

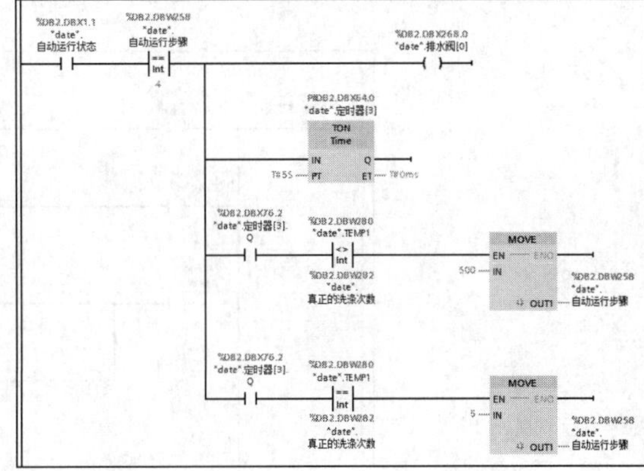

（c）反向清洗

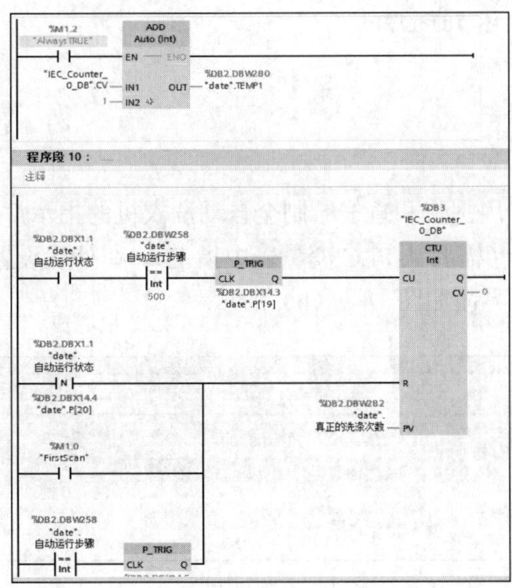

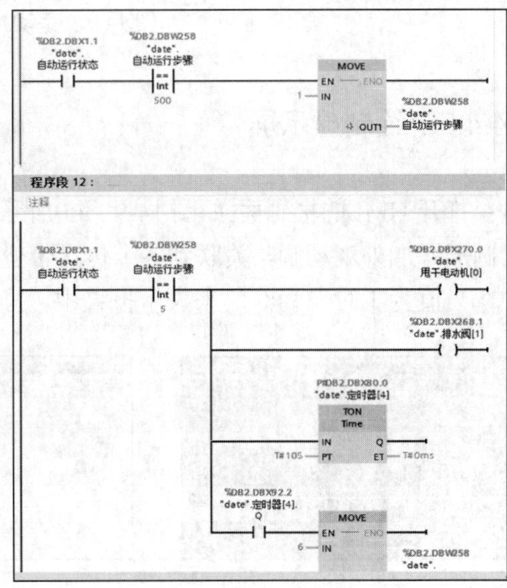

（d）脱水

图 14-7　程序段（项目 14，续）

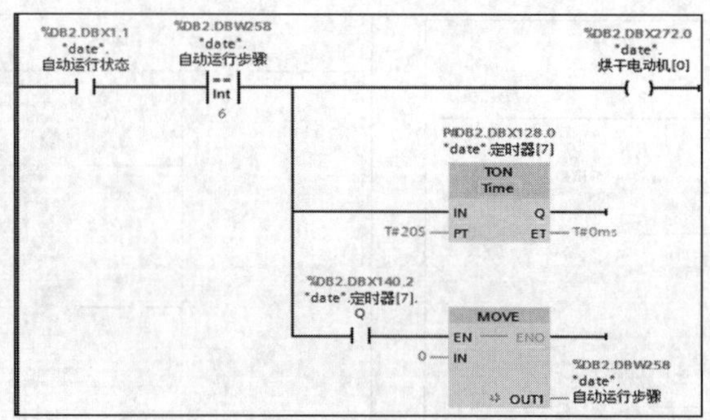

（e）烘干

图 14-7　程序段（项目 14，续）

本项目的全自动洗衣机需要设计手动控制环节，即当控制系统处于手动控制环节时，按下相应的按钮，启动相应的执行机构。手动控制环节的程序段如图 14-8 所示。

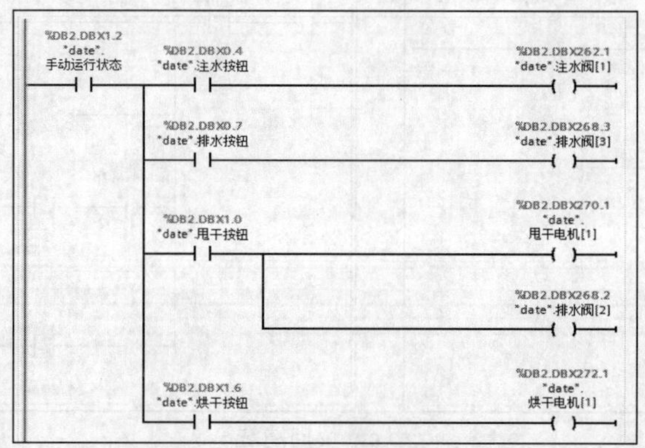

图 14-8　手动控制环节的程序段

14.4.6　绘制显示屏

打开 HMI 的根画面[如图 14-9（a）所示]，用圆形和直线绘制全自动洗衣机的指示灯，给圆形添加外观动画，关联到各个传送带变量（需要从 PLC 变量表中指定）。在外观设置中，当值为 1 时设为红色来表示报警中，操作界面如图 14-9（b）所示。

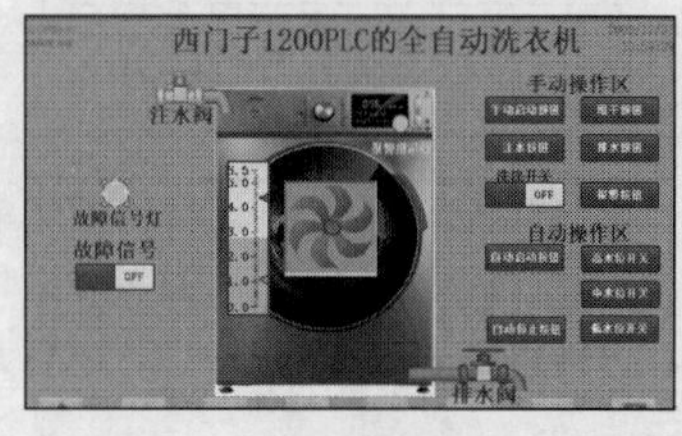

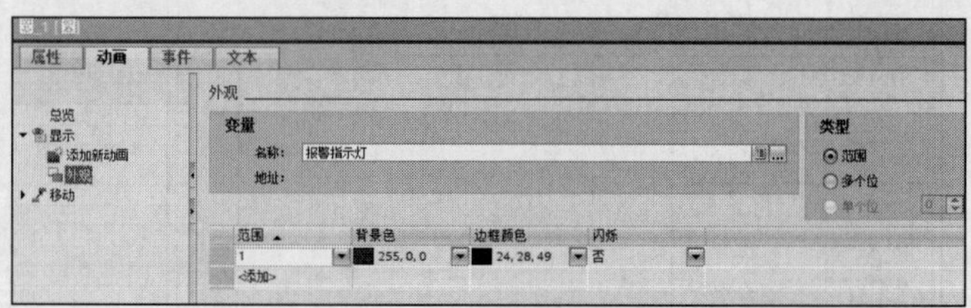

（a）根画面　　　　（b）外观设置操作界面

图 14-9　HMI 根画面和外观设置操作界面

在图 14-10（a）所示界面中添加按钮，并设置按钮的按下和释放事件。按下添加置位位函数，释放添加复位位函数，然后指定对应的变量，操作界面如图 14-10（b）所示。

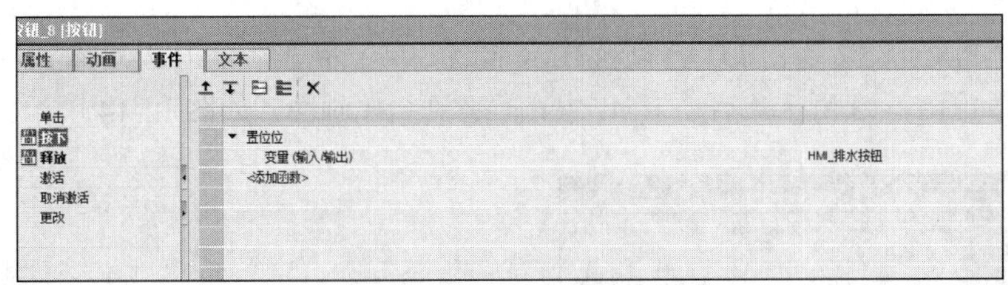

（a）设置按下和释放事件操作界面

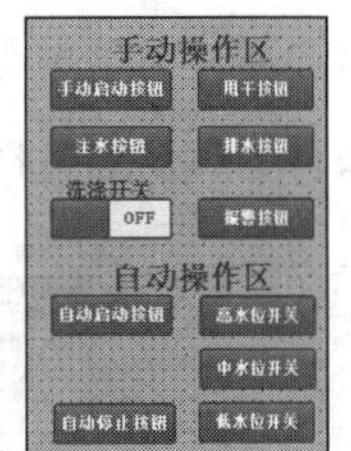

（b）HMI 根画面右侧

图 14-10　添加按钮

添加报警指示灯，外观颜色设置与故障信号指示灯的圆形设置相同，如图 14-11 所示。

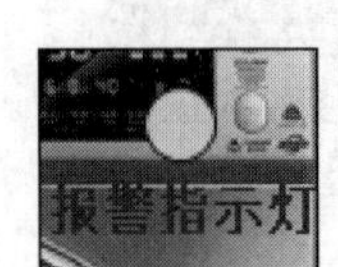

（a）添加报警指示灯

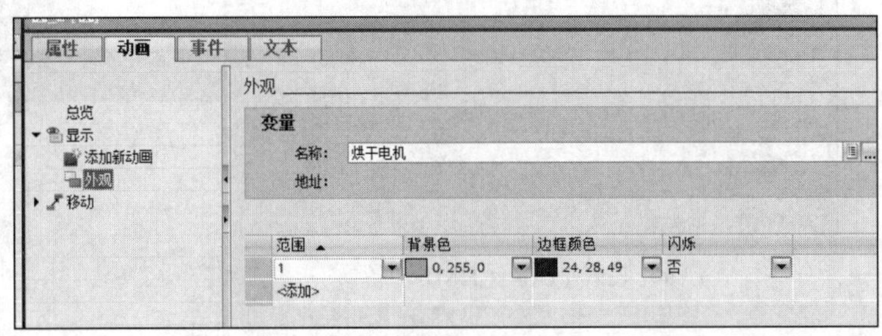

（b）设置动画界面

图 14-11　添加报警指示灯

打开 HMI 变量表，发现之前引用的 PLC 变量已经出现在这里（如图 14-12 所示）。下面将采集周期改为 100 ms，使程序运行更顺畅。

PLC 变量	地址	访问模式	采集周期	来
"date".洗涤次数		<符号访问>	100 ms	
"date".甩干电机变频器...		<符号访问>	100 ms	
"date".真正的洗涤次数		<符号访问>	100 ms	
HMI.中容量按钮		<符号访问>	100 ms	
HMI.停止按钮		<符号访问>	100 ms	
HMI.大容量按钮		<符号访问>	100 ms	
HMI.小容量按钮		<符号访问>	100 ms	
HMI.手动按钮		<符号访问>	100 ms	
HMI.排水按钮		<符号访问>	100 ms	
HMI.故障信号		<符号访问>	100 ms	
HMI.水量		<符号访问>	100 ms	
HMI.注水按钮		<符号访问>	100 ms	
HMI.洗涤按钮		<符号访问>	100 ms	
HMI.洗涤电机工作		<符号访问>	100 ms	
HMI.洗涤电机旋转效果		<符号访问>	100 ms	
HMI.烘干按钮		<符号访问>	100 ms	
HMI.甩干按钮		<符号访问>	100 ms	
HMI.甩干电机旋转效果		<符号访问>	100 ms	
HMI.称重传感器		<符号访问>	100 ms	
HMI.自动按钮		<符号访问>	100 ms	
<未定义>			1 s	
报警指示灯		<符号访问>	100 ms	
排水阀		<符号访问>	100 ms	
注水阀		<符号访问>	100 ms	
洗涤电机反转		<符号访问>	100 ms	

图 14-12　HMI 变量表

14.4.7 调试程序

编译项目，启动 PLC 仿真，将 PLC 装载至 HMI 设备。装载完成后单击 PLC 窗口的“RUN”按钮运行，如图 14-13 所示。启动 HMI 仿真，看到初始画面，如图 14-14 所示。

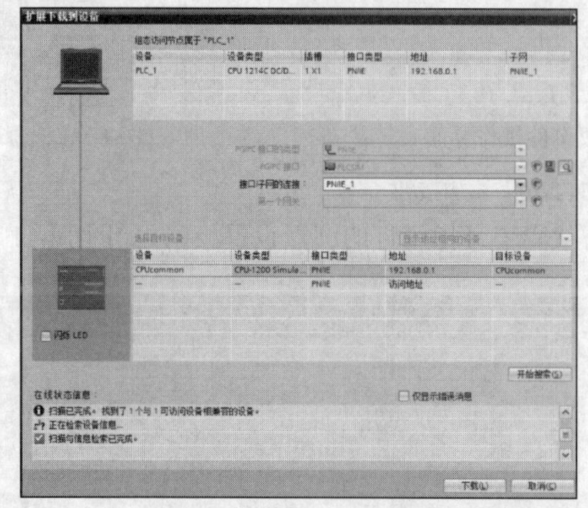

（a）装载 PLC 至 HMI 设备

（b）运行界面

图 14-13　编译项目

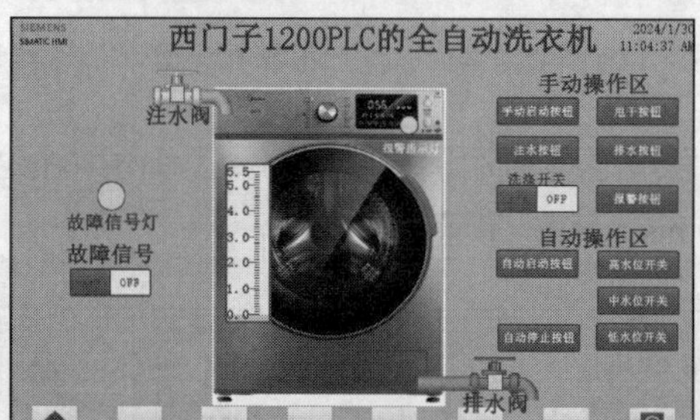

图 14-14　启动 HMI 仿真的初始画面

启动测试：单击“自动启动按钮”，注水阀指示灯亮（变绿），其界面如图 14-15 所示。

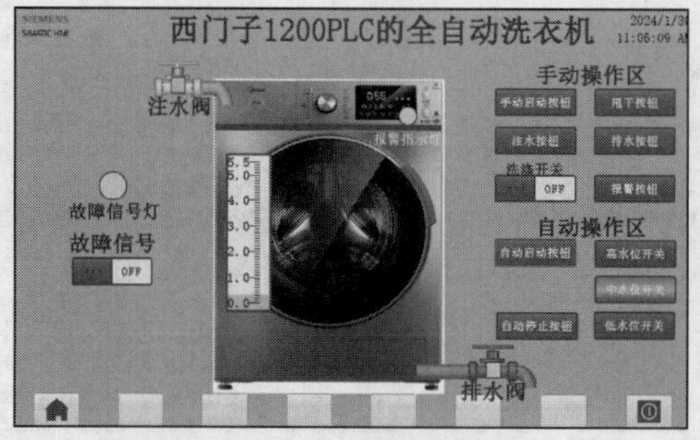

图 14-15　启动测试界面

全自动洗衣机控制系统洗完后会自动停止运行，如图 14-16 所示。

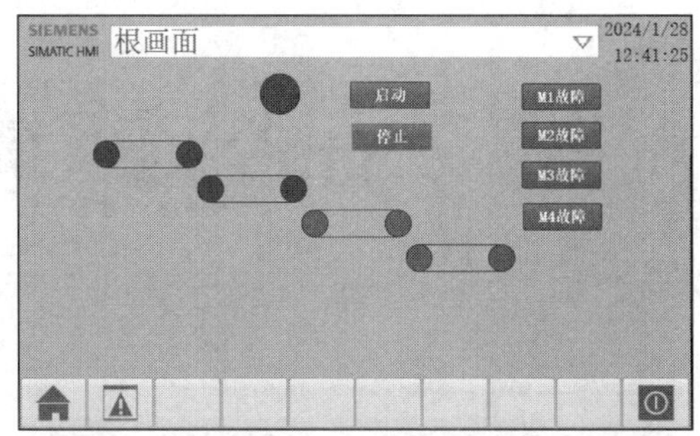

图 14-16　自动停止运行

故障测试：重新启动，然后打开故障开关，此时洗衣机停止运行，故障信号灯闪烁红色，如图 14-17 所示。

图 14-17　故障测试界面

习　题

1. 在基于 PLC 的全自动洗衣机控制系统中，如何根据不同的衣物材质和重量，精确调整洗涤时间、转速、水位等参数，以实现最佳的洗涤效果，同时确保对衣物的损伤最小化？

2. 基于 PLC 的全自动洗衣机控制系统在面对复杂的故障情况时，例如传感器故障、电机过载等，具备哪些具体的故障诊断和保护机制来保障洗衣机的安全运行，并方便维修人员快速定位和解决问题？

3. 考虑市场上洗衣机功能的多样化和智能化趋势，基于 PLC 的全自动洗衣机控制系统在升级扩展方面有哪些潜在的方向和可能性，例如与智能家居系统的融合、远程控制功能的实现？

项目 15　物流次品监测系统

分拣控制系统在先进制造领域中扮演着极其重要的角色，是工业控制及现代物流系统的重要组成部分，能够实现物料同时进行多口多层的连续分拣。本项目在自动及分拣系统原理的基础上，根据一定的分拣要求，采用整体化的设计思想，设计一个物流次品监测系统。

15.1 项目要求

物流次品监测系统的工作流程如图 15-1 所示，图中有 3 个光电传感器，分别为 BL1、BL2、BL3。BL1 检测有无次品到来，若有次品到，则为 ON。BL2 检测凸轮的凸起，若凸轮转一圈，则发送一个移位脉冲。因为物品的间隔是一定的，每转一圈就有一个物品的到来，所以 BL2 实际上是一个检测物品到来的传感器。BL3 检测有无次品落下。手动复位按钮 SB1 在图中未画出。当次品移到第 4 位时，（电磁）阀门 YV 打开使次品落到次品箱中；若无次品，则正品落到正品箱中，这便完成了分离正品和次品的任务。

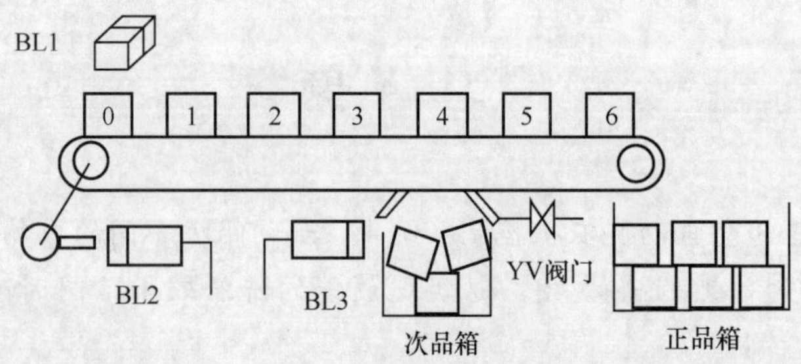

图 15-1　物流次品监测系统的工作流程

当系统运行后，为了方便操作员实际观测物料分拣，系统根据具体情况设定物料记录窗口，可在该窗口内观测不同物料实际落下的情况。记录不同物料落下的次数及设置相应的曲线，可以直观地观测到物料之前落下的记录，以便操作员根据数据进行判断。

15.2 学习目标

（1）掌握物流次品监测系统的工作原理。

（2）掌握加数指令和移位指令的应用技巧。

（3）提高编程与调试能力。

15.3 项目实施

15.3.1 硬件组态

以西门子 S7 1200 系列 PLC 作为控制器，完成物料分拣，以便操作员进行控制。通过光电传感器，对物料信息进行采集，并将采集的信息传递给 PLC，PLC 根据实际信息进行物料传送。本项目使用 TIA 博途自带的 WINCC 进行组态界面的设计，采用 PLC 与 WINCC 通过 HMI 连接这种方式实现数据的通信。本项目的 PLC 硬件组态如图 15-2 所示。

设备概览

模块	插槽	I 地址	Q 地址	类型	订货号	固件
	103					
	102					
	101					
PLC_1	1			CPU 1214C DC/DC/DC	6ES7 214-1AG40-0XB0	V4.2
DI 14/DQ 10_1	1 1	0...1	0...1	DI 14/DQ 10		
AI 2_1	1 2	64...67		AI 2		
	1 3					
HSC_1	1 16	1000...10...		HSC		
HSC_2	1 17	1004...10...		HSC		
HSC_3	1 18	1008...10...		HSC		
HSC_4	1 19	1012...10...		HSC		
HSC_5	1 20	1016...10...		HSC		
HSC_6	1 21	1020...10...		HSC		
Pulse_1	1 32		1000...10...	脉冲发生器 (PTO/PWM)		
Pulse_2	1 33		1002...10...	脉冲发生器 (PTO/PWM)		
Pulse_3	1 34		1004...10...	脉冲发生器 (PTO/PWM)		
Pulse_4	1 35		1006...10...	脉冲发生器 (PTO/PWM)		
PROFINET接口_1	1 X1			PROFINET接口		

图 15-2　PLC 硬件组态（项目 15）

显示与触控屏 TP900 精智面板有直观的操作界面，使检测过程简单快捷。本项目的 HMI 硬件组态如图 15-3 所示。

设备概览

模块	索引	类型	订货号	软件或固...	注释
HMI_RT_1	1	TP900 精智面板	6AV2 124-0JC01-0AX0	14.0.1.0	
	2				
	3				
	4				
HMI_1.IE_CP_1	5	PROFINET接口		14.0.1.0	
PROFINET Interface_1	5 X1	PROFINET接口			
	6				
HMI_1.MPI/DP_CP_1	7 X2	MPI/DP 接口		14.0.1.0	
	7 1				
	8				

图 15-3　HMI 硬件组态（项目 15）

15.3.2 输入/输出地址分配

本项目的 PLC 输入/输出地址分配如表 15-1 所示。

表 15-1 输入/输出地址分配

输入		输出	
器件名称	编程元件地址	器件名称	编程元件地址
按钮启动	I0.0	传送带	Q0.0
按钮复位停止	I0.1	YV 阀门	Q0.1
BL1	I0.2	运行指示灯	Q0.2
BL2	I0.3		
BL3	I0.4		

15.3.3 定义变量

在 PLC 中，变量是用来存储数据的地方，其代表了输入、输出、内部状态和中间计算结果的数值。本项目的 PLC 变量表如表 15-2 所示。

表 15-2 PLC 变量表

名称	变量表	数据类型	逻辑地址
System_Byte	默认变量表	byte	%MB1
FirstScan	默认变量表	bool	%M1.0
DiagStatusUpdate	默认变量表	bool	%M1.1
AlwaysTRUE	默认变量表	bool	%M1.2
AlwaysFALSE	默认变量表	bool	%M1.3
Clock_Byte	默认变量表	byte	%MB0
Clock_10Hz	默认变量表	bool	%M0.0
Clock_5Hz	默认变量表	bool	%M0.1
Clock_2.5Hz	默认变量表	bool	%M0.2
Clock_2Hz	默认变量表	bool	%M0.3
Clock_1.25Hz	默认变量表	bool	%M0.4
Clock_1Hz	默认变量表	bool	%M0.5
Clock_0.625Hz	默认变量表	bool	%M0.6
Clock_0.5Hz	默认变量表	bool	%M0.7
按钮启动	默认变量表	bool	%M2.0

续表

名称	变量表	数据类型	逻辑地址
按钮复位停止	默认变量表	bool	%M2.2
BL1	默认变量表	bool	%M20.2
BL2	默认变量表	bool	%M20.3
BL3	默认变量表	bool	%M20.4
传送带	默认变量表	bool	%M20.5
YV 阀门	默认变量表	bool	%M2.7
运行指示灯	默认变量表	bool	%M3.0

15.3.4　接线图

本项目的 PLC 接线图如图 15-4 所示。

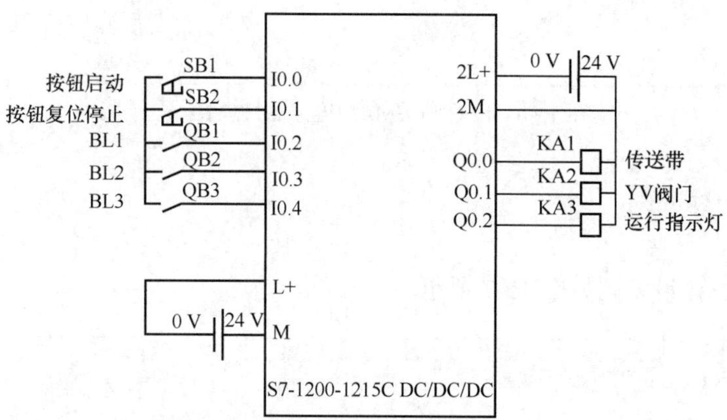

图 15-4　PLC 接线图（项目 15）

15.3.5　拓扑图

本项目的设备拓扑如图 15-5 所示。

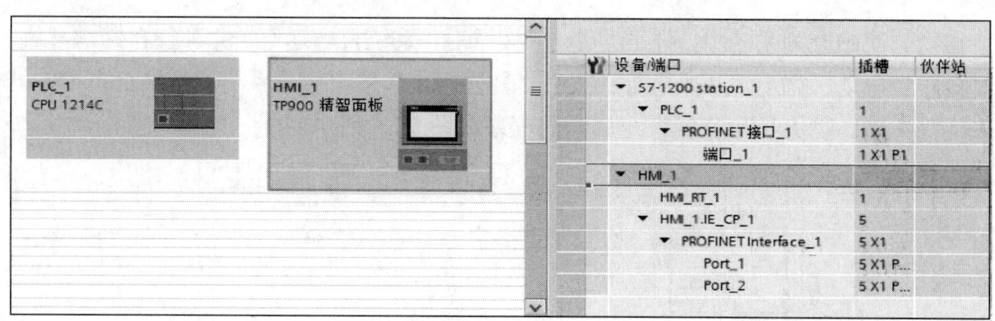

图 15-5　设备拓扑

从图 15-5 中可以看到，本项目主要由 PLC_1 的 CPU 1214C 和 HMI_1 的显示面板组成。PLC_1 有一个端口（端口_1），所占用的插槽是 1 X1 P1。显示面板采用 TP900 精智面板。TP900 精智面板的端口有两个，分别是 Port_1 和 Port_2，它们所占用的插槽分别是 5 X1 P1 R 和 5 X1 P2 R。

15.3.6 建立连接图

本项目的 PLC 与 HMI 的连接图如图 15-6 所示。CPU 1214C 的 PROFINET Interface_1 接口通过一根 PN/IE_1 线与 TP900 精智面板的 PROFINET Interface_1 接口相连接。我们可以看到 TP900 的两个端口（Port_1 和 Port_2）中的 Port_1 已经通过 PN/IE_1 接通了。

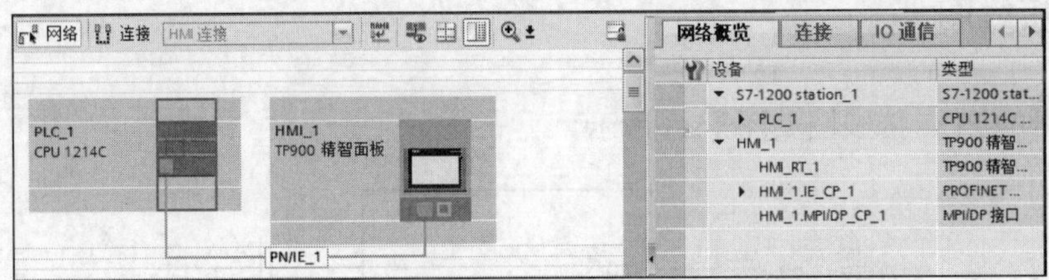

图 15-6　PLC 与 HMI 的连接图（项目 15）

15.3.7 设备图

本项目的整体设备图如图 15-7 所示。

设备概览

模块	索引	类型	订货号	软件或固...	注释
	4				
HMI_1.IE_CP_1	5	PROFINET接口		14.0.1.0	
PROFINET Interface_1	5 X1	PROFINET接口			
	6				
HMI_1.MPI/DP_CP_1	7 X2	MPI/DP 接口		14.0.1.0	

图 15-7　整体设备图

15.3.8 编写程序

在物流次品监测系统中，按下“启动”按钮后，系统得电运行，并进行自锁常开触点，同时传送带电动机得电，开始运行；按下“复位停止”按钮后，系统运行停止自锁常开触点，运行失电。物流次品监测系统启动的程序如图 15-8 所示。

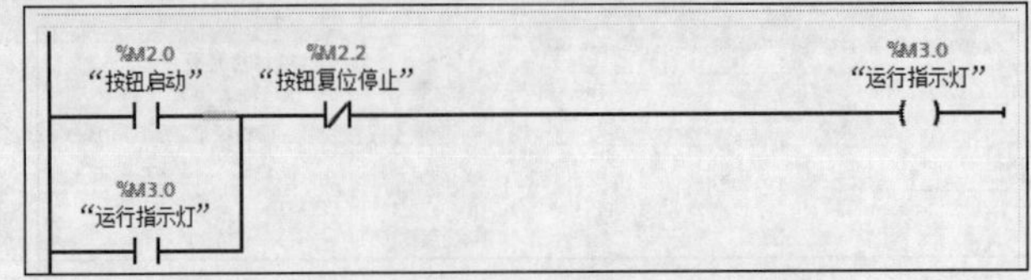

图 15-8　物流次品监测系统启动的程序

通过实际数据进行比对，当监测到次品时，光电传感器 BL1 点亮 1 s，表示系统监测到有次品抵达，其程序如图 15-9 所示。

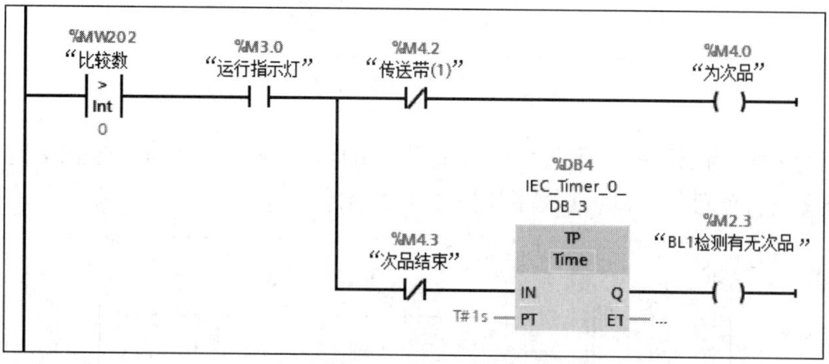

图 15-9　BL1 点亮 1 s 的程序

当监测到次品时，系统将控制传送带运行，直至次品运行结束，停止传送带运行。控制传送带运行的程序如图 15-10 所示。

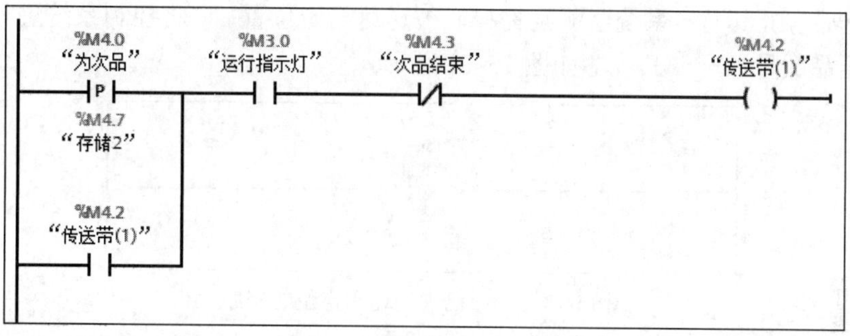

图 15-10　控制传送带运行的程序

当监测到次品抵达对应位置时，YV 阀门打开，同时 BL3 记录已落下的次品数，并进行累加计数运算。控制 YV 阀门打开和 BL3 计数的程序如图 15-11 所示。

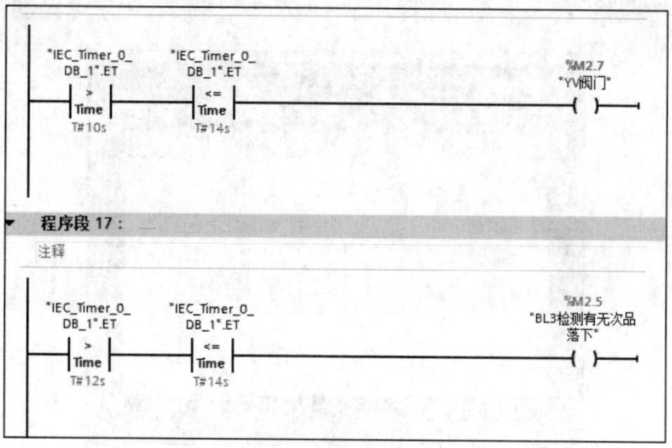

图 15-11　控制 YV 阀门和 BL3 计数的程序

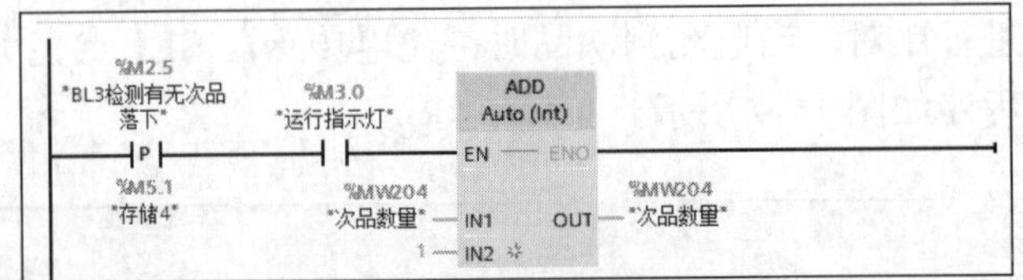

图 15-11　控制 YV 阀门和 BL3 计数的程序（续）

当检测到物料为正品时，系统将控制传送带的运行，直至将物料送到指定的位置后，才停止对传送带的控制运行，其程序如图 15-12 所示。

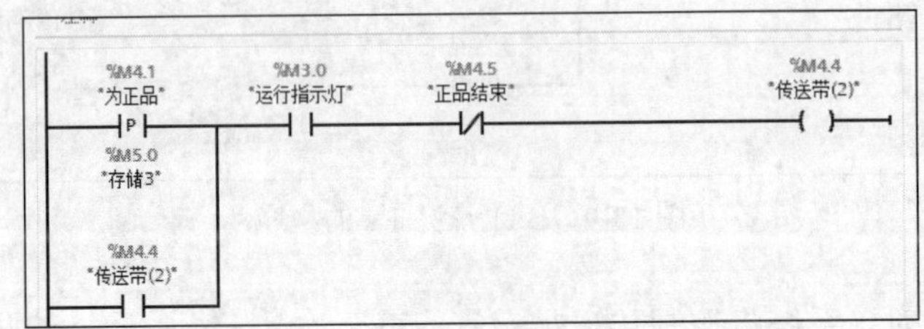

图 15-12　检测到物料为正品的程序

当传送带停止运行，系统监测到物料已被送达指定位置后，将控制系统进行累加计数运算，使正品数量加一，其程序如图 15-13 所示。

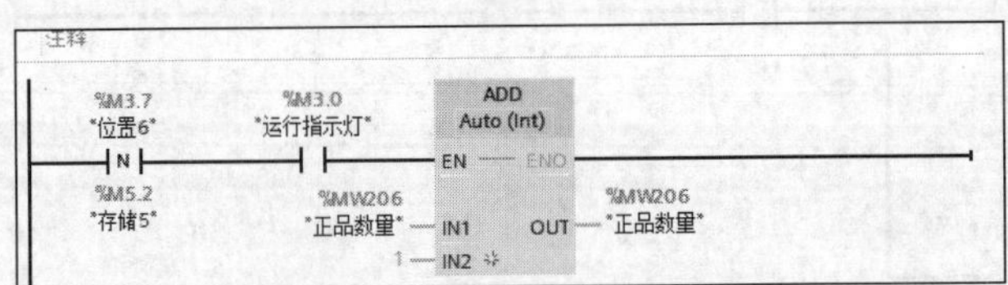

图 15-13　物料已被送达指定位的程序

15.3.9 调试程序

本项目采用西门子 TIA 博途软件搭建系统模型，进行直观的仿真测试，验证设计控制系统的可行性。按照图 15-4 所示内容，进行仿真与调试，仿真界面如图 15-14 所示。

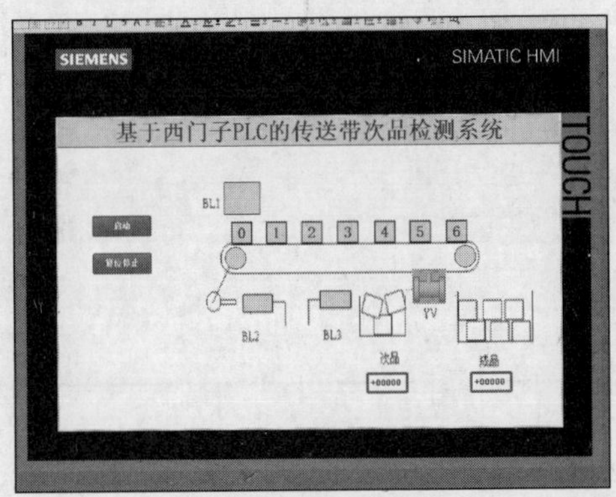

图 15-14　仿真界面（项目 15）

将编写的物流次品监测系统的控制程序装载入到 PLC 的 CPU 1214C 中，并打开运行，如图 15-15 所示。

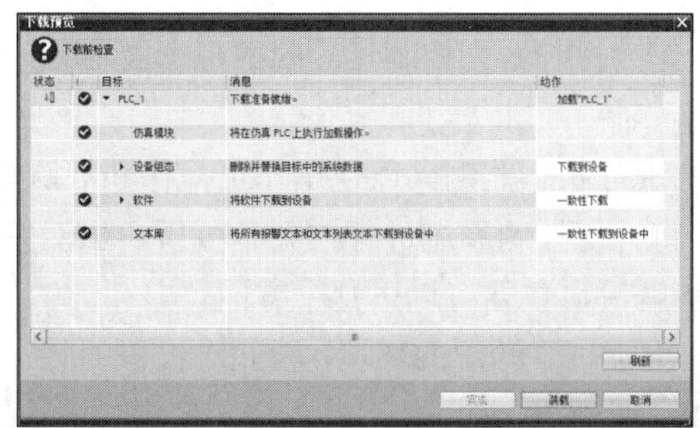

图 15-15　物流次品监测系统的控制程序装载入 PLC

运行 CPU 如图 15-16 所示。次品监测效果示意如图 15-17 所示。

图 15-16　运行 CPU

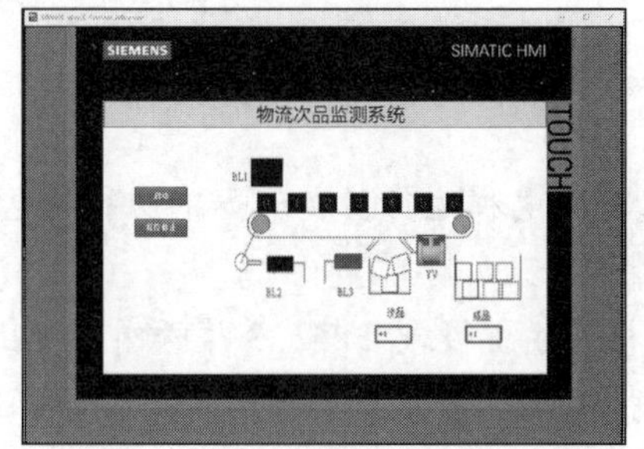

图 15-17　次品监测效果示意

正品监测效果示意如图 15-18 所示。

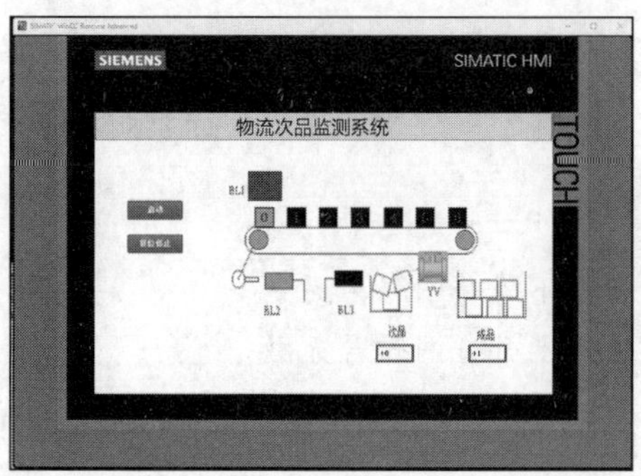

图 15-18　正品监测效果示意

项目解决方案扩展

本项目采用 PLC 对传送带分拣控制系统进行控制，并通过人机交互界面进行数据显示，对所有状态进行监测，同时自动控制相应阀门和传送带，从而达到自动调节的目的。

本项目的设计可归纳为以下几个方面。

（1）系统采取自动控制模式，当系统启动后，会按照设定的数值进行操作，从而达到自动控制的效果。

（2）设备通过 PLC 作为控制器来控制相应的继电器及相应阀门的操作，从而达到检测目的。

（3）通过设置上位机进行状态监测，以便操作员操作和观测。

设备和 PLC 对传送带分拣控制系统进行控制和分析，虽然完成了预期目标，但仍存在一些问题，需要进一步解决，主要有以下几个方面。

（1）本系统有时会应用于过于潮湿的环境，因此对仪器的气密性及防潮要做进一步监测，以防止外界湿度过高，损坏电动机。

（2）如果本系统采取长期运行模式，那么需要设置自检功能，定期对风机进行自检，以防止系统出现故障。

习　题

用 PLC 控制电梯运行。实现如下功能的电梯运行。

（1）电梯上行

- 若电梯停于 1 楼或 2 楼，3 楼呼叫，则上行到 3 楼，并在碰行程开关后停止。
- 若电梯停于 1 楼，2 楼呼叫，则上行到 2 楼，并在碰行程开关后停止。
- 若电梯停于 1 楼，2 楼和 3 楼同时呼叫，则上行到 2 楼后停 5 s，继续上行到 3 楼后停止。

（2）电梯下行

- 若电梯停于 2 楼或 3 楼，1 楼呼叫，则下行到 1 楼，并在碰行程开关后停止。
- 若电梯停于 3 楼，2 楼呼叫，则下行到 2 楼，并在碰行程开关后停止。
- 若电梯停于 3 楼，2 楼和 1 楼同时呼叫，则下行到 2 楼后停 5 s，继续下行到 1 楼后停止。

（3）其他

- 当电梯上升途中，任何下降呼叫信号无效。
- 当电梯下降途中，任何上升呼叫信号无效。

项目 16　十字路口交通信号灯控制

在当代城市交通系统中，十字路口交通信号灯是确保道路安全和交通流畅的重要组成部分。

本项目主要围绕如何有效地控制十字路口交通信号灯展开，采用 PLC 实现交通信号灯的控制，并使用 WinCC 模拟方式，让读者了解交通信号灯控制系统的设计和运行原理。

16.1 项目要求

十字路口交通信号灯控制示意如图 16-1 所示。

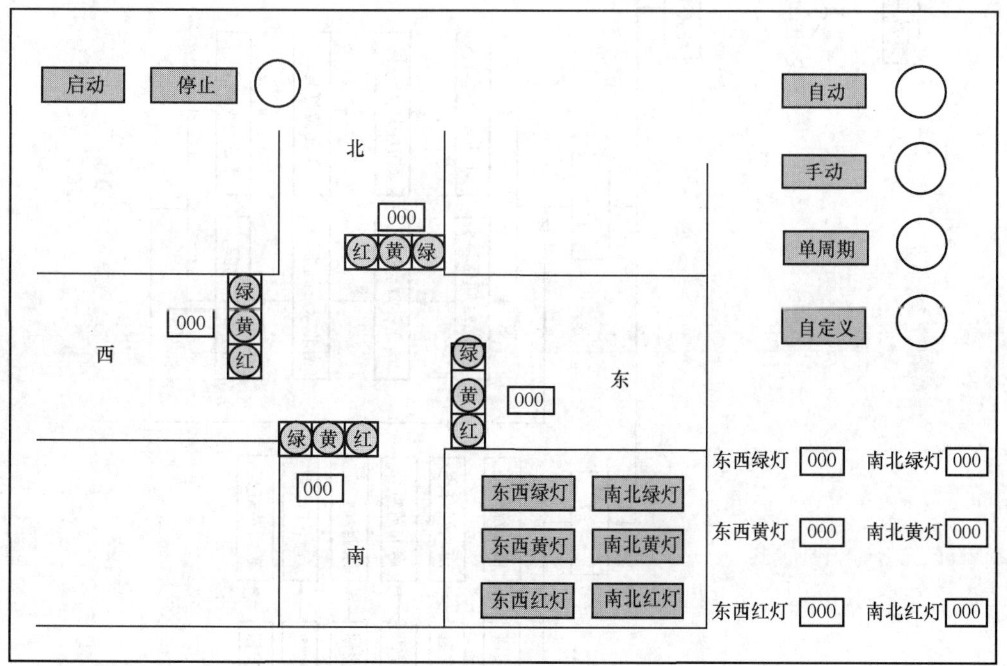

图 16-1　十字路口交通信号灯控制示意

交通信号灯控制系统的运行流程如图 16-2 所示。

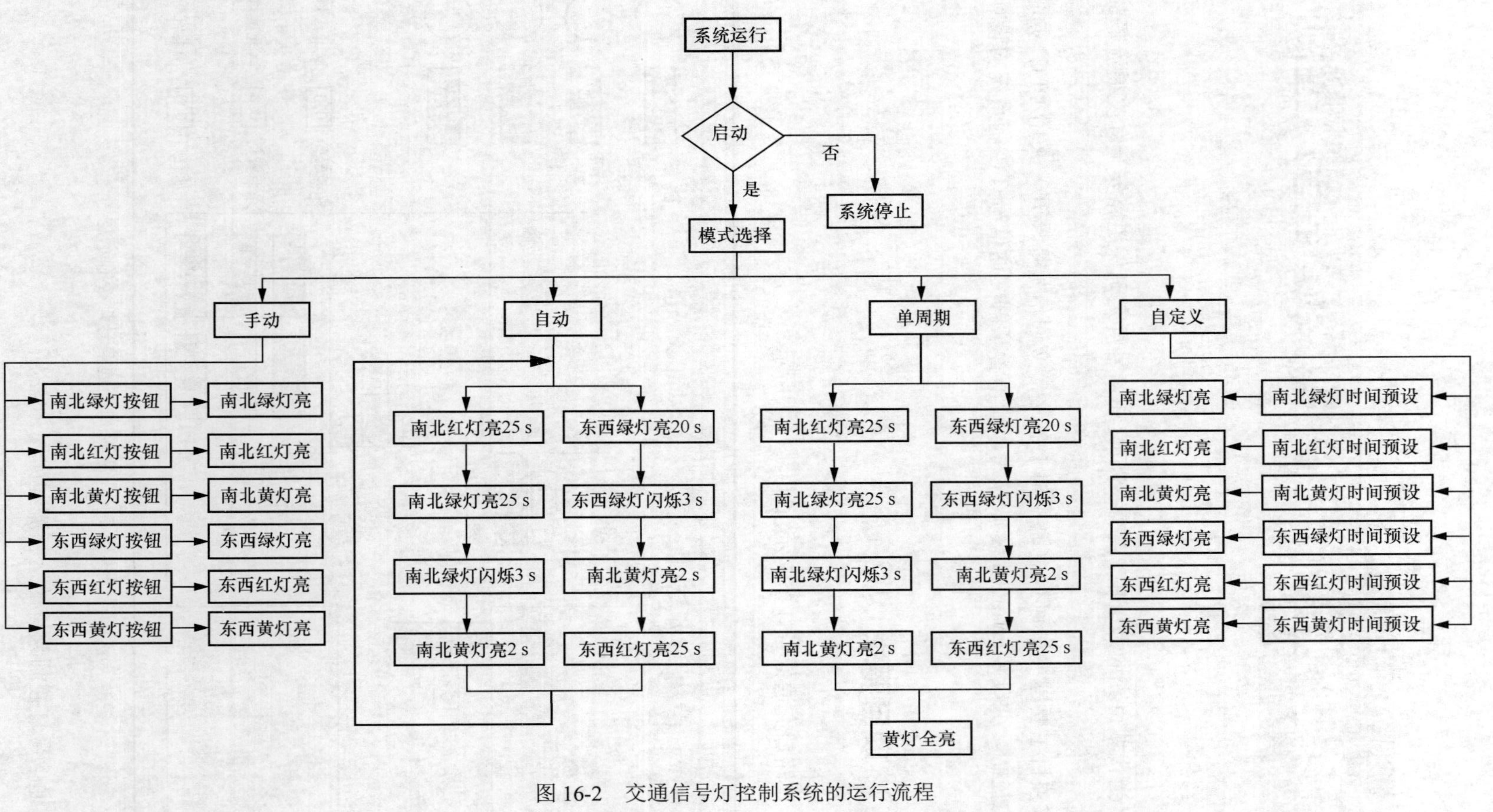

图 16-2　交通信号灯控制系统的运行流程

交通信号灯控制系统所用到的设备型号如表 16-1 所示。

表 16-1　交通信号灯控制系统所用到的设备型号

设备	短名称	订货号
控制器	CPU 1214C DC/DC/DC	6ES7 214-1AG40-0XB0
HMI	TP900 精智面板	6AV2 124-0JC01-0AX0

16.2 学习目标

（1）理解 PLC 在交通信号灯控制中的应用原理。

（2）掌握 PLC 编程语言和逻辑控制的基本知识。

（3）掌握时钟存储器的配置和使用方法。

（4）掌握定时器指令的使用方法。

（5）提高编程与调试能力。

16.3 相关知识

时钟存储器的作用是存储 PLC 自动产生的 8 个不同频率（周期）的方波信号。例如，1Hz 就是 1 s 有信号（为 1），然后 1 s 无信号（为 0），这样交替，方便编程的时候使用。时钟存储器的操作步骤如下。

步骤 1：完成硬件组态，双击“设备和网络”，在“网络视图”中选择“网络视图”页签，并选择“PLC_1”，如图 16-3 所示。

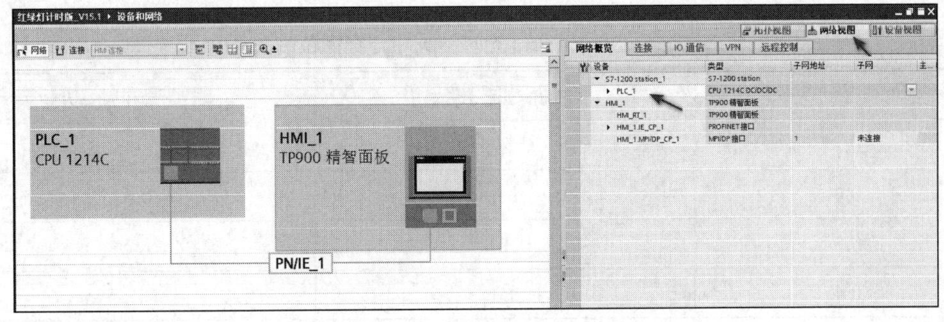

图 16-3　硬件组态（项目 16）

步骤 2：选择“常规”页签，单击“系统和时钟存储器”，勾选“启用系统存储器字节”，然后在“系统存储器字节地址（MBx）”中填入 1；勾选“启用时钟存储器字节”，然后在“时钟存储器字节地址（MBx）”中填入 0，如图 16-4 所示。

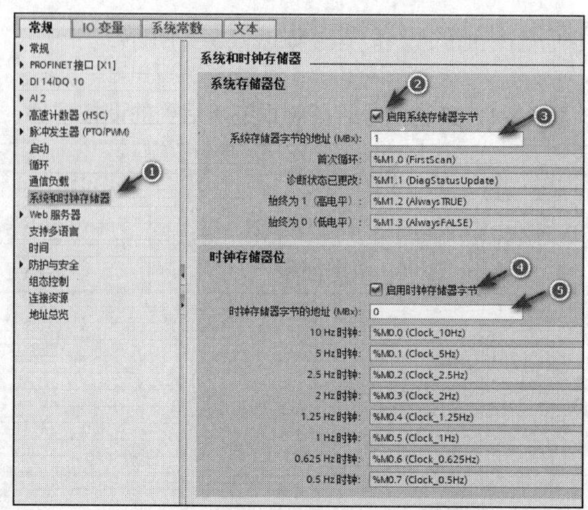

图 16-4　“常规”页签

步骤 3：选择“PLC 变量”，双击“显示所有变量”，查看自动增加的变量，如图 16-5 所示。

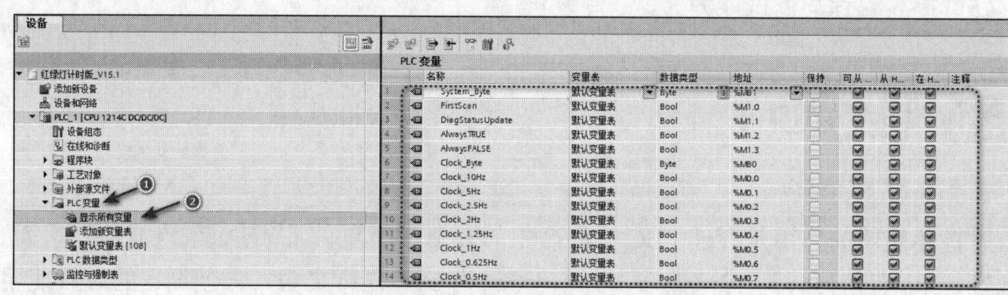

图 16-5　查看 PLC 变量

当 PLC 运行时，交通信号灯能够周期性地产生不同频率的时钟脉冲。交通信号灯的时钟脉冲与存储位的关系如表 16-2 所示。

表 16-2　交通信号灯的时钟脉冲与存储位的关系

位	时钟脉冲周期/s	时钟脉冲频率/Hz
0.7	2	0.5
0.6	1.6	0.625
0.5	1	1
0.4	0.8	1.25
0.3	0.5	2
0.2	0.4	2.5
0.1	0.2	5
0	0.1	10

16.4 项目实施

16.4.1 输入/输出信号器件

根据十字路口交通信号灯的要求，下面对 PLC 输入和输出信号器件进行规划，如表 16-3 所示。

表 16-3　PLC 输入/输出信号器件规划

输入	输出
启动 SB1	运行指示灯
停止 SB2	自动运行灯
自动 SB3	手动运行灯
手动 SB4	单周期运行灯
单周期 SB5	自定义运行灯
自定义 SB6	东西绿
东西绿 SB7	东西黄
东西黄 SB8	东西红
东西红 SB9	南北绿
南北绿 SB10	南北黄
南北黄 SB11	南北红
南北红 SB12	

16.4.2 硬件组态

本项目选用的控制器是西门子 S7-1200 系列 PLC 设备，CPU 为 1214C DC/DC/DC，其硬件组态如图 16-6 所示。

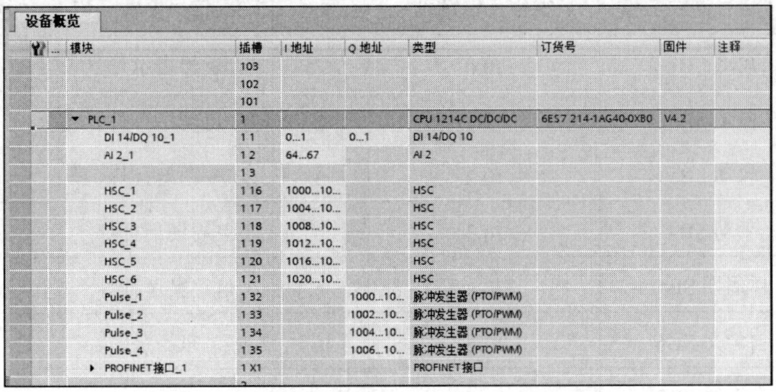

设备概览

模块	插槽	I 地址	Q 地址	类型	订货号	固件	注释
	103						
	102						
	101						
▾ PLC_1	1			CPU 1214C DC/DC/DC	6ES7 214-1AG40-0XB0	V4.2	
DI 14/DQ 10_1	1 1	0...1	0...1	DI 14/DQ 10			
AI 2_1	1 2	64...67		AI 2			
	1 3						
HSC_1	1 16	1000...10...		HSC			
HSC_2	1 17	1004...10...		HSC			
HSC_3	1 18	1008...10...		HSC			
HSC_4	1 19	1012...10...		HSC			
HSC_5	1 20	1016...10...		HSC			
HSC_6	1 21	1020...10...		HSC			
Pulse_1	1 32		1000...10...	脉冲发生器 (PTO/PWM)			
Pulse_2	1 33		1002...10...	脉冲发生器 (PTO/PWM)			
Pulse_3	1 34		1004...10...	脉冲发生器 (PTO/PWM)			
Pulse_4	1 35		1006...10...	脉冲发生器 (PTO/PWM)			
▸ PROFINET接口_1	1 X1			PROFINET接口			

图 16-6　PLC 设备的硬件组态（项目 16）

添加 HMI 显示与触控屏设备，以便于直观操作。HMI 设备的类型为 TP900 精智面板，它的硬件组态如图 16-7 所示。

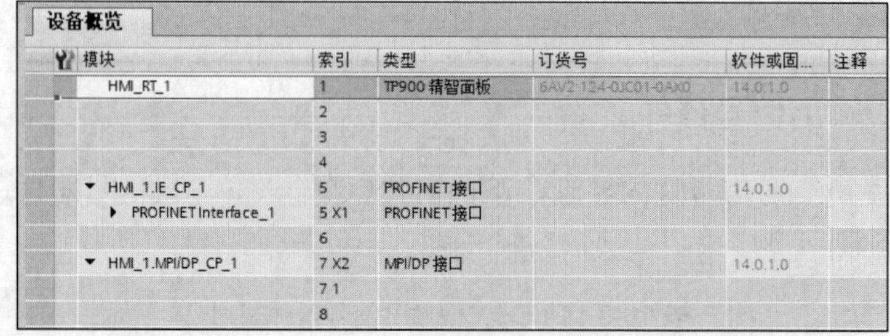

图 16-7　HMI 设备的硬件组态（项目 16）

添加好设备后，将 PLC 设备与 HMI 设备连接起来，如图 16-8 所示。

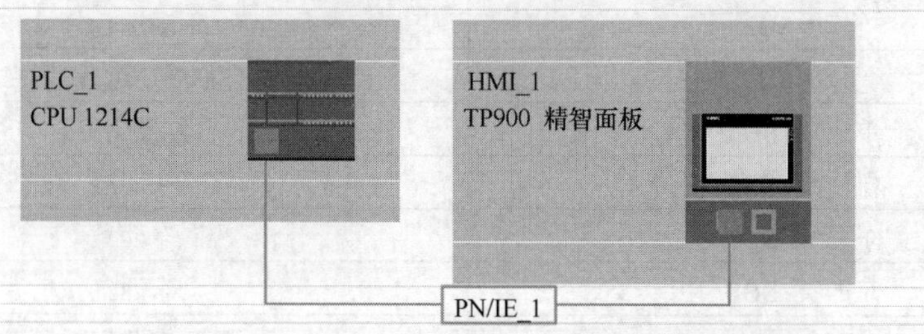

图 16-8　PLC 设备与 HMI 设备的连接图

16.4.3　输入/输出地址分配

根据十字路口交通信号灯的要求，对输入/输出地址进行分配，如表 16-4 所示。

表 16-4　输入/输出地址分配

序号	输入信号器件名称	编程元件地址	序号	输出信号器件名称	编程元件地址
1	启动 SB1	I0.0	1	运行指示灯	Q0.0
2	停止 SB2	I0.1	2	自动运行灯	Q0.1
3	自动 SB3	I0.2	3	手动运行灯	Q0.2
4	手动 SB4	I0.3	4	单周期运行灯	Q0.3
5	单周期 SB5	I0.4	5	自定义运行灯	Q0.4
6	自定义 SB6	I0.5	6	东西绿	Q0.5
7	东西绿 SB7	I0.6	7	东西黄	Q0.6

续表

序号	输入信号器件名称	编程元件地址	序号	输出信号器件名称	编程元件地址
8	东西黄 SB8	I0.7	8	东西红	Q0.7
9	东西红 SB9	I1.0	9	南北绿	Q1.0
10	南北绿 SB10	I1.1	10	南北黄	Q1.1
11	南北黄 SB11	I1.2	11	南北红	Q1.2
12	南北 SB12	I1.3			

16.4.4　定义变量

本项目的 PLC 变量表如表 16-5 所示。

表 16-5　PLC 变量表

名称	变量表	数据类型	地址
System_Byte	默认变量表	byte	%MB1
FirstScan	默认变量表	bool	%M1.0
DiagStatusUpdate	默认变量表	bool	%M1.1
AlwaysTRUE	默认变量表	bool	%M1.2
AlwaysFALSE	默认变量表	bool	%M1.3
Clock_Byte	默认变量表	byte	%MB0
Clock_10Hz	默认变量表	bool	%M0.0
Clock_5Hz	默认变量表	bool	%M0.1
Clock_2.5Hz	默认变量表	bool	%M0.2
Clock_2Hz	默认变量表	bool	%M0.3
Clock_1.25Hz	默认变量表	bool	%M0.4
Clock_1Hz	默认变量表	bool	%M0.5
Clock_0.625Hz	默认变量表	bool	%M0.6
Clock_0.5Hz	默认变量表	bool	%M0.7
东西绿灯	默认变量表	bool	%M2.0
东西黄灯	默认变量表	bool	%M2.1
东西红灯	默认变量表	bool	%M2.2
南北绿灯	默认变量表	bool	%M2.3
南北黄灯	默认变量表	bool	%M2.4
南北红灯	默认变量表	bool	%M2.5
时间	默认变量表	time	%MD50

续表

名称	变量表	数据类型	地址
启动	默认变量表	bool	%M2.6
停止	默认变量表	bool	%M2.7
运行	默认变量表	bool	%M3.0
断开	默认变量表	bool	%M3.1
存储位	默认变量表	bool	%M100.0
时间比较	默认变量表	real	%MD162
东西绿灯(1)	默认变量表	bool	%M100.1
东西黄灯(1)	默认变量表	bool	%M100.2
东西红灯(1)	默认变量表	bool	%M100.3
南北绿灯(1)	默认变量表	bool	%M100.4
南北黄灯(1)	默认变量表	bool	%M100.5
南北红灯(1)	默认变量表	bool	%M100.6
东西绿灯(2)	默认变量表	bool	%M100.7
东西黄灯(2)	默认变量表	bool	%M101.0
东西红灯(2)	默认变量表	bool	%M101.1
南北绿灯(2)	默认变量表	bool	%M101.2
南北黄灯(2)	默认变量表	bool	%M101.3
南北红灯(2)	默认变量表	bool	%M101.4
东西绿灯(3)	默认变量表	bool	%M101.5
东西黄灯(3)	默认变量表	bool	%M101.6
东西红灯(3)	默认变量表	bool	%M101.7
南北绿灯(3)	默认变量表	bool	%M102.0
南北黄灯(3)	默认变量表	bool	%M102.1
南北红灯(3)	默认变量表	bool	%M102.2
东西绿灯(4)	默认变量表	bool	%M102.3
东西黄灯(4)	默认变量表	bool	%M102.4
东西红灯(4)	默认变量表	bool	%M102.5
南北绿灯(4)	默认变量表	bool	%M102.6
南北黄灯(4)	默认变量表	bool	%M102.7
南北红灯(4)	默认变量表	bool	%M103.0
自动	默认变量表	bool	%M103.1
自动运行	默认变量表	bool	%M103.2
手动	默认变量表	bool	%M103.3
手动运行	默认变量表	bool	%M103.4

续表

名称	变量表	数据类型	地址
单周期	默认变量表	bool	%M103.5
单周期运行	默认变量表	bool	%M103.6
自定义	默认变量表	bool	%M103.7
自定义运行	默认变量表	bool	%M104.0
东西绿灯存储	默认变量表	real	%MD166
东西黄灯存储	默认变量表	real	%MD170
东西红灯存储	默认变量表	real	%MD174
南北绿灯存储	默认变量表	real	%MD178
南北黄灯存储	默认变量表	real	%MD182
南北红灯存储	默认变量表	real	%MD186
周期时间	默认变量表	real	%MD190
存储位_1	默认变量表	bool	%M104.1
东西黄灯存储(1)	默认变量表	real	%MD194
南北绿灯存储(1)	默认变量表	real	%MD202
自定义错误	默认变量表	bool	%M104.2
东西绿灯(5)	默认变量表	bool	%M104.3
东西黄灯(5)	默认变量表	bool	%M104.4
东西红灯(5)	默认变量表	bool	%M104.5
南北绿灯(5)	默认变量表	bool	%M104.6
南北黄灯(5)	默认变量表	bool	%M104.7
南北红灯(5)	默认变量表	bool	%M105.0
存储位_2	默认变量表	bool	%M105.1
停	默认变量表	bool	%M105.2
东西时间显示	默认变量表	real	%MD206
南北时间显示	默认变量表	real	%MD210

在 PLC 中，HMI 是至关重要的。在 HMI 编程中，变量表是一个非常重要的功能，用于存储和管理在 HMI 项目中用到的数据。本项目的 HMI 变量表如表 16-6 所示。

表 16-6　HMI 变量表

名称	变量表	连接	PLC 名称	数据类型	大小
启动	默认变量表	HMI_连接_1	启动	bool	1
停止	默认变量表	HMI_连接_1	停止	bool	1
运行	默认变量表	HMI_连接_1	运行	bool	1
东西绿灯	默认变量表	HMI_连接_1	东西绿灯	bool	1

续表

名称	变量表	连接	PLC 名称	数据类型	大小
东西黄灯	默认变量表	HMI_连接_1	东西黄灯	bool	1
东西红灯	默认变量表	HMI_连接_1	东西红灯	bool	1
南北绿灯	默认变量表	HMI_连接_1	南北绿灯	bool	1
南北黄灯	默认变量表	HMI_连接_1	南北黄灯	bool	1
南北红灯	默认变量表	HMI_连接_1	南北红灯	bool	1
东西时间显示	默认变量表	HMI_连接_1	东西时间显示	real	4
南北时间显示	默认变量表	HMI_连接_1	南北时间显示	real	4
自动	默认变量表	HMI_连接_1	自动	bool	1
手动	默认变量表	HMI_连接_1	手动	bool	1
单周期	默认变量表	HMI_连接_1	单周期	bool	1
自定义	默认变量表	HMI_连接_1	自定义	bool	1
自动运行	默认变量表	HMI_连接_1	自动运行	bool	1
手动运行	默认变量表	HMI_连接_1	手动运行	bool	1
单周期运行	默认变量表	HMI_连接_1	单周期运行	bool	1
自定义运行	默认变量表	HMI_连接_1	自定义运行	bool	1
东西绿灯存储	默认变量表	HMI_连接_1	东西绿灯存储	real	4
东西黄灯存储	默认变量表	HMI_连接_1	东西黄灯存储	real	4
东西红灯存储	默认变量表	HMI_连接_1	东西红灯存储	real	4
南北绿灯存储	默认变量表	HMI_连接_1	南北绿灯存储	real	4
南北黄灯存储	默认变量表	HMI_连接_1	南北黄灯存储	real	4
南北红灯存储	默认变量表	HMI_连接_1	南北红灯存储	real	4
东西绿灯(2)	默认变量表	HMI_连接_1	"东西绿灯(2)"	bool	1
东西黄灯(2)	默认变量表	HMI_连接_1	"东西黄灯(2)"	bool	1
东西红灯(2)	默认变量表	HMI_连接_1	"东西红灯(2)"	bool	1
南北绿灯(2)	默认变量表	HMI_连接_1	"南北绿灯(2)"	bool	1
南北黄灯(2)	默认变量表	HMI_连接_1	"南北黄灯(2)"	bool	1
南北红灯(2)	默认变量表	HMI_连接_1	"南北红灯(2)"	bool	1

16.4.5 接线图

本项目的 PLC 接线图如图 16-9 所示。

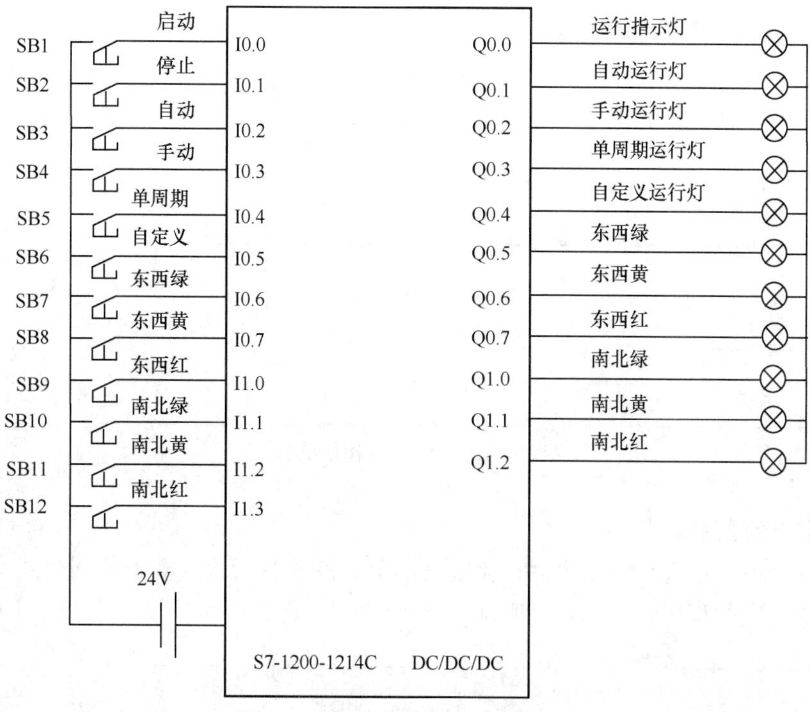

图 16-9　PLC 接线图（项目 16）

16.4.6　编写程序

下面通过仿真测试来验证项目的可行性，根据上述内容进行程序编写和变量建立。本项目的程序和变量如图 16-10 所示。

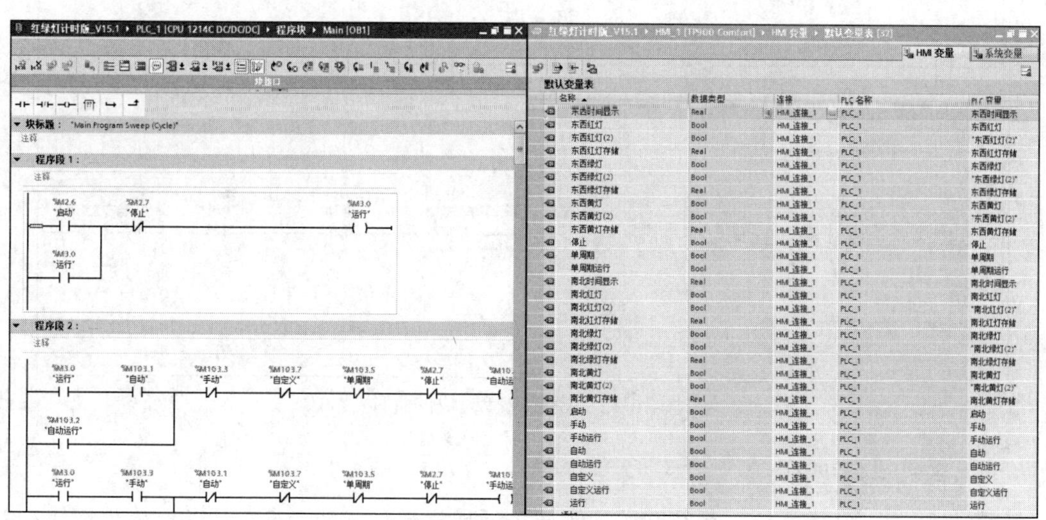

图 16-10　程序和变量

1．启停控制模块

设置启动按钮，单击“启动”按钮后，系统进入运行模式。单击“停止”按钮后，系统停止运行。启停控制模块的程序如图 16-11 所示。

图 16-11　启停控制模块的程序

2．模式选择模块

模式选择模块设置自动、手动、自定义和单周期 4 种模式。根据不同模式，展现不同的结果。该模块的程序如图 16-12 所示。

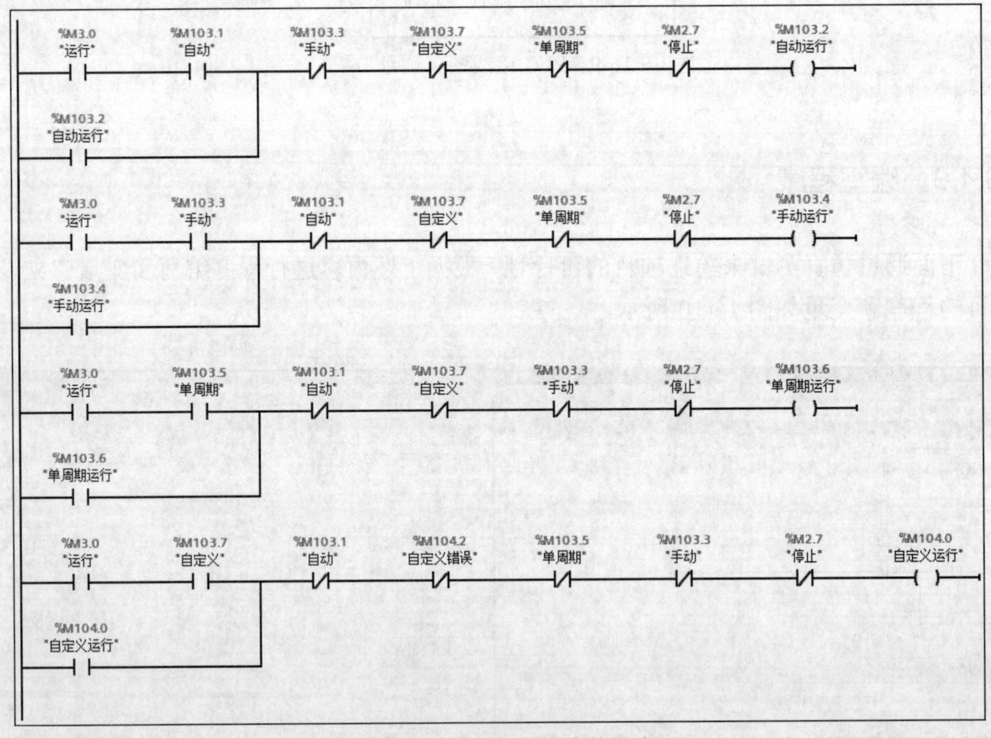

图 16-12　模式选择模块的程序

3．自动运行模块

选择自动运行模式后，系统开始按照要求循环执行。自动运行模块的程序如图 16-13 所示。

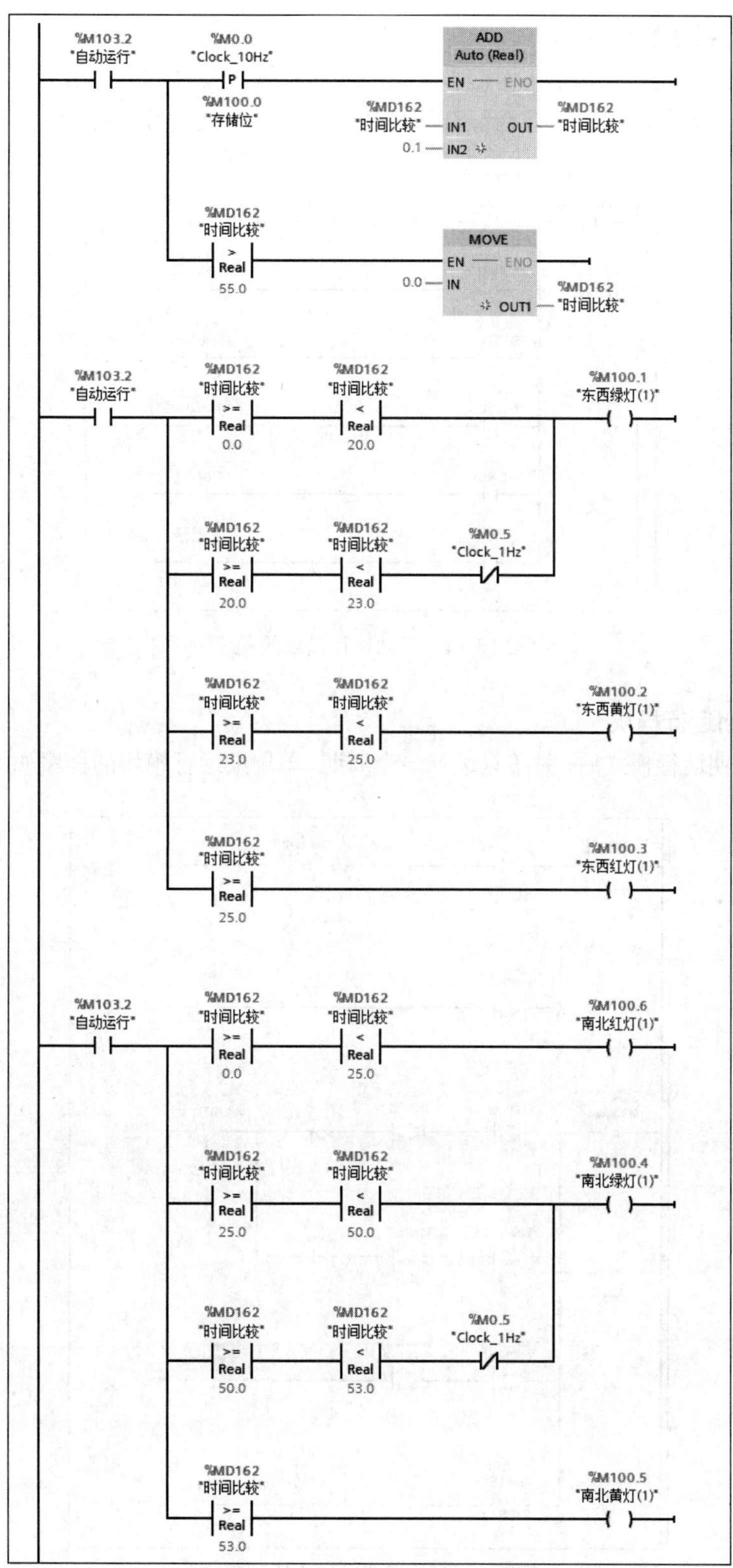

图 16-13　自动运行模块的程序

4．手动运行模块

选择手动运行模式后，单击对应按钮，相应的红绿灯会亮起。手动运行模块的程序如图 16-14 所示。例如，单击“东西绿灯”按钮，则东西方向的绿灯亮起。

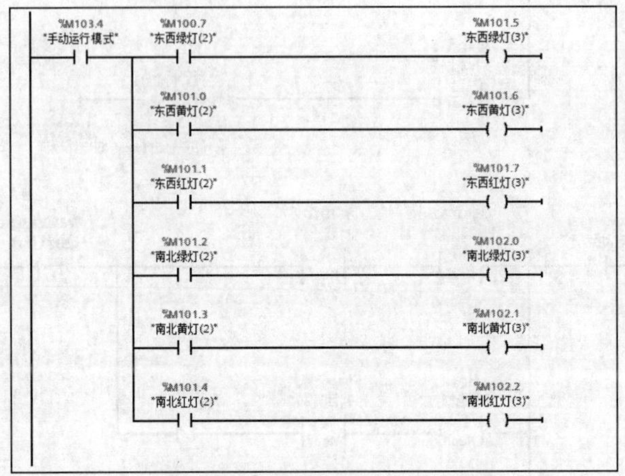

图 16-14　手动运行模块的程序

5．单周期运行模块

选择单周期运行模式后，系统只运行一个周期。单周期运行模块的程序如图 16-15 所示。

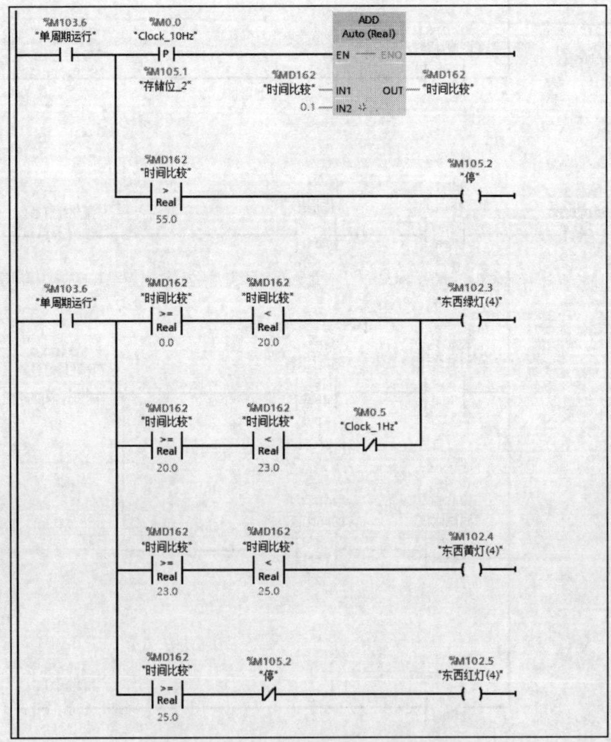

图 16-15　单周期运行模块的程序

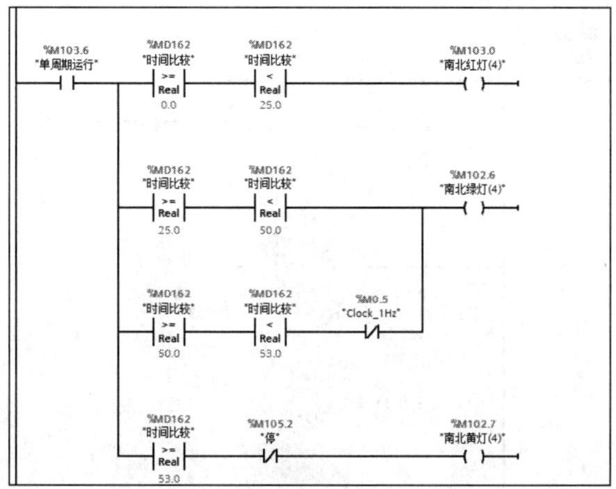

图 16-15　单周期运行模块的程序（续）

6．自定义运行模块

选择自定义运行模式后，系统可以自定义红绿灯的时间间隔。自定义运行模块的程序如图 16-16 所示。

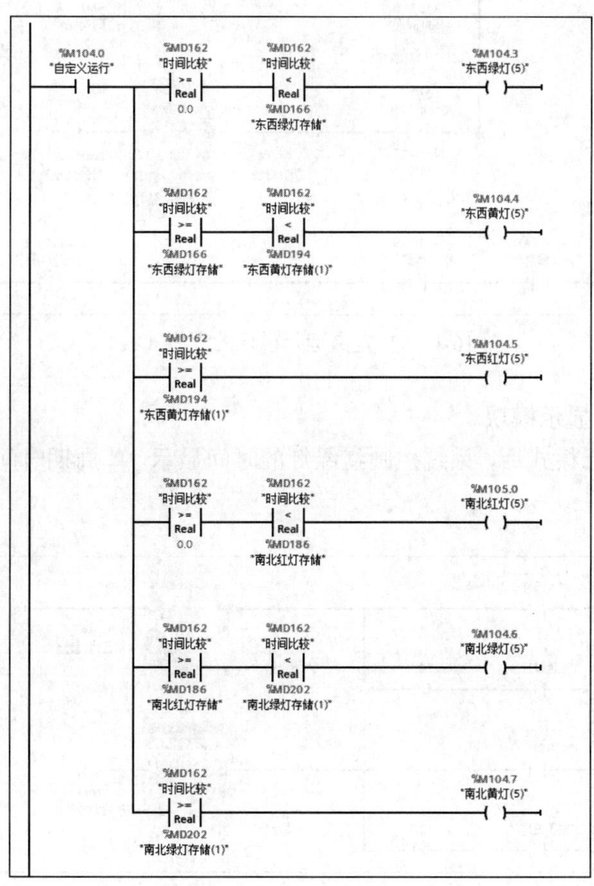

图 16-16　自定义运行模块的程序

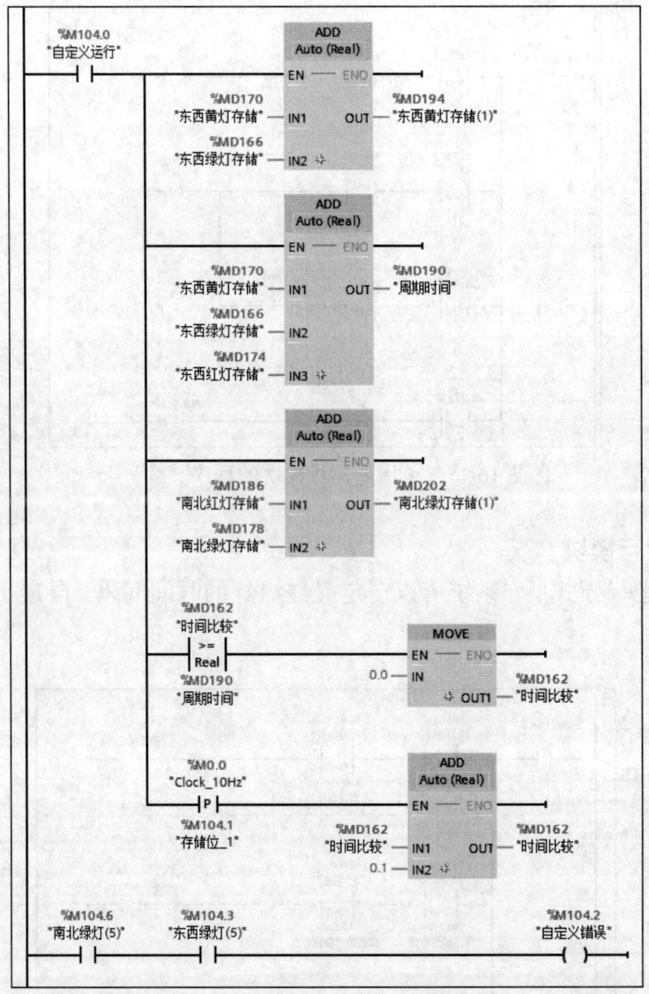

图 16-16　自定义运行模块的程序（续）

7. 单周期时间显示模块

选择单周期运行模式后，系统控制红绿灯的时间显示。单周期时间显示模块的程序如图 16-17 所示。

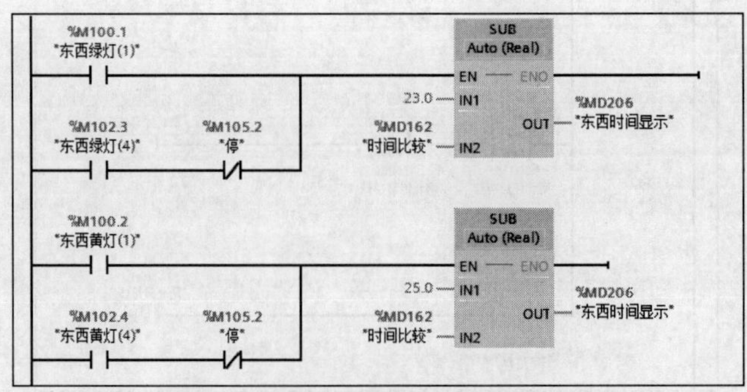

图 16-17　单周期时间显示模块的程序

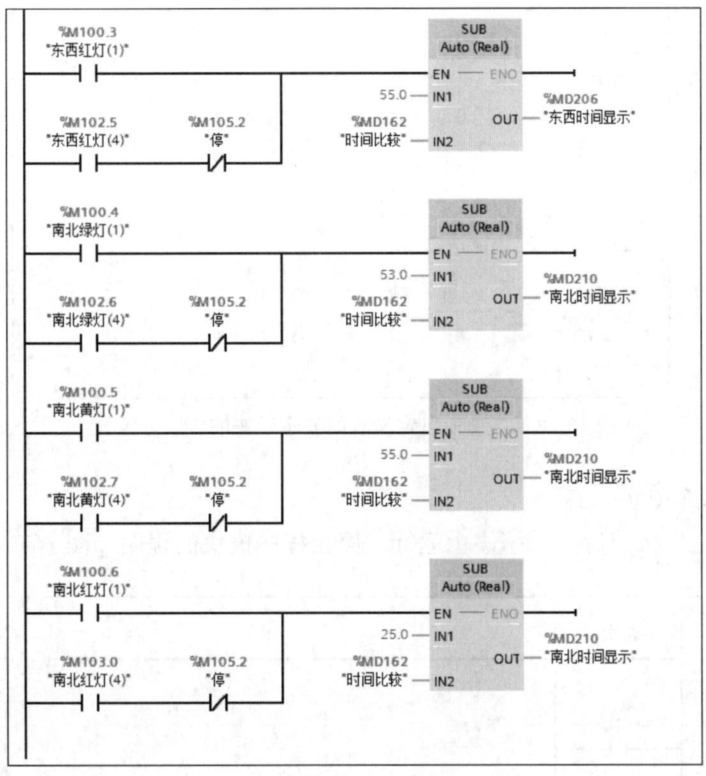

图 16-17　单周期时间显示模块的程序（续）

8. 自动或自定义时间显示模块

选择自动或自定义运行模式后，系统控制红绿灯的时间显示。自动或自定义时间显示模块的程序如图 16-18 所示。

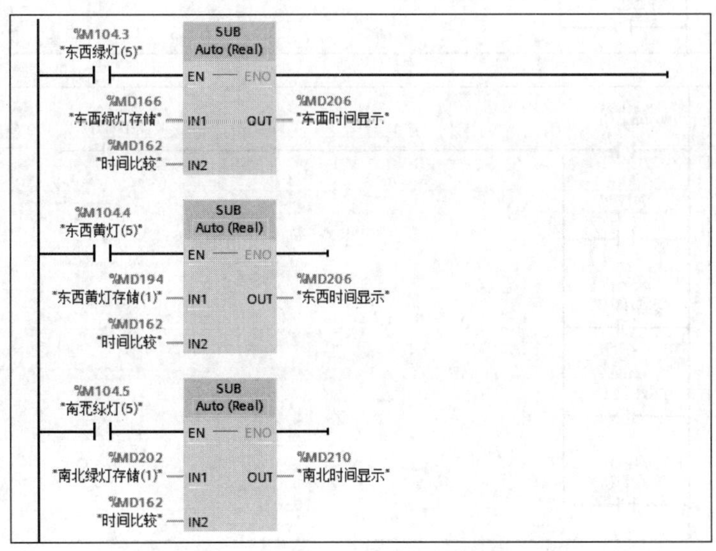

图 16-18　自动或自定义时间显示模块的程序

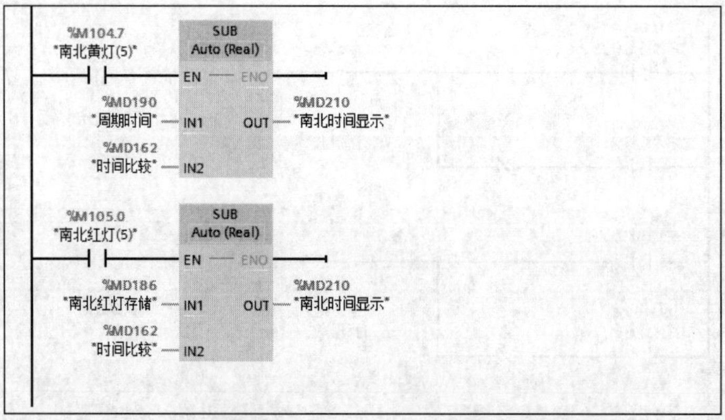

%M104.7
"南北黄灯(5)"
SUB
Auto (Real)
EN — ENO
%MD190
"周期时间" — IN1
OUT — %MD210
"南北时间显示"
%MD162
"时间比较" — IN2

%M105.0
"南北红灯(5)"
SUB
Auto (Real)
EN — ENO
%MD186
"南北红灯存储" — IN1
OUT — %MD210
"南北时间显示"
%MD162
"时间比较" — IN2

图 16-18　自动或自定义时间显示模块的程序（续）

9．停止程序模块

单击“停止”按钮后，系统停止运行。停止程序模块的程序如图 16-19 所示。

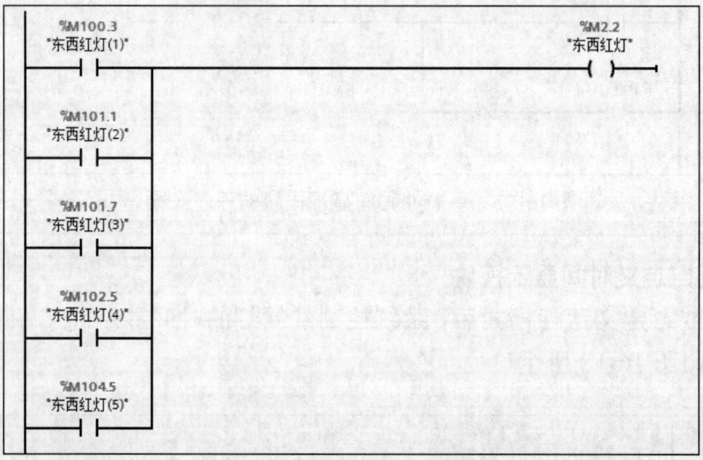

%M100.3
"东西红灯(1)"
%M101.1
"东西红灯(2)"
%M101.7
"东西红灯(3)"
%M102.5
"东西红灯(4)"
%M104.5
"东西红灯(5)"
%M2.2
"东西红灯"

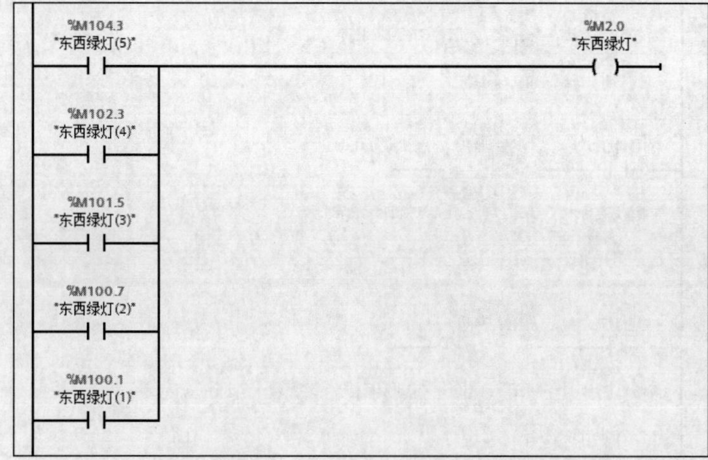

图 16-19　停止程序模块的程序

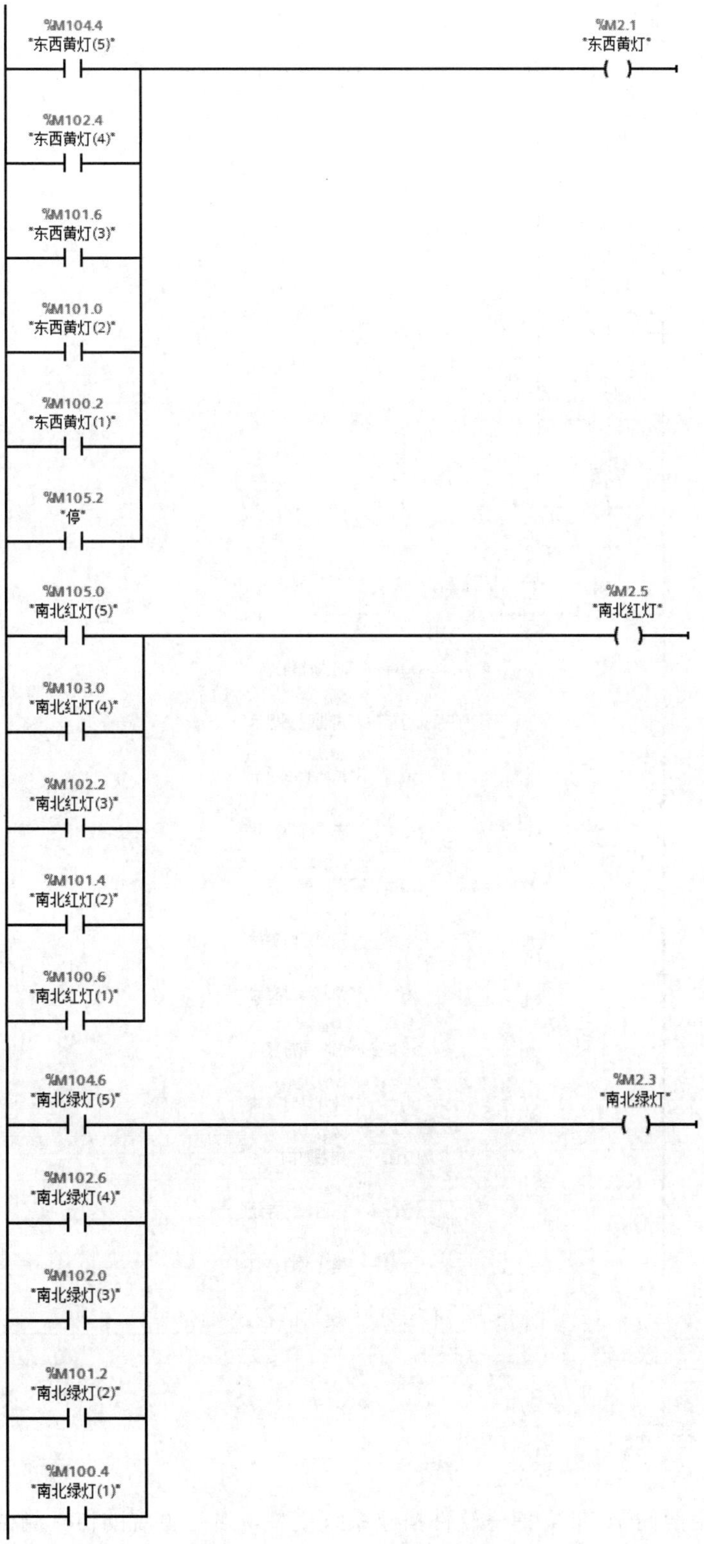

%M104.4 "东西黄灯(5)"
%M102.4 "东西黄灯(4)"
%M101.6 "东西黄灯(3)"
%M101.0 "东西黄灯(2)"
%M100.2 "东西黄灯(1)"
%M105.2 "停"
%M2.1 "东西黄灯"

%M105.0 "南北红灯(5)"
%M103.0 "南北红灯(4)"
%M102.2 "南北红灯(3)"
%M101.4 "南北红灯(2)"
%M100.6 "南北红灯(1)"
%M2.5 "南北红灯"

%M104.6 "南北绿灯(5)"
%M102.6 "南北绿灯(4)"
%M102.0 "南北绿灯(3)"
%M101.2 "南北绿灯(2)"
%M100.4 "南北绿灯(1)"
%M2.3 "南北绿灯"

图 16-19 停止程序模块的程序（续）

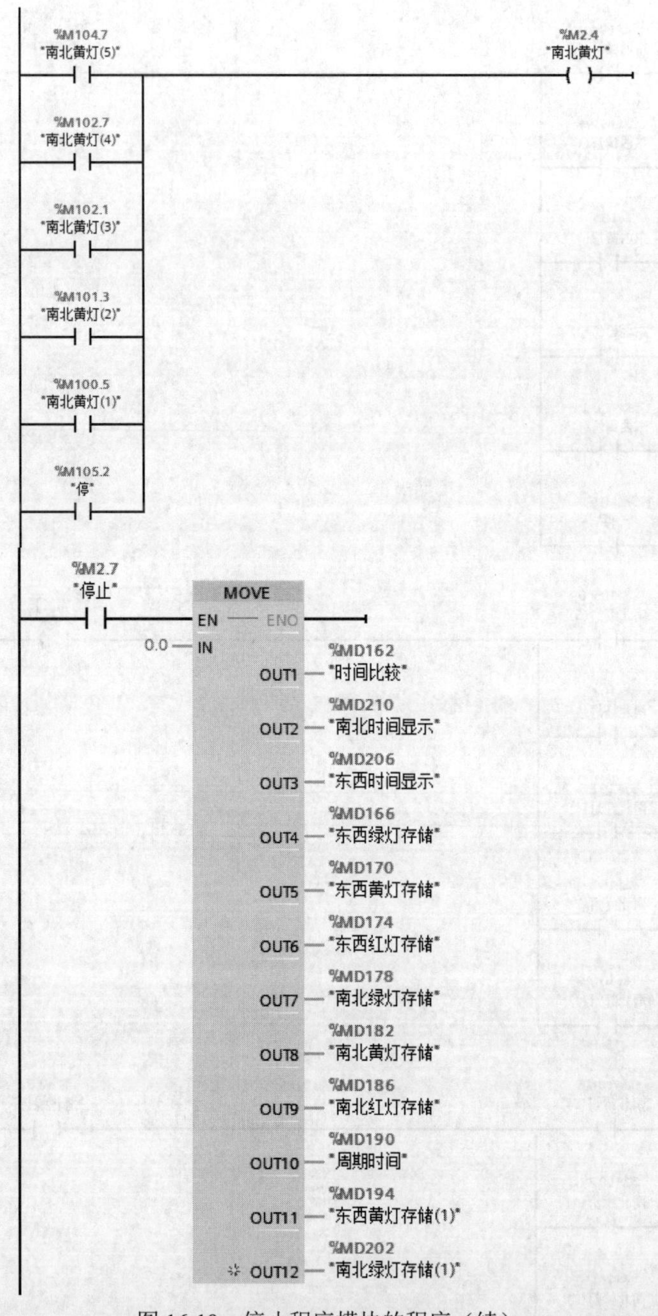

图 16-19　停止程序模块的程序（续）

16.4.7　调试程序

本项目采用西门子 TIA 博途软件搭建系统模型，进行直观的仿真测试。按照项目的控制连接图，进行仿真与调试，仿真界面如图 16-20 所示。

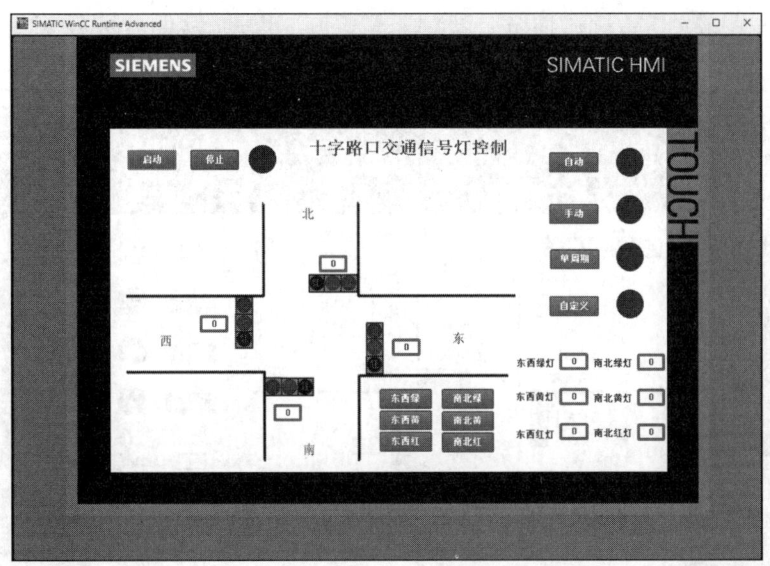

图 16-20　仿真界面

将编写完成的控制程序装载到 PLC 中，并单击“RUN”按钮运行，对应界面如图 16-21 和图 16-22 所示。

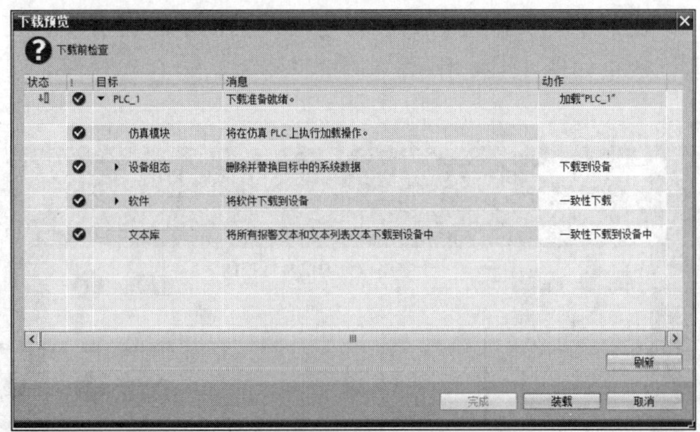

图 16-21　装载程序到 PLC 中（项目 16）

图 16-22　运行界面

启动程序，单击“自动”按钮选择自动运行模式，运行效果如图 16-23 所示。

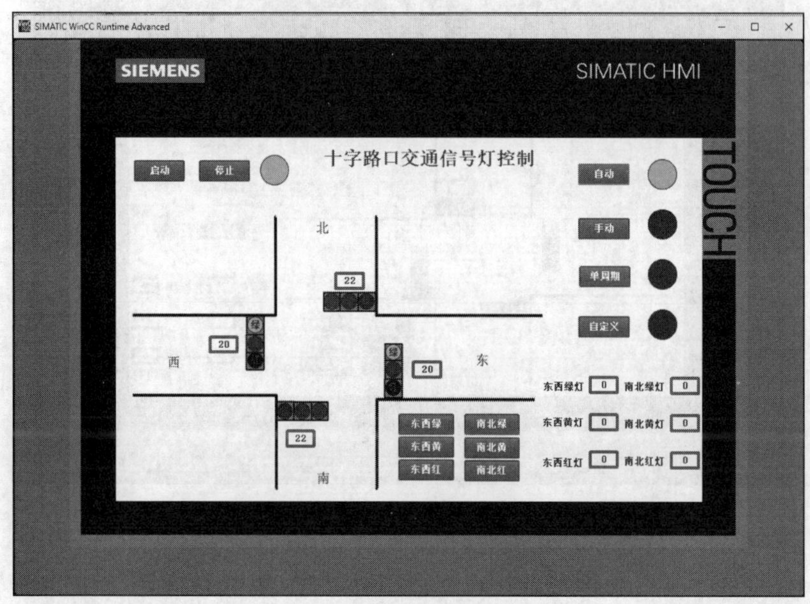

图 16-23　自动运行效果

启动程序，单击“手动”按钮选择手动运行模式，单击对应按钮可以控制相应红绿灯的亮起，运行效果如图 16-24 所示。

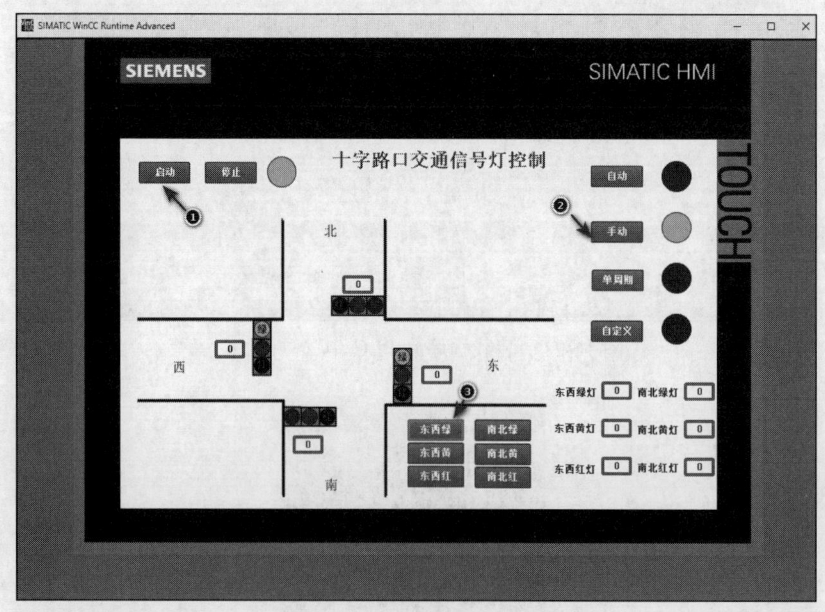

图 16-24　手动运行效果

启动程序，选择单周期运行模式，单击“单周期”按钮，运行效果如图 16-25 所示。

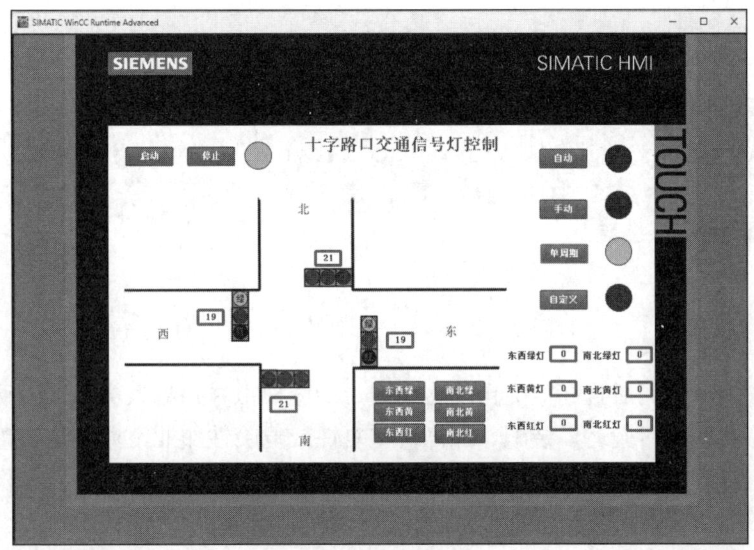

图 16-25　单周期运行效果

输入自定义的红绿灯时间，启动程序，单击“自定义”按钮选择自定义运行模式，运行效果如图 16-26 所示。

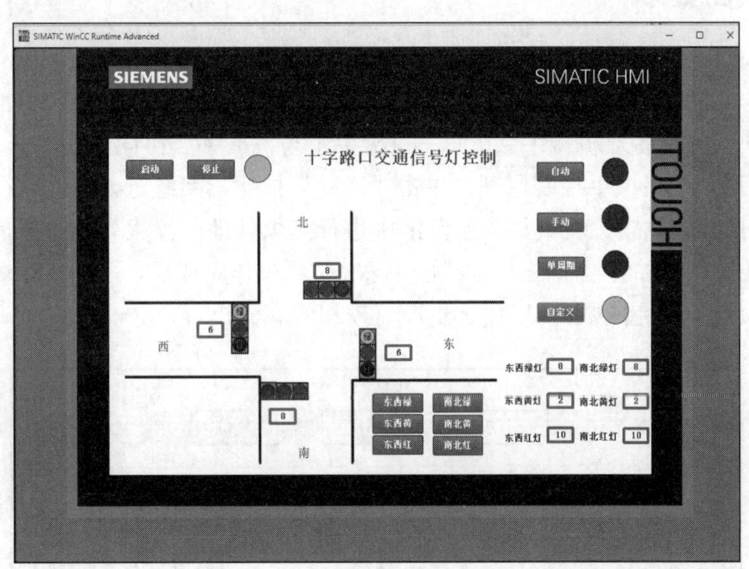

图 16-26　自定义运行效果

习　题

1. 针对高峰时段，如何调整交通信号灯控制系统能最大程度地减缓交通拥堵？
2. 在紧急情况下，如何通过交通信号灯控制系统提高道路应急通行能力？

项目 17 机械手控制

机械手作为一种灵活且高效的自动化装置，能够模拟并超越人类手臂的动作功能，在工业流水线上实现物料搬运、装配、加工等重复性或危险性作业，尤其是在高精度、高强度、高温或有毒有害环境下，机械手的应用不仅保障了生产过程的安全性和稳定性，而且极大地提升了生产效率和产品质量。

本项目主要围绕机械手在热处理工艺中的实际应用展开，采用 PLC 实现机械手的控制，使用 WinCC 模拟方式来体验机械手控制系统的设计和运行。

17.1 项目要求

本项目以机械手在热处理工艺中的实际应用为例，界面主要包括启动、暂停和复位三大功能模块，并配备双机械手系统——机械手 1 与机械手 2 协同作业。

图 17-1 展示了机械手控制原理。单击“启动”按钮，系统进入自动化循环流程。首先，机械手 1 夹取物料，将其放入水淬池中进行淬火处理。淬火处理完成后，机械手 2 抓取已淬火的物料，并将物料送入出料仓。每次循环操作完成后，系统自动更新并显示已完成的循环次数（即完成数），以便于生产监控和效率分析。

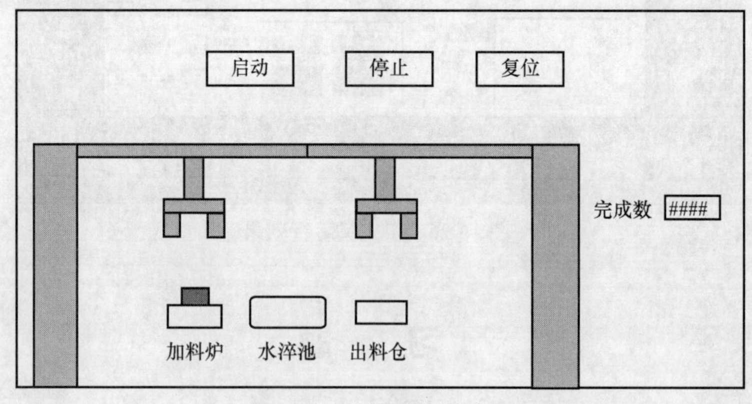

图 17-1　机械手控制原理

机械手控制系统的运行流程如图 17-2 所示。

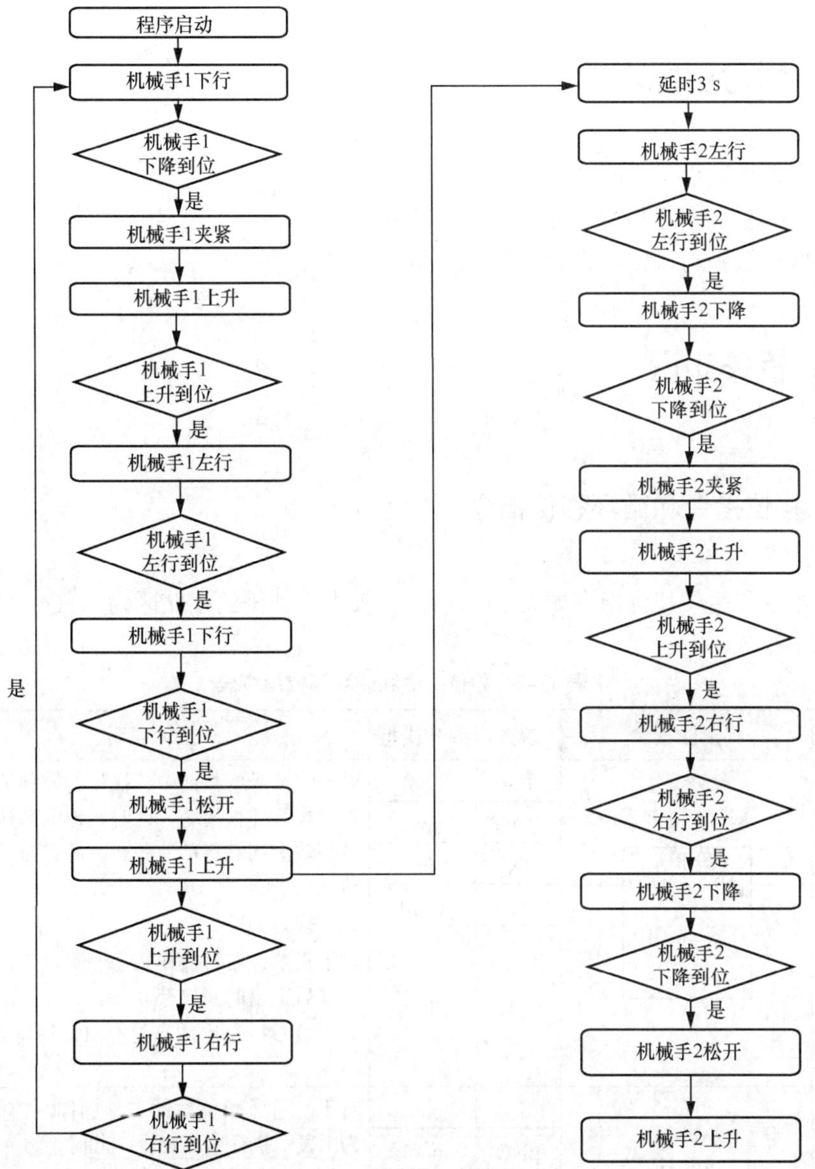

图 17-2 机械手控制系统的运行流程

机械手控制系统所用到的设备型号如表 17-1 所示。

表 17-1 机械手控制系统所用到的设备型号

设备	短名称	订货号
控制器	CPU 1214C DC/DC/DC	6ES7 214-1AG40-0XB0
HMI	TP900 精智面板	6AV2 124-0JC01-0AX0

17.2 学习目标

（1）掌握机械手工作原理。

（2）掌握移位指令和循环移位指令的应用技巧。

（3）提高编程与调试能力。

17.3 相关知识

17.3.1 移位指令和循环移位指令

移位指令和循环移位指令如表 17-2 所示，表中可使用的存储区为 I、Q、M、D、L。

表 17-2 移位指令和循环移位指令表

名称	梯形图指令	参数	参数类型	说明
有符号整数右移	SHR_I EN ENO ?-IN OUT-? ?-N	EN	bool	对于有符号整数的右移操作，控制信号 EN 为 1 表示执行右移指令。此时，输入端 IN 中的有符号整数会向右移动 N 位，并将结果输出到 OUT 端。 具体规则如下。 对于正数：右移操作相当于除以 2 的 N 次方，右移后空出的高位补 0。 对于负数：空出的高位补 1，保持其负数属性不变
		ENO	bool	
		IN	int	
		N	word	
		OUT	int	
有符号长整数右移	SHR_DI EN ENO ?-IN OUT-? ?-N	EN	bool	对于有符号长整数的右移操作，控制信号 EN 为 1 表示执行右移指令。此时，输入端 IN 中的有符号长整数会向右移动 N 位，并将结果输出到 OUT 端。 具体规则如下。 对于正数：右移操作相当于除以 2 的 N 次方，右移后空出的高位补 0。 对于负数：空出的高位补 1，保持其负数属性不变
		ENO	bool	
		IN	dint	
		N	word	
		OUT	dint	
无符号字型左移	SHL_W EN ENO ?-IN OUT-? ?-N	EN	bool	对于无符号字型数据左移，控制信号 EN 为 1 表示执行左移指令。此时，输入端 IN 中的字型数据会向左移动 N 位，并将结果输出到 OUT 端，左移后出现的空位补 0
		ENO	bool	
		IN	word	
		N	word	
		OUT	word	

续表

名称	梯形图指令	参数	参数类型	说明
无符号字型右移	SHR_W EN ENO ?-IN OUT-? ?-N	EN	bool	对于无符号字型数据右移，控制信号 EN 为 1 表示执行右移指令。此时，输入端 IN 中的字型数据会向右移动 N 位，并将结果输出到 OUT 端，右移后出现的空位补 0
		ENO	bool	
		IN	word	
		N	word	
		OUT	word	
无符号双字型左移	SHL_DW EN ENO ?-IN OUT-? ?-N	EN	bool	对于无符号双字型数据左移，控制信号 EN 为 1 表示执行左移指令。此时，输入端 IN 中的双字型数据会向左移动 N 位，并将结果输出到 OUT 端，左移后出现的空位补 0
		ENO	bool	
		IN	dword	
		N	word	
		OUT	dword	
无符号双字型右移	SHR_DW EN ENO ?-IN OUT-? ?-N	EN	bool	对于无符号双字型数据右移，控制信号 EN 为 1 表示执行右移指令。此时，输入端 IN 中的双字型数据会向右移动 N 位，并将结果输出到 OUT 端，右移后出现的空位补 0
		ENO	bool	
		IN	dword	
		N	word	
		OUT	dword	
双字循环左移	ROL_DW EN ENO ?-IN OUT-? ?-N	EN	bool	对于无符号双字型数据循环左移，控制信号 EN 为 1 表示执行循环左移指令。此时，输入端 IN 中的双字型数据会向左循环移动 N 位，并将结果输出到 OUT 端，每次将高位移除后，将其移动到低位
		ENO	bool	
		IN	dword	
		N	word	
		OUT	dword	
双字循环右移	ROR_DW EN ENO ?-IN OUT-? ?-N	EN	bool	对于无符号双字型数据循环右移，控制信号 EN 为 1 表示执行循环右移指令。此时，输入端 IN 中的双字型数据会向右循环移动 N 位，并将结果输出到 OUT 端，每次将低位移除后，将其移动到高位
		ENO	bool	
		IN	dword	
		N	word	
		OUT	dword	

17.3.2　移位指令和循环移位指令示例

示例 1：有符号数右移 4 位的过程。一个有符号数，最高位是符号位 1，右移 4 位后，空出的位补 1，移出位丢失，具体过程如图 17-3 所示。

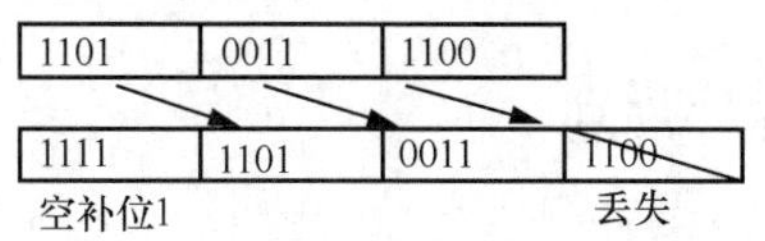

图 17-3　有符号数右移 4 位的过程

示例 2：无符号数左移 4 位和右移 4 位的过程。无符号数左移 4 位的过程如图 17-4 所示。无符号数右移 4 位的过程如图 17-5 所示。

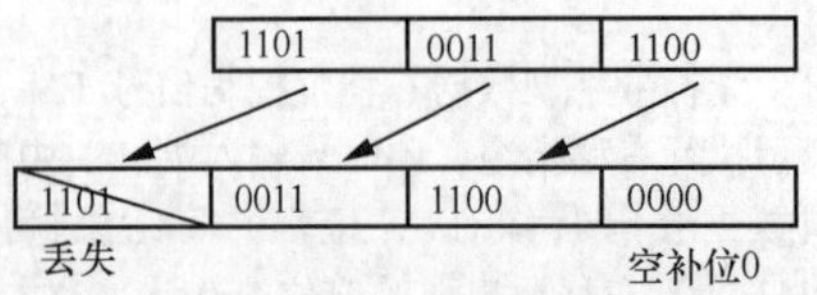

图 17-4 无符号数左移 4 位的过程

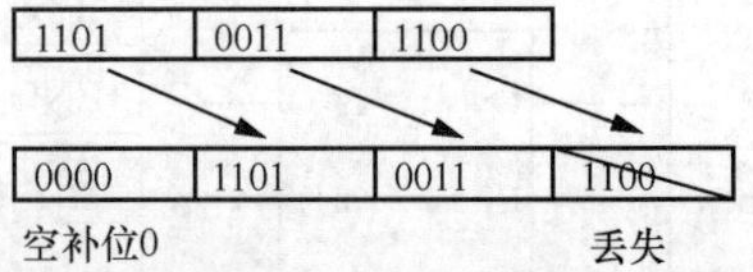

图 17-5 无符号数右移 4 位的过程

示例 3：循环移位的过程。循环左移的过程如图 17-6 所示。循环右移的过程如图 17-7 所示。

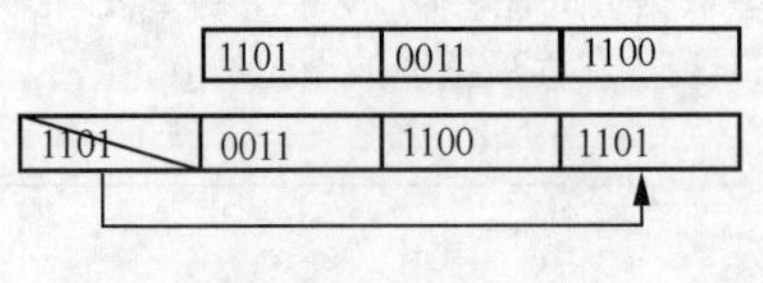

图 17-6 循环左移的过程

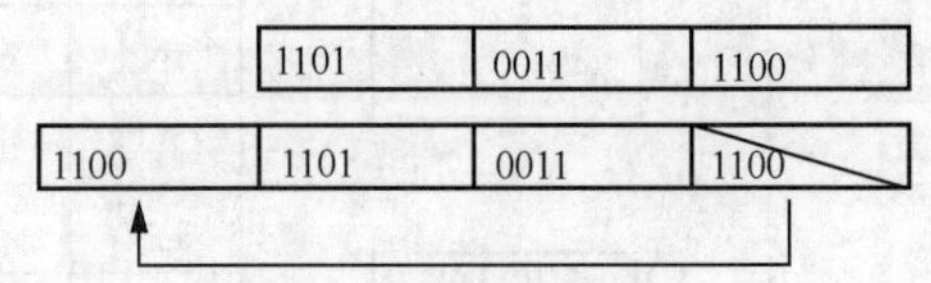

图 17-7 循环右移的过程

示例 4：解决移位指定多次执行的问题。PLC 控制系统中采用的是循环扫描的工作方式，当按钮按下时，在一个扫描周期内可能触发移位指令多次执行。例如，对于无符号字型数据 MW10 的右移操作，若每接收到一次"启动"信号（如 I0.0 常开触点闭合），就执行一次右移指令，则可能导致在短时间内 MW10 的内容迅速变为全 0 状态。

为了确保每次仅在按钮按下瞬间执行一次移位操作，可以在 I0.0 常开触点后添加一个正跳沿检测指令，即上升沿检测，这样，只有在按钮从断开到闭合的瞬间，即检测到上升沿时，才会触发一次移位指令的执行，从而避免了因连续扫描导致的数据过度移位问题。移位指定多次执行问题的解决方案如图 17-8 所示。

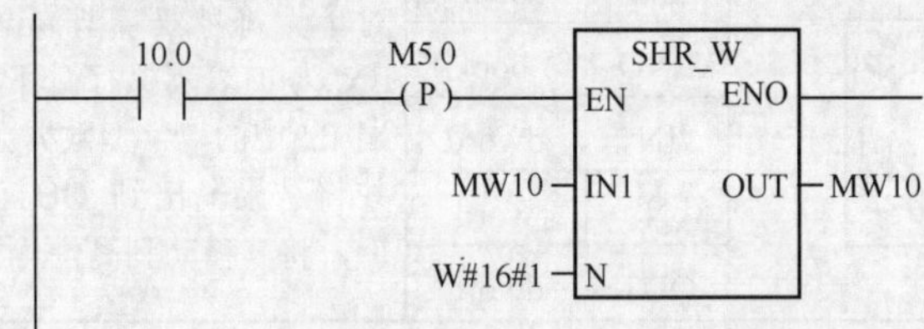

图 17-8 移位指定多次执行问题的解决方案

17.4 项目实施

17.4.1 输入/输出信号器件规划

针对机械手控制的要求，下面对 PLC 输入/输出信号器件进行规划，如表 17-3 所示。

表 17-3　PLC 输入/输出信号器件规划

输入	输出
启动 SB1	机械手 1 上 KA1
停止 SB2	机械手 1 下 KA2
复位 SB3	机械手 1 左 KA3
	机械手 1 右 KA4
	机械手 1 夹紧 KA5
	机械手 2 上 KA6
	机械手 2 下 KA7
	机械手 2 左 KA8
	机械手 2 右 KA9
	机械手 2 夹紧 KA10

17.4.2　硬件组态

本项目选用的是西门子 S7-1200 PLC 设备，CPU 为 1214C DC/DC/DC，其硬件组态如图 17-9 所示。

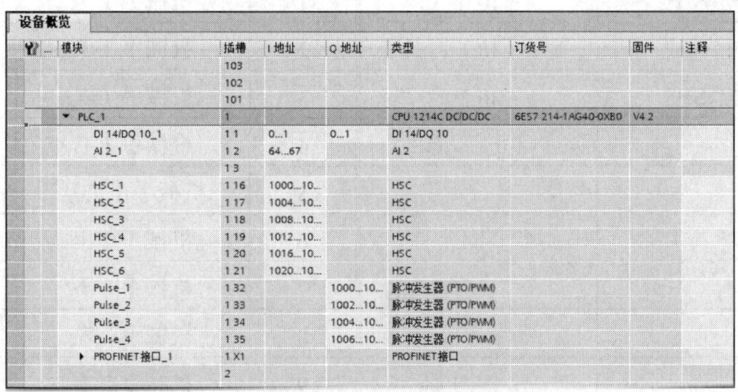

图 17-9　PLC 设备的硬件组态（项目 17）

添加 HMI 显示与触控屏设备，以便于直观操作。HMI 设备的类型为 TP900 精智面板，它的硬件组态如图 17-10 所示。

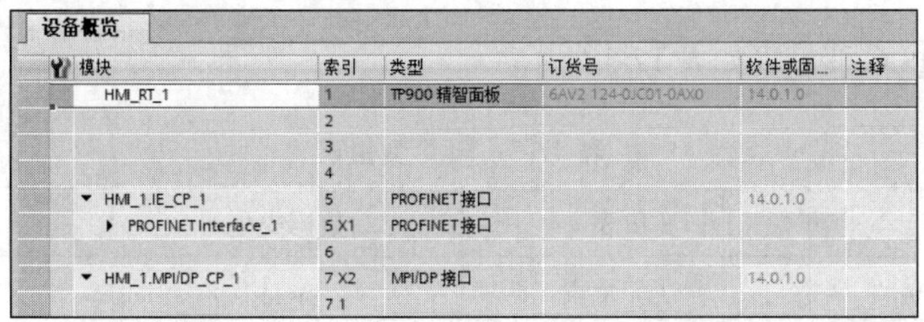

图 17-10　HMI 设备的硬件组态（项目 17）

添加好设备后，将 PLC 设备与 HMI 设备连接起来，如图 17-11 所示。

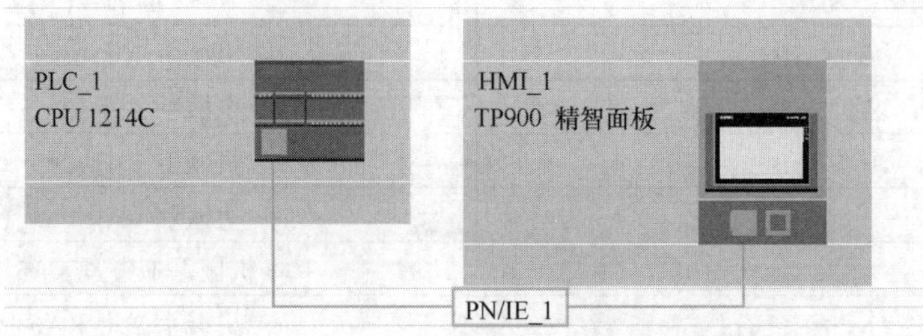

图 17-11　PLC 设备与 HMI 设备的连接图（项目 17）

17.4.3　输入/输出地址分配

根据机械手控制的要求，下面对输入和输出地址进行分配，具体如表 17-4 所示。

表 17-4　输入/输出地址分配

序号	输入信号器件名称	编程元件地址	序号	输出信号器件名称	编程元件地址
1	启动 SB1	I0.0	1	机械手 1 上	Q0.0
2	停止 SB2	I0.1	2	机械手 1 下	Q0.1
3	复位 SB3	I0.2	3	机械手 1 左	Q0.2
			4	机械手 1 右	Q0.3
			5	机械手 1 夹紧	Q0.4
			6	机械手 2 上	Q0.5
			7	机械手 2 下	Q0.6
			8	机械手 2 左	Q0.7
			9	机械手 2 右	Q1.0
			10	机械手 2 夹紧	Q1.1

17.4.4　定义变量

本项目的 PLC 变量表如表 17-5 所示。

表 17-5　PLC 变量表

名称	变量表	数据类型	地址
System_Byte	默认变量表	byte	%MB1
FirstScan	默认变量表	bool	%M1.0

续表

名称	变量表	数据类型	地址
DiagStatusUpdate	默认变量表	bool	%M1.1
AlwaysTRUE	默认变量表	bool	%M1.2
AlwaysFALSE	默认变量表	bool	%M1.3
Clock_Byte	默认变量表	byte	%MB0
Clock_10Hz	默认变量表	bool	%M0.0
Clock_5Hz	默认变量表	bool	%M0.1
Clock_2.5Hz	默认变量表	bool	%M0.2
Clock_2Hz	默认变量表	bool	%M0.3
Clock_1.25Hz	默认变量表	bool	%M0.4
Clock_1Hz	默认变量表	bool	%M0.5
Clock_0.625Hz	默认变量表	bool	%M0.6
Clock_0.5Hz	默认变量表	bool	%M0.7
启动	默认变量表	bool	%M2.0
停止	默认变量表	bool	%M2.1
运行	默认变量表	bool	%M2.2
传送带 A	默认变量表	bool	%M2.3
传送带 B	默认变量表	bool	%M2.4
加工 1	默认变量表	bool	%M2.5
加工 2	默认变量表	bool	%M2.6
物料 X	默认变量表	int	%MW100
物料 Y	默认变量表	int	%MW102
机械手 1X	默认变量表	int	%MW104
机械手 1Y	默认变量表	int	%MW106
存储 1	默认变量表	bool	%M2.7
存储 2	默认变量表	bool	%M3.0
存储 3	默认变量表	bool	%M3.1
机械手 1 下移 1	默认变量表	bool	%M3.2
停下	默认变量表	bool	%M3.3
存储 4	默认变量表	bool	%M3.4
存储 5	默认变量表	bool	%M3.5

续表

名称	变量表	数据类型	地址
存储 6	默认变量表	bool	%M3.6
机械手 1 上移 1	默认变量表	bool	%M3.7
停上	默认变量表	bool	%M4.0
存储 7	默认变量表	bool	%M4.1
机械手 1 右移 1	默认变量表	bool	%M4.2
停右	默认变量表	bool	%M4.3
存储 8	默认变量表	bool	%M4.4
存储 9	默认变量表	bool	%M4.5
机械手 1 下移 2	默认变量表	bool	%M4.6
停下(1)	默认变量表	bool	%M4.7
存储 10	默认变量表	bool	%M5.0
存储 11	默认变量表	bool	%M5.1
存储 12	默认变量表	bool	%M5.2
机械手 1 上移 2	默认变量表	bool	%M5.3
停上(1)	默认变量表	bool	%M5.4
加工 1(1)	默认变量表	bool	%M5.5
存储 13	默认变量表	bool	%M5.6
存储 14	默认变量表	bool	%M5.7
机械手 1 下移 3	默认变量表	bool	%M6.0
停下(2)	默认变量表	bool	%M6.1
存储 15	默认变量表	bool	%M6.2
存储 16	默认变量表	bool	%M6.3
机械手 1 上移 3	默认变量表	bool	%M6.4
停上(2)	默认变量表	bool	%M6.5
存储 17	默认变量表	bool	%M6.6
存储 18	默认变量表	bool	%M6.7
机械手 1 右移 2	默认变量表	bool	%M7.0
停右(1)	默认变量表	bool	%M7.1
存储 19	默认变量表	bool	%M7.2
存储 20	默认变量表	bool	%M7.3

续表

名称	变量表	数据类型	地址
机械手 1 下移 4	默认变量表	bool	%M7.4
停下(3)	默认变量表	bool	%M7.5
机械手 1 上移 4	默认变量表	bool	%M7.6
存储 21	默认变量表	bool	%M7.7
存储 22	默认变量表	bool	%M8.0
停上(3)	默认变量表	bool	%M8.1
存储 23	默认变量表	bool	%M8.2
存储 24	默认变量表	bool	%M8.3
存储 25	默认变量表	bool	%M8.4
停下(4)	默认变量表	bool	%M8.5
机械手 1 下移 5	默认变量表	bool	%M8.6
存储 26	默认变量表	bool	%M8.7
存储 27	默认变量表	bool	%M9.0
机械手 1 上移 5	默认变量表	bool	%M9.1
停上(4)	默认变量表	bool	%M9.2
存储 28	默认变量表	bool	%M9.3
存储 29	默认变量表	bool	%M9.4
存储 30	默认变量表	bool	%M9.5
存储 31	默认变量表	bool	%M9.6
机械手 1 右移 3	默认变量表	bool	%M9.7
停右(2)	默认变量表	bool	%M10.0
机械手 1 下移 6	默认变量表	bool	%M10.1
停下(5)	默认变量表	bool	%M10.2
存储 32	默认变量表	bool	%M10.3
存储 33	默认变量表	bool	%M10.4
存储 34	默认变量表	bool	%M10.5
停 1	默认变量表	bool	%M10.6
停 2	默认变量表	bool	%M10.7
停 3	默认变量表	bool	%M11.0
复位	默认变量表	bool	%M11.1

续表

名称	变量表	数据类型	地址
存储 35	默认变量表	bool	%M11.2
存储 50	默认变量表	bool	%M11.3
存储 51	默认变量表	bool	%M11.4
传送带 A(1)	默认变量表	bool	%M11.5
传送带 B(1)	默认变量表	bool	%M11.6
加工 1(2)	默认变量表	bool	%M11.7
加工 2(1)	默认变量表	bool	%M12.0
传送带 A(2)	默认变量表	bool	%M12.1
传送带 B(2)	默认变量表	bool	%M12.2
加工 2(2)	默认变量表	bool	%M12.4
上	默认变量表	bool	%M12.5
下	默认变量表	bool	%M12.6
左	默认变量表	bool	%M12.7
右	默认变量表	bool	%M13.0
存储	默认变量表	bool	%M13.1
存储_1	默认变量表	bool	%M13.2
存储_2	默认变量表	bool	%M13.3
存储_3	默认变量表	bool	%M13.4
存储_4	默认变量表	bool	%M13.5
手动	默认变量表	bool	%M13.6
手动运行	默认变量表	bool	%M14.0
存储 1(1)	默认变量表	bool	%M14.6
存储 1(2)	默认变量表	bool	%M15.3
按钮复位	默认变量表	bool	%M15.4
开始复位	默认变量表	bool	%M15.5
复位结束	默认变量表	bool	%M15.6
存储 1(3)	默认变量表	bool	%M15.7
存储 1(4)	默认变量表	bool	%M16.0
夹紧	默认变量表	bool	%M16.1
启动机械手 2	默认变量表	bool	%M12.3

续表

名称	变量表	数据类型	地址
机械手 2 下移	默认变量表	bool	%M13.7
机械手 2 上移	默认变量表	bool	%M14.1
机械手 2 左移	默认变量表	bool	%M14.2
机械手 2 右移	默认变量表	bool	%M14.3
机械手 2X	默认变量表	int	%MW108
机械手 2Y	默认变量表	int	%MW110
机械手 2 下移(1)	默认变量表	bool	%M14.4
机械手 2 上移(1)	默认变量表	bool	%M14.5
存储 8(1)	默认变量表	bool	%M14.7
存储 8(2)	默认变量表	bool	%M15.0
存储 9(1)	默认变量表	bool	%M15.1
存储 10(1)	默认变量表	bool	%M15.2
夹紧 2	默认变量表	bool	%M16.2
存储 10(2)	默认变量表	bool	%M16.3
存储 10(3)	默认变量表	bool	%M16.4
存储 10(4)	默认变量表	bool	%M16.5
存储 10(5)	默认变量表	bool	%M16.6
存储 10(6)	默认变量表	bool	%M16.7
机械手 2 下移(2)	默认变量表	bool	%M17.0
机械手 2 上移(2)	默认变量表	bool	%M17.1
存储 10(7)	默认变量表	bool	%M17.2
存储 10(8)	默认变量表	bool	%M17.3
松开 2	默认变量表	bool	%M17.4
存储 10(9)	默认变量表	bool	%M17.5
存储 10(10)	默认变量表	bool	%M17.6
存储 10(11)	默认变量表	bool	%M17.7
存储 10(12)	默认变量表	bool	%M18.0
存储 10(13)	默认变量表	bool	%M18.1
注水电机	默认变量表	bool	%M18.2
液位	默认变量表	int	%MW112

续表

名称	变量表	数据类型	地址
存储 10(14)	默认变量表	bool	%M18.3
存储 11(1)	默认变量表	bool	%M18.4
存储 12(1)	默认变量表	bool	%M18.5
存储 13(1)	默认变量表	bool	%M18.6
存储 14(1)	默认变量表	bool	%M18.7
存储 15(1)	默认变量表	bool	%M19.0
存储 16(1)	默认变量表	bool	%M19.1
加工数	默认变量表	int	%MW114

本项目中的 HMI 变量表如表 17-6 所示。

表 17-6 HMI 变量表

名称	变量表	连接	PLC 名称	数据类型	大小
启动	默认变量表	HMI_连接_1	启动	bool	1
停止	默认变量表	HMI_连接_1	停止	bool	1
传送带 A	默认变量表	HMI_连接_1	传送带 A	bool	1
机械手 Y	默认变量表	HMI_连接_1	机械手 1Y	int	2
机械手 X	默认变量表	HMI_连接_1	机械手 1X	int	2
物料 X	默认变量表	HMI_连接_1	物料 X	int	2
物料 Y	默认变量表	HMI_连接_1	物料 Y	int	2
加工 1	默认变量表	HMI_连接_1	加工 1	bool	1
加工 2	默认变量表	HMI_连接_1	加工 2	bool	1
传送带 B	默认变量表	HMI_连接_1	传送带 B	bool	1
手动	默认变量表	HMI_连接_1	手动	bool	1
上	默认变量表	HMI_连接_1	上	bool	1
下	默认变量表	HMI_连接_1	下	bool	1
左	默认变量表	HMI_连接_1	左	bool	1
右	默认变量表	HMI_连接_1	右	bool	1
复位	默认变量表	HMI_连接_1	复位	bool	1
夹紧	默认变量表	HMI_连接_1	夹紧	bool	1
按钮复位	默认变量表	HMI_连接_1	按钮复位	bool	1

续表

名称	变量表	连接	PLC 名称	数据类型	大小
机械手 2X	默认变量表	HMI_连接_1	机械手 2X	int	2
机械手 2Y	默认变量表	HMI_连接_1	机械手 2Y	int	2
夹紧 2	默认变量表	HMI_连接_1	夹紧 2	bool	1
液位	默认变量表	HMI_连接_1	液位	int	2
加工数	默认变量表	HMI_连接_1	加工数	int	2
运行	默认变量表	HMI_连接_1	运行	bool	1

17.4.5 接线图

本项目的 PLC 接线图如图 17-12 所示。

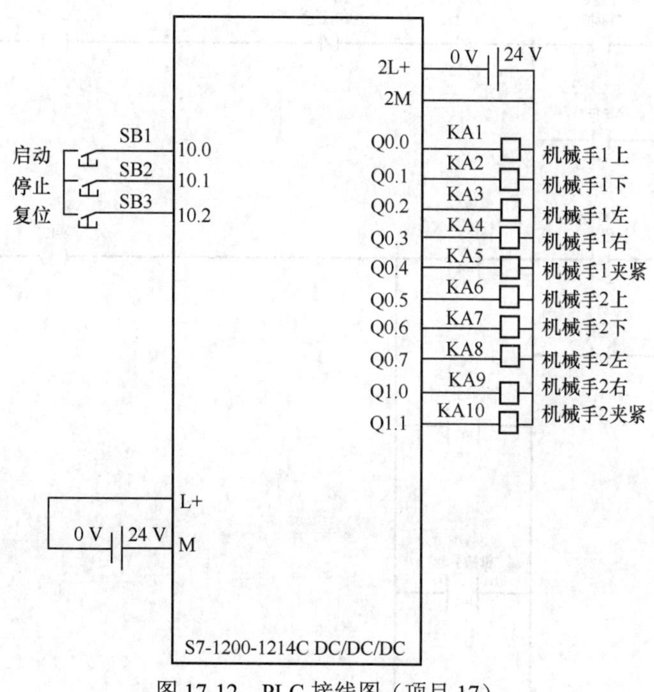

图 17-12 PLC 接线图（项目 17）

17.4.6 编写程序

下面通过仿真测试来验证项目的可行性，根据上述内容进行程序编写和变量建立，具体如图 17-13 所示。

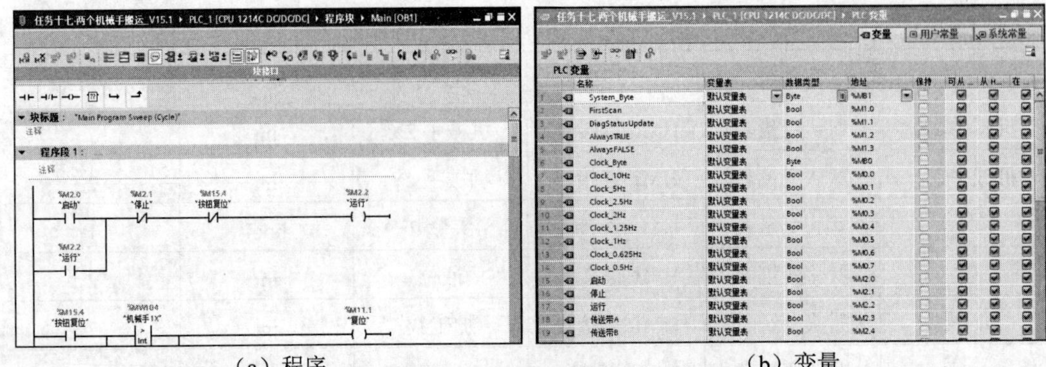

（a）程序　　（b）变量

图 17-13　程序和变量

1．启停控制模块

启停控制模块主要控制程序的启动、停止和复位，具体程序如图 17-14 所示。

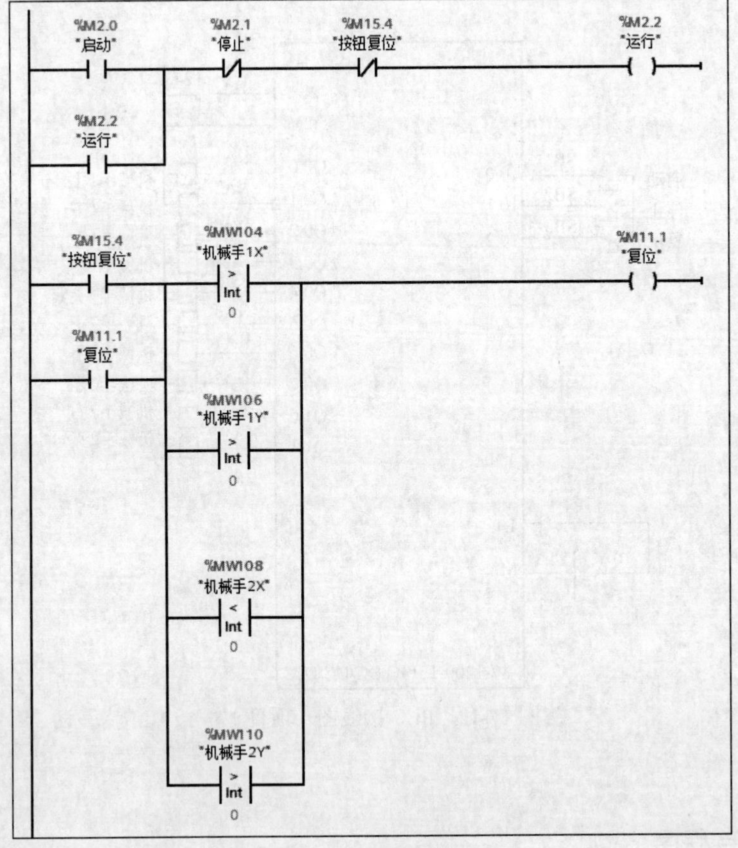

图 17-14　启停控制模块的程序

2．机械手 1 下移模块

机械手 1 下移模块主要控制机械手 1 的向下移动，具体程序如图 17-15 所示。

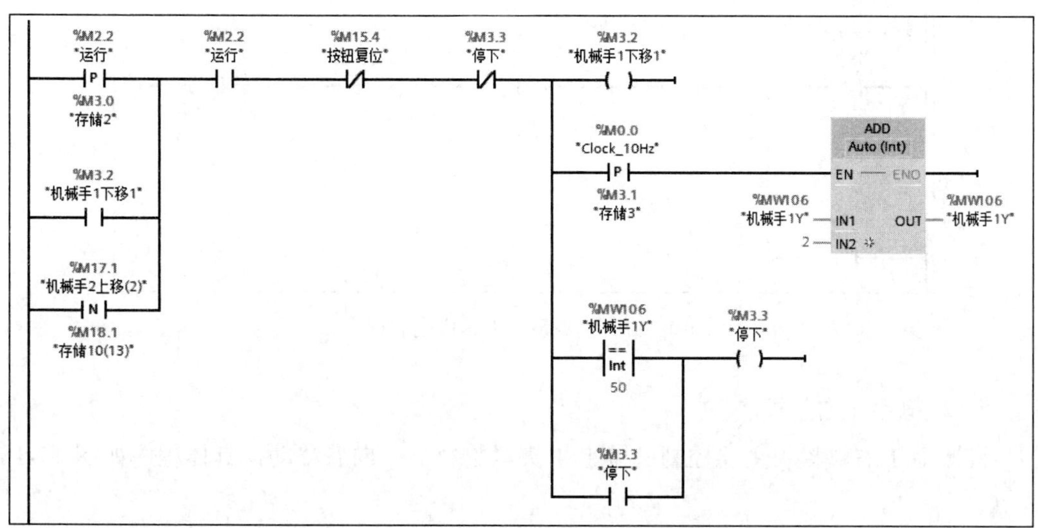

图 17-15　机械手 1 下移模块的程序

3．机械手 1 夹紧物料上移模块

机械手 1 夹紧物料上移模块主要控制机械手 1 夹紧物料后，向上移动，具体程序如图 17-16 所示。

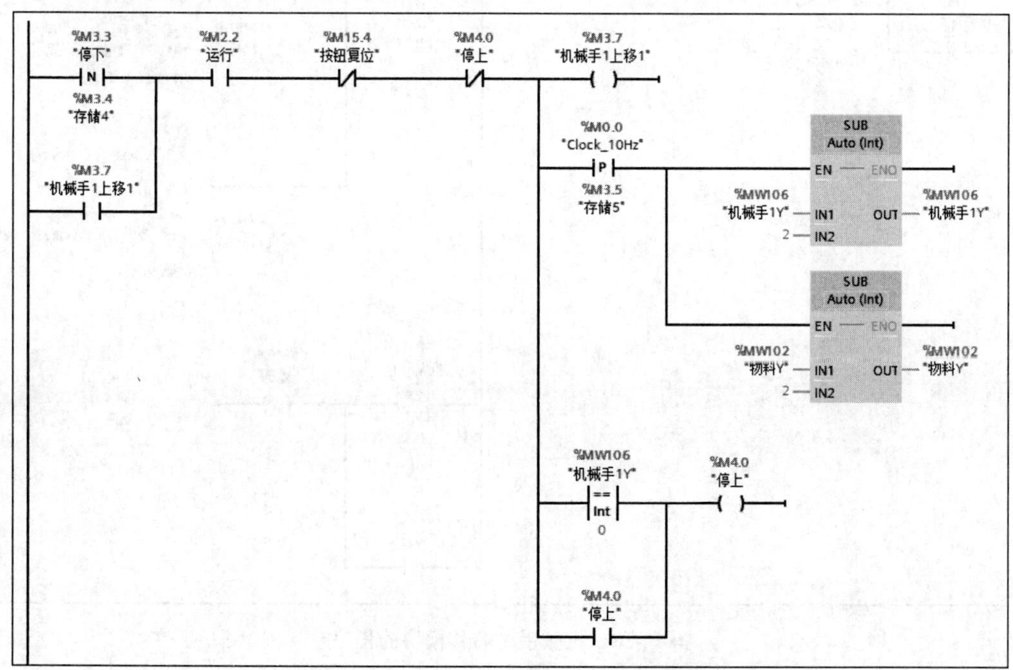

图 17-16　机械手 1 夹紧物料上移模块的程序

4．机械手 1 夹紧模块

机械手 1 夹紧模块主要控制机械手 1 夹紧物料，具体程序如图 17-17 所示。

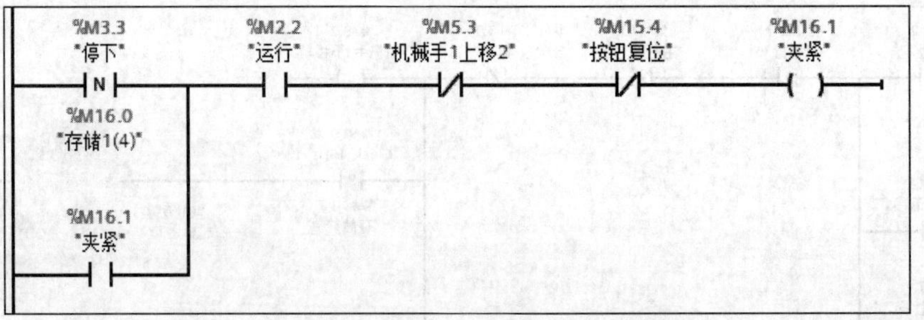

图 17-17　机械手 1 夹紧模块的程序

5．机械手 1 右移模块

机械手 1 右移模块主要控制机械手 1 夹紧物料后，向右移动，具体程序如图 17-18 所示。

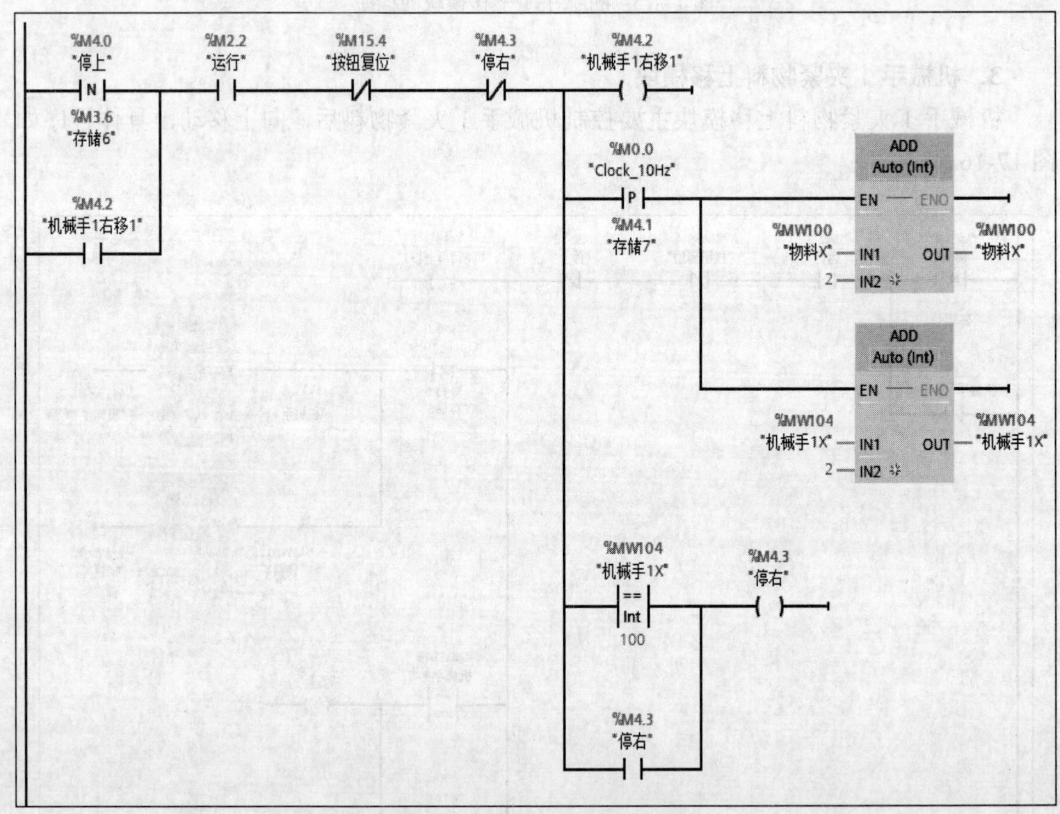

图 17-18　机械手 1 右移模块的程序

6．机械手 1 下移并松开物料模块

机械手 1 下移并松开物料模块主要控制机械手 1 携带物料向下移动，到达水淬池后，松开物料，具体程序如图 17-19 所示。

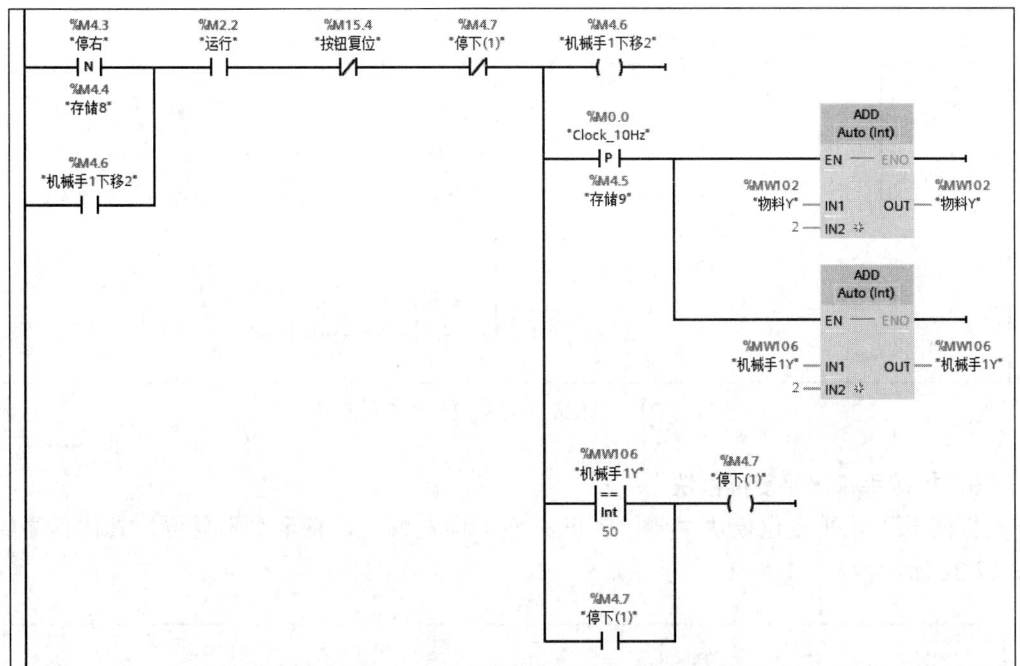

图 17-19　机械手 1 下移并松开物料模块的程序

7. 机械手 1 上移模块

机械手 1 上移模块主要控制机械手 1 向上移动，具体程序如图 17-20 所示。

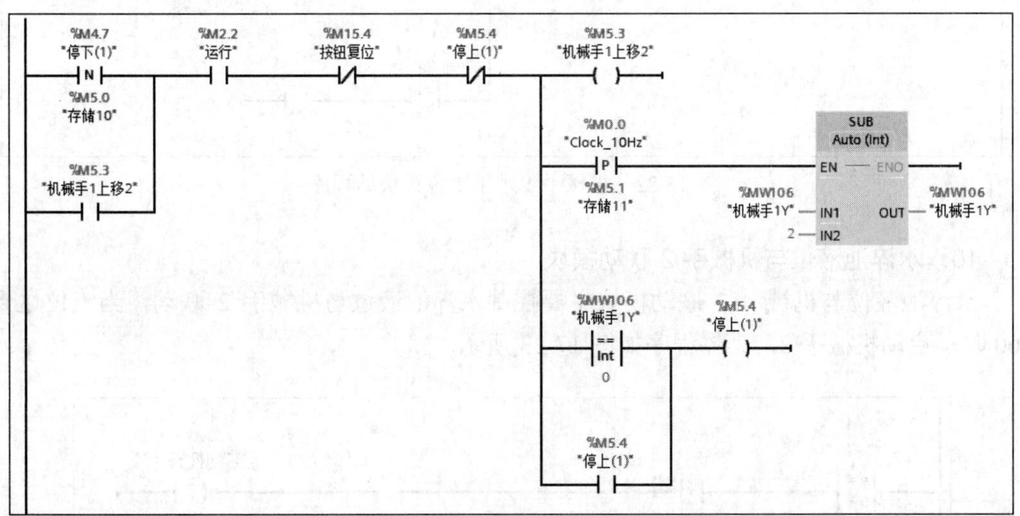

图 17-20　机械手 1 上移模块的程序

8. 机械手 1 垂直复位模块

机械手 1 垂直复位模块主要控制机械手 1 向上移动，直至垂直复位，具体程序如图 17-21 所示。

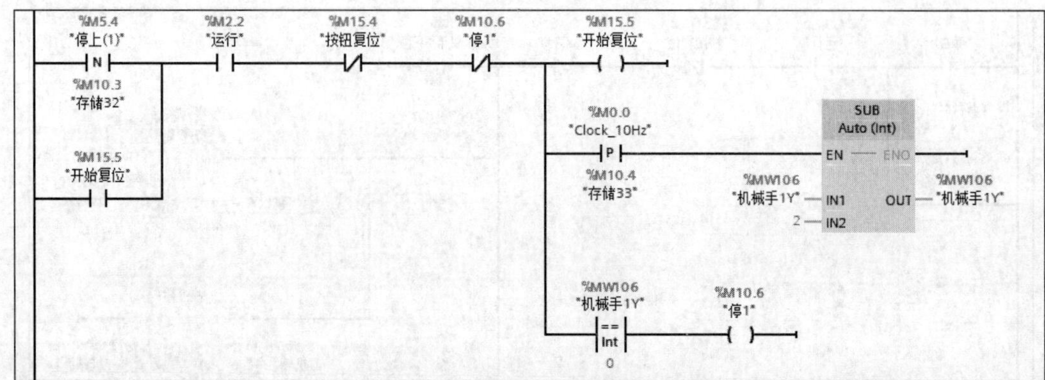

图 17-21　机械手 1 垂直复位模块的程序

9．机械手 1 水平复位模块

机械手 1 水平复位模块主要控制机械手 1 向左移动，直至水平复位，具体程序如图 17-22 所示。

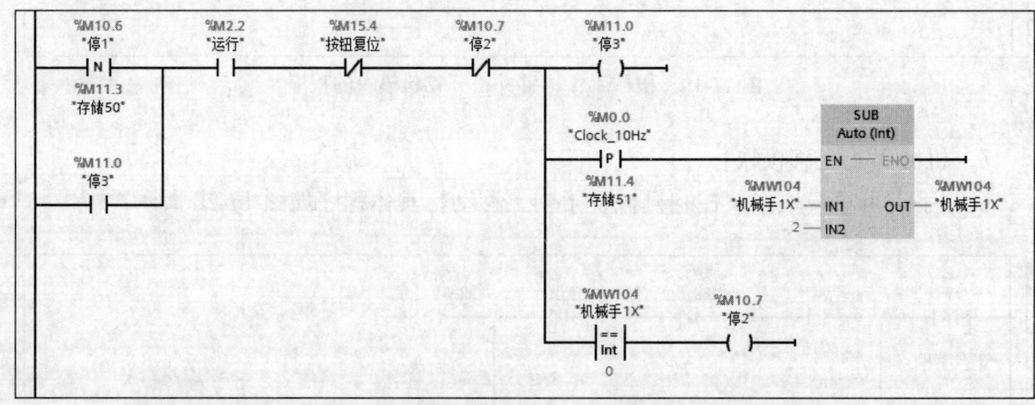

图 17-22　机械手 1 水平复位模块的程序

10．水淬池液位与机械手 2 联动模块

水淬池液位与机械手 2 联动模块主要控制水淬池液位与机械手 2 联动，当液位达到 100 时，启动机械手 2，具体程序如图 17-23 所示。

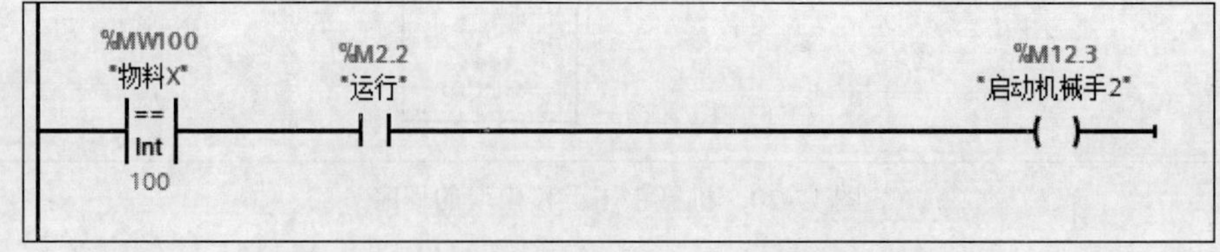

图 17-23　水淬池液位与机械手 2 联动模块的程序

11．机械手 2 左移模块

机械手 2 左移模块主要控制机械手 2 向左移动，具体程序如图 17-24 所示。

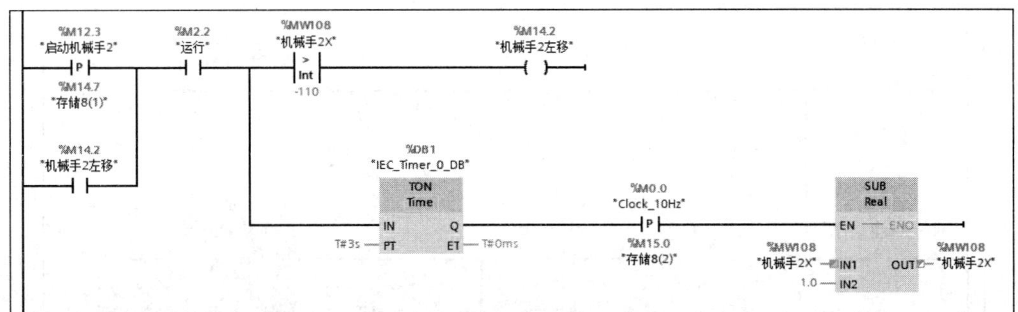

图 17-24　机械手 2 左移模块的程序

12．机械手 2 下移模块

机械手 2 下移模块主要控制机械手 2 向下移动，具体程序如图 17-25 所示。

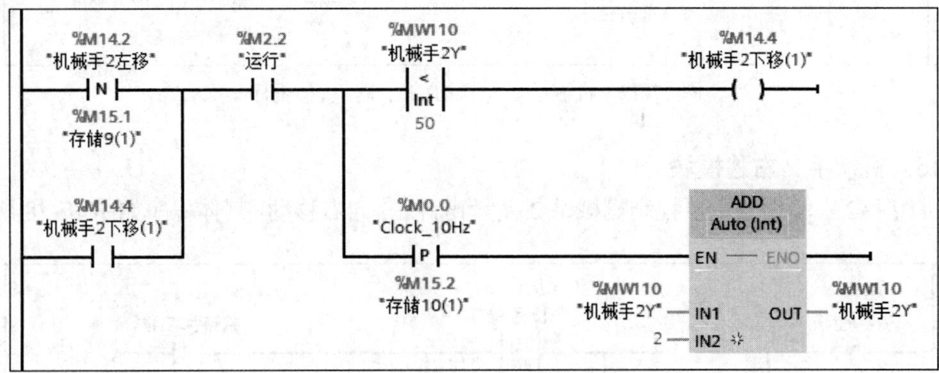

图 17-25　机械手 2 下移模块的程序

13．机械手 2 夹紧模块

机械手 2 夹紧模块主要控制机械手 2 夹紧物料，具体程序如图 17-26 所示。

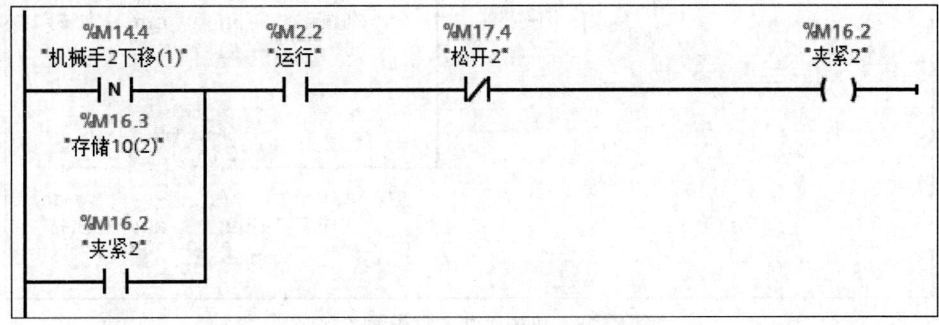

图 17-26　机械手 2 夹紧模块的程序

14．机械手 2 夹紧物料上移模块

机械手 2 夹紧物料上移模块主要控制机械手 2 夹紧物料后，向上移动，具体程序如图 17-27 所示。

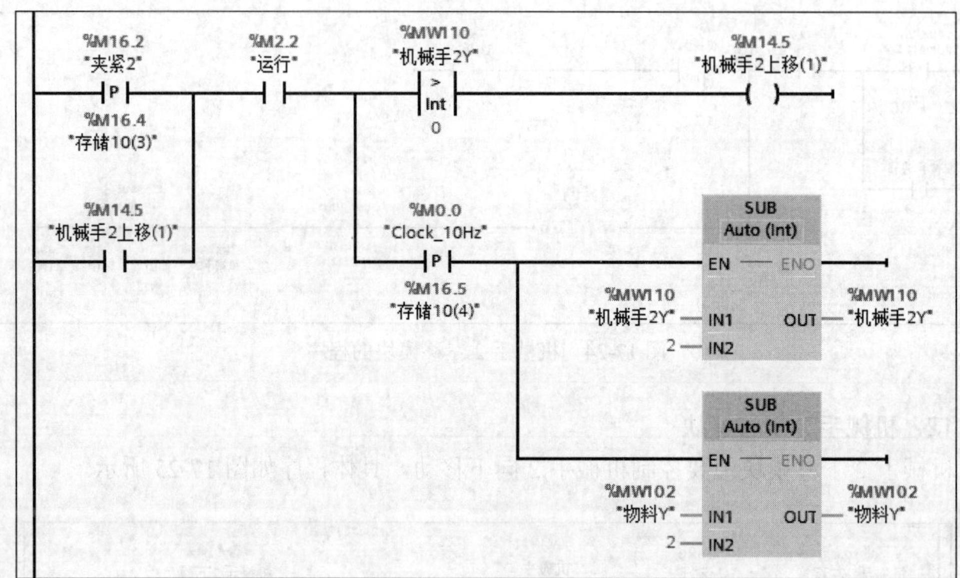

图 17-27　机械手 2 夹紧物料上移模块的程序

15. 机械手 2 右移模块

机械手 2 右移模块主要控制机械手 2 夹紧物料后，向右移动，具体程序如图 17-28 所示。

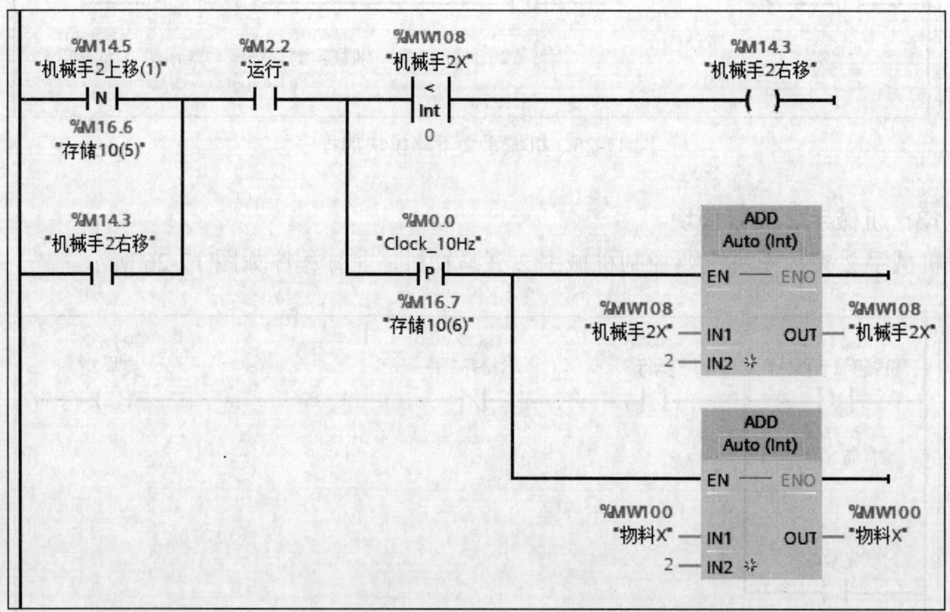

图 17-28　机械手 2 右移模块的程序

16. 机械手 2 夹紧物料下移模块

机械手 2 夹紧物料下移模块主要控制机械手 2 夹紧物料后，向下移动，具体程序如图 17-29 所示。

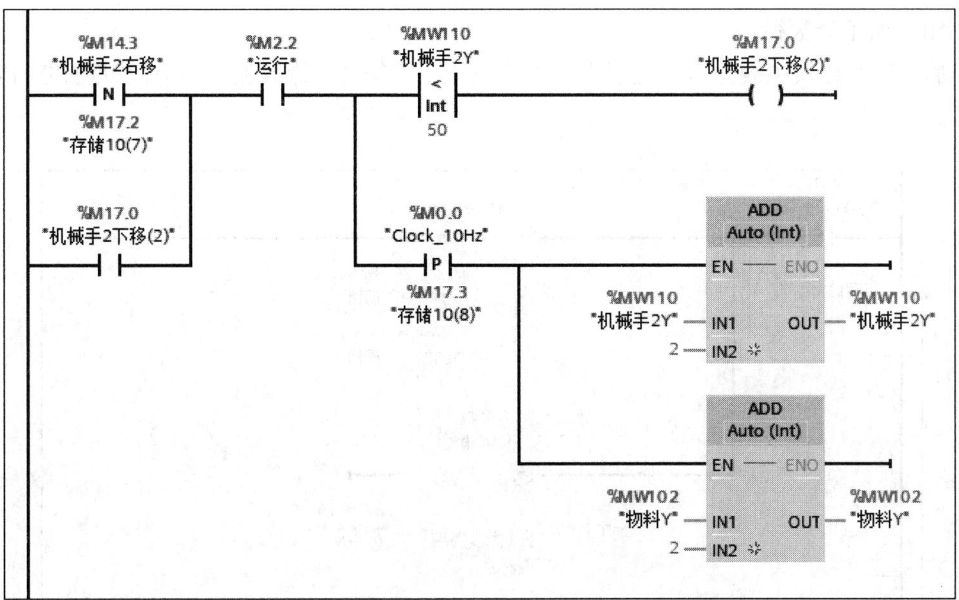

图 17-29　机械手 2 夹紧物料下移模块的程序

17．机械手 2 松开物料模块

机械手 2 松开物料模块主要控制机械手 2 松开物料，具体程序如图 17-30 所示。

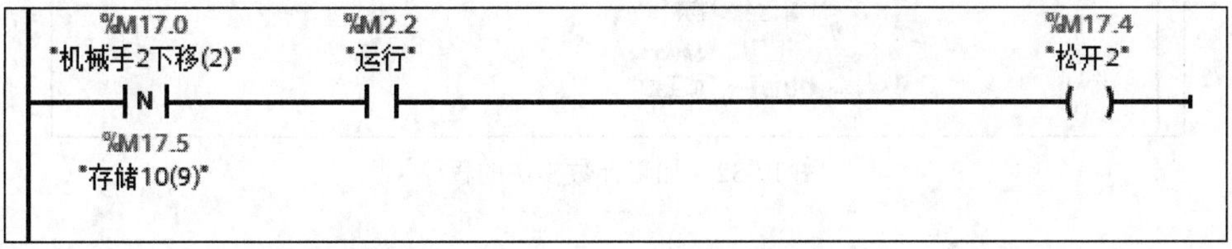

%M17.0
"机械手2下移(2)"
N
%M17.5
"存储10(9)"
%M2.2
"运行"
%M17.4
"松开2"

图 17-30　机械手 2 松开物料模块的程序

18．机械手 2 上移模块

机械手 2 上移模块主要控制机械手 2 向上移动，具体程序如图 17-31 所示。

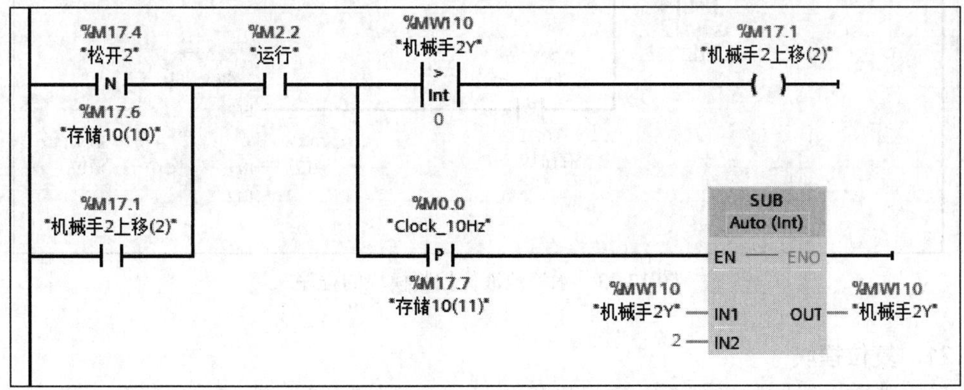

图 17-31　机械手 2 上移模块的程序

19. 加工计数模块

加工计数模块主要进行加工计数，程序完成一次循环，计数加 1，具体程序如图 17-32 所示。

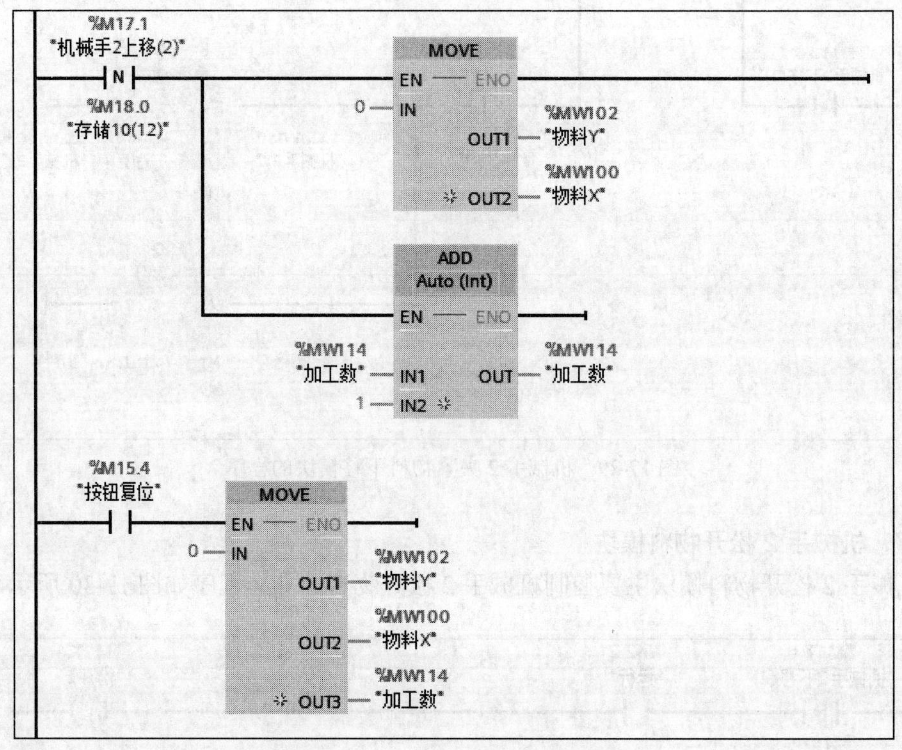

图 17-32　加工计数模块的程序

20. 水淬池液位控制模块

水淬池液位控制模块主要控制水淬池液位状态，具体程序如图 17-33 所示。

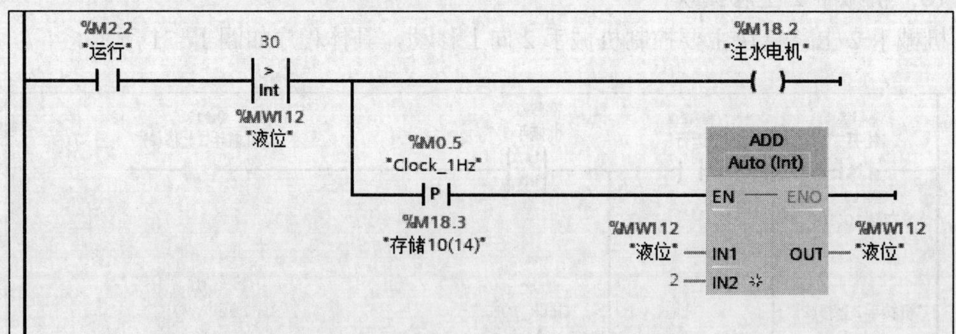

图 17-33　水淬池液位控制模块的程序

21. 复位模块

复位模块主要控制机械手 1 和机械手 2 复位，具体程序如图 17-34 所示。

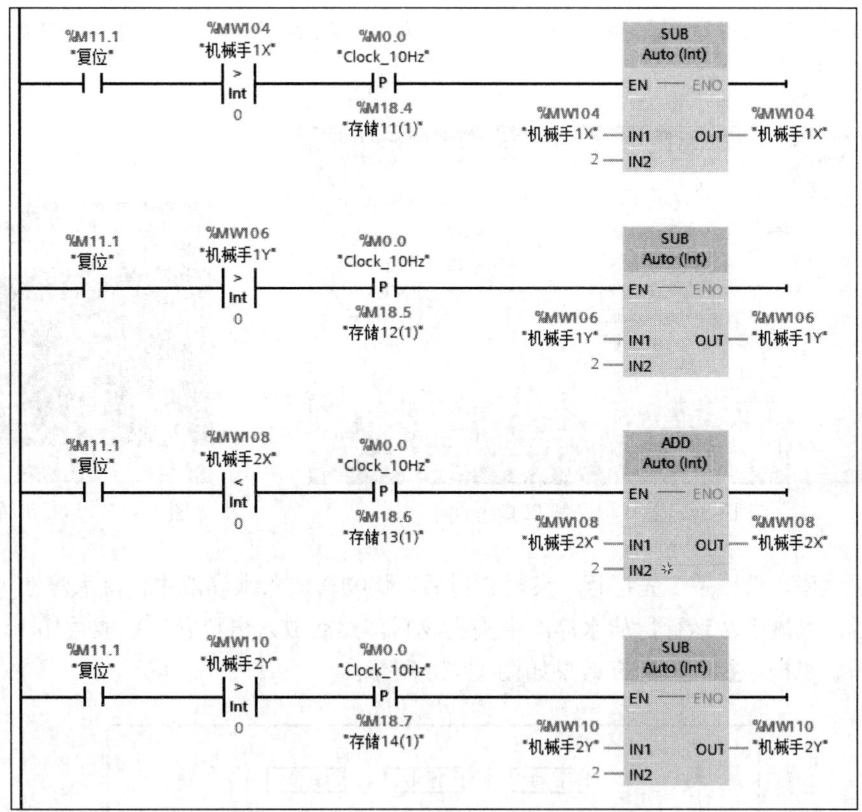

图 17-34　复位模块的程序

17.4.7　调试程序

本项目采用西门子 TIA 博途软件搭建系统模型，进行直观的仿真测试。按照项目的控制连接图，进行仿真与调试，仿真界面如图 17-35 所示。

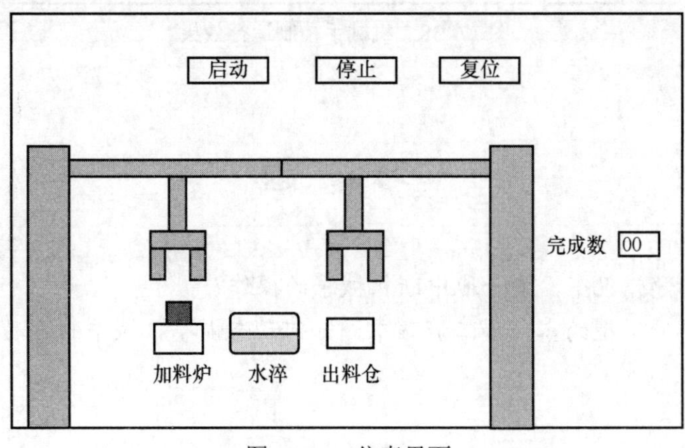

图 17-35　仿真界面

将编写完成的控制程序装载到 PLC 中并，单击“RUN”按钮运行，对应界面如图 17-36 和图 17-37 所示。

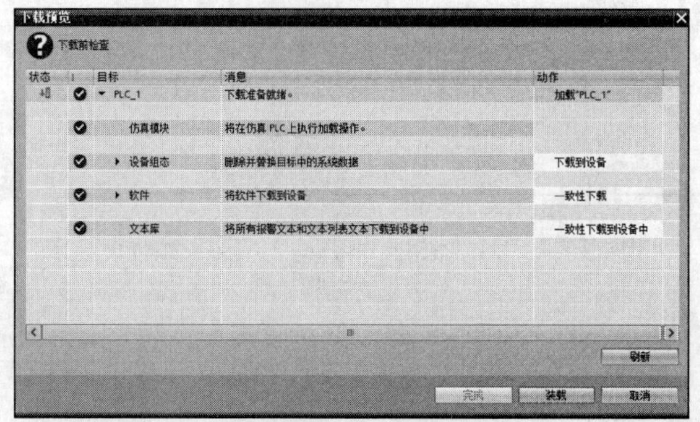

图 17-36 装载程序到 PLC 界面

图 17-37 运行界面

启动程序，机械手 1 先运行，夹紧物料后，将物料放入水淬池中，待水淬池中液位达到 100 后，机械手 2 运行，从水淬池中夹出物料，然后放入出料仓，完成数加 1，该过程不断循环。机械手控制的运行效果如图 17-38 所示。

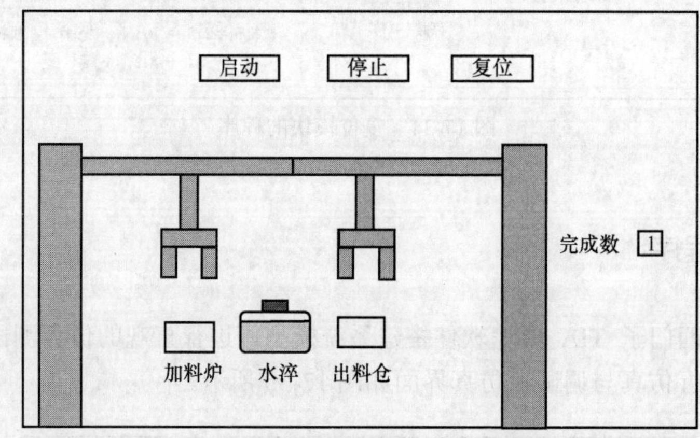

图 17-38 机械手控制运行效果

习 题

1. 如何在紧急情况下，安全地中断机械手的操作？

2. 在多种不同类型的零件加工流程中，如何动态调整机械手的运动策略，提高生产效率？